高分子科学与工程系列教材
"十二五"普通高等教育本科规划教材

高分子科学基础

梁晖 卢江 主编

第二版

U0201533

化学工业出版社

·北京·

图书在版编目（CIP）数据

高分子科学基础/梁晖，卢江主编．—2 版．—北京：
化学工业出版社，2014.4（2023.1 重印）
高分子科学与工程系列教材 "十二五"普通高等教
育本科规划教材
ISBN 978-7-122-19786-3

Ⅰ．①高… Ⅱ．①梁…②卢… Ⅲ．①高分子材料-
高等学校-教材 Ⅳ．①TB324

中国版本图书馆 CIP 数据核字（2014）第 027817 号

责任编辑：杨　菁　　　　　　　　　文字编辑：糜家铃
责任校对：王素芹　　　　　　　　　装帧设计：史利平

出版发行：化学工业出版社（北京市东城区青年湖南街 13 号　邮政编码 100011）
印　　装：北京虎彩文化传播有限公司
787mm×1092mm　1/16　印张 16¼　字数 420 千字　2023 年 1 月北京第 2 版第 6 次印刷

购书咨询：010-64518888　　　售后服务：010-64518899
网　　址：http://www.cip.com.cn
凡购买本书，如有缺损质量问题，本社销售中心负责调换。

定　　价：36.00 元　　　　　　　　　　　　　　　　版权所有　违者必究

第二版前言

本教材第一版自 2006 年 1 月出版以来，收到良好的使用效果，已多次重印。本版教材是在第一版的基础上，结合多年来教学实践过程中的体会以及广大读者和学生反馈的意见和建议，对本教材的第一版进行了适当的修订和改编。主要修订内容概括如下：（1）对原教材中存在的错漏进行了全面细致的修订；（2）为使教学内容上能更好地衔接，将第一版的"第9章 聚合物的分子运动"提前到本版的第 3 章；（3）本版教材"第 6 章 自由基聚合反应"增加了"6.5 自由基聚合反应热力学"；（4）将第一版"6.2 配位聚合"的"6.2.3 聚合物的立体异构"中与"第 2 章 聚合物的结构"内容重复的部分进行了适当删减，并将"开环聚合"由原来的按聚合机理编排改为按单体种类编排；（5）将第一版"聚合物材料的性能"中"导电性能"中有关"导电聚合物"的内容整合至"功能高分子"中的"导电高分子"章节中。其余分散于全书的一些小修改，此处不一一赘述。

梁 晖　卢 江

2013 年 11 月于中山大学

第一版前言

随着可靠聚合方法的不断发现，加上有关高分子化学、物理和加工等方面取得的巨大进展，以及高分子科学与材料学、生物学、信息学、医学等多学科的交叉，加之高分子材料具有价廉、质轻、强度好、易大量生产、易加工成各种形状、性能可控性高、使用安全等其他材料难以比拟的综合优势，高分子工业发展迅猛，在人们的经济和社会生活中占据着越来越重要的地位，渗透到了许多科学技术领域和部门，在现代社会生活中几乎无处不在，可以预见，在 21 世纪，人类对高分子材料的这种依赖会更加强烈，人类将进入一个"高分子时代"。

高分子科学是建立在有机化学、物理化学、生物化学、物理学和力学等学科的基础上逐渐发展起来的一门新兴学科，已逐渐形成了高分子化学、高分子物理和高分子加工三个大的分支，并已成为现代化学的重要组成部分。其理论体系、实验方法、研究手段以及产物的性能用途等与其他学科都有显著区别，各具特点。掌握高分子科学的基础知识对于现时代的化学类大学生来说，是非常必要的，可进一步完善学生的知识结构，适应学科发展，满足社会需求。因此，为化学类专业大学生开设《高分子科学基础》课程已成为越来越多高等院校的共识。

本教材内容涵盖了高分子化学、高分子物理和高分子加工的基本知识，共分为十二章。第 1 章绪论主要介绍一些高分子的基本概念和高分子科学的发展简史；第 2 章介绍聚合物的结构，包括聚合物的分子链结构和聚集态结构；第 3 章介绍高分子溶液，包括聚合物的溶解及其溶液的特性，聚合物分子量的测定；第 4 章～第 8 章介绍有关聚合反应及高分子化学反应，包括逐步聚合反应，自由基聚合反应，离子、配位和开环聚合反应，链式共聚合反应以及高分子化学反应；第 9 章介绍了聚合物的分子运动，包括力学状态及其转变，聚合物分子运动的特点等；第 10 章和第 11 章则介绍了聚合物的性能和功能高分子；第 12 章介绍了各种聚合物添加剂以及塑料、橡胶和纤维的主要加工成型方法。

本书可作为各类高校化学类非高分子专业的教材，也可供高分子专业和大专化学类专业作参考教材，可供各类相关专业人员参考。对于本书在编写过程中可能存在的疏漏不当之处，敬请同行和广大读者不吝指教。

梁 晖　卢 江

2005 年 6 月于中山大学

目 录

第1章 绪 论

1.1 高分子的基本概念

高分子也称聚合物分子或大分子，其分子结构由许多重复单元通过共价键有规律地连接而成，一般具有高的分子量，其中的重复单元由相应的小分子（事实上的或假想的）衍生而来。如聚氯乙烯分子由许多重复单元 $\begin{array}{c}-CH_2-CH-\\|\\Cl\end{array}$ 组成，该重复单元由相应的小分子氯乙烯 $CH_2\!=\!CHCl$ 衍生而来；聚乙烯醇分子同样也由许多重复单元 $\begin{array}{c}-CH_2-CH-\\|\\OH\end{array}$ 组成，但由于现实中不存在乙烯醇，该聚合物实际上并不能由乙烯醇聚合而成，而是由聚乙酸乙烯酯醇解得来的，但概念上可看作由乙烯醇这一假想的小分子衍生而来。

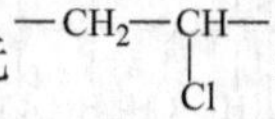

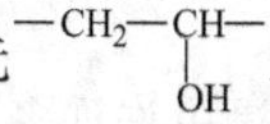

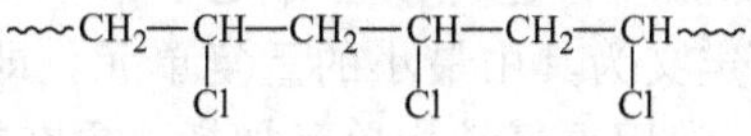

聚氯乙烯 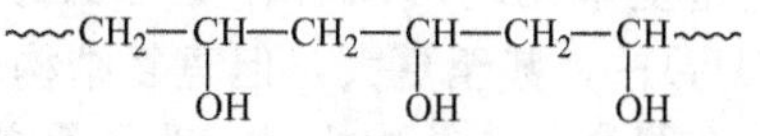   聚乙烯醇

高的分子量是相对于一般的小分子化合物而言的，但并没有严格的界限，一般将分子量在 $10^4\sim10^6$ 的叫高聚物分子，而将分子量低于 10^4 的聚合物分子叫低聚物分子，各有特性和相应的应用领域，都是高分子科学的研究对象。

由许多单个高分子（聚合物分子）组成的物质称高分子化合物或称聚合物。严格意义上，高分子（或聚合物分子）与高分子化合物（或聚合物）是两个不同层面上的概念，高分子或聚合物分子是分子层面上的概念，指的是单个的分子；而高分子化合物（聚合物）则是物质层面上的概念，指的是由许多单个的高分子所组成的物质。但在实际应用中，常常不对两者加以区分。

所有的高分子都是由小分子通过一定的化学反应衍生而来的，由小分子生成高分子的反应过程叫聚合反应。能够进行聚合反应，并在聚合反应后构成所得高分子的基本结构单元的小分子叫单体分子。一个聚合反应体系中可以只有一种单体，也可以有两种或两种以上的单体。

高分子可看作是由许多重复单元所组成的一条长链，长链上有时会分布一些分支，长链的主干部分称为高分子的主链，分支部分称为高分子的支链。组成高分子主链骨架的单个原子称为链原子，如聚丙烯的链原子全是碳原子，而聚乙二醇的链原子则包括碳原子和氧原子。

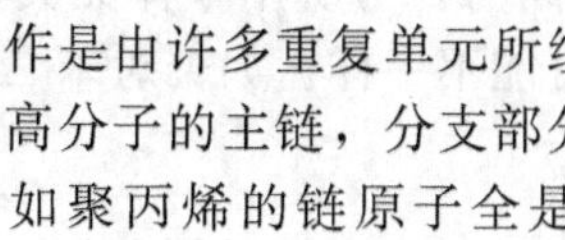

聚丙烯的链原子 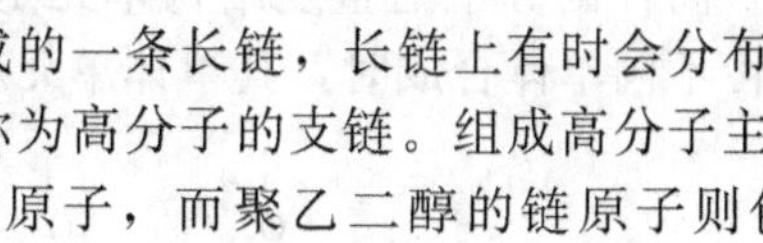   聚乙二醇的链原子

由链原子及其所连接的原子或取代基组成的原子或原子团称为链单元，如聚丙烯主链上的链原子 C 及其所连接的 H 和 CH_3 组成两种链单元 $-CH_2-$ 和 $-CH(CH_3)-$。相似地，聚乙二醇的链原子 C 及其所带的 H 组成链单元 $-CH_2-$，而链原子 O 上不带取代基，因而它单独组成一个链单元，如虚线框所示：

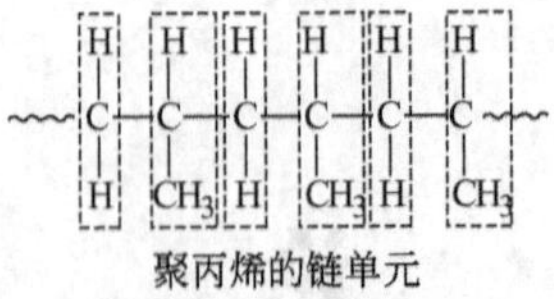

聚丙烯的链单元 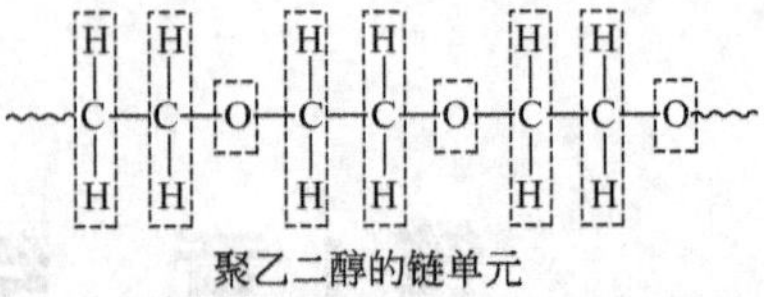　　　　　　　　　聚乙二醇的链单元

构成高分子主链结构组成的单个原子或原子团称为结构单元，它可包含一个或多个链单元。以聚丙烯为例，$-CH_2-$既是一个链单元，也是一个结构单元，同样地，$-CH(CH_3)-$既是一个链单元也是一个结构单元，两者又共同组成一个更大的结构单元$-CH_2-CH(CH_3)-$，依次类推。但其所带的$-CH_3$是侧基团，它单独并不能构成一个链单元或结构单元。

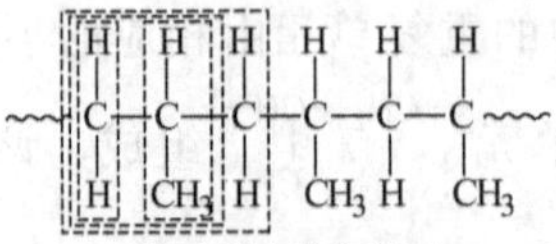

聚丙烯的结构单元

每个高分子都是由许许多多重复的结构单元所组成的，重复组成高分子分子结构的最小的结构单元称为重复结构单元（constitutional repeating unit，CRU）。以聚丙烯为例，其分子结构中的重复单元既可以看作是$-CH_2CH(CH_3)-$，也可以看作是$-CH_2CH(CH_3)-CH_2CH(CH_3)-$，甚至更大，但重复结构单元就定义为其中最小的重复单元，即$-CH_2CH(CH_3)-$。在写高分子结构式时，为了简单起见，常用重复结构单元加括弧再在括弧右下角加下标 n 来表示，下标 n 代表高分子中所含的重复结构单元的数目，如聚丙烯的结构式可写为：

$$\left(CH_2CH\right)_n$$
$$\quad\quad\;\; CH_3$$

高分子是由单体分子经由聚合反应衍生而来的，高分子分子结构中由单个单体分子衍生而来的最大的结构单元称为单体单元。单体单元与重复结构单元不同，单体单元是一个基于聚合反应过程的概念，而重复结构单元是基于高分子分子结构的概念。如聚乙烯由乙烯聚合而成：

$$n H_2C=CH_2 \longrightarrow \left(CH_2CH_2\right)_n$$
聚乙烯

其单体单元为$-CH_2CH_2-$，而其重复结构单元则为$-CH_2-$，但在写聚乙烯结构式时，习惯上还是以其单体单元来表示，聚四氟乙烯亦如此。由于重复结构单元是基于高分子分子结构的概念，同种高分子的重复结构单元是相同的，与所用单体无关；单体单元则不同，同种高分子由不同单体合成时，其单体单元就可能不一样。如聚对苯二甲酸乙二酯的结构式为：

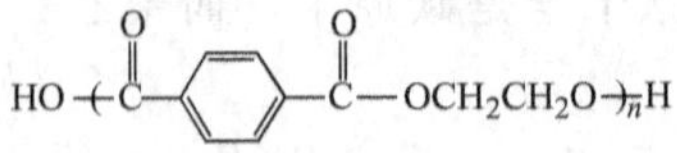

不管它由何种单体聚合而成，其重复结构单元始终是 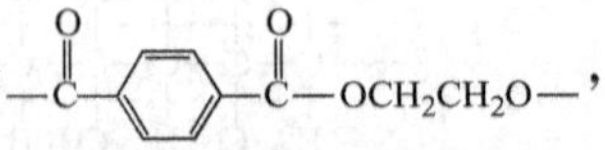 ，但单体单元则可能因所用单体不同而异，如果使用的单体是对苯二甲酸和乙二醇两种单体，即：

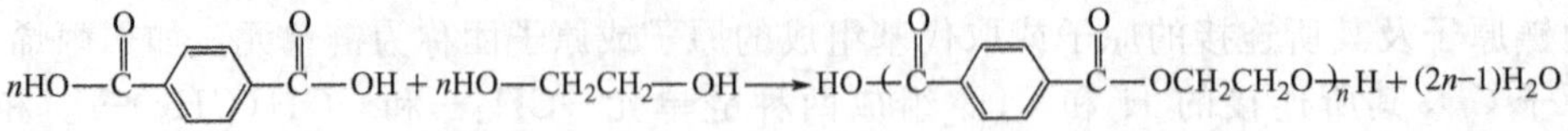

那么相应地就会生成两种单体单元，分别为 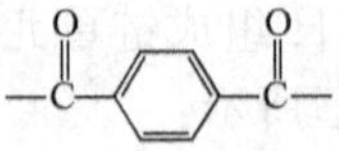 和$-OCH_2CH_2O-$；而假设聚合反应

时用的是对苯二甲酸二乙二酯一种单体，即：

$$n\text{H}-\text{OCH}_2\text{CH}_2\text{O}-\overset{\text{O}}{\underset{}{\text{C}}}-\!\!\!\text{⟨⟩}\!\!\!-\overset{\text{O}}{\underset{}{\text{C}}}-\text{OCH}_2\text{CH}_2\text{O}-\text{H} \longrightarrow$$

$$\text{HOCH}_2\text{CH}_2\text{O}\!\!\left(\!\!\overset{\text{O}}{\underset{}{\text{C}}}-\!\!\!\text{⟨⟩}\!\!\!-\overset{\text{O}}{\underset{}{\text{C}}}-\text{OCH}_2\text{CH}_2\text{O}\!\!\right)_{\!\!n}\!\!\text{H} + (n-1)\text{HO}-\text{CH}_2\text{CH}_2-\text{OH}$$

则只会生成一种单体单元，其结构与重复结构单元相同。

　　单个聚合物分子中所含单体单元的数目称为该聚合物分子的聚合度。与单体单元相似，它也是一个基于聚合反应过程的概念，即使是同一聚合物，也可能因使用的单体不同而具有不同的聚合度。以上述聚对苯二甲酸乙二酯为例，当由对苯二甲酸和乙二醇两种单体合成时，其聚合度应是两种单体单元的数目之和，由于每个重复结构单元含有两个单体单元，因此其聚合度为重复结构单元数的两倍，即 $2n$；而当用对苯二甲酸二乙二酯一种单体合成时，所得聚合物分子的单体单元与重复结构单元相同，因此其聚合度与重复结构单元数相同，都为 n。虽然对于一般的聚合物应用，细究其聚合度的这种差异没有实际意义，但是对于聚合物合成反应的控制却是非常重要的。

　　高分子链的末端结构单元称为末端基团，由于通常聚合物的分子量很大，末端基团相对于整个高分子而言是很小的组成单元，而且通常是未知的，因此若非需要特别指出末端基团，在书写高分子的结构式时，常忽略不写。假如高分子的末端基团是反应性的，能进一步进行聚合反应，这样的高分子称为遥爪高分子或预聚物分子，其反应性末端基团常常是有目的地引入的。

1.2　聚合反应与聚合反应的单体

　　理论上，所有能够在两分子间形成稳定共价键连接的化学反应都可用作聚合反应。但实际上由于各种因素的限制，能够用于合成高分子量聚合物的反应并不多。

　　早期由于合成聚合物的聚合反应为数不多，曾根据单体分子与其所生成的聚合物分子在组成和结构上的变化，把聚合反应分为加聚反应和缩聚反应。加聚反应是指聚合产物分子中单体单元的组成与相应单体分子的组成相同的聚合反应，其聚合产物称加聚物，如由氯乙烯合成聚氯乙烯；缩聚反应是指聚合产物分子中单体单元的组成比相应单体分子的组成少若干原子的聚合反应，在聚合反应过程中伴随有水、醇等小分子副产物生成，其聚合产物称缩聚物。如己二酸和己二胺合成聚酰胺 66：

$$n\text{H}_2\text{N}-(\text{CH}_2)_6-\text{NH}_2 + n\text{HOOC}-(\text{CH}_2)_4-\text{COOH} \longrightarrow \text{H}\!\!\left(\!\!\text{NH(CH}_2)_6\text{NH}-\overset{\text{O}}{\underset{}{\text{C}}}-(\text{CH}_2)_4-\overset{\text{O}}{\underset{}{\text{C}}}\!\!\right)_{\!\!n}\!\!\text{OH} + (2n-1)\text{H}_2\text{O}$$

　　聚合产物的单体单元分别为 $-\text{NH(CH}_2)_6\text{NH}-$ 和 $-\text{CO(CH}_2)_4\text{CO}-$，与相应的单体分子相比，共少了两分子的 H_2O。

　　但随着高分子化学的发展，新的聚合反应不断开发，这种分类方法就越来越难以适应，如聚酰胺 6 的结构式为：

$$\left(\!\!\text{NH}-(\text{CH}_2)_5-\overset{\text{O}}{\underset{}{\text{C}}}\!\!\right)_{\!\!n}$$

当它由氨基己酸聚合而得时，其单体单元的组成比单体分子的组成少一分子的 H_2O：

$$n\text{H}_2\text{N}-(\text{CH}_2)_5-\overset{\text{O}}{\underset{}{\text{C}}}-\text{OH} \longrightarrow \text{H}\!\!\left(\!\!\text{NH}-(\text{CH}_2)_5-\overset{\text{O}}{\underset{}{\text{C}}}\!\!\right)_{\!\!n}\!\!\text{OH} + (n-1)\text{H}_2\text{O}$$

但如果由己内酰胺开环聚合合成时，所得产物分子的单体单元的组成与单体分子一致：

$$n \underset{\text{NH}}{\overset{\text{O}}{\bigcirc}} \longrightarrow \underset{}{\text{---}\text{NH}\text{---}(\text{CH}_2)_5\text{---}\overset{\text{O}}{\underset{}{\text{C}}}\text{---}\underset{n}{\text{---}}}$$

很难再以上述的分类方法将聚酰胺 6 归属于加聚物或缩聚物，因此有必要对聚合反应进行更合理的分类。

随着对聚合反应研究的深入，根据聚合反应机理和动力学的不同，把聚合反应分为逐步聚合反应（step-growth polymerization）和链式聚合反应（chain-growth polymerization）两大类。逐步聚合反应是指在聚合反应过程中，聚合物分子是由体系中的单体分子以及所有聚合度不同的中间产物分子之间通过缩合或加成反应生成的，聚合反应可在单体分子以及任何中间产物分子之间进行。其中聚合物分子通过缩合反应生成的称为缩合聚合反应，简称缩聚反应；聚合物分子通过加成反应生成的称为逐步加成聚合反应。而链式聚合反应是指在聚合反应过程中，单体分子之间不能发生聚合反应，聚合反应只能发生在单体分子和聚合反应活性中心之间，单体和聚合反应活性中心反应后生成聚合度增大的新的活性中心，如此反复，生成聚合物分子。

同一聚合反应体系中可以有一种或多种单体，根据参与聚合反应单体种类的多少以及所得聚合物的分子结构特性，可将聚合反应分为均聚反应和共聚反应。由一种单体参与的聚合反应为均聚反应，所得的聚合物为均聚物，例如由氯乙烯单体合成聚氯乙烯是均聚反应，所得聚氯乙烯为均聚物；而由两种以上单体参与的聚合反应既可能是均聚反应，也可能是共聚反应，不能简单地由实际上参与聚合反应单体种类的多少来判断，而应该根据聚合物分子所含的重复结构单元的种类与性质来区分。如果聚合物分子结构中有且只有一种重复结构单元、并且该重复结构单元可以只由一种（实际的、隐含的或假想的）单体衍生而来，则该聚合物为均聚物，否则为共聚物。一种简单的区分方法是看体系中的单体是否能分别单独进行聚合反应，若其中至少有一种单体能单独进行聚合反应，则该体系为共聚合反应；若体系中的单体都不能够单独进行聚合反应，聚合反应必须通过不同单体相互之间的反应进行，则该聚合反应为均聚反应。具体而言，对于链式聚合反应，若体系中存在两种单体时，由于单体和单体之间不能发生聚合反应，因此聚合反应不是通过单体相互之间的反应进行的，而是通过不同单体分别与聚合活性中心之间的反应进行的，也就是说不同单体可分别单独进行聚合反应，因此两种以上单体参与的链式聚合反应总是共聚合反应；而对于逐步聚合反应，有些两种单体参与的聚合体系，聚合反应只能通过不同单体之间的反应进行，两种单体各自都不能单独进行聚合反应，如对苯二甲酸和乙二醇聚合生成聚对苯二甲酸乙二酯的聚合体系中，对苯二甲酸和乙二醇在聚合条件下都不能单独进行聚合反应，聚合反应只能发生在对苯二甲酸的—COOH 和乙二醇的—OH 之间，因此该聚合反应为均聚反应，实际上该聚合反应可看作是由两种单体反应生成的"隐含单体"——对苯二甲酸单乙二酯（HOOC—Ph—COOCH$_2$CH$_2$OH）这一种单体参与的聚合反应；如果两种单体中至少有一种可单独进行聚合反应，则该聚合反应为共聚反应，如由两种不同的羟基酸参与的聚合反应，聚合反应可在两单体间进行，也可由其中一种单体单独进行，因此该反应为共聚合反应，产物分子结构中找不到唯一的重复结构单元，为共聚物：

$$\text{HO}\text{---}\text{R}\text{---}\text{COOH} + \text{HO}\text{---}\text{R}'\text{---}\text{COOH} \longrightarrow \sim\sim\text{O}\text{---}\text{R}\text{---}\overset{\text{O}}{\underset{}{\text{C}}}\sim\sim\text{O}\text{---}\text{R}'\text{---}\overset{\text{O}}{\underset{}{\text{C}}}\sim\sim$$

三种以上单体参与的逐步聚合反应很难得到只含有一种重复结构单元的聚合物分子，一般都为共聚反应。

共聚物根据其重复结构单元连接方式的不同可分为交替共聚物、无规共聚物、嵌段共聚物和接枝共聚物。以含两种重复结构单元的共聚物为例，两种重复结构单元在分子链上有规律地相间连接的为交替共聚物；两种重复结构单元毫无规律地紊乱连接的为无规共聚物；两种重复结构单元在聚合物分子主链上分别成段出现的为嵌段共聚物；若以其中一种重复结构单元构成的分子链为主链，而另一种重复结构单元构成的分子链以支链形式连接在主链上的，这种共聚物为接枝共聚物。若以 A 和 B 分别代表两种不同的重复结构单元，则上述四种共聚物的分子结构可示意如下：

交替共聚物：～～ABABABABAB～～，A 和 B 相间连接

无规共聚物：～～ABBABAABAB～～，A 和 B 的连接无规律可循

嵌段共聚物：～～AAAAAAAABBBBBBBBBB～～，A 和 B 在分子链上成段出现

接枝共聚物：

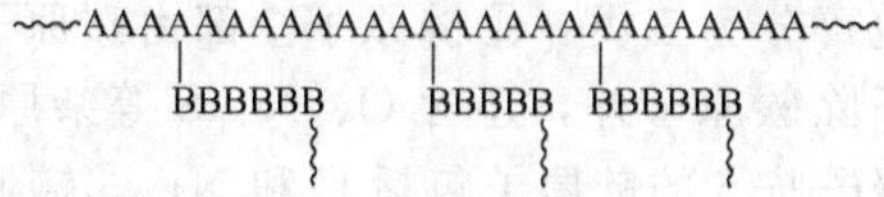

，以 A 组成的长链为主链，B 组成的长链以支链形式连接在主链上

　　能够进行聚合反应的单体分子都必须含有两个以上的反应点，只含有一个反应点的小分子之间的反应不能得到聚合物，只能得到另一种小分子。如苯甲酸和乙醇反应时两者结合得到苯甲酸乙酯，苯甲酸乙酯不能继续与苯甲酸或乙醇结合得到聚合度更大的产物；而对苯二甲酸与乙二醇的反应不同，两者结合所得的产物分子仍带有未反应的羧基和/或羟基，可继续与对苯二甲酸或乙二醇反应，并且相互之间也能发生反应，如此继续得到聚合物。

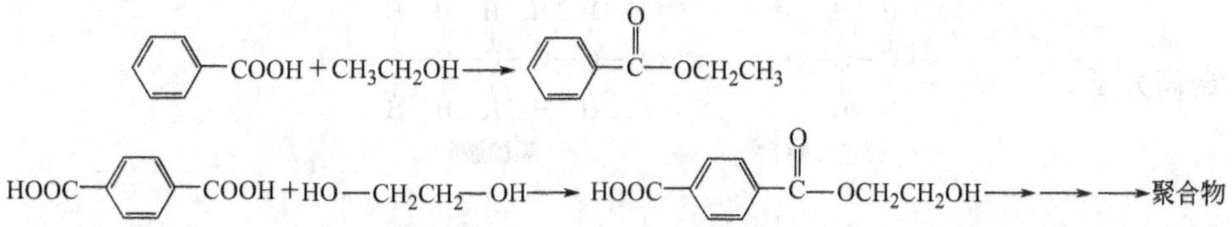

　　单体所含的反应点可以是功能基，也可以是不饱和键（每个不饱和键既可视为单个的功能团，也可看作含两个反应点，视具体情况而定）。概括起来主要有以下三大类：

　　（1）含两个以上功能基的单体　如羟基酸（HO—R—COOH）、氨基酸（H$_2$N—R—COOH）、二元胺（H$_2$N—R—NH$_2$）、二元羧酸（HOOC—R—COOH）、二元醇（HO—R—OH）等。这类单体的聚合反应通过单体功能基之间的反应进行，为逐步聚合反应。

　　（2）含多重键的单体　包括含 C＝C 双键的单体，如乙烯、丙烯、苯乙烯等；含 C≡C 三键的单体，如乙炔及取代乙炔等；含 C＝O 双键的单体，如醛类单体等。这类单体可通过多重键与聚合反应活性中心加成进行链式聚合反应；如果单体含有两个以上多重键，也可通过多重键与其他单体所含功能基之间的反应进行逐步聚合反应，如二乙烯基苯可和二卤代苯之间通过 Heck 反应脱 HX 进行逐步聚合反应：

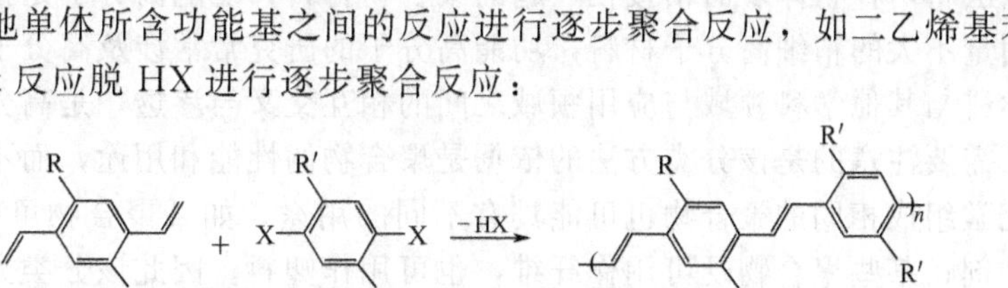

　　（3）杂环单体　包括环氧化物、环醚、内酰胺、内酯等。如：

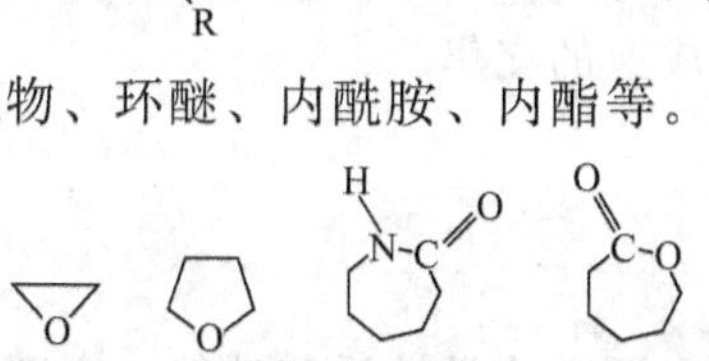

环氧乙烷　四氢呋喃　己内酰胺　　己内酯

这类单体可进行开环链式聚合反应。

1.3　高分子化合物的分类

高分子化合物的种类繁多，其分类方法也可有多种角度。

根据高分子化合物的来源可分为三类：①天然高分子化合物，即自然界天然存在的高分子化合物，如淀粉、蛋白质、纤维素等；②半天然高分子化合物，经化学改性后的天然高分子化合物，如由纤维素和硝酸反应得到的硝化纤维素、由纤维素和乙酸反应得到的乙酸纤维素等；③合成高分子化合物，由单体通过人工合成的高分子化合物，如由乙烯聚合得到聚乙烯等。

根据高分子链原子组成的不同也可分为三类：①链原子全部由碳原子组成的碳链高分子，如聚乙烯、聚丙烯等；②链原子除碳原子外，还含 O、N、S 等杂原子的杂链高分子，如聚乙二醇的链原子包括 C 和 O，聚酰胺 6 的链原子包括 C 和 N；③链原子由 Si、B、Al、O、N、S、P 等杂原子组成，不含 C 原子的元素有机高分子，如聚二甲基硅氧烷的链原子只有 Si 和 O。

碳链高分子：

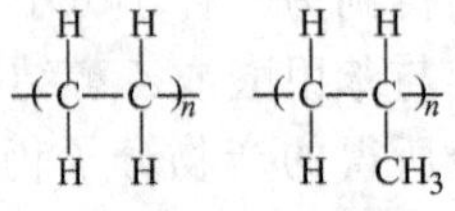

聚乙烯　　聚丙烯

杂链高分子：

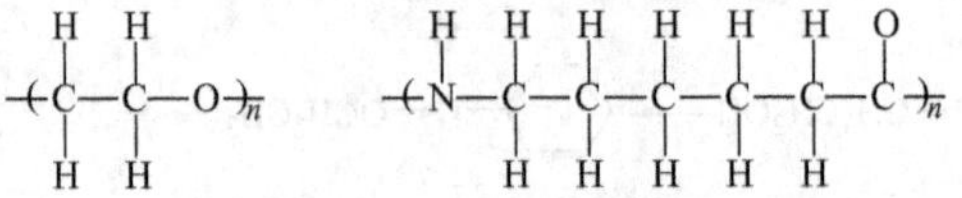

聚乙二醇　　　　　　聚酰胺6

元素有机高分子：

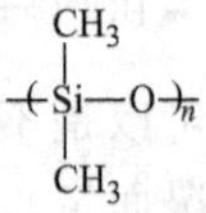

聚二甲基硅氧烷

根据高分子化合物的性能和用途可分为塑料、纤维、橡胶、涂料、胶黏剂和功能高分子。塑料指的是以聚合物为基础，加入（或不加）各种助剂和填料，经加工形成的塑性材料或刚性材料；纤维是指纤细而柔软的丝状聚合物材料，长度至少为直径的 100 倍；橡胶是指具有可逆形变的高弹性聚合物材料。以上三类为聚合物材料中用量最大的三大品种。涂料是指涂布于物体表面能形成坚韧的薄膜，主要起装饰和保护作用的聚合物材料；胶黏剂是指能通过黏合的方法将两种物体表面粘接在一起的聚合物材料；功能高分子是指具有特殊功能与用途但通常用量不大的精细高分子材料，功能高分子的研究常常涉及高分子各个基础学科之间、高分子学科与其他学科领域与应用领域之间的相互交叉与渗透，是高分子科学的热门研究领域之一。需要注意的是该分类方法的依据是聚合物的性能和用途，而不是聚合物的化学组成。由于化学组成相同的聚合物也可能具有不同的用途，如某聚合物可能既可用于涂料，也可用于胶黏剂；某些聚合物既可用作纤维，也可用作塑料。因此该分类方法的不同高分子化合物种类之间可能有化学组成上的交集。

1.4　高分子的命名

天然高分子一般具有与其来源、化学性质与功能、主要用途相关的专用名称。如纤维素（来源）、核酸（来源与化学性质）、酶（化学功能）、淀粉（主要用途）等。合成高分子的命名方法主要有两种：基于起始单体的来源命名法和基于聚合物分子重复结构单元的系统命名法。

1.4.1　来源命名法

来源命名法是根据聚合物合成时所用单体进行命名的，并不描述聚合物分子的实际结构。命名时可有几种情形。由一种单体合成的均聚物，通常是在实际或假想的单体名称前加前缀"聚"，简单的例子如聚苯乙烯、聚乙酸乙烯酯、聚乙烯醇等，实际上这些聚合物分子中并不含有苯乙烯、乙酸乙烯酯等结构。由两种以上单体合成的高分子，如果是由链式聚合反应合成，所得聚合物为共聚物，一般在两单体名称或简称之间加"-"，再加"共聚物"后缀，如由乙烯和乙酸乙烯酯共聚反应所得的聚合物命名为"乙烯-乙酸乙烯酯共聚物"；如果是由逐步聚合反应合成，若所得聚合物为均聚物，即两种单体聚合时可生成一种"隐含单体"，命名时常在两种单体生成的"隐含单体"名称前加前缀"聚"，如对苯二甲酸与乙二醇的聚合反应产物叫"聚对苯二甲酸乙二酯"，己二酸和己二胺的聚合产物叫"聚己二酰己二胺"等；若所得聚合物为共聚物，则其命名与链式聚合反应的共聚物命名方法相同；有些逐步聚合反应所得产物非常复杂，常常是由多种结构不同的产物组成的混合物，在此情形下，对聚合物命名时常在两种单体的名称或简称后加后缀"树脂"，如苯酚与甲醛的聚合产物叫苯酚-甲醛树脂，简称"酚醛树脂"，尿素和甲醛的聚合产物叫"脲醛树脂"等。

此外，还有一种基于聚合物分子结构中单体单元之间相互连接的特征功能基的命名法，即在特征功能基名称前加前缀"聚"，如由二元酸和二元胺所得聚合物分子中单体单元之间相互连接的功能基为酰胺基（—NH—CO—），因此所得聚合物称为聚酰胺，类似的有聚氨酯（—NH—CO—O—）、聚酯（—CO—O—）、聚醚（—C—O—）等。显然，这种命名法指的是某一类的高分子，而不是指个别的高分子。

1.4.2　系统命名法

系统命名法是以聚合物的分子结构为基础的命名法，根据 IUPAC 命名法则对聚合物分子的重复结构单元进行命名。命名时一般遵循以下次序：①确定重复结构单元；②按 IUPAC命名法则排出重复结构单元中的二级单元顺序，如主链上带取代基的碳原子排在前，含原子最少的基团先写等；③给重复结构单元命名，按小分子有机化合物的 IUPAC 命名规则给重复结构单元命名；④给重复结构单元的命名加括弧，并冠以前缀"聚"。

如聚氯乙烯的分子结构如下：

$$\text{---CH}_2\text{---CH---}_{\overline{n}}$$
$$|$$
$$\text{Cl}$$

其重复结构单元为 $\text{---CH}_2\text{---CH---}$（下有 $|$、Cl），按照主链上带取代基的碳原子排在前的规定，带—Cl取代基的碳原子排序为1，其重复结构单元的名称为 1-氯代-1,2-亚乙基，因此聚氯乙烯的系统命名为聚（1-氯代-1,2-亚乙基）；再如聚乙烯的分子结构为：

$$\text{---CH}_2\text{---CH}_2\text{---}_{\overline{n}}$$

但其重复结构单元与单体单元不同，为—CH$_2$—，因此聚乙烯的系统命名为聚（亚甲基）；聚乙二醇的重复结构单元为—OCH$_2$CH$_2$—，主链中 O 基团所含原子最少，写在前，其系统命名为聚（氧化 1,2-亚乙基）；聚酰胺 66 的重复结构单元为—NH(CH$_2$)$_6$NH—CO(CH$_2$)$_4$CO—，其中亚氨基所含原子数少，写在前，其系统命名为聚（亚氨基-六亚甲基-亚氨基-己二酰）。

两种命名法各有优缺点，来源命名法简单易懂，但不够严谨，有时易引起混淆。系统命名法非常严谨，每一种聚合物的命名是唯一的，不会产生混淆，但其名称往往显得冗长烦琐，复杂难懂，不易被广泛采用，通常用于档案性质的文件，而且如果聚合物的分子结构不是完全确定时，很难用系统命名法对其命名。因此在很多情况下，常常在同一聚合物名称中将两种方法混合使用。

1.5　高分子科学简史

高分子科学的发展与人类对高分子材料的需求与利用水平的提高密切相关。为了生存，人类从来就没有离开过对天然高分子化合物的利用，如充饥用的淀粉、蛋白质等，御寒用的棉、麻、丝等，以及建筑和制造生产工具用的竹、木等。15 世纪时，美洲玛雅人就已经学会用天然橡胶做容器、雨具等生活用品。19 世纪 40 年代到 20 世纪初，人类开始对天然高分子化合物进行化学改性以提高其使用性能或赋予新的应用。如 1839 年美国人 Charles Goodyear 发明了天然橡胶的硫化，使其由硬度低、遇热软化发黏、遇冷发脆断裂变成了在宽温度范围内坚韧而有弹性，大大地提高了天然橡胶的实用价值。1846 年 Schonbein 利用硝酸和硫酸对天然纤维素进行改性制得硝化纤维素，赋予纤维素新的应用。1869 年 Hyatt 把硝化纤维素、樟脑和乙醇的混合物在高压下加热，得到了人类历史上第一种人工合成塑料——"赛璐珞"；1887 年用硝化纤维素的溶液进行纺丝，制得了人类历史上第一种人造丝。

高分子的发展在 20 世纪初开始进入了人工合成高分子阶段，缩聚反应和自由基聚合相继取得突破，并逐渐建立起高分子科学的理论基础。1907 年 Baekeland 用苯酚与甲醛反应得到人类历史上第一个合成高分子——酚醛树脂。相对于高分子化合物的合成与应用，高分子理论体系的建立明显滞后，在相当长时期内，人们一直把高分子化合物看作是由小分子通过分子间的相互作用聚集而成的"有机胶体"，小分子之间并没有共价键形成。直到 1920 年 Staudinger（1953 年诺贝尔化学奖）才在其发表的论文中明确提出了高分子概念，指出高分子是由许多单个的小分子通过共价键结合在一起的大分子。1926 瑞典化学家 Svedberg 等人设计出一种超离心机，并用它测定了蛋白质的分子量，证明其分子量为几万到几百万，从而给 Staudinger 的高分子概念提供了有力的支持。高分子概念从此逐渐被人们广为接受。在此期间，人们在高分子合成上继续取得新的突破。1926 年合成了聚氯乙烯，并于 1927 年实现了工业化生产。1930 年合成了聚苯乙烯。1931 年 Carothers 利用小分子有机化学中熟知的缩合反应通过"逐步"方法合成了聚酰胺 66，并在此基础上建立起了缩聚反应理论，高分子科学理论体系进一步得到丰富。不久，乙烯基单体（$CH_2\!=\!CHX$）的自由基聚合理论也逐渐建立。同时 Flory（1974 年诺贝尔化学奖）等在高分子溶液理论、高分子分子量测定以及聚合反应原理等方面取得重大进展，从而奠定了高分子科学发展的坚实基础。到了 20 世纪 50 年代 Ziegler-Natta（1963 年共获诺贝尔化学奖）催化剂研究成功，乙烯的低压聚合和丙烯的定向聚合实现工业化生产，使高分子工业的发展进入了一个崭新的时代，之后新的聚合方法不断出现，新的高分子品种不断开发，从而进一步促使高分子科学工作者深入地去研究它们的性能，并进一步探索其性能与结构之间的关系，同时进行加工技术和应用的开发。20 世纪 70 年代起不仅继续研究以力学特性为中心的高分子材料，而且还大力开展具有特殊功能的高分子材料的研究，一些新的合成方法、表征手段、高新性能高分子材料等的研究、开发和应用，大大超出了传统高分子的范畴，使高分子学科的发展进入一崭新时期。期间有重大影响的是白川秀树、Alan G. MacDiarmid 和 Alan J. Heeger 对导电聚合物的发现和发展（2000 年诺贝尔奖），从此开辟高分子研究的崭新领域，至今方兴未艾。

随着可靠聚合方法的不断发现，加上有关高分子化学、物理和加工等方面取得的巨大进展，导致并推动了一场材料革命，并且随着高分子科学与材料学、生物学、信息学、医学等多学科的交叉，这场革命仍在壮大。高分子材料几乎涉及了所有的重大新技术，包括合成血管与皮肤，计算机芯片与集成电路板，信息的显示、储存和修复，能量的生成、储存和传输，高温超导材料，靶向和可控释放药物体系，人造康复植入件，宇宙飞船，太阳能、核能利用以及光子学（如光纤）等。高分子材料具有价廉、质轻、强度好、易大量生产、易加工成各种形状、性能可控性高、使用安全等其他材料难以比拟的综合优势，因而高分子产品产量大、品种多、应用广、经济效益高，发展迅猛，在人们的经济和社会生活中占据着越来越重要的地位，渗透到了许多科学技术领域和部门，在现代社会生活中几乎无处不在，在支撑人类社会并推动其发展上起着至关重要的作用。在 21 世纪，人类对高分子材料的这种依赖会更加强烈，人类将进入一个"高分子时代"。

相应地，高分子科学也得到了极大的发展，并逐渐发展成为一门独立的，与无机化学、有机化学、分析化学和物理化学并列的二级学科，它是建立在有机化学、物理化学、生物化学、物理学和力学等学科的基础上逐渐发展起来的一门新兴学科，并逐渐形成了高分子化学、高分子物理和高分子加工三个大的分支。高分子化学的主要任务是通过化学合成或改性来制备具有一定结构的聚合物，包括研究聚合反应和高分子化学反应的原理，选择原料、确定路线、寻找催化剂、制定合成工艺条件等。高分子物理的主要任务是研究聚合物的结构与性能的关系，成为沟通合成与应用的桥梁。高分子加工的主要任务是研究高分子加工成型的原理与工艺。

但是要清醒地认识到，高分子工业可持续发展的一个严重的制约因素是高分子制品在完成它的使用寿命被废弃后对环境的污染问题，如"白色污染"。要解决这个问题必须在以下多方面进行努力。

（1）延长使用寿命，减少废弃　这就要求在高分子材料的稳定化技术上取得更大的进展，以极大地提高聚合物材料在光、热、氧化以及其他环境因素下的稳定性。

（2）回收再利用　聚合物材料的回收再利用主要包括三方面。

① 将废弃聚合物材料回收后，经过再加工应用于一些对性能要求相对较低的场合。

② 将聚合物降解成单体再聚合循环使用。或将聚合物降解成低聚物或其他石油化工产品用于其他用途，如将聚乙烯降解成低聚物，再经化学改性制备表面活性剂等。

③ 用作燃料，将废弃聚合物直接焚烧或者将聚合物降解成为燃料油。

（3）自然降解　通过分子设计，在聚合物分子中引入可在自然环境下发生降解的相关结构，这样聚合物材料在废弃后可自然分解回归大自然。

习　题

1. 解释下列名词：

高分子，聚合反应，单体，重复结构单元，单体单元，聚合度，逐步聚合反应，链式聚合反应，碳链高分子，杂链高分子，元素有机高分子

2. 如何区分均聚反应与共聚反应？共聚物可分为哪几种类型？

3. 写出下列单体的聚合反应方程式、所得聚合物分子的重复结构单元和单体单元，并指明聚合反应属于链式聚合反应还是逐步聚合反应。

（1）$\begin{array}{c} H_2C{=}CH \\ | \\ O{=}C{-}OCH_3 \end{array}$　　（2）$H_2N{-}(CH_2)_6{-}NH_2 + Cl{-}\overset{O}{\underset{}{C}}{-}\langle \text{苯环} \rangle{-}\overset{O}{\underset{}{C}}{-}Cl$　　（3）$F_2C{=}CF_2$

参 考 文 献

[1] "Basic Terms of Polymer Science" (IUPAC Recommendations 1996). Pure Appl. Chem. 1996, 68: 2287-2311.

[2] Elias H-G. An Introduction to Polymer Science. Weinheim: VCH Verlagsgesellschaft mbH, 1997.

[3] 邓云祥, 刘振兴, 冯开才. 高分子化学、物理和应用基础. 北京: 高等教育出版社, 1997.

[4] Wilks E S. Polymer nomenclature: the controversy between source-based and structure-based representations (a personal perspective). Prog. Polym. Sci. 2000, 25: 9-100.

[5] Vogl O, Jaycox G D. Trends in Polymer Science. Prog. Polym. Sci. 1999, 24: 3-6.

[6] Azapagic A, Emsley A, Hamerton L. Polymer, the Environment and Sustainable Development. John Wiley & Sons, Ltd., 2003.

第 2 章　聚合物的结构

聚合物的性能与其结构密切相关，而聚合物是由许多单个聚合物分子堆砌而成的，因而其结构有两方面的含义：①单个聚合物分子链的结构；②许多聚合物分子链堆砌在一起表现出来的聚集态结构。

2.1　聚合物的分子链结构

聚合物的分子链结构包括单体单元的化学组成、连接方式、立体构型、分子链的形态（线形、支化、交联等）、分子链的构象以及分子链的大小（分子量）。单体单元的化学组成取决于单体的化学组成，但即使化学组成相同的聚合物分子，也可能由于其单体单元的连接方式及空间排列等的不同，导致所得聚合物分子结构的不同，相应地，聚合物的性能和应用亦不同。

2.1.1　单体单元的连接方式

对于结构不对称的单体，单体单元在高分子链中的连接方式可有三种基本方式。如单取代乙烯基单体（CH_2＝CHX）进行链式聚合反应时，所得单体单元结构如下：

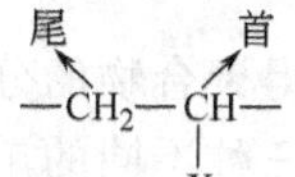

相应地，单体单元连接方式可有如下三种：

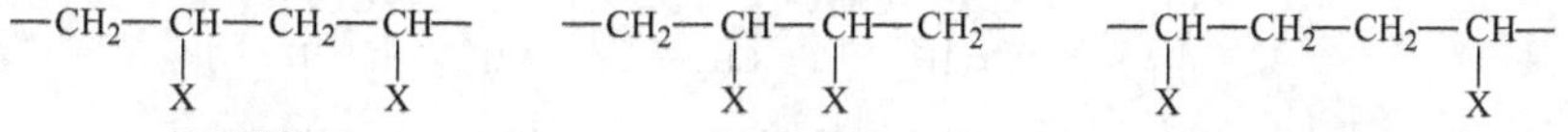

首尾连接　　　　　首首连接　　　　　尾尾连接

单取代乙烯基单体进行链式聚合反应时，由于取代基的电子效应和空间位阻效应，主要以首尾连接为主（参见第 6 章），而分子链中少量的首首连接可能成为分子中的弱键所在，对聚合物分子的热稳定性不利。

在结构不对称单体的逐步聚合反应中，单体单元之间的连接同样存在类似的三种方式，如 3-取代噻吩的氧化脱氢聚合：

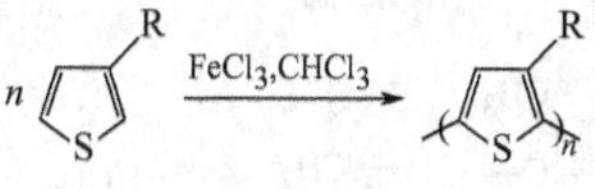

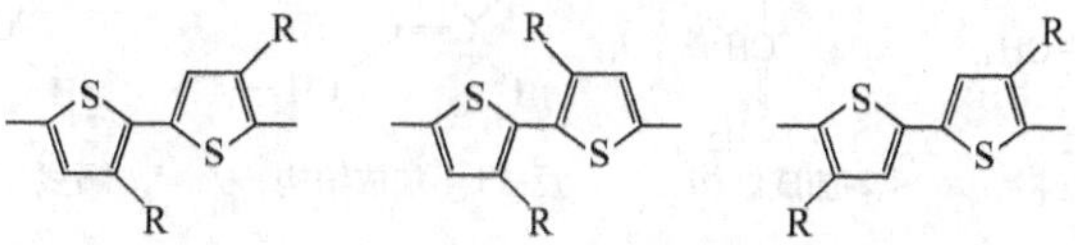

首尾连接(HT)　　　　首首连接(HH)　　　　尾尾连接(TT)

同样以首尾连接方式为主。

2.1.2　立体构型

如果聚合物分子的重复结构单元中含有手性碳原子（C*），根据聚合物分子中手性碳立体构型的连接方式不同可分为全同立构高分子、间同立构高分子和无规立构高分子。全同立构高分子是指高分子主链上任何两相邻重复结构单元中 C* 的立体构型相同，全部为 D 型或 L 型，即 DDDDDDDDD 或 LLLLLLLLLL；间同立构高分子是指高分子主链上相邻重复结构单元中手性碳原子的立体构型互不相同，即 D 型与 L 型相间连接，LDLDLDLDLDLD-LD；无规立构高分子是指高分子主链上相邻重复结构单元中 C* 的立体构型是随机的，紊乱无规则连接。全同立构高分子和间同立构高分子中手性碳原子的立体构型是有规律地连接的，统称为立构规整性高分子。图 2-1 为一些不同组成的立构规整性高分子示意图。

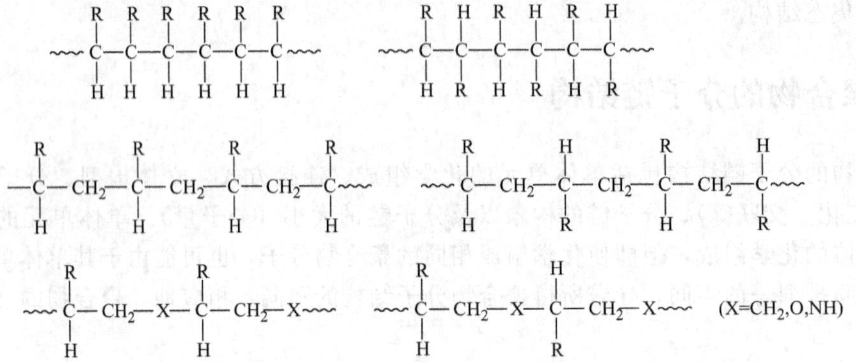

全同立构高分子　　　　　　　间同立构高分子

图 2-1　一些不同组成的立构规整性高分子示意图

2.1.3　共轭二烯聚合物的分子结构

共轭二烯进行链式聚合反应时，所得聚合物的分子结构可能非常复杂。以最简单的共轭二烯——丁二烯的聚合为例，可能形成三种不同的单体单元：

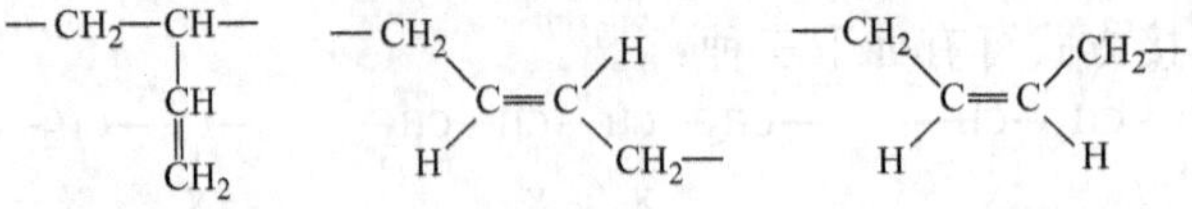

1,2-加成结构　　　　反式1,4-加成结构　　　　顺式1,4-加成结构

其中 1,2-加成结构又存在 1,2-全同立构、1,2-间同立构和 1,2-无规立构。不同单体单元的含量不同将引起聚合物的性能发生显著的改变。

异戊二烯聚合时更复杂，可能形成四种不同的单体单元：

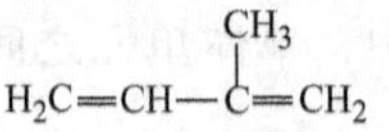

异戊二烯

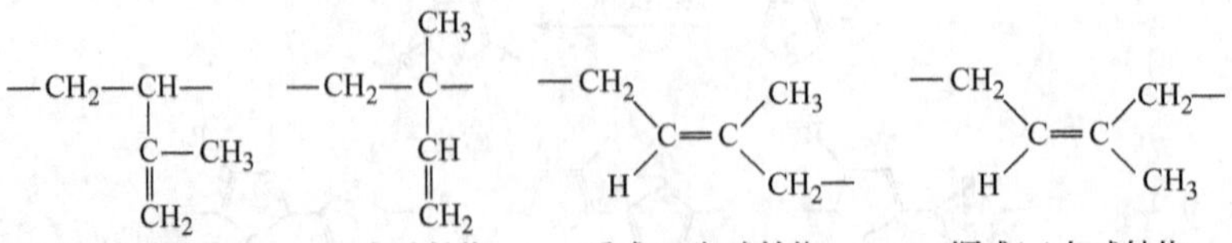

3,4-加成结构　　　1,2-加成结构　　　反式1,4-加成结构　　　顺式1,4-加成结构

2.1.4　聚合物分子链的形态

聚合物分子是由单体单元连接而成的长链分子，根据单体单元连接方式的不同，高分子链可表现出不同的形态。若高分子链中的单体单元是按线形次序相互连接，则所得高分子为线形高分子，注意这里的"线形"并不是指高分子链的空间结构，不是指高分子链的形态真的像直线，而是指其中单体单元的连接是一维的，即分子链只向两端伸展，不含分支，但分

子链可以卷曲，甚至可以蜷曲成线团。线形高分子链首尾相接便形成环状高分子。若高分子链并不只是向两端伸展，而是在其他方向上至少延伸出一条支链，即至少含有一个支化点，这种具有分支结构的高分子称为支化高分子，延伸出三条支链的支化点为三功能支化点，延伸出四条支链的支化点为四功能支化点，依此类推；只含三功能支化点，并且其支链为线形分子链的支化高分子为梳形高分子，当然由于分子链的内旋转运动，梳形高分子的形态并不真的像梳子；若支化高分子中只含有一个支化点，该支化点上连有多条线形分子链，这样的支化高分子为星形高分子，其支化点上连接的链常称为"臂"，含"n"条臂称为"n臂"星形高分子；梯形高分子为双股高分子，由不间断的环所组成，相邻的环含有两个以上的共同原子；网状高分子是指多条高分子链相互连接成网状结构的高分子。图 2-2 所示为各种形态高分子链的示意图。

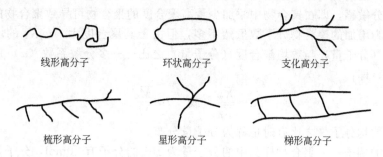

线形高分子　　　　　　环状高分子　　　　　　支化高分子

梳形高分子　　　　　　星形高分子　　　　　　梯形高分子

图 2-2　高分子链的形态

2.1.5　聚合物分子链的大小及其多分散性

聚合物分子链的大小可用聚合物分子的分子量或聚合度来描述。聚合物是由许多单个的聚合物分子所组成的，即便是化学组成相同的同一种聚合物，其中所含聚合物分子的聚合度也可能不尽相同，很多情况下，聚合物其实是由各种聚合度不同的聚合物分子所组成的混合物，这种同种聚合物分子大小不一的特征称为聚合物的多分散性。正因为多分散性聚合物是由各种聚合度不同的聚合物分子所组成的，因此不能用其中某单个聚合物分子的聚合度来表征该种聚合物分子的大小。通常所讲的聚合物的聚合度其实是一个统计平均值，叫平均聚合度。平均聚合度可有多种统计方法，最常用的是数均聚合度和重均聚合度。数均聚合度是按分子数统计平均的，通常用 $\overline{X}_n$ 来表示；重均聚合度是按质量统计平均，通常用 $\overline{X}_w$ 来表示。

假设某一聚合物样品中所含聚合物分子总数为 n（mol），总质量为 w（g），其中聚合度为 X_i 的分子有 n_i（mol），所占分子总数的分数为 $N_i = n_i/n$，其质量为 w_i（g），其质量分数为 $W_i = w_i/w$，则 $\sum n_i = n$，$\sum w_i = w$，$\sum N_i = 1$，$\sum W_i = 1$。那么，该聚合物的数均聚合度就定义为聚合物中聚合度为 X_i 的分子所占的数量分数 N_i 与其聚合度 X_i 乘积的总和，即：

$$\overline{X}_n = \sum N_i X_i = \frac{\sum n_i X_i}{\sum n_i} = \frac{\sum n_i X_i}{n} = \frac{单体单元总数}{聚合物分子数}$$

重均聚合度定义为聚合物中聚合度为 X_i 的分子所占的质量分数 W_i 与其聚合度 X_i 的乘积的总和，即：

$$\overline{X}_w = \sum W_i X_i = \frac{\sum w_i X_i}{\sum w_i} = \frac{\sum w_i X_i}{w}$$

如果用分子量来描述聚合物分子的大小，则相应地有数均分子量和重均分子量，分别用 $\overline{M}_n$ 和 $\overline{M}_w$ 表示。在上述例子中，为简单起见，假设该聚合物为均聚物，其单体单元的分子量为 M_0，当忽略末端功能基的质量时，聚合度为 X_i 的聚合物分子的分子量为 $M_i = X_i M_0$，

其质量为 $w_i = n_i M_i$，则：

$$\overline{M}_n = \overline{X}_n M_0 = \sum N_i X_i M_0 = \frac{\sum n_i M_i}{\sum n_i} = \frac{\sum w_i}{\sum n_i} = \frac{w}{n}$$

即该聚合物样品的数均分子量等于其总质量除以其所含聚合物分子的物质的量。相应地，重均分子量为：

$$\overline{M}_w = \overline{X}_w M_0 = \sum W_i X_i M_0 = \sum W_i M_i = \frac{\sum w_i M_i}{\sum w_i} = \frac{\sum n_i M_i^2}{\sum n_i M_i}$$

数均聚合度（分子量）对聚合物中聚合度（分子量）较低的部分敏感，即若在聚合物中添加少量聚合度低的聚合物，可导致数均聚合度的明显下降，因为在此情况下单体单元总量的增加不明显，而聚合物分子数增加相对较明显；而重均聚合度（分子量）对聚合度（分子量）较高的部分敏感，即在聚合物中添加少量高聚合度的聚合物可导致聚合物的重均聚合度明显增大，因为增加的聚合物分子数虽然不多，但由于其聚合度大，$w_i X_i$ 的增量大。通常用重均聚合度（分子量）与数均聚合度（分子量）之比——多分散系数（d）来描述聚合物的多分散程度，即：

$$d = \frac{\overline{X}_w}{\overline{X}_n} \quad \text{或} \quad d = \frac{\overline{M}_w}{\overline{M}_n}$$

重均分子量与数均分子量之比有时也称为分子量分布。

举个简单的例子，一聚合物样品中的分子量为 10^4 的分子有 10mol，分子量为 10^5 的分子有 5mol，即 $M_1 = 10^4$，$n_1 = 10$mol，$M_2 = 10^5$，$n_2 = 5$mol，则：

$$\overline{M}_n = \sum N_i M_i = \frac{\sum n_i M_i}{\sum n_i} = \frac{n_1 M_1 + n_2 M_2}{n_1 + n_2} = \frac{10 \times 10^4 + 5 \times 10^5}{10 + 5} = 4 \times 10^4$$

$$\overline{M}_w = \sum W_i M_i = \frac{\sum w_i M_i}{\sum w_i} = \frac{\sum n_i M_i^2}{\sum n_i M_i} = \frac{10 \times (10^4)^2 + 5 \times (10^5)^2}{10 \times 10^4 + 5 \times 10^5} = 8.5 \times 10^4$$

如果单只用数均分子量或重均分子量都不能准确地反映聚合物的分子量分布情况，数均分子量相同的聚合物，如果其多分散性不同，重均分子量也不同，甚至差别巨大。因此为了较准确地描述某一聚合物的分子量，通常必须同时给出其数均分子量和重均分子量或多分散系数。聚合物的平均聚合度亦然。

通常所得的聚合物具有多分散性，其多分散系数 $d > 1$。对于组成单一的聚合物，若其多分散系数 $d = 1$，即聚合物中各个聚合物分子的聚合度（或分子量）是相同的，这样的聚合物叫单分散性聚合物。

2.1.6　聚合物分子链的构象及柔顺性

与小分子有机化合物相似，聚合物分子链中的单键也可以发生旋转。分子中的原子或原子团因围绕单键旋转而产生的不同空间排列顺序称为构象。应当注意的是构象不同于构型，构象转变是由热运动引起的物理现象，而构型的改变却要通过破坏化学键来实现，即为化学变化过程。聚合物分子的形状即聚合物分子的宏观构象是由分子中所有单键的内旋转所引起的构象变化决定的。图 2-3 为分子中单键旋转示意图。

若分子中只含有两个单键，如丙烷，在 C1—C2 键旋转的同时，C2—C3 键与 C1—C2 键成一定角度（C1—C2—C3 的键角）、以 C1—C2 键的延长线为轴旋转，因而 C3 可在因此而形成的圆周上的任意位置，但由于 C3 与 C1 上氢原子之间的排斥作用，当它们

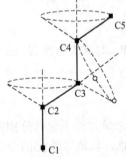

图 2-3　单键旋转示意图

形成重叠构象时，能量最高、最不稳定，而形成交
叉构象时能量最低、构象最稳定，易见，丙烷只有
一种稳定构象（见图 2-4）。

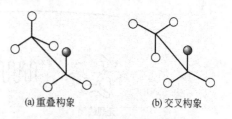

若分子中再增加一个单键变为丁烷，相似地，
C3—C4 键可因 C2—C3 键的旋转而在与 C2—C3 键
呈一定角度（C2—C3—C4 键角）的圆锥上运动，由
于 C1 和 C4 的排斥效应，C1 和 C4 的相对位置受到
限制，当 C1 和 C4 处于反式交叉（t）和两种（左和

图 2-4　丙烷的构象示意图
○氢原子；● 甲基（下同）

右）旁式交叉（g,g′）构象时能量低、构象稳定，因此丁烷可形成三种稳定的构象（见
图 2-5）。

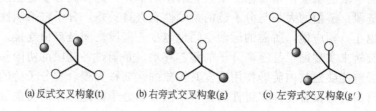

图 2-5　丁烷的三种稳定构象示意图

相应地，戊烷可形成如下所示的 9 种稳定构象：

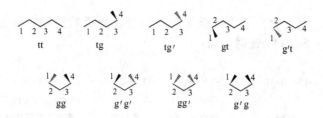

但在聚合物分子中，当邻基的位阻较大时，gg′ 和 g′g 构象因空间位阻关系，多数不
存在。

可见分子中所含的单键数越多，可形成的稳定构象数也越多，并且随单键数的增加而呈
几何数量级增加，对于含 n 个 C 原子的直链饱和烷烃，它可因单键旋转而形成的稳定构象
数理论上为 3^{n-3}。

能量最低的构象与能量较高的构象之间存在的能量差称为构象能。当由一种构象转变为
另一种构象时必须克服内旋转势垒，需要注意的是该旋转势垒不一定等于构象能，如由反式
交叉构象转变为旁式交叉构象时，必须经历旁式重叠构象，因此其需要克服的旋转势垒实际
是反式交叉构象和旁式重叠构象的能量差。高分子主链上有许多个单键，每个单键都可内旋
转，可能产生的构象数目相当惊人。尽管内旋转不完全自由，可能出现的构象数目会大大减
少，但仍然相当可观。因此，聚合物分子链通过内旋转，可表现出多种构象，从而使聚合物
分子表现为不同的形状。如极端的例子，当聚合物分子中的构象全部为反式交叉构象时，分
子链表现为锯齿状的伸直链构象；若分子中全部为一种旁式交叉构象（即全部为 g 或 g′）
时，则聚合物分子链表现为螺旋链；但大多数情况为两者之间的中间状态。随分子链三种稳
定构象的相对含量及连接顺序不同，分子链可表现为伸直链、无规线团、折叠链和螺旋链等
宏观构象：

伸直链

无规线团　　　折叠链　　　螺旋链

对于孤立的分子链（即不考虑外部影响因素），由于热运动，分子的构象在时刻改变着，因此高分子链的构象是统计性的。

当分子链中某一个单键发生内旋转时，它的运动不是孤立的，它会带动与其相邻的一段链一起运动，即每个单键不能成为一个独立的运动单元。但是，只要高分子链足够长，由若干个单键组成的一段链就会作用得像一个独立的运动单元，这种高分子链上能够独立运动的最小单元称为链段。链段的大小与分子链的柔顺性有直接关系，分子链柔顺性越好，其能独立运动的链段越小，相应地，所需的运动空间也越小。链段之间是自由连接，链段的运动是通过单键的内旋转来实现的，甚至高分子的整链移动也是通过各链段的协同移动来实现的。

聚合物分子链能够通过内旋转作用改变其构象的性能称为聚合物分子链的柔顺性，它是聚合物分子特有的，是聚合物许多特性的根本。聚合物分子链能形成的构象数越多，柔顺性越大。

由于分子内旋转是导致分子链柔顺性的根本原因，而分子链的内旋转又主要受其分子结构的制约，因而分子链的柔顺性与其分子结构密切相关。分子结构对柔顺性的影响主要表现在以下几方面。

（1）主链结构　聚合物分子主链全部由单键组成的柔顺性好，当主链结构中含—C—O—、—C—N—、—Si—O—键时，如：

$$
\begin{array}{cccc}
\overset{\displaystyle O}{-C-O-C-} & \overset{\displaystyle O}{-C-}\overset{\displaystyle H}{N-C-} & \overset{\displaystyle H}{-N-}\overset{\displaystyle O}{C-O-} & \underset{CH_3}{\overset{CH_3}{-Si-O-Si-}}\underset{CH_3}{\overset{CH_3}{}} \\
聚酯 & 聚酰胺 & 聚氨酯 & 聚二甲基硅氧烷
\end{array}
$$

由于 O、N 原子键合的原子数比 C 原子结合的原子数少，其内旋转的位阻比—C—C—键小，因而柔顺性比碳链高分子好，如聚乙二醇的柔顺性比聚乙烯的柔顺性好；除此以外，Si—O—Si 的键角也大于 C—O—C 键，其内旋转位阻更小，因而聚硅氧烷的柔顺性比聚醚的柔顺性更好。

当主链中含非共轭双键时，虽然双键本身不能内旋转，但却使相邻单键的非键合原子（带 * 原子）之间的间距增大，从而使内旋转位阻减小，内旋转更容易进行，柔顺性好。如：

$$
\sim CH_2{-}CH_2{-}\overset{*}{C}H_2 \qquad \sim \overset{*}{C}H_2{-}CH{=}CH{-}\overset{*}{C}H_2 \sim
$$

柔顺性：　　　聚乙烯　　　 ＜ 　　　 聚丁二烯

当主链由共轭双键组成时，由于共轭双键因 π 电子云重叠不能内旋转，因而柔顺性差，是刚性链。如聚乙炔、聚苯：

$$
\sim CH{=}CH{-}CH{=}CH{-}CH{=}CH \sim
$$

聚乙炔　　　　　　　　　　　　聚苯

因此，在主链中引入不能内旋转的芳环、芳杂环等环状结构，可提高分子链的刚性。

（2）侧基　对于极性侧基，极性越大，极性基团数目越多，分子链内的相互作用越强，单键内旋转越困难，分子链柔顺性越差。如：

$$\sim\!\!\sim\!\!CH_2CH_2\!\!\sim\!\!\sim \quad \sim\!\!\sim\!\!CH_2CH_2CH_2CHCH_2\!\!\sim\!\!\sim \quad \sim\!\!\sim\!\!CH_2CH\!\!\sim\!\!\sim$$

柔顺性：　　聚乙烯　　＞　　氯化聚乙烯　　＞　　聚氯乙烯

非极性刚性侧基的体积越大，内旋转位阻越大，柔顺性越差。如：

$$\sim\!\!\sim\!\!CH_2CH\!\!\sim\!\!\sim \quad \sim\!\!\sim\!\!CH_2-CH\!\!\sim\!\!\sim \quad \sim\!\!\sim\!\!CH_2CH\!\!\sim\!\!\sim$$

柔顺性：　　聚乙烯　　＞　　聚丙烯　　＞　　聚苯乙烯

但对称性侧基可使分子链间的距离增大，相互作用减弱，柔顺性大。侧基对称性越高，分子链柔顺性越好。如：

$$\sim\!\!\sim\!\!CH_2-C\!\!\sim\!\!\sim \quad \sim\!\!\sim\!\!CH_2-C\!\!\sim\!\!\sim$$

柔顺性：　　聚丙烯　　＜　　聚异丁烯　　聚氯乙烯　　＜　　聚偏二氯乙烯

（3）氢键　如果聚合物分子链的分子内或分子间可以形成氢键，由于氢键的作用比极性作用更强，因而氢键的影响比极性更显著，可大大增加分子链的刚性。

（4）链的长短　如果分子链较短，内旋转产生的微观构象数少，刚性大。如果分子链较长，主链所含的单键数目多，因内旋转而产生的微观构象数目多，柔顺性好。但链长超过一定值后，分子链的宏观构象服从统计规律，链长对柔顺性的影响不大。

需要注意的是，聚合物分子链的柔顺性与实际聚合物材料的刚柔性是不同的，由于实际聚合物材料的刚柔性受聚合物聚集态结构的影响很大，有时与聚合物分子链的柔顺性并不一致，如孤立的聚乙烯分子链是柔顺性的，但由于聚乙烯分子结构规整易结晶，一旦发生结晶，分子链的运动就会受到晶格能的限制，从而失去了分子链的柔顺性，因而结晶聚乙烯是刚性的材料。

2.2　聚合物的聚集态结构

聚合物的聚集态结构也称超分子结构，它是指聚合物内分子链的排列与堆砌结构。虽然聚合物的分子链结构对聚合物材料性能有着显著的影响，但由于聚合物由许多单个高分子链聚集而成，有时即使相同链结构的同一种聚合物，在不同加工成型条件下，也会产生不同的聚集态结构，所得制品的性能也会截然不同，因此聚合物的聚集态结构对聚合物材料性能的影响比高分子链结构更直接、更重要。研究掌握聚合物的聚集态结构与性能的关系，对选择合适的加工成型条件、改进材料的性能、制备具有预期性能的聚合物材料具有重要意义。

聚合物的聚集态结构主要包括非晶态结构、晶态结构、液晶态结构和取向态结构。有些聚合物尤其是结构规整的聚烯烃具有很高的结晶性，能得到比较完善的结晶形态，聚乙烯甚至可在特定的条件下获得聚合物单晶，但任何聚合物在本体条件下都不能完全结晶。半结晶聚合物中，规整的晶区相互之间通过未取向、无规构象的分子链构成的非晶区连接；低结晶度聚合物中少量的不完善的结晶微区分散在非晶态的基体中；有些分子链结构规整性差的聚合物则是完全非晶态的，如无规聚苯乙烯、无规聚甲基丙烯酸甲酯等。

不同的聚集态结构中分子链的堆砌方式各不相同。

2.2.1　聚合物的非晶态

聚合物的非晶态是指聚合物中分子链的堆砌不具有长程有序性，完全是无序的，非晶态聚合物也称无定形聚合物，非晶态结构是一个比晶态更为普遍存在的聚集形态，包括玻璃态、高弹态、黏流态（或熔融态）及结晶聚合物中的非晶区。玻璃态（链段运动被冻结）、高弹态（链段运动被激活）、黏流态（整个高分子链可以流动）为非晶态聚合物的三种力学状态，可随温度变化而相互转换，其中玻璃态向高弹态的转变温度为玻璃化温度（T_g），高弹态向黏流态的转变温度为黏流温度（T_f），详见第 3 章。

目前有关非晶态结构的理论主要有两种模型。

（1）无规线团模型　该模型认为非晶态聚合物中，每条分子链都取无规线团构象，分子链之间相互贯穿、纠缠，如图 2-6(a) 所示。当其分子量足够高时，相互穿透的分子链就会形成稳定的纠缠结构，这种纠缠结构使聚合物分子链的运动受限，打个比方，就像一团杂乱堆放的毛线，毛线越长，越容易产生纠缠，越难将其彼此分开。由于这种纠缠作用，聚合物分子链运动时不是整个分子链的刚性运动，而是以含若干个链单元的链段为运动单元的蠕动。

(a) 无规线团模型

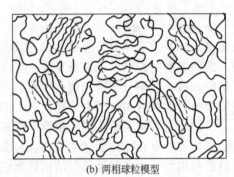

(b) 两相球粒模型

图 2-6　聚合物非晶态结构模型

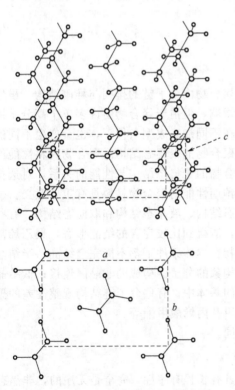

图 2-7　聚乙烯斜方晶体结构示意图

由于在聚合物的非晶态结构中不存在有序性，因此非晶态聚合物在聚集态结构上是均匀的，在这种模型中，分子链间存在着不被分子链占据的空隙，即所谓的自由体积，自由体积越大，分子链排列越疏松，密度越小。自由体积提供分子链内旋转所需的空间，自由体积可因温度高低而发生变化。

无规线团模型中由于每条分子链都处在许多相同的聚合物分子链的包围之中，分子内及分子间的相互作用是相同的，因此非晶态聚合物中的分子链等同于无扰分子链，分子链取无规构象。

（2）两相球粒模型　又称折叠链缨状胶束粒子模型，该模型认为非晶态聚合物并不是完全无序的，而是存在着局部有序区域，即非晶态聚合物包含有无序和有序两部分，如图 2-6(b) 所示。其中的有序部分（图中虚线圆弧内）是由聚合物分子链折叠而成的"球粒"或"链结"，其尺寸为 2~4nm，球粒中的分子链折叠排列比较规整，但比晶态的有序性要低得多；球粒之间区域内的分子链排列是无规的，其尺寸为 1~5nm。

　　上述两种非晶态结构模型各有一定的实验依据，能从不同角度解释聚合物的一些结构和性能，但不同观点之间还存在较大的争议，有待进一步深入研究。

2.2.2　聚合物的结晶态

　　(1) 聚合物的晶体结构　聚合物的结晶态是一种三维长程有序结构（导致各向异性），其晶体结构可用晶胞参数（晶格常数和晶格角）来描述，以聚乙烯为例，图 2-7 为聚乙烯斜方晶体结构示意图，其平行六面体晶胞可用三个晶格常数（轴）a、b、c 和三个平面夹角 α（b 和 c 夹角）、β（a 和 c 夹角）和 γ（a 和 b 夹角）来表征。由于化学键的键长和键角随温度的变化小，因此晶格常数 c 基本不随温度变化，但由于分子振动随温度升高而增大，因此晶格常数 a 和 b 随温度升高稍有增大。根据晶胞参数的不同可分为七种不同的晶体类型（晶系），见表 2-1。

表 2-1　晶体类型及其晶胞参数

晶体类型	晶胞参数	晶体类型	晶胞参数
立方	$a=b=c;\alpha=\beta=\gamma=90°$	斜方（正交）	$a\neq b\neq c;\alpha=\beta=\gamma=90°$
六方	$a=b\neq c;\alpha=\beta=90°,\gamma=120°$	单斜	$a\neq b\neq c;\alpha=\gamma=90°,\beta\neq90°$
四方	$a=b\neq c;\alpha=\beta=\gamma=90°$	三斜	$a\neq b\neq c;\alpha\neq\beta\neq\gamma\neq90°$
三方（菱形）	$a=b=c;\alpha=\beta=\gamma\neq90°$		

　　其中，立方和六方晶系属于高级晶系，四方、三方和斜方晶系属于中级晶系，三斜和单斜晶系属于低级晶系。在聚合物结晶中，由于聚合物分子链只能采取与主链中心轴平行的方向排列，其他两维为分子间的作用力，其作用范围在 0.25～0.5nm 之间，这种特性导致聚合物不能形成立方晶系，也很难形成高级晶系，多为较低级的晶系。同一结晶性聚合物可以形成不同的晶体结构，称为同质多晶现象，不同的结晶结构可在一定条件下相互转变。

　　(2) 聚合物的结晶形态　根据结晶条件不同，聚合物可形成多种形态的晶体。

　　① 单晶　聚合物单晶都是具有规则几何外形的薄片状晶体，如聚乙烯的单晶为菱形，见图 2-8。一般聚合物的单晶只能从极稀溶液（质量分数在 0.01%～0.1%）中缓慢结晶而成。单晶的晶片厚度与聚合物的分子量无关，只取决于结晶时的温度和热处理条件，在常压下，晶片的厚度不超过 50nm，而聚合物分子链的长度通常达数百纳米，因此聚合物分子链在单晶中是折叠排列。单晶的生长除了横向延伸外，还常常沿其螺旋位错中心盘旋生长，从而发展成多层结构，如图 2-8 所示下方较深色的晶体。通常质量分数约 0.01% 时可得到单层片晶，质量分数约 0.1% 时将发展成多层晶片，质量分数大于 1% 则不能得到单晶，而只能得到球晶。

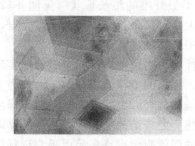

图 2-8　聚乙烯单晶的电镜照片

图 2-9　聚合物球晶的正交偏光显微镜照片

　　② 球晶　球晶是聚合物最常见的结晶形态，为圆球状晶体，尺寸较大，一般是由结晶

性聚合物从浓溶液中析出或由熔体冷却时形成的。球晶在正交偏光显微镜下可观察到其特有的黑十字消光或带同心圆的黑十字消光图像，如图 2-9 所示。

在球晶中，聚合物分子链通常是沿垂直于球晶半径的方向排列的，当偏振光通过聚合物球晶时就会发生双折射现象，将入射的偏振光分为两束振动方向相互垂直的偏振光，其振动方向分别平行和垂直于球晶的半径方向，由于在这两个方向的折射率不同，这两束光通过球晶的速度也不同，因而会产生相差而发生干涉现象，导致通过球晶某部分区域的光可以通过与起偏器正交的检偏器，而另一部分区域的光则不能，由此产生球晶照片上明暗相间的黑十字现象。

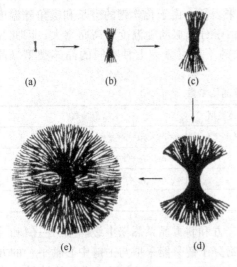

图 2-10 聚合物球晶的生长过程示意图

球晶的生长过程如图 2-10 所示，一般认为球晶生成的初期是以折叠链晶片开始［见图 2-10(a)］，由于熔体迅速冷却或其他条件所限，这些小晶片来不及规整地堆砌成单晶，为了减小表面能而以某些晶核（多层片晶）为中心，逐渐向外扩张生长，经历捆束状阶段［见图 2-10(b)、(c)］，之后同时向四周扭曲生长，形成填满空间的球状外形，最后生长成较大的尺寸［见图 2-10(d)、(e)］。在结晶程度较低时，球晶分散于连续的非晶区中，随着结晶度的提高，球晶在生长过程中会与相邻球晶相互碰撞，阻碍球晶外缘的正常生长，从而互相挤压成为不规则的多面体。

③ 伸直链晶片 伸直链晶片是由完全伸展的分子链平行规整排列而成的小片状晶体，晶体为折叠链结构，晶体中分子链的平行排列方向平行于晶面，晶片厚度基本与伸展的分子链长度相当，甚至更大。这种晶体主要形成于极高压力下。如聚乙烯在高压下进行熔融结晶或对熔体结晶进行加压热处理便可得到伸直链晶片，其电镜照片如图 2-11 所示。

④ 纤维状晶和串晶 纤维状晶是在流动场的作用下使聚合物分子链的构象发生畸变，成为沿流动方向平行排列的伸展状态，在适当的条件下结晶而成。纤维状晶由完全伸展的分子链组成，分子链的

图 2-11 聚乙烯的伸直链晶片

取向与纤维轴平行，在显微镜下观察时纤维状晶具有类似纤维的细长形状（见图 2-12）。纤维状晶的长度可大大超过聚合物分子链的实际长度，说明纤维晶是由不同分子链连续排列而成。

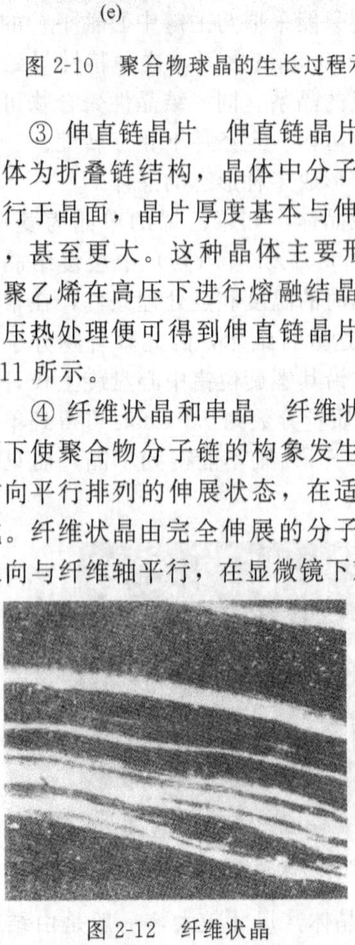

强烈搅拌结晶性聚合物的稀溶液，当结晶温度较低时可形成聚合物串晶。强烈的搅拌力使分子链沿外力方向平行取向结晶形成纤维状晶，纤维状晶之间的剪切梯度显著下降，使纤维状晶成为尚未结晶的其他分子链结晶时的晶核，而在纤维状晶的周围附生出许多晶面垂直于纤维状晶长轴的折叠链晶片，其中的折叠分子链与纤维状晶的长轴平行。图 2-13 为聚乙烯串晶的电镜照片和其串晶结构示

图 2-12 纤维状晶

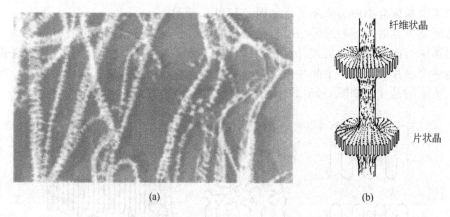

(a)　　　　　　　　　　　　　　(b)

图 2-13　聚乙烯串晶的电镜照片 (a) 及其结构示意图 (b)

意图。

（3）聚合物的晶态模型

① 缨状胶束模型　缨状胶束模型是最早和最简单的聚合物晶态模型，该模型的结构如图 2-14 所示。该模型认为结晶聚合物中晶区与非晶区紧密混合，互相穿插，同时存在。晶区的分子链相互平行排列成规整的结构，而非晶区分子链的堆砌完全无序。其中晶区的尺寸较小，分子链的长度远大于晶区的长度，因此一条分子链可同时穿越数个晶区和非晶区。晶区在通常情况下是无规取向的。缨状胶束模型有时也称为两相结构模型。

缨状胶束模型可以合理地解释许多实验事实，如结晶聚合物的晶区尺寸远小于其分子链长度，并且与分子量大小无关；其晶区与非晶区共存的观点可解释为什么结晶聚合物的宏观密度小于晶胞理论计算密度等。但是这一模型也存在明显的缺陷，例如人们发现用苯蒸气可以将聚癸二

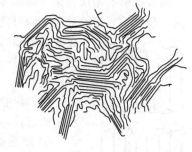

图 2-14　结晶聚合物的缨状胶束模型

酸乙二酯球晶中的非晶部分蚀刻掉，说明这种结晶中晶区和非晶区并不是不可分；用缨状胶束模型也无法解释单晶的结构。

② 折叠链模型　当人们在用电子衍射技术研究聚合物单晶时发现，聚合物单晶具有很明晰、很细的衍射点，说明聚合物单晶中基本只存在晶区，而没有非晶区，并且单晶中聚合物分子链的平行排列方向不是沿晶体的最长方向，而是沿晶体的最短方向，即垂直于晶体薄片的平面。单晶的厚度约为 10nm，而聚合物分子链一般都长达数百至数千纳米。根据这些实验事实，A. Keller 于 20 世纪 50 年代提出了聚合物晶体的折叠链模型，称为近邻规整折叠链模型，其后又几经修正发展出松散折叠链模型和插线板模型。

近邻规整折叠链模型认为聚合物晶体中分子链是以反复平行折叠的形式排列的，每条分子链都在相邻的位置上再进入折叠结构，这样折叠时相连的链段在晶片中的空间排列总是相邻的，分子链折叠时其曲折部分所占的比例很小，结晶聚合物中的非晶区是由分子链折叠时的曲折部分、分子链的末端以及分子链的一些错位结构所组成，如图 2-15(a) 所示。但有些晶片中聚合物分子链并不全部都填充到规整的晶体结构中，甚至有些单晶的表面结构也很松散，对于这些结晶结构很难用近邻规整折叠链模型解释。

近邻松散折叠链模型与近邻规整折叠链模型不同的是，该模型认为虽然分子链再进入折叠结构时也是发生在相邻位置，但其曲折部分并不是短小和规整的，而是松散和不规则的，

它们构成了结晶聚合物中的非晶区，如图 2-15(b) 所示。

近邻规整折叠链模型和近邻松散折叠链模型代表了折叠链结构的两种基本模式，实际的聚合物晶体中可能两种折叠模式都存在，而且一条分子链并非只在一个晶片中折叠排列，而可能穿越多个晶片，即在一个晶片中折叠一部分后经由非晶区又进入另一个晶片，甚至还可能又回到原来的晶片，如图 2-15(c) 所示。

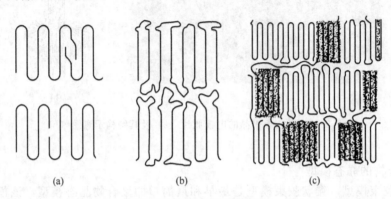

图 2-15　折叠链模型示意图

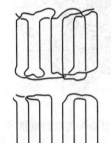

图 2-16　插线板模型
示意图

插线板模型则认为聚合物晶体中相邻排列的两段分子链段并不像折叠链模型那样都是属于同一分子相邻接的链段，而可能是非邻接的链段或属于不同分子的链段，如图 2-16 所示。在形成多晶时，一条分子链可先在一个晶片中进入晶格，之后穿越非晶区，进入另一晶片排列，即使是再进入原来的晶片，其进入点也不在相邻位置上。

（4）聚合物结晶过程的特点　聚合物结晶是高分子链从无序转变为有序的过程，有三个特点。

① 结晶必须在玻璃化温度 T_g 与熔点 T_m 之间的温度范围内进行。聚合物结晶过程与小分子化合物相似，要经历晶核形成和晶粒生长两过程。温度高于熔点 T_m，高分子处于熔融状态，晶核不能形成；低于 T_g，高分子链运动困难，难以进行规整排列，晶核也不能生成，晶粒难以生长。

结晶温度不同，结晶速度也不同，在某一温度时出现最大值，出现最大结晶速度的结晶温度可由以下经验关系式估算：

$$T_{max}=0.63T_m+0.37T_g-18.5$$

② 同一聚合物在同一结晶温度下，结晶速度随结晶过程而变。一般最初结晶速度较慢，中间有加速过程，最后结晶速度又减慢。

③ 聚合物结晶不完善，没有精确的熔点，存在熔限。熔限大小与结晶温度有关。结晶温度低，熔限宽，反之则窄。这是由于结晶温度较低时，高分子链的流动性较差，不利于分子链进行有序排列，形成的晶体不完善，且各晶体的完善程度差别大，因而熔限宽。

（5）聚合物结晶过程的影响因素

① 分子链结构　聚合物的结晶能力与分子链结构密切相关，分子结构越简单、对称性越高、立体规整性越好、取代基的空间位阻越小，分子链相互作用越强（如聚酰胺等能产生氢键或带强极性基团）的聚合物越易结晶。如聚乙烯和聚四氟乙烯分子结构简单又具有很高的对称性，最容易结晶，几乎无法得到完全非晶态的聚合物；若在分子链上引入大小或取代位置不同的侧基或侧链，破坏分子链的规整性，聚合物的结晶能力就会大大下降；对于单取

代乙烯基聚合物，有全同、间同和无规立体构型，全同立构高分子能结晶，间同立构高分子有时能结晶，无规立构高分子不能结晶。

分子链的结构还会影响结晶速度，一般分子链结构越简单、对称性越高、取代基空间位阻越小、立体规整性越好，结晶速度越快。

② 温度　温度对结晶速度的影响极大，有时温度相差甚微，但结晶速度常数可相差上千倍。

③ 应力　应力能促使分子链沿外力方向进行有序排列，可提高结晶速度。

④ 分子量　对同种聚合物而言，分子量对结晶速度有显著影响，在相同条件下，一般分子量低的结晶速度快，结晶能力强。

⑤ 杂质　杂质影响较复杂，有的可阻碍结晶的进行，有的则能加速结晶。能促进结晶的物质在结晶过程中往往起成核作用（晶核），称为成核剂。聚合物中成核剂的加入不仅可提高结晶速度，还可增加晶粒数目，使聚合物晶粒的尺寸减小，有利于获得透明度更高的聚合物材料。

（6）结晶对聚合物性能的影响　结晶使高分子链规整排列，堆砌紧密，因而增强了分子链间的作用力，使聚合物的密度、强度、硬度、耐热性、耐溶剂性、耐化学腐蚀性等性能得以提高，从而改善塑料的使用性能。

但结晶使弹性、断裂伸长率、抗冲击强度等性能下降，对以弹性、韧性为主要使用性能的材料是不利的。如结晶会使橡胶失去弹性，发生爆裂。

2.2.3　聚合物的液晶态

液晶态是晶态向液态转化的中间态，既具有晶态的有序性（导致各向异性），又具有液态的连续性和流动性。

根据形成条件的不同分为热致性液晶和溶致性液晶。热致性液晶在受热熔融时形成各向异性熔体；溶致性液晶则在溶于某种溶剂后可形成各向异性的溶液。

能够形成液晶的高分子通常由刚性的介晶单元和柔性单元两部分组成，刚性介晶单元多由芳香族或脂肪族环状结构组成，柔性单元多由可以自由旋转的 σ 键连接而成的饱和链组成。刚性介晶单元可以是棒状的，也可以是盘状的，常见的刚性介晶单元结构如下：

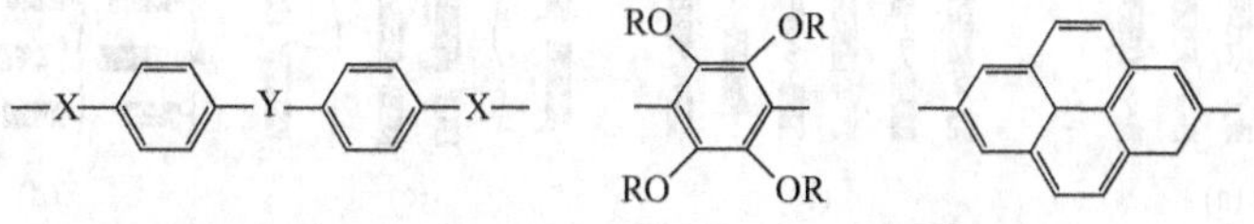

棒状刚性单元　　　　　　盘状刚性单元

式中　X＝—O—，—COO—等；Y＝—COO—，p-C_6H_4—，$trans$-CH＝CH—，$trans$-N＝N—，—CH＝N—等

根据刚性介晶单元在聚合物分子链中的位置，可分为主链型高分子液晶和侧链型高分子液晶，主链型液晶的刚性介晶单元在主链上，而侧链型液晶高分子的刚性介晶单元通过柔性的间隔基连接在非介晶的主链上。

高分子液晶根据其介晶单元的排列形式和有序性可分为近晶型、向列型和胆甾型三种主要类型，其结构特点如图2-17所示。

（1）近晶型液晶　在所有液晶结构中最接近结晶结构，近晶型液晶中分子链中的棒状介晶单元相互平行排列成层状结构，具有二维以上的有序性。介晶单元可在层内运动，但不能在不同层间穿越，因此层与层之间可发生相互滑动，但难以发生垂直于层面方向的流动，因此这种液晶具有黏度各向异性。这类液晶还可根据其结构的细微差别又可分为9个小类。如

在 S_A 型液晶中，其刚性介晶单元的长轴垂直于层面，但层内介晶单元的分布是无序的；在 S_B 型液晶中，与 S_A 型液晶不同的是，其刚性介晶单元的重心在层内的排列是有序的，呈六角形排列，在一定程度上具有三维有序性；在 S_C 型液晶中，其刚性介晶单元的长轴不与层面垂直，而是倾斜成一定角度等。

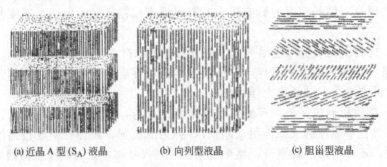

(a) 近晶 A 型 (S_A) 液晶　　　　(b) 向列型液晶　　　　(c) 胆甾型液晶

图 2-17　三种不同类型液晶结构示意图

　　能够形成近晶型液晶的高分子通常由棒状刚性介晶单元有规律地周期性连接而成，或者由长度相等的刚性介晶单元和较长的柔性分隔基连接而成，后者形成的近晶 A 型液晶结构如图 2-18(a) 所示。

　　(2) 向列型液晶　其中的棒状刚性介晶单元虽然也平行排列，但不分层次，其重心排列是无序的，只有一维有序性，介晶单元可沿其长轴方向运动而不影响液晶结构，因此很容易在外力作用下沿长轴方向流动，是三种液晶结构中流动性最好的，其高分子熔体或高分子溶液的黏度最小。

　　向列型液晶相对较易形成，只需要分子中含有较大的刚性介晶单元或者含有由短的柔性间隔基连接的短刚性介晶单元即可。图 2-18(b)～(d) 所示分别为主链型向列液晶和侧链型向列液晶的结构示意图，其中 (c) 的刚性介晶单元与主链平行，(d) 的刚性介晶单元与主链垂直。

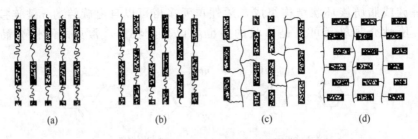

(a)　　　　　(b)　　　　　(c)　　　　　(d)

图 2-18　高分子液晶的结构示意图

　　(3) 胆甾型液晶　能够形成胆甾型液晶的高分子必须含有不对称碳原子。胆甾型液晶结构中，棒状介晶单元分层平行排列，在每个单层内介晶单元的排列与向列型相似。由于伸出在层面平面外的光学活性基团的作用，相邻两层中介晶单元的长轴依次有规则地扭转一定角度，层层累加形成螺旋堆砌结构，介晶单元的长轴在旋转 360° 后复原，两个介晶单元取向相同的层之间的距离称为胆甾型液晶的螺距。这种液晶各层间有规律的面间距作用就像一个光栅使入射的白光偏振旋转，显示出彩虹般的颜色。这种螺旋结构具有很高的光学活性。由于属于这类液晶的物质中许多是胆甾醇（胆固醇）的衍生物，因此胆甾型液晶成了这类液晶的总称。

　　应该指出的是，液晶高分子、高分子液晶态和液晶固体是三个不同的概念，液晶高分子是指能够形成液晶态的高分子，并不一定处于液晶态；高分子液晶态指的是高分子的一种聚集态，同时具有液体的流动性和晶体的有序性；液晶固体是指保留了液晶态时的分子堆砌结构的固体，但并非液晶态。通常所讲的高分子液晶是指高分子液晶固体。

高分子液晶具有良好的热稳定性，优异的介电、光学和力学性能，抗化学试剂的作用，低燃烧性和极好的尺寸稳定性，应用广泛。高分子液晶特别是热致主链液晶具有高模量、高强度等优异的力学性能，特别适于作为高性能的工程材料，其极低的膨胀率和吸潮率可以满足制作高精密度的部件。高分子液晶还可用于高性能纤维的合成。与小分子液晶相同，高分子液晶可在电场作用下从透明的无序态转变为不透明的有序态，可用于显示器件的制造。高分子液晶还作为信息储存介质，以热感型液晶信息储存材料为例，其工作原理如图 2-19 所示。

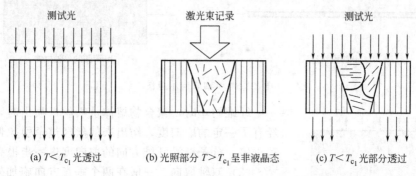

图 2-19　热感型高分子液晶信息储存示意图

首先利用电场将存储介质制成液晶垂直于平面的透光向列型液晶，这时测试光可以完全透过，当用一激光束照射存储介质时，被照射区域局部升温，使该区域的液晶熔融成各向同性熔体，当关闭激光后，熔融部分的聚合物凝结成取向不规则的不透光区域，这样经激光照射后的存储介质中存在透光区域和不透光区域，相当于一个二进制，可进行信息的记录和存储。这类信息储存材料属于永久信息储存材料，只有将整个储存介质加热到熔融态，在电场下重新取向，才能消除记录的信息，因此不会因吸尘或划伤而影响数据的读取。

2.2.4　聚合物的取向态

在理想的无定形聚合物中，其分子链构象是无规的，但在真实的聚合物材料中，聚合物分子链常常并不是完全无规的。在聚合物成型过程中，由于不可避免的外力作用，聚合物熔体中原本为无规线团的部分分子链或其中的部分链段就会沿外力方向进行优势的平行排列，如图 2-20 所示。

聚合物分子链或链段在外力作用下沿外力方向上的优势平行排列称为取向，当将取向的聚合物熔体迅速冷却至其 T_g 以下时，这种优势平行排列就被"冻结"，所得的局部有序结构称为聚合物的取向态。

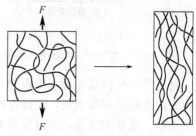

图 2-20　熔融聚合物取向示意图

聚合物的取向态与结晶态都是有序结构，但结晶态是三维有序的，而取向态是一维或二维有序的。未取向的聚合物材料是各向同性的，即各个方向上的性能相同。而取向后的聚合物材料，除其标量性能外（如密度、比热容等）外，所有其他的物理性能都与其测试方向有关，随着取向度的增加，在取向方向上其共价键性能得到加强，表现高刚性、高强度、低热膨胀性等；而与取向方向垂直方向上的共价键性能减弱，所体现的性能更多是由范德华作用所致，因而其性能反而有所减弱。即取向聚合物材料是各向异性的，测试方向不同，材料性能也不同。

利用聚合物取向结构的这种特性，可以有目的地对聚合物材料施加外力作用使之在一定方向上进行取向以提高其力学性能。由于聚合物分子的取向必须通过链段运动才能实现，因此为了获得良好的取向效果，非晶态聚合物的取向必须在高于其 T_g 下进行，而晶态聚合物的取向必须在高于其 T_m 下进行。根据所加外力方式的不同，聚合物的取向一般有两种方式。

（1）单轴取向　在一个轴向上施以外力，使分子链沿一个方向取向。如纤维纺丝和薄膜的单轴拉伸（见图 2-21）。

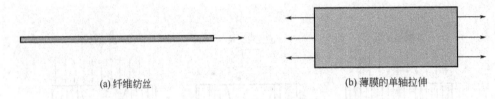

(a) 纤维纺丝　　　　　　　　　　　(b) 薄膜的单轴拉伸

图 2-21　单轴取向示意图

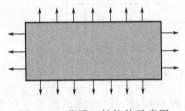

图 2-22　薄膜双轴拉伸示意图

纤维纺丝时，聚合物熔体从喷丝口喷出时，分子链已经有了一定的取向度，纺出来的丝经过牵引拉伸至原来的若干倍，分子链沿纤维方向的取向度进一步提高。

（2）双轴取向　一般在两个垂直方向施加外力。如薄膜双轴拉伸（见图 2-22）。经双轴拉伸后，薄膜中的分子链取向平行薄膜平面的任意方向，因而在薄膜平面各方向上的性能相近。

经单轴取向和双轴取向后，薄膜中的分子链取向如图 2-23 所示。

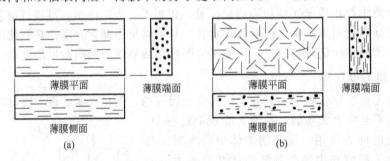

薄膜平面　　　薄膜端面　　　　　薄膜平面　　　薄膜端面

薄膜侧面　　　　　　　　　　　　薄膜侧面

(a)　　　　　　　　　　　　　(b)

图 2-23　薄膜经单轴取向（a）和双轴取向（b）后的分子链排列示意图

对于纤维材料只需要一维取向，经单轴拉伸即可，但薄膜材料如果只单轴拉伸，在垂直拉伸方向上就很容易撕裂，且保存时还会产生不均匀收缩，用这样的膜制作胶片、磁带就会造成变形、录音失真等，所以常用的薄膜材料都必须双轴取向。

非晶态聚合物的取向包括分子链取向和链段取向，链段取向可通过链段运动来实现，这种取向可在高弹态下进行；而分子链取向必须通过整个分子链中各链段的协同运动才能实现，只能在聚合物处于黏流态时才能进行。取向过程是链段运动的过程，必须克服聚合物的内摩擦，因而完成取向需要一定时间，由于两种取向方式的运动单元大小不同，因而取向过程的快慢也不同。在外力作用下首先发生链段取向，然后才是整条分子链的取向。取向过程是一种分子有序化过程，而热运动总是使分子趋向无序化，在热力学上无序化过程是自发过程，而取向必须借助外力才能实现。取向态是一种热力学不平衡状态，聚合物在高弹态下拉伸可使链段取向，但一旦去除外力，链段便自发地解取向而恢复原状，因此为了使聚合物的取向态稳定下来，必须在取向后迅速将温度降低到玻璃化温度以下，使其取向结构被冻结。

　　结晶聚合物取向时，除了其中的非晶区可发生链段取向与分子链取向外，其晶粒也会发生取向。结晶聚合物的取向过程实质上是球晶的形变过程。在拉伸过程中，球晶首先被拉成椭圆形，再继续拉伸变为带状结构，在球晶形变过程中，组成球晶的片晶之间发生倾斜、晶面滑移、转动甚至破裂，形成新的取向的折叠链结晶结构，如图 2-24(a) 所示；也可能使原有的折叠链晶片部分地转变成分子链沿拉伸方向规整排列的伸直链结晶，如图 2-24(b) 所示。

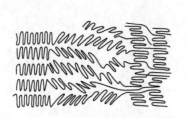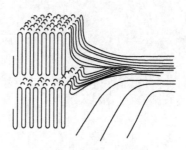

(a) 取向后形成新的折叠链结晶　　　　　　(b) 取向后形成伸直链结晶

图 2-24　结晶聚合物的拉伸取向过程

　　因而结晶聚合物取向后，不再是球晶结构，而是形成一条条沿取向方向长而薄的、由取向的片晶和在取向方向上贯穿于片晶之间的取向非晶区所组成的微丝结构（见图 2-25），微丝和微丝之间仅有微弱的结合，有时甚至在微丝之间存在裂缝。

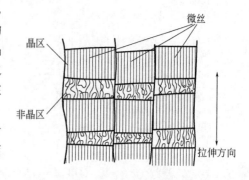

图 2-25　取向结晶聚合物的微丝结构

　　结晶聚合物的取向可有两种途径：①将聚合物在熔融状态下拉伸，然后使取向的熔体迅速结晶；②将球晶聚合物在固态下进行拉伸。

　　聚合物的拉伸取向结构是由链段运动所引起的，是热力学不平衡状态，因此可在升温条件下解取向，非晶态聚合物的取向结构可在升温至其 T_g 附近时发生解取向，使分子恢复其无规线团状态，并收缩至其原来的尺寸，取向的结晶聚合物也可发生相似的热收缩，但需加热到其熔点。

习　题

　　1. 什么是聚合物的聚集态？聚合物的聚集态主要有哪几种类型？

　　2. 什么是高分子的柔顺性？比较下列两组聚合物的柔顺性大小，并简要说明原因。

　　a. 乙烯，聚丙烯，聚苯乙烯；b. 聚乙烯，聚乙二醇，聚硅氧烷

　　3. 结晶性聚合物和晶态聚合物有无区别？聚合物能否结晶受哪些因素的影响？

　　4. 液晶高分子的分子结构具有哪些基本特征？

　　5. 如何得到取向的聚合物？取向对聚合物的性能有何影响？

　　6. 假设某聚合物样品中含有五种分子量分别为 5000、15000、30000、45000 和 90000，其摩尔比为 1：2：4：6：1，请分别计算该聚合物样品的数均分子量、重均分子量和多分散系数。

参 考 文 献

［1］　卢江，梁晖. 高分子化学. 第 2 版. 北京：化学工业出版社，2010.

［2］　Joel R Fried. Polymer Science and Technology. Prentice-Hall International，Inc. New Jersey. 1995.

［3］　邓云祥，刘振兴，冯开才. 高分子化学、物理和应用基础. 北京：高等教育出版社，1997.

［4］　赵文元，王亦军. 功能高分子材料化学：第五章 高分子液晶材料. 第 2 版. 北京：化学工业出版社，2003.

［5］　符若文，李谷，冯开才. 高分子物理. 北京：化学工业出版社，2005.

［6］　Hans-Georg Elias. An Introduction to Polymer Science. Weinheim：VCH Verlagsgesellschaft mbH. 1997.

［7］　N G McCrum，C P Buckley，C B Bucknall. Principles of Polymer Engineering. 2nd Edition. Oxford University Press. Oxford. 1997.

第 3 章　聚合物的分子运动

聚合物通过分子运动表现出不同物理状态或宏观性能。不同结构的聚合物，其分子运动方式不同而使材料显示不同的宏观力学性能。即使相同结构的聚合物，由于外界环境如温度等造成的分子运动的差异，也可使材料表现出完全不同的力学性能，即呈现不同的力学状态。例如，常温下柔软而富有弹性的橡皮，一旦冷到−100℃，便失去弹性，变得像玻璃一样又硬又脆；而室温下坚硬的有机玻璃（聚甲基丙烯酸甲酯），加热到100℃附近，则变得如橡皮一样柔软。因此，通过对聚合物分子热运动规律的理解，有助于掌握聚合物微观结构与宏观性能的内在联系，对于合理选用材料、确定加工工艺条件以及设计材料等都非常重要。

3.1　聚合物分子运动的特点

聚合物的结构复杂，其分子运动比小分子运动也要复杂得多，主要表现出以下特点。

（1）运动单元的多重性　由于高分子的长链结构，分子量很大又具有多分散性，使得高分子的运动单元具有多重性。它可以是高分子链的整体运动，即像小分子一样，高分子链作为一个整体作质量中心的移动；也可以是链段的运动，即高分子链在保持其质量中心不变的情况下，一部分链段通过单键内旋转而相对于另一部分链段的运动；还可以是更小的运动单元如链节、支链、侧基的运动。另外，高分子运动单元的运动方式也具有多样性，即除了整个分子振动、转动和移动外，分子中的一部分还可以进行相对于其他部分的转动、移动和取向。整条分子链的移动是通过各链段的协同移动实现的。

（2）分子运动的时间依赖性　在一定温度和外场（力场、电场、磁场）作用下，物质从一种平衡状态通过分子运动而过渡到与外界环境相适应的新的平衡状态的过程称为松弛过程。

聚合物分子量大，分子内和分子间相互作用力很强，本体黏度大，从一种平衡状态通过分子运动过渡到新的平衡状态时，各种运动单元的运动均需克服内摩擦阻力，因而松弛过程一般是漫长的。例如取一段橡皮，用外力将其拉长 ΔX，然后除去外力，ΔX 不会立刻变为零，橡皮高分子链由伸直状态逐渐回复到原来的卷曲状态，该过程可以维持几天甚至几十天，其速度只有用精密仪器才能测出。

聚合物的松弛过程如图 3-1 所示，表示为：

$$\Delta X(t) = \Delta X_0 e^{-t/\tau}$$

式中，$\Delta X(t)$ 为除去外力后，在 t 时刻某物理量的增量（如应变、应力等）；ΔX_0 为除去外力前该物理量的增量；τ 为松弛时间。当 $t = \tau$ 时，$\Delta X(t) = \Delta X_0/e$，即松弛时间 τ 是物理量的增量变化到初始增量的 $1/e$ 倍时所需的时间。

各种聚合物由于运动单元大小不同，松弛时间往往不同，并且有可能差别很大，短的仅数秒钟，长的可以几天甚至几年。小分子物质的松弛时间很短，如室温下小分子液体对外力作用的松弛时间为 $10^{-8} \sim 10^{-10}$ s，在通常情况下难以觉察其松弛过程。

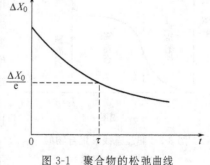

图 3-1　聚合物的松弛曲线

（3）分子运动的温度依赖性 升高温度对分子运动具有双重作用：一是增加高分子热运动的动能，当热运动能达到高分子的某一运动单元实现某种模式运动所需要克服的位垒时，就能激发该运动单元的这一模式的运动；二是使高分子物质的体积膨胀，增加了分子间的空隙（称为自由体积），当自由体积增加到与某种运动单元所需空间尺寸相配后，这一运动单元便开始自由运动。

高分子运动是一松弛过程，松弛过程的快慢即松弛时间与温度有关，升高温度将加速所有的松弛过程。对于侧基运动、主链的局部运动，松弛时间与温度关系符合从活化能概念出发的 Eyring 理论：

$$\tau = \tau_0\, e^{\Delta E/RT}$$

式中，τ_0 为一常量，取决于高分子运动单元的结构和聚集态结构；R 为气体常数；T 为热力学温度；ΔE 为松弛过程所需的活化能。

而对于链段运动引起的玻璃化转变过程，其松弛时间的温度依赖性则可以运用从自由体积概念出发建立起来的 WLF 半经验方程来描述：

$$\lg \frac{\tau}{\tau_s} = \frac{-17.44(T-T_s)}{51.6+(T-T_s)}$$

式中，τ_s 为某一参考温度 T_s 下的松弛时间。此方程适用于温度为 $T_g \sim (T_g+100℃)$ 的范围。

3.2 聚合物的力学状态和热转变

聚合物在不同的温度下，采取不同的分子运动方式，使聚合物在宏观上具有不同的力学性能，而呈现不同的力学状态。取一块聚合物试样，对它施加一恒定外力，然后以一定速率升温，记录试样的形变随温度变化，将会得到聚合物的温度-形变曲线，又称热机械曲线，从该曲线可以分析聚合物的力学状态及其转变。

3.2.1 非晶态聚合物的温度-形变曲线

图 3-2 为非晶态线形聚合物试样的温度-形变曲线。当温度较低时，聚合物呈刚性固体状，在外力作用下只发生非常小的形变，显示较高的模量，相应的力学状态称为玻璃态；温度升高至某一范围后，聚合物的形变明显增加，并在随后的温度区间达到一相对稳定的形变值，此时聚合物变成柔软的弹性体，若再加外力，聚合物会发生很大形变，除去外力，形变可很快回复，相应的力学状态称为高弹态；温度进一步升高，聚合物形变又随之加大，最后完全变成黏性的流体，它在外力作用下产生很大的不可逆形变，相应的力学状态称为黏流态。

由此可见，根据力学性质随温度变化的特征，可把非晶态聚合物按温度区域不同划为三种力学状态：玻璃态、高弹性和黏流态。玻璃态和高弹性之间的转变称为玻璃化转变，对应的转变温度即玻璃化转变温度，简称玻璃化温度，用 T_g 表示。而高弹性与黏流态之间的转变温度称为黏流温度，用 T_f 表示。

非晶态线形聚合物随温度变化出现三种力学状态，这是内部分子处于不同运动状态的宏观表现。

（1）玻璃态 由于温度较低，分子热运动能量低，不足以克服主链内旋转的位垒而激发链段的运动，链

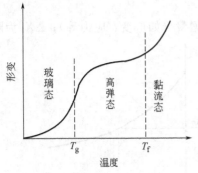

图 3-2 非晶态线形聚合物的
温度-形变曲线

段处于被"冻结"状态。只有侧基、链节、短支链等小尺寸运动单元的运动及键长、键角的变化。因此，聚合物表现的力学性质与无机玻璃相似，受力后变形小，通常为 $0.1\% \sim 1.0\%$，具有虎克弹性行为，即形变与受力大小成正比，当外力除去后，形变立即恢复。

（2）高弹态　随着温度上升，分子热运动加剧，当达到某一温度（T_g）时，虽然整个高分子链的运动仍不可能，但分子热运动的能量已足以克服主链单键内旋转的位垒，链段的运动被激发，链段可以通过主链中单键的内旋转而不断改变构象，甚至可使部分链段产生滑移。在外力作用下，分子链可从卷曲构象变为伸展构象，在宏观上呈现很大的形变。一旦外力除去，分子链又可从伸展构象逐步恢复到熵值更大的卷曲构象，宏观上表现为弹性回缩。由于这种形变是外力作用促使聚合物主链发生内旋转的过程，所需外力比处于玻璃态时形变（键长、键角的改变）所需的外力要小得多，而形变却大得多，因此称这种力学性质为高弹性，是非晶态聚合物处于高弹态下所特有的力学性质。

（3）黏流态　温度继续上升，链段运动更剧烈，当达到某一温度（T_f）时，整个大分子链通过链段的协同运动而发生相对位移，在宏观上表现为沿外力方向发生黏性流动，形变量很大，除去外力形变不可逆，此时的力学状态称为黏流态。

玻璃态、高弹态、黏流态是一般非晶态线形聚合物所共有的，称为力学三态。这是一种动力学概念，与材料力学特征、分子热运动及松弛过程有关。

非晶态线形聚合物的力学状态及转变温度与聚合物的分子量有关，如图 3-3 所示，当分子量较低时，链段运动与整个分子链的运动相当，T_g 与 T_f 重合，无高弹态。当分子量增大，出现高弹态，T_f 随分子量增大而提高。高弹态与黏流态之间的过渡区，随分子量增大而变宽。对于网状聚合物，由于分子链间有化学键交联而不能发生相对位移，但链段仍可运动，所以只出现高弹态而无黏流态。

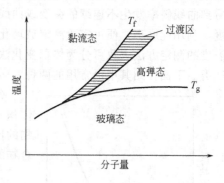

图 3-3　非晶态聚合物的力学状态
与分子量及温度的关系

聚合物的力学状态和转变温度具有重要的实际意义。T_g 是聚合物作为塑料应用的最高使用温度，作为橡胶应用的最低使用温度。常温下处于玻璃态的非晶态聚合物可用作塑料，聚合物作为塑料使用的最高温度为其玻璃化转变温度 T_g，当使用温度接近 T_g 时，塑料制品开始软化，失去尺寸稳定性和力学强度。非晶态橡胶材料的使用温度范围为 $T_g \sim T_f$，通常作为橡胶的非晶态聚合物的 T_g 应远低于室温，例如天然橡胶的 T_g 为 $-73℃$。非晶态聚合物的加工成型温度则一般在 T_f 以上。

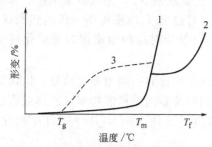

图 3-4　晶态聚合物的温度-形变曲线
$1-T_m>T_f$ 的晶态聚合物；$2-T_m<T_f$ 的
晶态聚合物；3—轻度结晶的聚合物

3.2.2　晶态聚合物的温度-形变曲线

对于晶态聚合物，通常是晶区和非晶区共存。非晶部分也有上述非晶态聚合物的力学三态的转变，只不过其宏观表现随结晶度的不同而不同。图 3-4 为晶态聚合物的温度-形变曲线。在轻度结晶的聚合物中，微晶起着类似交联点的作用，仍然存在明显的玻璃化转变（见图 3-4 曲线 3），即升高温度使非晶部分从玻璃态变为高弹态，但非晶部分此时的高弹形变因受微晶的交联作用而比一般的非晶态聚合物的高弹形变要小，聚合物呈柔韧的皮革状。随着结晶度的增加，非晶区链段运动受到类似交联点晶区的限制而更为困难，高弹形变减小。当结晶度大于 40％ 后微晶体彼此连接，形成贯穿整个聚合物材料的连续相，宏观上将观察不到明显的玻璃化转变（见图 3-4 曲线 1 或 2）。温度继续升高到晶区聚合物熔点 T_m 时，聚合物晶区熔融，如果聚合物的分子量不太大，非晶区的黏流温度 T_f 低于晶区的熔融温度 T_m，则晶区熔融后，整个聚合物直接进入黏流态（曲线 1）；如果分子量很大，以至于 $T_f > T_m$，则晶区熔融后，将出现高弹态，直到温度进一步上升到 T_f 以上，才进入黏流态（曲线 2）。由于高温下出现的高弹态对加工成型带来不利的影响，因此，在满足材料强度要求的前提下，晶态聚合物的分子量通常应控制得低一些。

3.3　聚合物的玻璃化转变

3.3.1　玻璃化转变温度的测量

无定形聚合物（包括非晶态聚合物和结晶性聚合物中的非晶部分）玻璃态与高弹态之间的转变，称为玻璃化转变，它对应于链段运动的"冻结"与"解冻"，以及分子链构象的变化。在玻璃化转变前后，聚合物的许多物理性质，如模量、比体积、比热容、热导率、膨胀系数、折射率、介电常数等都将发生急剧变化。以聚合物的某一物理性质对温度作图，可以看到曲线斜率发生不连续的突变或曲线出现极值，这个转变点对应的温度就是玻璃化转变温度，利用此原理，便可实验测定玻璃化转变温度。根据所测量的物理性质不同，玻璃化转变温度的测定方法大致可分为体积变化法、热力学性质变化法、力学性质变化法和电磁效应法四类。下面介绍其中最常用的两种：

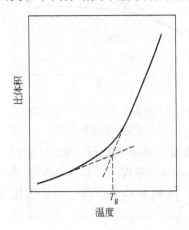

图 3-5　聚合物的比体积与温度的关系曲线

（1）膨胀计法　这是利用聚合物在玻璃化转变时，比体积（比容）发生突变的一种方法。使用膨胀计测量聚合物的比体积随温度的变化速率，其转折点处的温度即为聚合物的玻璃化转变温度，如图 3-5 所示。

（2）差热分析（DTA）和示差扫描量热（DSC）法　DTA 和 DSC 是利用聚合物的热力学性质如热容（或比热容）随温度的变化在玻璃化转变时出现转折或突变来测定玻璃化温度的，是目前广泛采用的方法。DTA 的基本原理是将聚合物样品和热惰性参比物（如 $\alpha\text{-}Al_2O_3$）在等速升温的条件下同时加热，参比物热力学性质无变化，而样品在玻璃化转变时比热容发生变化，这样便会引起聚合物样品和惰性参比物之间产生温度差 ΔT，连续测定试样与参比物的温度差 ΔT，以 ΔT 对温度 T 作图可得一条差热曲线，曲线上出现一台阶，台阶处所对应的温度即为玻璃化转变温度，如图 3-6(a) 所示。

DSC 是 DTA 的基础上，利用热量补偿器，在试样或参比物的一侧加补偿热量，以保证聚合物样品与参比物的温差 ΔT 保持为零。记录两者之间保持零温差所需功率（放热或吸热量）随温度的变化，便可确定聚合物的玻璃化转变温度 [见图 3-6(b)]。与 DTA 相比，DSC 具有更高的灵敏度、分辨率及可定量特征。

3.3.2　玻璃化转变理论

关于玻璃化转变现象的理论解释有自由体积理论、热力学理论和动力学理论等多种，这

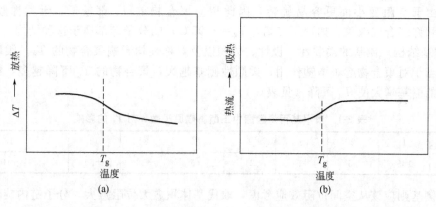

图 3-6　DTA(a) 和 DSC(b) 法测定聚合物的 T_g

里将着重介绍其中应用较广的自由体积理论。

自由体积理论最初由 Fox 和 Flory 提出。该理论认为聚合物的体积由两部分组成：一部分是被高分子本身占据的体积，称为占有体积；另一部分是未被占据的自由体积，它以"空穴"的形式分散于聚合物中间。

当聚合物冷却时，自由体积逐渐收缩，达到某一温度时，自由体积收缩到最低值，这时聚合物进入玻璃态。对任何聚合物，自由体积达到这一临界值的温度即为玻璃化转变温度。在玻璃化转变温度以下，自由体积处于冻结状态，其"空穴"的大小及分布基本保持固定，没有足够的空间供分子链段运动以及进行分子链构象的调整，链段运动也被冻结。因而聚合物的玻璃态可视为等自由体积状态。在玻璃化转变温度以上，自由体积开始解冻而膨胀，为链段运动提供了必要的自由空间。同时，分子热运动也为链段运动提供了足够的能量。

根据自由体积理论导出的经验方程计算，在发生玻璃化转变时，聚合物的自由体积分数为 0.025，大多数非晶态聚合物的实验结果与之吻合，表明自由体积理论的合理性。

玻璃化转变是链段运动的冻结与解冻之间的相互转变，在玻璃化转变温度以下链段运动被冻结，但类似侧基、支链、官能团、链节等小尺寸运动单元，由于它们的运动活化能较低，并且所需运动空间较小，所以仍能发生松弛现象，产生形变。为了区别由聚合物链段松弛产生的主要转变，将在玻璃化转变温度以下由小尺寸运动单元松弛产生的转变称为次级转变。

3.3.3　影响玻璃化转变温度的因素

玻璃化转变对应于聚合物链段运动的"冻结"或"解冻"过程，而链段运动是通过主链的单键内旋转来实现。因此，凡是能影响高分子链柔顺性的因素，都对聚合物的玻璃化转变温度 T_g 有影响。

（1）聚合物分子结构

① 主链结构　高分子链的柔顺性来源于主链单键的内旋转，饱和聚合物主链的单键内旋转位垒较小，T_g 较低，如果没有极性侧基取代则其 T_g 就更低。例如含—C—C—的聚乙烯的 T_g 为 $-68℃$；含—C—O—的聚甲醛为 $-83℃$；含键长更大的—Si—O—的聚二甲基硅氧烷的 T_g 更低，为 $-123℃$。当主链中引入苯基、联苯基、萘基等芳杂环后，主链上可进行内旋转的单键比例相对减少，分子链刚性增大，T_g 则增加。因此，芳香族聚酯、聚碳酸酯、聚砜和聚苯醚等的 T_g 都比相应的脂肪族聚合物高得多。

含有共轭双键的聚合物如聚乙炔，由于分子链不能内旋转，所以呈现极大的刚性，T_g 很高。相反，主链含孤立双键或三键的聚合物中，虽然双键或三键本身不能旋转，但使其相邻的单键由于空阻变小而更容易旋转，因此相应聚合物的 T_g 都较低，天然橡胶（$T_g=$ $-73℃$）和许多合成橡胶（如聚丁二烯，$T_g=-95℃$）的分子链都属于这种结构。

② 侧基结构 侧基的柔顺性、极性、体积以及对称性均影响聚合物的 T_g。柔顺性侧基的存在相当于对聚合物起了增塑作用，柔顺性侧基越大，聚合物的 T_g 下降越多，如聚甲基丙烯酸酯的侧基增大使 T_g 下降（见表 3-1）。

表 3-1 聚甲基丙烯酸酯中正酯基碳原子数 n 对 T_g 的影响

n	1	2	3	4	6	8	12	18
$T_g/℃$	105	65	35	21	-5	-20	-65	-100

刚性侧基则应该从空间位阻效应考虑，取代基体积愈大位阻愈大，分子链内旋转受阻程度加强，T_g 将升高。如下列聚 α-取代烯烃的 T_g 随着取代基的体积增大而提高：

$\begin{array}{cccc} +CH_2-CH\frac{}{}n & +CH_2-CH\frac{}{}n & +CH_2-CH\frac{}{}n & +CH_2-CH\frac{}{}n \\ | & & & \\ CH_3 & & & \end{array}$

| $T_g/℃$ -20 | 100 | 162 | 208 |

对于多取代聚合物，需考虑取代基的对称性。例如双取代基聚合物，对称取代时主链单键的内旋转位垒反而比单取代小，分子链的动态柔顺性较好，因而 T_g 下降，如聚异丁烯的 T_g 为 $-70℃$，而聚丙烯的 T_g 为 $-10℃$；同样的，聚偏二氯乙烯的 T_g 为 $-17℃$，聚氯乙烯的 T_g 为 87℃。不对称双取代，其空间位阻增加，T_g 则升高。例如聚甲基丙烯酸甲酯的 T_g（105℃）比聚丙烯酸甲酯的 T_g（3℃）要高。

（2）分子间相互作用力 聚合物链间若存在极性基团或氢键的相互作用，则使链段运动困难，T_g 增加。侧基的极性越强，分子间相互作用力越大，T_g 越高。例如聚乙烯的 $T_g=$ $-68℃$，引入弱极性基团—CH_3 后，聚丙烯的 $T_g=-20℃$；引入较强极性基团—Cl 后，聚氯乙烯的 T_g 升高到 87℃；引入强极性基团—CN 后，聚丙烯腈的 T_g 达到 103℃。增加分子链上极性基团的数量也能提高聚合物的 T_g，但当极性基的数量超过一定值后，由于极性基团间的静电排斥力超过吸引力，反而导致分子链间距离增大，T_g 下降，如表 3-2 所示。

表 3-2 氯化聚氯乙烯的 T_g 与含氯量的关系

含氯量/%	61.9	62.3	63.0	63.8	64.4	66.8
$T_g/℃$	75	76	80	81	72	70

分子间氢键可使 T_g 显著升高。如聚己二酸己二醇酯的 T_g（$-69℃$）与聚酰胺 66 的 T_g（47℃）相差 116℃，主要由于聚酰胺分子间氢键的存在。同样聚丙烯酸由于氢键的相互作用，其 T_g 为 104℃，而聚丙烯酸甲酯的 T_g 仅为 3℃。

（3）交联 一般来说，轻度交联由于交联点密度很小而不影响分子链段的运动，对玻璃化转变温度影响很小。随着交联点密度的增加，相邻交联点间网链的平均链长变小，链段运动受约束程度增加，T_g 将逐渐提高。交联聚合物的 T_g 与交联度之间的关系可用下式表示：

$$T_{gx}=T_g+K\rho_x$$

式中，T_{gx} 是交联聚合物的玻璃化转变温度；T_g 是未交联的聚合物的玻璃化转变温度；K 为一常数；ρ_x 为单位质量的交联链数量（即交联密度）。

（4）分子量 随着分子量的增加，T_g 逐渐增加，特别是当分子量较低时，这种影响更为明显。当分子量超过一定程度以后，T_g 随分子量的增加就不明显了，而趋于恒定，如图

3-7 所示。T_g 与数均分子量的关系可表示为：

$$T_g = T_{g(\infty)} - \frac{K}{M_n}$$

式中，$T_{g(\infty)}$ 是分子量为无限大时聚合物的玻璃化转变温度；K 是与聚合物有关的特征常数。

分子量对 T_g 的影响可归结为端基效应，处于分子链末端的链段比中间的链段受到的限制要小，活动能力更大，或者说末端链段周围的自由体积比链中间的大。分子量的降低使端基的相对含量增加，自由体积增大则 T_g 降低，因此 T_g 随分子量的增加而上升，当分子量增大到一定程度后，末端链段的影响可以忽略，T_g 与分子量也就无关。

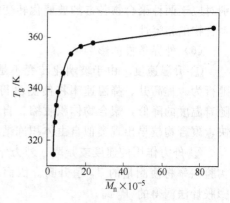

图 3-7　玻璃化转变温度与
数均分子量的关系

（5）共聚、增塑、共混

① 共聚　无规共聚物由于各组分的序列长度都很短，因此只能有一个 T_g，其大小通常在单体各自均聚物的 T_g 之间。共聚物组成与共聚物的 T_g 关系如下：

$$\frac{1}{T_g} = \frac{w_1}{T_{g_1}} + \frac{w_2}{T_{g_2}} + \cdots + \frac{w_i}{T_{g_i}}$$

式中，w_i 为共聚物中各单体的质量分数；T_{g_i} 为各单体均聚物的玻璃化转变温度（单位为 K）。因此可以通过共聚物单体的配比来连续改变共聚物的 T_g。对 T_g 较高的组分而言，另一 T_g 较低组分的引入，其作用与增塑相似，相对于外加增塑剂的情况把共聚引起的增塑作用称作内增塑作用。

交替共聚物可以看作是 A、B 两种单体组成为只含有一种重复结构单元（—AB—）的聚合物，因此只有一个特征的 T_g。

接枝和嵌段共聚物是存在一个还是两个 T_g，则取决于两组分的相容性。当两组分能够达到热力学相容时，则可形成均相材料，只有一个 T_g；若不能相容，则发生相分离，形成两相体系，各相有一个 T_g，其值接近但又不完全等于各组分均聚物的 T_g。

② 增塑　增塑剂的加入对 T_g 的影响相当显著。玻璃化温度较高的聚合物，在加入增塑剂以后，可以使 T_g 明显下降。例如在聚氯乙烯制品生产中就大量添加增塑剂，目的之一是为了其黏流温度，使其便于在较低温度下加工而避免分解，同时也是为了调节 T_g 使制品能够满足各种不同的使用要求。纯的聚氯乙烯 $T_g = 78℃$，在室温下是硬性塑料，加入 45% 的增塑剂后，$T_g = -30℃$，可作为橡胶代用品。聚氯乙烯常用的增塑剂一般是分子量较大的酯类化合物，例如邻苯二甲酸二丁酯、磷酸三苯酯等。增塑剂的加入屏蔽了聚氯乙烯分子之间—Cl 与—Cl 的相互作用，有利于链段的运动；同时，增塑剂的分子分散在聚氯乙烯分子之间，增加了高分子链间的自由体积，可以提供更多链段活动时所需要的空间。

增塑作用主要是改变聚合物分子链间的相互作用，而共聚作用的突出特点是改变聚合物分子链的化学结构。因此，增塑对降低 T_g 比共聚更为有效，共聚对降低熔点比增塑更为有效。

③ 共混　共混聚合物的 T_g 基本上由共混聚合物的相容性决定。如果两种聚合物 A 和 B 热力学互容，则它们的共混物呈单相结构，具有一个介于两种聚合物的玻璃化转变温度之间的 T_g，T_g 对组成的依赖可按照无规共聚物类似的方法处理。如果两种聚合物是部分相容的，体系中将存在富 A 相和富 B 相，这时存在两个 T_g，分别对应于富 A 相和富 B 相的玻璃化转变，两个 T_g 的数值与均聚物相比彼此更为靠近。不相容的共混体系表现出两个 T_g，分

别对应于两种聚合物各自的玻璃化转变温度。因此，玻璃化转变温度常常被采用来表征共混聚合物的相容性。

（6）外界条件的影响

① 升温速度　由于玻璃化转变不是热力学的平衡过程，而是与实验时间标尺有关的松弛行为。提高升、降温速率将使测量得到的 T_g 值升高。按照自由体积理论，在 T_g 以上，随着温度的降低，聚合物体积收缩，自由体积也逐渐减少，同时体系黏度增大。冷却速度愈快，聚合物越早出现类似自由体积冻结状态，所得 T_g 愈高。

② 外力作用的速度或频率　外力作用的速度或频率的不同将引起 T_g 的移动。提高动态实验频率将使测量的 T_g 值升高。因而，用动态方法测量的玻璃化温度 T_g 通常要比静态的膨胀计法测得的 T_g 高。

一些聚合物的 T_g 列于表 3-3 中。

表 3-3　一些聚合物的 T_g

聚合物	$T_g/℃$	聚合物	$T_g/℃$
线性聚乙烯	−120	聚甲基丙烯酸甲酯(无规)	105
聚丙烯(全同)	−10	聚丙烯酸丁酯	−56
聚 1-丁烯(全同)	−25	聚酰胺 6	50
聚异丁烯	−70	聚酰胺 66	50
聚异戊二烯(顺式)	−73	聚酰胺 610	40
聚 1,4-丁二烯(顺式)	−95	聚苯二甲酸乙二酯	69
聚苯乙烯(无规)	100	聚苯二甲酸丁二酯	40
聚 α-甲基苯乙烯	180	聚二甲基硅氧烷	−123
聚乙烯基乙醚	−25	聚氯乙烯	87
聚甲醛	−83	聚丙烯腈	104

3.4　聚合物熔体的流变性

当温度高于非晶态聚合物的黏流温度 T_f、晶态聚合物（一般分子量）的熔融温度 T_m 时，聚合物将处于黏流态或熔融态，能够进行黏性流动，统称聚合物熔体。由于高分子的长链结构，使之在流动中表现出不同于小分子牛顿流体的流动特征。在外力作用下，熔体不仅发生黏性流动（不可逆形变），而且还会发生由于分子链构象变化导致的弹性形变（可逆形变），即聚合物熔体的黏弹性。聚合物熔体的流动性是许多高聚物成型加工的前提，热塑性塑料的成型和合成纤维的纺丝过程一般需经历加热塑化、流动成型和冷却固化三个基本步骤。此外，高聚物的流体行为还会影响最终产品的力学性能。因此，了解和掌握高聚物的流变性将有助于正确地选择高聚物的加工成型条件。对聚合物流体行为的研究已成为流变学的一个重要分支——聚合物流变学。

3.4.1　牛顿流体及非牛顿流体

由于聚合物熔体的黏度大、流速低，其流动方式主要是层流。所谓层流可以看作流体在剪切作用下以薄层流动，层与层之间产生速度梯度。要维持这一速度梯度需要外加一定的剪切力。相应地，液体内部反抗这种流动的内摩擦阻力即为剪切黏度。

如图 3-8 所示，层流液体中一对面积为 A 的平行流层之间的距离为 dy，在剪切力 F 的作用下，上液层比下液层的流动速度大 dv，单位距离间的速度差即速度梯度为 dv/dy。设下液层沿 x 方向的流动速度为 $v=dx/dt$，则下液层沿 x 方向的流动速度为 $v+dv$。液体流动时，在垂直于流动方向上（y 轴）的速度梯度 dv/dy 为：

$$\frac{dv}{dy}=\frac{d}{dy}\left(\frac{dx}{dt}\right)=\frac{d}{dt}\left(\frac{dx}{dy}\right)=\frac{d\gamma}{dt}=\dot{\gamma}$$

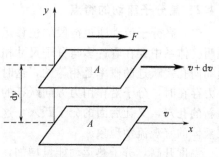

图 3-8　液体的剪切流动

式中，$\gamma=dx/dy$ 为剪切应变；$\dot{\gamma}$ 为剪切应变速率，简称为剪切速率。上式表明，在剪切流动中，速度梯度等于剪切速率。

理想黏性液体的流动符合牛顿定律，称为牛顿流体，其单位面积上所受到的剪切力即剪切应力 σ（$\sigma=F/A$）和剪切速率成正比：

$$\sigma=\eta\dot{\gamma}$$

上式称为牛顿流动定律，常数 η 为剪切黏度，简称黏度，等于单位速度梯度时即液体流动速度梯度为 $1s^{-1}$ 时，所受到的剪切应力，其值反映了流体流动时阻力即内摩擦力的大小或流动性的好坏。黏度的单位是 $N\cdot s/m^2$，即帕斯卡·秒（$Pa\cdot s$）。

大多数低分子液体和高分子的稀溶液属于牛顿流体，其黏度不随剪切应力和剪切速率的大小而改变，为一常数。但聚合物熔体、浓溶液等流体不完全服从牛顿流动定律，其剪切应力与剪切速率之比不是常数，被统称为非牛顿流体。

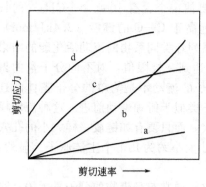

图 3-9　各类流体的流动曲线
a—牛顿流体；b—膨胀性流体；
c—假塑性流体；d—宾汉流体

剪切速率 $\dot{\gamma}$ 与剪切应力 σ 的关系曲线称为流动曲线，可用来直观描述流体的流动行为，图 3-9 是各类流体的流动曲线。牛顿流体的流动曲线为一条通过原点的直线（曲线 a），其斜率就是黏度 η。非牛顿流体的流动曲线皆非直线，其 $\sigma/\dot{\gamma}$ 比值（被定义为表观黏度 η_a）随剪切应力 σ 或剪切速率 $\dot{\gamma}$ 的变化而变化。根据它们的变化规律的不同，非牛顿流体又分为假塑性流体、膨胀性流体和宾汉（Bingham）流体。

假塑性流体的流动曲线呈凸形（曲线 c），其表观黏度随剪切速率或剪切应力的增加而减少，即剪切变稀。假塑性流体是非牛顿流体中最常见的一种，绝大多数聚合物的熔体及其浓溶液都属于假塑性流体。膨胀性流体与假塑性流体相反，流动曲线呈凹形（曲线 b），其表观黏度随着剪切速率或剪切应力的增大而升高，即发生剪切变稠。含有较高体积分数固相粒子的悬浮体、胶乳和聚合物的固体颗粒填充体系等属于此种流体。另一种非牛顿流体是宾汉流体，也称塑性流体，其流动曲线如曲线 d 所示，具有明显的塑性行为，即在受到的剪切应力小于某一临界值 σ_y 时根本不发生流动，$\dot{\gamma}=0$，相当于虎克固体；而超过 σ_y 后，则可产生牛顿型或非牛顿型的流动。呈现这种行为的物质有泥浆、牙膏、油漆、沥青和涂料等。

还有一些流体其表观黏度强烈地依赖于时间，这类具有时间依赖性的非牛顿流体大致分为触变（摇溶）流体和摇凝流体两类。随着流动时间的增长，触变性流体黏度下降，而摇凝性流体黏度上升。一般来说，黏度的改变总与流体内部的某种结构变化有关，变稠是形成了某种结构的结果，变稀则是某种结构破坏的结果。冻胶是最常见的触变性体系，由于外力作用下物理交联点的破坏，其流动性随外力作用时间的增加而增大，外力去除后，物理交联点又可逐渐形成，黏度随时间逐渐增大。

3.4.2　高分子流动的特点

（1）高分子流动通过链段的位移运动来实现　小分子液体的流动，可以用简单的模型来说明。体系中存在着许多与分子尺寸相当的孔穴，当没有外力存在时，孔穴周围的分子靠热运动向孔穴跃迁的概率是相等的，这时孔穴与分子不断交换位置的结果只是分子扩散运动。外力存在时，分子沿作用力方向跃迁的概率比其他方向大。跃迁后，分子原来占有的位置成了新的孔穴，又让后面的分子跃入，这样使分子通过分子间的孔穴相继朝外力方向移动而形成液体的宏观流动现象。

温度升高，分子热运动能量增加，同时液体中的孔穴也随之增加和扩大，使流动的阻力即黏度 η 减少。液体的黏度 η 与温度 T 之间的关系如下：

$$\eta = A e^{\Delta E_\eta / RT}$$

式中，A 为一个常数；ΔE_η 为流动活化能。对于许多低分子液体的研究表明，流动活化能与其汽化热 ΔH_v 存在下面的关系：

$$\Delta E_\eta = \frac{1}{n} \Delta H_v$$

式中，n 通常为 3～4。对于烃类化合物，ΔH_v 随分子量的增加而增大，每增加一个 —CH$_2$—，ΔH_v 约增加 8.4kJ/mol，ΔE_η 则大约要增加 8.4kJ/mol。

聚合物熔体不能完全用上述小分子的流动模型来描述。其原因一方面是在聚合物熔体中不可能存在足以容纳整条大分子的孔穴；其次，按推算要使一个含有 1000 个 —CH$_2$— 的长链大分子流动，所需活化能 ΔE_η 高达 2.1MJ/mol，远远高于 C—C 的键能（3.4kJ/mol），也就是说大分子在流动前早已分解了。事实上，测定一系列烃类同系物的流动活化能的结果表明，当碳原子数增加到 20～30 个以上时，流动活化能达到一极限值，对不同分子量的聚合物的测量也发现与分子量无关。这些事实表明，高分子的流动不是简单的分子整体的迁移，而是通过链段的相继跃迁来实现整个大分子的位移，类似于蚯蚓蠕动前进。这种流动模型并不需在高聚物熔体中产生整个分子链那样大小的孔穴，而只要有如链段一样大小的孔穴就可以了。因此，高聚物的黏性流动单元即为链段，尺寸大小约为几十个主链原子。显然，链段越短，高分子链越容易流动，黏流温度越低。

对于柔性高分子，分子链段短，容易流动，流动活化能通常与高聚物的分子量无关。刚性高分子链段较长，运动所需的活化能增大。当刚性极大时，高分子以整个分子链作为运动单元。往往这类高分子的黏流温度很高，加热未到黏流温度 T_f 时，就已达到热分解温度了。整个分子的移动所引起的黏度数值很大，并且依赖于分子量。

（2）高分子流动不符合牛顿流动定律　聚合物熔体大多数属于非牛顿流体中的假塑性流体，不符合牛顿流动定律，其表观黏度随剪切速率或剪切应力的增加而减少，即剪切变稀。这是因为高分子在流动时各液层之间总存在着一定的速度梯度，细而长的大分子链若同时穿过几个流速不等的液层时，同一个大分子链的各个部分就要以不同的速度前进，显然这种情况不能持久。因此流动时，每个长链分子总是力图使自己全部进入同一流速的流层，导致大分子在流动方向发生取向，使黏度下降。剪切应力越大，大分子取向越明显，流体黏度更低。

聚合物熔体的流动曲线一般可分为三个不同区域，相应地表观黏度随剪切应力的变化如图 3-10 所示。在低剪切应力或剪切速率下，恒定黏度，呈现牛顿流体行为；在较高剪切应力下，其表观黏度随剪切应力的增加而减少，即剪切变稀，为非牛顿区，通常聚合物熔体加工成型时所受的剪切应力正在这一范围内；在高剪切应力下，黏度再次维持恒定，表现为牛顿流体行为。

以上聚合物熔体黏度对剪切应力或剪切速率的依赖性通常可作如下解释。剪切应力较低时，不发生大分子在剪切场中的排列取向，即流动对结构没有影响，故服从牛顿定律。随着剪切应力的增加，长链分子开始在剪切方向排列取向，流体流动阻力减小，黏度下降，即为非牛顿区。当剪切应力增加至某一值，使大分子的取向达到极限状态，取向程度不随剪切应力的增大而变化，又服从牛顿定律。

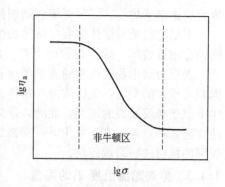

图 3-10　聚合物熔体的表观黏度 η_a 与
剪切应力 σ 的关系

（3）高分子流动时伴随高弹形变　聚合物的流动不是高分子链之间简单的相对滑移的结果，而是各个链段协同运动的总结果。在外力作用下，高分子链不可避免地要顺外力的方向有所伸展，也就是说聚合物分子在进行流动的同时，必然伴随着一定量的高弹形变。这部分高弹形变是可逆的，外力消失后，高分子链又卷曲起来，整个形变要恢复一部分。其恢复过程也是一个松弛过程，恢复的快慢与分子链本身的柔顺性有关，柔顺性好恢复得快，反之恢复得慢。同时还与温度有关，温度高恢复得快，温度低恢复得慢。因而，不同于低分子液体流动时所产生的完全不可逆形变，高分子流动伴有高弹形变，这是高分子流动一大特点。

在聚合物成型加工过程中，熔体的弹性形变及松弛过程对制品的外观、尺寸稳定性及"内应力"等都有重要影响，因此引起广泛关注，其具体表现如下。

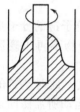 

(a) 聚合物熔体　　　(b) 小分子液体

图 3-11　聚合物熔体爬杆效应

① 爬杆效应　通常聚合物熔体在容器中进行搅拌时，熔体会沿旋转轴向上爬升，这种现象称爬杆效应。而小分子牛顿流体在搅拌时的情况刚好相反，由于离心力的作用，在旋转轴周围的液面下降，如图 3-11 所示。

爬杆现象的产生是由于在旋转轴的聚合物熔体发生剪切流动，使流体中卷曲状的大分子链在流动方向被拉伸，而大分子链的热运动又力图使它恢复卷曲状态，从而在与剪切力垂直的方向产生法向应力，使熔体爬杆。爬杆效应是由法向应力所致，故又称法向应力效应，又因是韦森堡（Weissenberg）首先发现，又称韦森堡效应。

② 挤出物胀大　当高聚物熔体从喷丝板小孔、毛细管或狭缝中挤出时，挤出物的直径或厚度会明显大于模口尺寸，发生离模膨胀，有时会膨胀 1～2 倍，这种现象叫作挤出物胀大，如图 3-12 所示。

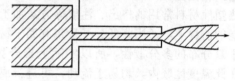

图 3-12　挤出物胀大示意图

聚合物熔体的挤出物胀大是熔体弹性的一种表现。如图 3-12 所示，由于熔体在流经细管时被拉伸而产生弹性形变，离开细管模口时，弹性形变部分恢复到进入模孔前的形状，造成挤出物的直径增大。

③ 不稳定性流动——熔体破裂现象　聚合物熔体在挤出时，在较低的剪切速率下，挤出物表面光滑；当剪切速率增大而超过某一临界值时，熔体将发生不稳定流动，挤出物的表面粗糙、粗细不匀，尺寸周期性起伏，直至熔体破裂成碎块，这些现象统称为不稳定流动，熔体破裂是其中最严重的情况。为防止这种现象出现，聚合物在加工成型过程中需在低于临

界剪切速率下进行，以保证聚合物制品的质量。

不稳定流动和熔体破裂与熔体的弹性效应有关。在高剪切速率下，高聚物熔体与细管壁间的黏附被破坏，熔体在管壁上产生滑移现象，引起不稳定流动。滑移伴随弹性形变的回复，表现为挤出物表面粗糙或横截面积波动变化。再者，在靠近口模入口处，由于管道的截面积有较大的变化，流线收敛，熔体流动受到很大的拉伸应力作用，过大的应力造成熔体发生类似于橡胶断裂的破裂。此时，取向的分子链急速回缩解取向，随后熔体流动又逐渐重新建立起这种取向，直至发生下一次破裂，从而使挤出物外观发生周期性的变化，甚至发生不规则的扭曲或破裂成碎块。

3.4.3　影响黏流温度 T_f 的因素

（1）聚合物结构　如同玻璃化转变温度一样，聚合物的结构对黏流温度 T_f 影响显著。由于高分子链的流动是通过链段的协同运动来完成的，分子柔顺性好，流动单元链段短，流动活化能较低，因而在较低的温度下即可发生黏性流动；反之，刚性分子链段较大，分子链流动性较差，需要较高的温度下才能流动。因此，凡是能够提高聚合物链的柔顺性的因素都有助于高聚物 T_f 的降低。聚苯醚、聚碳酸酯、聚砜等刚性链高聚物，它们的 T_f 都较高，柔性的聚乙烯、聚丙烯等 T_f 则较低。

同时聚合物的流动涉及分子链的相对位移，聚合物分子极性越大，相互作用力越强，对分子链位移的阻碍越大，必须在更高的温度下才能克服分子间的相互作用而产生相对位移，使 T_f 提高。例如聚氯乙烯由于极性大，所以 T_f 很高，甚至高于其分解温度，进行加工时，一方面要加入增塑剂降低其 T_f，另一方面要加入稳定剂提高分解温度；而聚苯乙烯由于分子链间作用力较小，T_f 较低，加工性能较好。

聚合物的交联使分子链间产生化学键。交联度不大时，造成黏流运动的分子链的分子量增大，T_f 显著提高，交联度达到一定值后，所有分子链成为一个整体，高聚物不再出现黏流态，许多热固性聚合物如固化环氧树脂、体型酚醛树脂等都没有 T_f。

（2）分子量　黏流温度 T_f 是整个高分子链相对于其他链发生移动的温度，此时整链的运动必须通过分子链段的协同运动来完成。因此，分子量越大，为实现黏流运动所需协同运动的链段数越多，运动过程所需克服的摩擦阻力越大，则 T_f 升高。分子量大小对 T_f 的影响要比玻璃化转变温度 T_g 的影响更为明显。不同于 T_g 当分子量高到一定程度后与分子量关系不大，T_f 随分子量的增加一直增加。对于分子量较大的结晶高聚物，分子量过高时，其黏流温度可超过结晶熔融温度，结晶熔融后进入高弹态而无法加工，只有进一步升温才能达到黏流温度。随着分子量进一步增加，T_f 甚至会超过其热分解温度，致使高聚物不能用热塑性材料常用的挤出、注射等方法加工成型。因此，在不影响制品基本力学性能或使用性能的前提下，适当降低分子量将有助于材料的加工成型。在此需要指出的是，由于聚合物分子量分布的多分散性，所以实际上聚合物没有明显的 T_f，而往往是一个较宽的软化区域，在此温度区域内，均易于流动，可进行成型加工。

（3）外力大小和外力作用的时间　一定的外力作用，对分子的无规热运动产生"导向"效果，分子链段沿外力方向跃迁的概率提高，使分子链的重心有效地发生位移。增大外力和延长外力作用时间有利于分子在外力方向运动，聚合物的 T_f 降低。挤出、注射和吹塑等加工过程都有在外力作用下使高聚物熔体流动而达到塑化成型的目的。对于 T_f 较高的刚性链高聚物如聚砜、聚碳酸酯等，一般都采用较大的注射压力来降低 T_f，以便于成型。但不能过分增大压力，如果超过临界压力将导致熔体不稳定流动，材料表面不光洁或表面破裂。

3.4.4　聚合物熔体的流动性

T_f 只是加工成型的下限温度，实际加工时仅知道 T_f 是不够的，还必须了解加工对象在加工温度下的流动难易程度。

3.4.4.1　聚合物熔体的流动性表征

聚合物熔体是非牛顿流体，表征它们的流动性好坏的指标有多种，常见的是熔融指数和剪切黏度。

（1）熔融指数　熔融指数或称熔体指数，定义为在一定温度、负荷下，熔融状态的聚合物在 10min 内从规定直径和长度的标准毛细管中流出的质量，用 MI 表示，单位是 g/10min。熔体指数越大，流动性越好。对于各种具体高聚物，熔体指数统一规定了测定的标准条件，以便比较。同一种聚合物在不同条件下测得的熔体指数，可用经验公式进行换算。但不同聚合物，由于测定条件不同，因而不能笼统地用它们的熔体指数来比较其流动性好坏。

熔融指数作为一种评价聚合物流动性好坏的指标，由于测量方法很简单，在工业上被广泛采用。实际应用时，可根据所用加工方法和制件的要求，选择熔融指数不同的产品牌号，或者根据原料的熔融指数选定加工条件。不同的加工方法对聚合物的流动性的要求不同，通常注射成型要求聚合物流动性大些，挤出成型要求聚合物流动性小些，吹塑成型介于两者之间。

（2）剪切黏度　如前述，聚合物熔体大多数属于非牛顿流体中的假塑性流体，不符合牛顿流动定律，其剪切应力 σ 与剪切速率 $\dot{\gamma}$ 的关系曲线即流动曲线呈凸形。在低剪切速率下，σ 和 $\dot{\gamma}$ 基本成正比，黏度为常数，高聚物熔体表现出牛顿流体的流动行为，此时的黏度称为零剪切黏度 η_0。剪切速率增加到一定值后，σ 和 $\dot{\gamma}$ 不成线性关系，此时用 σ 与 $\dot{\gamma}$ 的比值（$\sigma/\dot{\gamma}$）表示聚合物熔体的黏度，称表观黏度 η_a。对于聚合物熔体，表观黏度不是常数，随剪切速率的增加而降低，即剪切变稀。表观黏度并不完全反映高分子材料不可逆形变的难易程度，但是作为对流动性好坏的一个相对指标还是很实用的。表观黏度大则流动性小，而表观黏度小则流动性大。

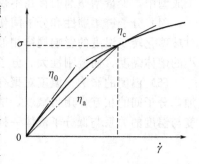

图 3-13　从熔体流动曲线确定 η_0、η_a 和 η_c

流动曲线上某一切变速率下对应点的切线斜率（$d\sigma/d\dot{\gamma}$）则被定义为微分黏度或稠度，以 η_c 表示。显然，如图 3-13 所示，对于假塑性聚合物熔体具有 $\eta_0 > \eta_a > \dot{\eta}_c$ 的特点。

3.4.4.2　聚合物熔体流动性的影响因素

影响高聚物熔体流动性的因素有内因和外因两方面。属于内因方面的结构因素有：分子量和分子量分布、分子链支化结构等。外因方面主要有：温度、切应力与切变速率等加工条件，外加添加剂等。

（1）分子量及分子量分布的影响　高聚物的流动是通过许多链段的协同运动而使整个分子链重心沿流动方向发生位移的结果。分子量愈大，单个分子链包含的链段数就愈多，为实现分子链重心的位移，需要完成的链段协同位移的次数就愈多，摩擦阻力就愈大。因此，高聚物熔体的黏度强烈地依赖于分子量，分子量的增大能够引起表观黏度的急剧增高和熔体流动速率的大幅度下降。如高压聚乙烯在分子量增加不到 3 倍时，其表观黏度和熔融指数却已经分别增加和降低了 4、5 个数量级。可见高聚物分子量对熔体流动性的影响很大。同时，分子量大小不同，黏度对剪切速率的依赖性也不同，分子量越大，剪切速率增加引起的黏度降低越大，从牛顿性区进入假塑性区也越早，即在更低的剪切速率下便发生剪切变稀。

平均分子量相同的高聚物，由于分子量分布不同使熔体流动性产生很大差别。研究证明，分子量分布较窄或单分散的高聚物，熔体的剪切黏度主要由重均分子量决定。分子量分布较宽的高聚物，其熔体黏度却与重均分子量没有严格的关系。在相同的重均分子量下，分子量分布较宽的高聚物流动性更好。

（2）链支化的影响　一般地说，短支链对聚合物熔体黏度影响不大，而长支链则可能有显著影响。因为支化分子比相同分子量的线形分子在结构上更为紧凑，只要支链的长度小于产生分子量缠结所需要的长度，不能形成有效的缠结，则支化分子间的相互作用较小，支化聚合物的短支链表现出增塑作用，通常随支化点的增多和支链长度的增加聚合物的熔体黏度下降。但是，如果支链长到足以相互缠结，则这样的支化聚合物在低切变速率下的黏度要比相同分子量的线形聚合物高。有关支化对聚合物黏度的影响的研究结果尚缺乏一致性，实际情况比理论预言的现象更为复杂。

支化聚合物的黏度随剪切速率的增加同样要发生偏离牛顿流动的现象。已有实验表明，支化聚合物的黏度比线形聚合物更易受切变速率的影响，即随切变速率的增大，支化聚合物更容易发生剪切变稀现象。因此，在高剪切速率下，支化高聚物的黏度几乎都比相同分子量的线形高聚物低。

（3）低分子添加剂　增塑剂和稀释剂等低分子添加剂的加入可降低高聚物链间的相互作用，减少内摩擦和缠结作用，因而使熔体的黏度下降，流动性提高。例如在硬聚氯乙烯的加工成型中，少量增塑剂的存在不仅极大地改善体系的流动性，也使加工温度有所降低。

（4）分子链柔顺性和分子间作用力　分子链柔顺性和分子间作用力对流动性的影响与其对玻璃化转变温度的影响规律相似。链柔顺性好、分子链间相互作用力小的聚合物通常有较小的熔体黏度，而链刚性大、分子链间作用力大的聚合物熔体的黏度一般较高。

（5）温度的影响　温度对聚合物熔体的表观黏度影响很大。温度升高熔体的自由体积增加，分子间的相互作用力减弱，链段运动的能力提高，表观黏度降低。在黏流温度以上，黏度与温度的关系与低分子液体一样，一般可用 Arrhenius 方程表示：

$$\ln \eta = \ln A + \frac{\Delta E_\eta}{RT}$$

各种聚合物的流动活化能 ΔE_η 不同，黏度对温度敏感性不同。一般是分子链越刚性，或分子间作用力越大，则流动活化能越高，这类高聚物的熔体黏度对温度敏感性较大，在加工时，升高温度能有效地改善这类高聚物的流动性。例如聚碳酸酯，当温度升高 50℃，熔体黏度下降一个数量级。但对于柔顺性高分子，如聚乙烯和聚甲醛等，流动活化能较小，表观黏度对温度的敏感性较差，即使温度升高 100℃，表现黏度也降低不了一个数量级。对于这类高聚物在加工过程中，往往选择改变剪切应力而不是改变温度来调节熔体的流动性。

（6）剪切速率与剪切应力的影响　聚合物的表观黏度与剪切速率的关系可用下式描述：

$$\lg \eta = \lg K + (n-1)\lg \dot{\gamma}$$

式中，n 为非牛顿指数，牛顿流体 $n=1$；剪切变稀流体 $n<1$；剪切变稠流体 $n>1$。如前述，在低或高的剪切速率下聚合物熔体表现为牛顿流体的行为，$n=1$，则剪切黏度不随剪切速率而改变。而在中间剪切速率下，聚合物熔体表现为剪切变稀流体（$n<1$）的行为，黏度随剪切速率增加而降低。且剪切速率增加各种聚合物的剪切黏度降低程度不同，柔性链的氯化聚醚和聚乙烯等容易发生链段运动而取向，表观黏度随剪切速率的增加明显地下降，而刚性链的聚碳酸酯和醋酸纤维，则下降不多。剪切应力对聚合物黏度的影响与剪切速率的影响类似，增加剪切应力同样使得分子链易于取向和解缠，从而使黏度降低。

（7）压力的影响　高聚物在挤出和注射成型加工过程中，或在毛细管流变仪中进行测试时，常需要承受相当高的流体静压力。熔体所受的静压力增大，导致体积收缩，自由体积减小，分子间作用力增大，引起流体黏度上升。高聚物熔体由于分子链长，结构复杂，分子链堆砌密度较低，受到流体静压力作用时体积变化较大，剪切黏度的变化较低分子液体更为剧烈。

习　　题

1. 非晶态聚合物力学三态的特点、形变机理是什么？请用分子运动来解释。

2. 画出非晶、结晶和交联聚合物的温度-形变曲线。

3. 讨论影响 T_g 的结构因素及外在条件。

4. 玻璃化转变温度与分子量有何关系？解释其中原因。

5. 预计下列高聚物的 T_g 温度高低次序：聚丙烯（PP），聚氯乙烯（PVC），聚苯乙烯（PS），双酚 A 型聚碳酸酯（PC），聚丙烯腈（PAN），聚苯醚（PPO）。

6. 强迫高弹形变产生的条件和原因是什么？

7. 简述聚合物熔体流动的特点。

8. 何谓假塑性流体？解释剪切变稀的原因。

9. 分析高聚物熔体黏度的影响因素。

参 考 文 献

[1] Kaufman H S, Falcetta J J. Introduction to Polymer Science and Technology: An SPE Texbook. New York: John Wiley & Sons, 1977.

[2] 张俐娜，薛奇，莫志深等. 高分子物理近代研究方法. 武汉：武汉大学出版社，2003.

[3] 何曼君，陈维孝，董西侠. 高分子物理. 上海：复旦大学出版社，2000.

[4] 徐佩弦. 高聚物流变学及其应用. 北京：化学工业出版社，2003.

[5] 马德柱，何平笙，徐种德等，高聚物的结构与性能. 北京：科学出版社，2000.

[6] 邓云祥，刘振兴，冯开才. 高分子化学、物理和应用基础. 北京：高等教育出版社，1997.

[7] 韩哲文主编. 高分子科学教程. 上海：华东理工大学出版社，2001.

第 4 章　高分子溶液及聚合物分子量测定

高分子溶液是指高分子以分子状态分散在溶剂中所形成的均相混合体系，常见的有高分子浓溶液和高分子稀溶液。浓和稀之间并没有一个绝对的界线，随高分子与溶剂的性质而变。稀溶液中，高分子可以看成孤立存在的分子，高分子链被溶剂分子分隔开来，高分子链间的相互作用小，溶液的黏度小而且稳定，在没有化学变化的条件下其性质不随时间而改变，是一个热力学稳定体系；浓溶液中的高分子链相互接近甚至相互贯穿，链与链之间相互作用大，甚至会因纠缠而发生物理交联，溶液黏度较大、稳定性较差，甚至产生凝胶和冻胶，成为不能流动的半固体。

高分子溶液是人们在生产实践和科学研究中经常遇到的对象。例如大家熟悉的油漆、涂料和黏合剂，还有化学纤维工业中溶液纺丝的纺丝液等都是高分子溶液，以及生产中常用的增塑聚合物（较少含量的增塑剂作为溶剂）和共混高聚物也被纳入高分子浓溶液的范围。理论上，对高分子溶液的性质包括热力学性质（如溶解过程中体系的焓、熵和体积变化、溶液渗透压、高分子在溶液中的分子形态与尺寸）以及动力学性质（如高分子溶液的黏度、扩散和沉降）等方面的研究，大大加强我们对高分子链结构以及结构与性能基本关系的认识，在高分子科学的建立和发展中有重要作用。因此，对高分子溶液的研究有重要的理论和应用意义。

4.1　聚合物的溶解

4.1.1　聚合物溶解过程的特点

由于聚合物分子量大且具有多分散性，分子形状又有线形、支化和交联的不同，聚合物的聚集态又有晶态和非晶态之分，因此聚合物的溶解现象比小分子化合物要复杂得多，其特点主要表现在以下几方面。

（1）聚合物溶解是一个缓慢过程　当聚合物与小分子溶剂混合时，体系中存在三种主要的运动单元，即小分子、大分子链段和整条大分子链。溶解过程缓慢，需经过溶胀和溶解两个阶段。首先溶剂小分子渗透进入聚合物内部，使之体积膨胀，称为溶胀阶段。之所以出现溶胀现象，是由于被溶解的聚合物分子和溶剂小分子的尺寸相差很大，而且聚合物分子还存在链的纠缠，因此导致二者的运动速度差别极为悬殊，溶剂小分子扩散快，能先进入到聚合物分子链间的空隙中，结果使聚合物的体积发生胀大。

当聚合物溶胀后，可以有两种发展结果：一个是无限溶胀以至溶解；另一个是有限溶胀。无限溶胀是指随着溶剂分子的不断渗入，聚合物体积不断胀大，使链段得以运动，再通过链段的协调运动而达到整条大分子链的运动，使大分子逐渐地分散到溶剂中，转入溶解，成为热力学稳定的均匀体系即真溶液。但由于大分子运动速度很慢，要溶解均匀需要足够长的时间，通常需要数小时或几天甚至几星期的时间。有限溶胀是指聚合物吸收溶剂到一定限度后，不论再放置多久，溶剂吸入量不再增加，聚合物体积也不再变化，聚合物只能停留在溶胀阶段而不能进一步溶解成为真溶液。化学键交联的聚合物，由于分子链形成网状结构使分子链无法分离，因此不能溶解，但在交联点的链段尚可进行弯曲和伸展运动，溶剂分子可渗透进入，导致有限溶胀。

（2）聚合物溶解度与分子量有关　通常聚合物的分子量大溶解度小，分子量小溶解度大。对交联聚合物来说，交联度大溶胀度小，交联度小溶胀度大。

（3）溶解过程与聚合物聚集态结构有关　晶态聚合物与非晶态聚合物的溶解情况也不一样。非晶态聚合物的分子无规排列，堆砌比较松散，溶剂小分子比较容易渗入聚合物内的空隙中，使之溶胀和溶解。而晶态聚合物的分子排列规整，堆砌紧密，溶剂小分子较难渗入聚合物内部，因此溶解比较困难。实际上，要使结晶聚合物溶解就必须先吸收足够的能量，使分子链运动足以破坏晶格，打破分子链的规整排列，使溶剂小分子能渗入结晶聚合物内部，然后才发生溶胀以至溶解。

极性晶态聚合物的非晶部分与极性溶剂会发生强烈的相互作用，放出大量的能量促使聚合物溶解，因此极性晶态聚合物在适宜的强极性溶剂中往往在室温下即可溶解。例如聚乙烯醇在室温下可溶于水；聚对苯二甲酸乙二酯在室温下可溶于间甲酚。但非极性晶态聚合物与溶剂的相互作用较弱，没有足够的能量使晶格破坏，因此在室温下许多溶剂只能对它们起微小的溶胀作用（表面非晶区的溶胀）而不能溶解。只有升温到其熔点附近，使它们转变成非晶态结构才能溶解。例如，聚乙烯的熔点约为 135℃，在二甲苯中需加热到 100℃ 以上才能溶解。

4.1.2　聚合物溶解过程的热力学分析

聚合物溶解过程是高分子与溶剂分子混合形成高分子溶液的过程，其混合自由能 ΔG_m 与混合热 ΔH_m 和混合熵 ΔS_m 的关系为：

$$\Delta G_m = \Delta H_m - T\Delta S_m$$

式中，T 是溶解时的热力学温度。从热力学角度考虑，只有当混合自由能 $\Delta G_m < 0$ 时，聚合物分子和溶剂分子混合过程才能自发进行，即聚合物才能溶解。在溶解过程中，分子排列状态通常趋于混乱，熵值增加，即混合熵 $\Delta S_m > 0$。这样从上式可知，ΔG_m 的正负便取决于混合热 ΔH_m 的正负和大小。

极性聚合物在极性溶剂中的溶解，由于高分子与溶剂分子的强烈相互作用，溶解时放热，$\Delta H_m < 0$，此时 $\Delta G_m < 0$，因此该体系的溶解从热力学角度来看是自发进行的。

对于非极性聚合物，其溶解一般都是吸热过程，即 $\Delta H_m > 0$，所以要使聚合物溶解，按 $\Delta G_m < 0$，必须使 $|\Delta H_m| < T|\Delta S_m|$。显然，提高溶解温度 T 或者减小混合热 ΔH_m 都有利于降低 ΔG_m，使之变为小于 0，溶解就可自发进行。

非极性（或弱极性）聚合物与溶剂混合时的混合热 ΔH_m 可借用小分子的溶度公式来计算，当两种液体混合时没有体积的变化（$\Delta V_m = 0$），混合热 ΔH_m 由 Hildebrand 公式表示如下：

$$\Delta H_m = V_m \phi_1 \phi_2 (\delta_1 - \delta_2)^2 \tag{4-1}$$

式中，V_m 为混合后的总体积；ϕ_1 和 ϕ_2 为溶剂和溶质的体积分数；δ_1 和 δ_2 为溶剂和溶质的溶度参数，溶度参数定义为内聚能密度的平方根：

$$\delta = (\Delta E / \overline{V})^{1/2} \tag{4-2}$$

式中，ΔE 为内聚能；$\overline{V}$ 为摩尔体积。

由上 Hildebrand 公式可知，非极性聚合物与溶剂混合时的混合热 ΔH_m 总是为正值，聚合物的溶度参数 δ_1 和溶剂的 δ_2 溶度参数愈接近，ΔH_m 就愈小，愈可能满足 $|\Delta H_m| < T|\Delta S_m|$，即 $\Delta G_m < 0$ 的条件，则溶解愈可能进行。

溶度参数是反映分子间作用力大小的一个参数。溶剂小分子的溶度参数可通过测定其摩尔蒸发热计算求得。聚合物不挥发，不能通过蒸发热直接测定，只能通过间接的实验方法如聚合物溶液黏度法来测定。其原理是当聚合物的溶度参数与溶剂的溶度参数最接近时,聚合物溶解性最好,大分子在溶液中充分伸展因而分子尺寸最大,相应地聚合物溶液的黏度也最大。因此,分别测定聚合物在若干不同溶剂中的黏度,最大黏度所对应溶剂的溶度参数便可作为聚合物的溶度参数。常用溶剂和聚合物的溶度参数可在高分子手册中查得。

4.1.3　溶剂的选择

溶剂的选择一般因使用要求而异。如用于油漆必须易于挥发,否则油漆不易干燥;用于增塑剂的则应选择高沸点溶剂以减少其在制品中的挥发;用于测定分子量的溶剂则应选择在室温下能溶解聚合物样品的为好;此外还应考虑溶剂的毒性、来源、是否便于回收。如只从溶解性的好坏方面考虑,聚合物的溶剂选择主要有以下三个原则。

(1)"相似相溶"原则　也称"极性相近"原则,就是极性聚合物溶于极性溶剂,非极性聚合物溶于非极性溶剂。如天然橡胶、丁苯橡胶等非极性非晶态聚合物能溶于汽油、苯和甲苯等非极性溶剂中;聚乙烯醇是极性的,能溶于水或乙醇而不能溶于苯中;极性很强的聚丙烯腈只能溶于强极性的 DMF 等溶剂中。

(2)"溶度参数相近"原则　由上述聚合物溶解过程的热力学分析可知,聚合物的溶度参数与溶剂的溶度参数相等或接近时,溶解过程才容易进行。因此,选择溶剂时尽量使溶剂的溶度参数 δ_1 和聚合物的溶度参数 δ_2 的差值要小。

在选择溶剂时,除了使用单一溶剂外还可使用混合溶剂,有时混合溶剂对聚合物的溶解能力甚至比单独使用任一溶剂时还要好,这是因为当两种溶剂按一定比例混合时,混合溶剂的溶度参数可能与聚合物的溶度参数更为接近。例如,氯乙烯/乙酸乙烯酯共聚物的 δ 约为 21.2,乙醚的 δ 为 15.1,乙腈的 δ 为 24.3,两者单独使用时均为非溶剂,但用 33% (体积分数)乙醚和 67% (体积分数)乙腈混合,其混合溶剂的 δ_m 为 21.2,是良溶剂。混合溶剂的溶度参数大致可以按下式计算:

$$\delta_m = \delta_1 \phi_1 + \delta_2 \phi_2 \tag{4-3}$$

式中, δ_1 和 δ_2 为两种纯溶剂的溶度参数; ϕ_1 和 ϕ_2 为两种纯溶剂的体积分数。

(3)"溶剂化"原则　就是溶剂分子通过与聚合物分子链的相互作用即溶剂化作用把大分子链分离开,发生溶胀直到溶解。溶剂化作用要求聚合物和溶剂两者中一方是电子受体(广义的酸),一方是电子给体(广义的碱),二者相互作用产生溶剂化。在聚合物和溶剂体系中常见电子受体和电子给体基团的强弱排列如下。

电子受体基团:

$-SO_2OH > -COOH > -C_6H_4OH > =CHCN > =CHNO_2 > -CHCl_2 > =CHCl$

电子给体基团:

$-CH_2NH_2 > -C_6H_4NH_2 > -CON(CH_3)_2 > -CONH > \equiv PO_4 > -CH_2COCH_2 -$

$-CH_2OCOCH_2 - > -CH_2OCH_2 -$

如果聚合物中含有大量电子受体基团,则它能溶于含有电子给体基团的溶剂中,反之亦然。如硝化纤维中含电子受体基团 $-ONO_2$,故可溶于丙酮、丁酮、醇和醚的混合溶剂中。

氢键实际上也是强烈溶剂化作用的一种。在生成氢键时,混合热是负值(放热),所以有利于溶解的进行。

4.2　高分子溶液的热力学

4.2.1　高分子溶液与理想溶液的热力学性质差异

高分子溶液是分子分散的稳定体系,处于热力学平衡状态,因此可用热力学函数来描述其性质。但由于高分子本身具有长链的分子结构特点，使其溶液的热力学性质与小分子溶液比较有很大差别。为研究溶液的性质，需建立一理想溶液模型作为参比，所谓理想溶液，是指溶液中溶质分子之间、溶剂分子之间及溶质与溶剂分子之间的相互作用能都相等，所以在溶解混合前后无热量变化（$\Delta H_m^i = 0$），也没有体积变化（即 $\Delta V_m = 0$）。理想溶液的混合熵符合统计热力学中的波尔兹曼定律：

$$\Delta S_m^i = -R(n_1 \ln X_1 + n_2 \ln X_2) \tag{4-4}$$

式中，上标 i 表示理想溶液；R 为气体常数；n_1 和 n_2 为溶剂和溶质的物质的量；X_1，X_2 为溶剂和溶质的摩尔分数。则理想溶液的混合自由能为：

$$\Delta G_m^i = \Delta H_m^i - T\Delta S_m^i = RT(n_1 \ln X_1 + n_2 \ln X_2) \tag{4-5}$$

实际上，除小分子稀溶液的热力学性质可近似于理想溶液外，一般溶液都不具有理想溶液的性质。特别是高分子溶液，即使是浓度极稀的溶液，也与理想溶液存在一定的偏离。原因一方面是高分子溶液中高分子链段之间、溶剂分子之间、溶剂和高分子链段之间的相互作用通常并不相等，所以混合热 $\Delta H_m \neq 0$；另一方面，高分子是由许多重复单元组成的长链分子，具有一定的柔顺性，通过单键旋转可以采取许多种构象，因此高分子在溶液中的排列方式比同样分子数目的小分子要多很多，也就是说混合熵 $\Delta S_m > \Delta S_m^i$。

4.2.2　高分子溶液理论

目前比较重要的高分子溶液理论有 Flory-Higgins 晶格模型理论和 Flory-Krigbaum 稀溶液理论，可用来描述高分子溶液的混合热 ΔH_m 和混合熵 ΔS_m 等热力学性质。

4.2.2.1　Flory-Huggins 晶格模型理论

1942 年，Flory-Huggins 采用似晶格模型，用统计热力学的方法推导出高分子溶液的混合熵 ΔS_m 和混合热 ΔH_m。

（1）高分子溶液的混合熵　按照似晶格模型，高分子溶液中分子的排列类似于晶体的晶格排列，如图 4-1 所示。对于理想溶液，溶剂小分子和溶质分子体积相同，每个分子占一个格子 [见图 4-1(a)]。对于高分子溶液，Flory-Huggins 理论作出了三点的假设：①每个高分子可看成由 x 个体积与溶剂小分子体积相等的链段组成，每个高分子链将占据 x 个相连的格子，而每个溶剂分子占一个格子 [见图 4-1(b)]。因此 x 也就是高分子与溶剂分子的摩尔体积比；②高分子链是柔性的，所有构象有相同的能量；③溶液中高分子链段是均匀分布的，链段填入任一个格子的概率相等。

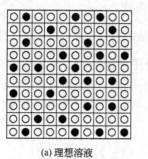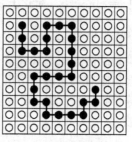

　　　（a) 理想溶液　　　　　　　　　　　（b) 高分子溶液

图 4-1　理想溶液和高分子溶液的似晶格模型

○ 溶剂分子；● 溶质分子

根据统计热力学可知，体系的熵 S 与微观状态数 Ω 存在以下关系：

$$S = k \ln \Omega$$

式中，k 为波尔兹曼常数。因此只要知道高分子溶液体系混合前后微观状态数的变化，便可计算其熵变即高分子溶液的混合熵。

设溶液中有 N_1 个溶剂分子和 N_2 个高分子,则体系的总格子数 $N=N_1+xN_2$。微观状态数 Ω 就是在 N 个格子中放入 N_1 个溶剂分子和 N_2 个高分子的排列总数。假设已有 j 个高分子被无规地放入了格子中,即 xj 个格子被填满、还剩下 $N-xj$ 个空格。当第 $j+1$ 个高分子被放入格子时,它的第一个链段可以放入剩下的 $N-xj$ 个空格子中任意一个格子内,因此有 $N-xj$ 种放法,但与第一个链段键合的第二个链段只能放在与第一个链段所占格子相毗邻的空格子中。与第一个链段相连的空格概率为 $(N-xj-1)/N$,如果晶格的配位数为 Z,那么第二个链段的放置方法数为 $Z(N-xj-1)/N$。第三个链段放入时,与第二个链段相连的 Z 个格子中有一个已经被第一个链段所占据,所以第三个链段的放置方法数应为 $(Z-1)(N-xj-2)/N$;依此类推,可得第四、第五等链段的放置方法数分别为 $(Z-1)(N-xj-3)/N$ 和 $(Z-1)(N-xj-4)/N$。因此,第 $j+1$ 个高分子在晶格中的放置方法数为:

$$\Omega_{j+1}=\frac{Z(Z-1)^{x-2}}{N^{x-1}}(N-jx)(N-jx-1)(N-jx-2)\cdots[N-jx-(x-1)]$$

假定 Z 近似等于 $Z-1$,则上式可写成:

$$\Omega_{j+1}=\left(\frac{Z-1}{N}\right)^{x-1}\frac{(N-xj)!}{(N-xj-x)!}$$

假设 N_2 个高分子是同等的,它们互相对换位置时不引起排列方式的改变,则 N_2 个高分子放入晶格中的方法总数就为:

$$\Omega_p=\frac{1}{N_2!}\prod_{j=0}^{N_2-1}\Omega_{j+1}=\frac{1}{N_2!}\left(\frac{Z-1}{N}\right)^{N_2(x-1)}\prod_{j=0}^{N_2-1}\frac{(N-jx)!}{(N-jx-x)!}$$

整理后得:

$$\Omega_p=\frac{1}{N_2!}\left(\frac{Z-1}{N}\right)^{N_2(x-1)}\cdot\frac{N!}{(N-xN_2)!} \tag{4-6}$$

在放置了 N_2 个高分子后,余下的 N_1 个空格放置溶剂分子时,由于小分子都是同等的,故溶剂的放置方法数只有一种。所以,溶液的总的微观状态数 Ω 就等于 N_2 个高分子放入晶格中的方法总数 Ω_p。因此,溶液的熵值为:

$$S_{溶液}=k\ln\Omega=k\ln\Omega_p=k\left[N_2(x-1)\ln\left(\frac{Z-1}{N}\right)+\ln N!-\ln N_2!-\ln(N-xN_2)!\right]$$

利用 Stirling 公式 $\ln a!=a\ln a-a$,简化上式得到:

$$S_{溶液}=-k\left[N_1\ln\frac{N_1}{N_1+xN_2}+N_2\ln\frac{N_2}{N_1+xN_2}-N_2(x-1)\ln\left(\frac{Z-1}{e}\right)\right] \tag{4-7}$$

溶解前,体系的熵是纯溶剂的熵和纯高分子的熵之和,纯溶剂只有一个微观状态,熵为零。高分子的熵则与聚集态有关,假设溶解前高分子的聚集态是解取向态即无定形态,这样高分子的微观状态数等于把 N_2 个高分子放入 xN_2 个格子中的方式数,其熵值相当于式(4-8)中 N_1 等于零的情况:

$$S_{高分子}=kN_2\left[\ln x+(x-1)\ln\left(\frac{Z-1}{e}\right)\right] \tag{4-8}$$

因此,混合前后体系熵的变化,即高分子溶液的混合熵为:

$$\Delta S_m=S_{溶液}-(S_{高分子}+S_{溶剂})$$

$$=-k\left[N_1\ln\frac{N_1}{N_1+xN_2}+N_2\ln\frac{xN_2}{N_1+xN_2}\right]$$

用 ϕ_1 和 ϕ_2 分别代表溶剂和高分子的体积分数:

$$\phi_1 = \frac{N_1}{N_1 + xN_2}; \phi_2 = \frac{xN_2}{N_1 + xN_2}$$

并用物质的量 n_1 和 n_2 分别代替物质的量的 N_1 和 N_2，则 ΔS_m 为：

$$\Delta S_m = -R(n_1 \ln\phi_1 + n_2 \ln\phi_2) \tag{4-9}$$

式(4-9) 就是 Flory-Huggins 用统计热力学的方法推导出高分子溶液的混合熵 ΔS_m。与理想溶液的混合熵式(4-4) 相比，只是把摩尔分数 X 变成了体积分数 ϕ。按式(4-9) 计算的高分子溶液混合熵要比理想溶液混合熵大很多，但又小于把一个高分子看作 x 个小分子与溶剂混合时的混合熵。这是因为一个高分子在溶液中所起作用肯定大于一个小分子，但各个链段是相连的，故 x 个链段又起不到 x 个小分子的作用。

(2) 高分子溶液的混合热　高分子溶液的混合热 ΔH_m 是体系中各种混合单元的相互作用能不相等所导致的。从晶格模型出发，推导 ΔH_m 时只考虑最临近一对分子的相互作用。以 [1-1] 表示邻近的溶剂分子对、[2-2] 表示非键合的邻近高分子链段对、[1-2] 表示邻近的溶剂分子和高分子链段对。混合过程中，每拆开一对 [1-1] 或 [2-2]，必将产生两对 [1-2]，用 ε_{11}、ε_{22} 和 ε_{12} 分别代表它们的相互作用能，则生成一对 [1-2] 的能量变化为：

$$\Delta\varepsilon_{12} = \varepsilon_{12} - (\varepsilon_{11} + \varepsilon_{22})/2$$

假设溶液中形成了 P_{12} 对 [1-2]，混合热应为：

$$\Delta H_m = P_{12}\Delta\varepsilon_{12}$$

根据似晶格模型，一个高分子周围有 $(Z-2)x + 2$ 个空格，当链段数 x 很大时可近似为 $(Z-2)x$。这些空格既可被溶剂占据也可被链段占据，但只有被溶剂占据才能形成 [1-2]，空格被溶剂分子占据的概率等于其体积分数 ϕ_1，则：

$$P_{12} = (Z-2)x\phi_1 N_2 = (Z-2)N_1\phi_2$$

$$\Delta H_m = P_{12}\Delta\varepsilon_{12} = (Z-2)N_1\phi_2\Delta\varepsilon_{12}$$

令

$$\chi_1 = (Z-2)\Delta\varepsilon_{12}/kT$$

则

$$\Delta H_m = kT\chi_1 N_1\phi_2 = RT\chi_1 n_1\phi_2 \tag{4-10}$$

式中，k 为波尔兹曼常数；R 为气体常数；n_1 为溶剂物质的量；χ_1 称为 Huggins 参数，也叫高分子与溶剂相互作用参数，是一个无量纲的量，它反映了高分子与溶剂混合过程中相互作用能的变化。

(3) 高分子溶液的混合自由能和化学位　把以上推导所得的混合熵 ΔS_m [式(4-9)] 和混合热 ΔH_m [式(4-10)] 代入 $\Delta G_m = \Delta H_m - T\Delta S_m$，得高分子溶液的混合自由能：

$$\Delta G_m = RT(n_1\ln\phi_1 + n_2\ln\phi_2 + \chi_1 n_1\phi_2) \tag{4-11}$$

根据化学位的定义，即往溶液体系中添加 1mol 的溶剂或溶质所引起的自由能变化，对 ΔG_m 作偏微分，可得到高分子溶液中溶剂的化学位 $\Delta\mu_1$ 和高分子的化学位 $\Delta\mu_2$：

$$\Delta\mu_1 = \left[\frac{\partial(\Delta G_m)}{\partial n_1}\right]_{T,p,n_2} = RT\left[\ln\phi_1 + (1-1/x)\phi_2 + \chi_1\phi_2^2\right] \tag{4-12}$$

$$\Delta\mu_2 = \left[\frac{\partial(\Delta G_m)}{\partial n_2}\right]_{T,p,n_1} = RT\left[\ln\phi_2 + (x-1)\phi_1 + x\chi_1\phi_1^2\right] \tag{4-13}$$

当高分子溶液浓度很稀时，$\phi_2 \ll 1$，把 $\ln\phi_1$ 展开并略去高次项得：

$$\ln\phi_1 = \ln(1-\phi_2) \approx -\phi_2 - \frac{1}{2}\phi_2^2$$

代入式(4-12) 得：

$$\Delta\mu_1 = RT\left[-\frac{1}{x}\phi_2 + \left(\chi_1 - \frac{1}{2}\right)\phi_2^2\right] \tag{4-14}$$

而对于理想溶液，溶剂的化学位为：

$$\Delta \mu_1^i = \frac{\partial G_m^i}{\partial n_1} = RT\ln X_1 \approx -RTX_2 \tag{4-15}$$

比较式(4-14)和式(4-15)可见，高分子稀溶液的化学位由两部分组成。第一部分为 $-RTX_2$（因为 $\phi_2/x = X_2$），它相当于理想溶液的溶剂化学位 $\Delta\mu_1^i$；第二部分则是过量部分，相当于非理想部分的贡献，称为过量化学位，用 $\Delta\mu_1^E$ 表示：

$$\Delta\mu_1^E = RT(\chi_1 - \frac{1}{2})\phi_2^2 \tag{4-16}$$

$\Delta\mu_1^E$ 的大小反映了高分子稀溶液偏离理想溶液的程度，由于有过量化学位的存在，尽管高分子溶液浓度很稀，也不能看作是理想溶液。只有当高分子与溶剂相互作用参数 $\chi_1 = 1/2$ 时，$\Delta\mu_1^E = 0$，高分子溶液的宏观热力学性质与理想溶液相符。

4.2.2.2 Flory-Krigbaum 稀溶液理论

Flory-Huggins 晶格模型理论没有考虑到高分子的链段之间、溶剂分子间以及链段与溶剂之间的相互作用不同使溶液熵值减小，也没有考虑到高分子链段在稀溶液中分布的不均匀性。为此，Flory 和 Krigbaum 在晶格模型理论的基础上进行了修正，提出了的 Flory-Krigbaum 稀溶液理论。该理论认为高分子稀溶液性质的非理想部分由两部分构成：一部分是由于高分子的链段之间、溶剂分子间以及链段与溶剂之间的相互作用不同而引起的，主要体现在混合热上；另一部分是由于高分子在良溶剂中，链段与溶剂之间的相互作用远大于链段与链段之间的相互作用，使高分子链在溶液中伸展，高分子链的许多构象不能实现，主要体现在混合熵上。由此引入热参数 K_1 和熵参数 Ψ_1 分别表示热效应和熵效应，定义：

过量焓 $$\Delta\overline{H}_1^E \equiv RTK_1\phi_2^2 \tag{4-17}$$

过量熵 $$\Delta\overline{S}_1^E \equiv R\Psi_1\phi_2^2 \tag{4-18}$$

过量化学位 $$\Delta\mu_1^E = \Delta\overline{H}_1^E - T\Delta\overline{S}_1^E = RT(K_1 - \Psi_1)\phi_2^2 \tag{4-19}$$

比较式(4-19)与式(4-16)，可得热参数 K_1、熵参数 Ψ_1 与溶剂相互作用参数 χ_1 的关系为：

$$K_1 - \Psi_1 = \chi_1 - \frac{1}{2}$$

为讨论方便，再定义一个参数 θ 温度：

$$\theta \equiv K_1 T/\Psi_1 \tag{4-20}$$

因此，$K_1 - \Psi_1 = \Psi_1(\theta/T - 1)$，代入式(4-19)得过量化学位：

$$\Delta\mu_1^E = RT\Psi_1(\theta/T - 1)\phi_2^2 \tag{4-21}$$

当 $T = \theta$ 时，$\Delta\mu_1^E = 0$，即在 θ 温度下高分子溶液与理想溶液的偏差消失，具有理想溶液的热力学性质。我们可以通过选择溶剂和温度来满足 $\Delta\mu_1^E = 0$ 的条件，这一条件称为 θ 条件，所处的温度称为 θ 温度，所用溶剂称为 θ 溶剂，二者相互依存。

高分子溶液处于 θ 状态时，高分子链与溶剂分子的相互作用（使高分子链伸展）等于高分子链间的相互作用（使高分子链卷曲），所以高分子链既不舒张，也不紧缩，处于无干扰状态。应当注意的是，理想溶液的混合自由能仅来源于混合熵，而符合理想溶液条件的高分子溶液的混合自由能是来自混合熵和混合热共同的贡献，它们的影响相互抵消，使溶液的宏观热力学性质符合理想溶液规律，但并不是真正的理想溶液。

4.3 高分子浓溶液

高分子浓溶液在高聚物的加工和使用中经常遇到，例如增塑聚合物、纺丝液、黏合剂、涂料、冻胶、凝胶、高分子共混物等均属高分子浓溶液的范畴，它们在生产和应用中占有重要的地位。

4.3.1　增塑聚合物

增塑就是向聚合物中添加一定量的增塑剂来削弱高分子间的作用力，以增加其柔软性和可加工性。增塑的方法一般分为外增塑和内增塑两种。外增塑是将能与高聚物相容、沸点高、不易挥发的有机小分子或柔性高分子在一定条件下添加到聚合物中，以增加聚合物的塑性；内增塑是采取共聚的方式，将能产生增塑作用的单体导入聚合物分子链中。增塑聚合物可以看成一种高分子浓溶液，有关增塑的作用原理和应用将在第 12 章讨论。

4.3.2　冻胶和凝胶

聚合物溶液失去流动性时即成为冻胶或凝胶。冻胶是由大分子内或大分子间的范德华力作用下交联形成的，加热可以拆散范德华力交联，使冻胶溶解。凝胶是高分子链之间以化学键交联所成的溶胀体，不能溶解，加热也不能熔融，它既是高分子的浓溶液，又是高弹性的固体，小分子物质能在其中渗透或扩散。

4.3.3　聚合物共混

聚合物共混（高分子合金）是指两种以上的聚合物通过物理或化学的方法混合而成为一种宏观上均匀、连续的固体高分子体系。与小分子合金被认为是一种固态溶液一样，共混聚合物广义上说也是一种高分子溶液。

两种聚合物共混时，混合前后的熵变 ΔS_m 一般很小，但为了破坏被共混聚合物的一些近程有序结构，需要一定的能量，混合过程通常为吸热过程，即 $\Delta H_m > 0$。因此一般情况下，混合自由能 $\Delta G_m > 0$，就是不能自发混溶。事实上绝大多数聚合物的共混体系是不相容的，不同聚合物组分达不到热力学上的完全混溶，往往是各自聚集形成两相或多相的相分离结构。然而从实际应用的角度，人们需要的正是这种多相分离体系，而不是相容体系。因为人们总是希望利用一种材料的特殊性能去改善另一种材料的性能，例如用橡胶去改善脆性的塑料得到韧性很好的高抗冲塑料，这就要求两种高分子材料本身的结构和热力学性质要有较大的差别，而不是希望它们相容。但是，若两种聚合物相容性太差，即使勉强混合，混合物也呈现宏观的相分离，也不具有实用价值。有时为了获得优良的物理力学性能，往往采取物性相差较大的聚合物作共混组分，此时必须加入称为相容剂的第三组分来改善共混体系的相容性。

4.4　聚合物分子量及分子量分布的测定

聚合物分子量和分子量分布不但是高分子合成中重要的控制指标，也是聚合物最基本的结构参数，它们对聚合物的物理力学性能和加工性能有很大的影响。聚合物的溶液性质依赖于分子量，并受分子量分布的影响，因此可以利用聚合物的溶液性质与分子量和分子量分布的依赖关系测定分子量和分子量分布。

4.4.1　聚合物分子量的测定

聚合物的分子量是多分散性的，一般以平均分子量表示，按不同的统计方法可得到不同的平均分子量，它们的测定方法也有所不同。例如测定数均分子量的方法有端基分析法、沸点升高法、冰点下降法、气相渗透压法和膜渗透压法等；测定重均分子量的方法有光散射法、超速离心沉降平衡法等；测定黏均分子量的方法有稀溶液黏度法等。不同的方法适用于不同的分子量范围和测出不同的平均分子量。下面简单介绍其中几种常用的方法。

（1）端基分析法　如果聚合物的化学结构是明确的，每个高分子链的末端带有可以用作化学方法作定量分析的基团，那么，只要测定一定质量试样中所含端基的数目（即分子链的数目），就可计算其分子量。例如，聚酰胺高分子链的两个末端分别是羧基和氨基，可用酸碱滴定羧基或氨基，从而计算出聚合物的分子量：

$$\overline{M} = m/n$$

式中，m 为聚合物试样的质量；n 为聚合物试样的物质的量。

端基分析法测得的是数均分子量。聚合物分子量愈大，端基数目愈少，测定误差愈大，因此端基分析法一般只适用于分子量 20000 以下的聚合物。

（2）气相渗透压法（VPO）　理想溶液中溶剂的蒸气压下降服从拉乌尔（Raoult）定律：

$$\Delta P = P^0 - P = P^0 x_2 = P^0 \frac{n_2}{n_1 + n_2}$$

当溶液浓度很低时，$n_1 \gg n_2$，上式可变为：

$$\Delta P = P^0 - P = P^0 n_2/n_1 = P^0 \frac{W_2/M_2}{W_1/M_1} = P^0 \frac{CM_1}{M_2}$$

式中，P^0 为纯溶剂的蒸气压；P 为溶液中溶剂的蒸气压；x_2 为溶质的摩尔分数；W_1、W_2 为溶质和溶剂的质量；M_2、M_1 为溶质和溶剂的分子量；C 为溶液的浓度，一般用每千克溶剂所含溶质的克数表示，g/kg。

气相渗透压法是利用间接测定溶液蒸气压降低来测定溶质分子量的方法。在一个充有某种溶剂的饱和蒸气的恒温密闭容器内，悬挂两只热敏电阻探针，在这两只探针上分别滴上一滴纯溶剂和含不挥发溶质的溶液，由于溶液中溶剂的蒸气压比较低，溶剂分子将从饱和蒸气相向溶液滴上凝聚，并放出凝聚热，使溶液滴的温度升高，两液滴之间便会产生温差 ΔT。显然，ΔT 与溶液中溶剂的蒸气压降低值（ΔP）成正比：

$$\Delta T \propto P^0 \frac{CM_1}{M_2}$$

对于某一定溶剂，P^0、M_1 为定值，则：

$$\Delta T = \frac{AC}{M_2}$$

A 为比例常数。温差 ΔT 通过热敏电阻产生电阻差，该电阻差使与热敏电阻相连的电桥产生一不平衡电信号 ΔG，ΔG 与 ΔT 成正比，则：

$$\Delta G = \frac{KC}{M_2} \quad \text{或} \quad \frac{\Delta G}{C} = \frac{K}{M_2}$$

式中，K 为与仪器结构及溶剂性质和测定温度有关的校正常数。

由于聚合物溶液只有在浓度极稀时才接近理想溶液，因此必须测定几个不同浓度的 ΔG 值，然后以 $\Delta G/C$ 对浓度 C 作图，外推至 $C=0$ 时由截距便可求得聚合物分子量 M_2：

$$M_2 = \frac{K}{\left(\dfrac{\Delta G}{C}\right)_{C \to 0}}$$

仪器常数 K 可通过已知分子量 M 的标样作基准物来标定：

$$K = M \left(\frac{\Delta G}{C}\right)_{C \to 0}$$

气相渗透压法测得的分子量为数均分子量，一般适用于分子量较低（$< 2.5 \times 10^4$）的试样。

（3）渗透压法　在溶液与溶剂之间用溶剂分子可以通过、溶质分子不能通过的半透膜隔开可组成一个简单的膜渗透计,如图 4-2 所示。图中,左边放纯溶剂,右边放溶液。开始时两边液池的液面高度相同。溶剂通过半透膜渗透到溶液中,使溶液池的液面慢慢上升,溶剂池的液面慢慢下降,当两液面高度差达到某一定值时,高度差不再变化,达到渗透平衡状态。这时,两边液体的压力差称为溶液的渗透压 π。在恒温下,渗透压与溶液浓度和聚合物分子量 M 有关:

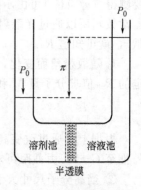

$$\frac{\pi}{C}=RT\left(\frac{1}{M}+A_2C+A_3C^2+\cdots\right)$$

当浓度足够稀时,A_3C^2 及其以后各项可忽略,则得:

$$\frac{\pi}{C}=RT\left(\frac{1}{M}+A_2C\right)$$

图 4-2　膜渗透压原理示意图

用 π/C 对 C 作图得一直线,由其截距可得分子量,由斜率可得第二位力系数 A_2。同一聚合物试样,在不同的溶剂中的直线有相同的截距、不同的斜率,可见 A_2 是高分子与溶剂分子相互作用的一种量度,与溶剂化作用和高分子在溶液里的形态有关。实验所观察到的高分子溶液的渗透压应是不同分子量同系物对溶液渗透压贡献的总和,所以所测定的分子量是数均分子量。

分子量太大时,π 值减小,实验精确度降低;分子量太小时,聚合物分子可能穿过半透膜,影响测定值的可靠性。因此,测定分子量范围一般为 $3\times10^4\sim1.5\times10^6$。

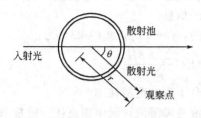

图 4-3　光散射示意图

(4)光散射法　光散射的基本原理是:光束通过介质时,除在入射光的前进方向可以观测到光强外,在其他方向也可观测到光强,这种现象称为光散射(见图 4-3)。光通过介质射击到粒子上就会发生光的散射。光通过液体介质时,由于热运动引起密度局部起伏,也会产生光散射。高分子溶液的光散射包括溶液浓度局部起伏和溶剂密度局部起伏引起的两部分,扣除溶剂密度起伏引起的部分,便是浓度起伏的贡献。聚合物溶液的散射光强度比纯溶剂散射光强度大得多,还随聚合物分子量和溶液浓度增大而增大。

众所周知,光有干涉现象。不同分子间引起的干涉为外干涉,同一分子不同部位产生的干涉为内干涉。因为在测定聚合物分子量时均采用稀溶液,这样外干涉的影响可以忽略。

当聚合物分子在溶液中的分子尺寸小于入射光波长(λ)的 1/20 时(通常光散射仪的光源用高压汞灯,$\lambda=435.8$nm 或 546.1nm),内干涉可以忽略。所以在用光散射法测分子量时,要分别考虑大尺寸高分子和小尺寸高分子两种情况。

① 当高分子尺寸小于入射光波长的 1/20(分子量一般小于 10^5)的稀溶液时,如入射光为垂直偏振光,可得如下关系式:

$$\frac{KC}{R_\theta}=\frac{1}{M}+2A_2C \tag{4-22}$$

$$K=\frac{4\pi^2}{N_A\lambda^4}n^2\left(\frac{\partial n}{\partial C}\right)^2$$

$$R_\theta=\frac{r^2I_\theta}{I_0}$$

式中,λ 为入射光波长;n 为溶液的折射率;N_A 为阿伏伽德罗常数;R_θ 称为瑞利比;I_θ、I_0 分别表示散射光强和入射光强;r 为散射中心与观测点的距离。在温度、波长、溶剂、聚合物确定以后,K 就是一个与溶液浓度、散射角度、聚合物分子量无关的常数。只

要测得 $\partial n/\partial C$（可由示差折光仪测得），即可计算 K。对于一定的仪器，r、I_0 为固定的仪器常数，所以通过光散射仪测出 I_θ（用纯溶剂作参比物扣除溶剂密度起伏对散射光强的贡献），就可知道 R_θ。

I_θ 随散射角而变化，当散射角 $\theta=90°$ 时，杂散光干扰最小，因此一般都用 $90°$ 散射角测定的 R_{90} 值求分子量 M 和第二位力系数 A_2。这样式（4-22）可写成：

$$\frac{KC}{R_{90}}=\frac{1}{M}+2A_2C \tag{4-23}$$

根据上式通过改变高分子稀溶液的浓度可得一系列 R_{90}，以 KC/R_{90} 对 C 作图，得直线，外推至 $C\rightarrow0$，由截距可求得 M，由斜率可求得 A_2。

② 当高分子尺寸大于入射光波长的 $1/20$ 时（分子量一般大于 10^5），散射光会产生内干涉，散射光强将不再是球状对称分布，随散射角 θ 不同而不同，此时光散射公式则由式（4-22）变为：

$$\frac{1+\cos^2\theta}{2}\times\frac{KC}{R_\theta}=\frac{1}{M}\left(1+\frac{8\pi^2}{9\lambda^2}\overline{S}^2\sin^2\frac{\theta}{2}+\cdots\right)+2A_2C \tag{4-24}$$

式中，$\overline{S}^2$ 为大分子链在溶液中的均方回转半径；λ 是入射光在在溶液中的波长（$\lambda=\lambda_0/n$）。

实验测定一系列不同浓度 C 的溶液在各个不同散射角 θ 时的瑞利比 R_θ，根据上式用图解法便可求得聚合物的分子量 M、分子尺寸 $\overline{S}^2$ 和第二位力系数 A_2。因此光散射法不仅可以测得聚合物的分子量，而且还可获得溶液中高分子链形态的信息。

聚合物的散射光强度是由各种大小不同的分子所贡献的，$C\rightarrow0$ 时，式（4-23）为：

$$(R_{90})_{C\rightarrow0}=\sum KC_iM_i=KC\frac{\sum C_iM_i}{\sum C_i}=KC\frac{\sum w_iM_i}{\sum w_i}$$

由此可见，光散射法所测得的分子量是重均分子量，测定分子量的范围在 $10^4\sim10^7$。

（5）黏度法测定分子量　黏度法测定分子量所用的溶液是稀溶液，属牛顿流体。通常采用如下几个量度符号：

① 相对黏度，用 η_r 表示，定义为溶液黏度 η 与溶剂黏度 η_0 之比：

$$\eta_r=\eta/\eta_0$$

② 增比黏度，用 η_{sp} 表示，定义为溶液黏度和溶剂黏度之差与溶剂黏度之比，表示高分子溶质溶于溶剂中引起黏度增量的分数：

$$\eta_{sp}=(\eta-\eta_0)/\eta_0=\eta_r-1$$

③ 比浓黏度，定义为增比黏度与浓度之比，即 η_{sp}/C，是单位浓度的溶质所引起黏度的增大值。实验证明，其数值随浓度的变化而变化，比浓黏度的量纲是浓度的倒数，一般用 mL/g 表示。

④ 比浓对数黏度，定义为相对黏度的自然对数与浓度之比，即 $\ln\eta_r/C=\ln(1+\eta_{sp})/C$，其值也是浓度的函数，量纲与比浓黏度相同。

⑤ 特性黏度，定义为溶液无限稀释（$C\rightarrow0$）时的比浓黏度或比浓对数黏度，用 $[\eta]$ 表示：

$$[\eta]=(\eta_{sp}/C)_{C\rightarrow0}=(\ln\eta_r/C)_{C\rightarrow0}$$

特性黏度又称特性黏数，反映了高分子溶液中溶质对黏度的贡献，其大小不随浓度而变，量纲是浓度的倒数。

当聚合物、溶剂、温度确定后，$[\eta]$ 值仅取决于聚合物的分子量，符合如下经验方程：

$$[\eta]=KM^\alpha \tag{4-25}$$

此式称为马克-豪温（Mark-Houwink）方程。在一定的分子量范围内，对于给定的聚合物-溶剂体系和温度下，K 和 α 是常数。对于同一种聚合物，K 和 α 值会因测定条件和测定方法的不同而不同。K 值通常在 $10^{-4} \sim 10^{-6} \, \mathrm{mL/g}$ 之间。α 值反映高分子链在溶液中的形态，柔性链聚合物的 $\alpha = 0.5 \sim 1.0$，在 θ 条件下，$\alpha = 0.5$；刚性链聚合物的 $\alpha = 1.8 \sim 2.0$。

由马克-豪温方程可知，对于一定的聚合物-溶剂体系在恒定温度下，只要有 K 和 α 值，就可由黏度法测定高分子稀溶液的特性黏度 $[\eta]$ 而求算聚合物的分子量。K 和 α 值可实验测定，方法是取拟测定聚合物的若干个单分散的分子量不同的标准试样，用光散射或渗透压法等绝对法测定它们的分子量 M，用黏度法测定相应的 $[\eta]$ 值，按下式处理：

$$\lg[\eta] = \lg K + \alpha \lg M$$

以 $\lg[\eta]$ 对 $\lg M$ 作图得直线，斜率为 α 值，截距为 $\lg K$。黏度法测定聚合物分子量是相对的，它是一种依赖于确定 K、α 值所采用的绝对方法的相对方法。许多聚合物溶液的 K 和 α 值可在有关的手册中查得。

测定特性黏度 $[\eta]$ 的实验基础是 Huggins 方程和 Kraemer 方程，二者为表达溶液黏度的浓度依赖性最常用的经验方程：

$$\frac{\eta_{\mathrm{sp}}}{C} = [\eta] + K'[\eta]^2 C$$

$$\frac{\ln \eta_{\mathrm{r}}}{C} = [\eta] - K''[\eta]^2 C$$

式中，K' 和 K'' 分别为 Huggins 方程常数和 Kraemer 方程常数。根据上两个方程可知，要测定聚合物的特性黏度 $[\eta]$，只要测定不同浓度的高分子稀溶液的黏度，以 $\eta_{\rho \mathrm{sp}}/C$ 或 $\ln \eta_{\mathrm{r}}/C$ 对 C 作图，从得到的直线外推到 $C=0$ 时的截距就是 $[\eta]$，如图 4-4 所示。

由于溶液黏度测定简便，又有相当高的精度，因此黏度法仍是目前测定聚合物分子量的一种常用方法。它与其他方法配合使用，还可以研究高分子链在溶液中的尺寸、形态以及高分子与溶剂分子的相互作用等。

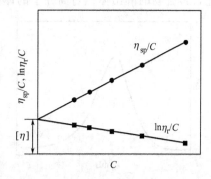

图 4-4　η_{sp}/C 或 $\ln \eta_{\mathrm{r}}/C$ 对 C 作图

4.4.2　聚合物分子量分布的测定

聚合物的分子量是多分散性的，仅仅用平均分子量不足以表征聚合物分子的大小，还需了解分子量分布的情况。除了分子量以外，聚合物的分子量分布也对其物理力学性能和加工性能等产生重要的影响。因此，不论是实际应用还是理论研究，分子量分布的数据都很重要。测定聚合物分子量分布的方法大致有三类：

① 利用聚合物溶解度对分子量的依赖性，把试样分成一系列分子量不同的级分，从而得到分子量分布。如沉淀分级、柱上溶解分级和梯度淋洗分级等。

② 根据高分子在溶液中的体积不同进行分离，得到分子量分布。如凝胶渗透色谱法和电子显微镜直接观察法等。

③ 利用分子量不同的高分子在溶液中的运动性质差异得到分子量分布。如超速离心沉降法和动态光散射法等。

本节只介绍目前使用最广泛的分子量分布测定法——凝胶渗透色谱法。凝胶渗透色谱（gel permeation chromatography，GPC）又称体积排除色谱（size exclusion chromatography，SEC），是 1964 年开发成功的一种测定聚合物分子量和分子量分布的方法。由于具有快速、高效、方便和易实现自动化等特点，GPC 法获得迅速发展和广泛应用。

GPC 是一种特殊的液相色谱，所用仪器（GPC 仪）实际上就是一台高效液相色谱（HPLC）仪，主要配置有输液泵、进样器、色谱柱、浓度检测器和计算机数据处理系统。与 HPLC 最明显的差别在于二者所用色谱柱的种类（性质）不同，HPLC 根据被分离物质中各种分子与色谱柱中的填料之间的亲和力不同而得到分离，GPC 的分离则是体积排除机理起主要作用。GPC 色谱柱装填的是多孔性凝胶（如最常用的高度交联聚苯乙烯凝胶）或多孔微球（如多孔硅胶和多孔玻璃球），它们的孔径大小有一定的分布，并与待分离的聚合物分子尺寸可相比拟。GPC 仪工作流程图如图 4-5 所示。

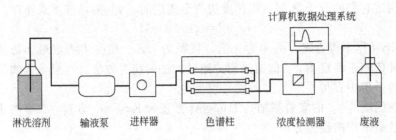

图 4-5　GPC 仪主要配置及流程图

当被分析的样品通过输液泵随着淋洗溶剂（流动相）以恒定的流量进入色谱柱后，体积比凝胶孔穴尺寸大的高分子不能渗透到凝胶孔穴中而受到排斥，只能从凝胶粒间流过，最先流出色谱柱，即其淋出体积（或时间）最小；中等体积的高分子可以渗透到凝胶的一些大孔中而不能进入小孔，比体积大的高分子流出色谱柱的时间稍后、淋出体积稍大；体积比凝胶孔穴尺寸小得多的高分子能全部渗透到凝胶孔穴中，最后流出色谱柱、淋出体积最大。因此，聚合物的淋出体积与高分子的体积即分子量的大小有关，分子量越大，淋出体积越小。

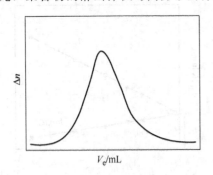

图 4-6　聚合物典型的 GPC 谱图

分离后的高分子按分子量从大到小被连续地淋洗出色谱柱并进入浓度检测器，浓度检测器不断检测淋洗液中高分子级分的浓度。常用的浓度检测器为示差折光仪和紫外吸收仪。如果是示差折光仪检测器，其浓度响应是淋洗液的折射率与纯溶剂（淋洗溶剂）的折射率之差 Δn，由于在稀溶液范围内，Δn 与溶液浓度成正比，所以 Δn 直接反映了淋洗液的浓度即各级分的含量。图 4-6 是典型的 GPC 谱图。图中纵坐标 Δn 相当于淋洗液的浓度，横坐标淋出体积 V_e 表征着高分子尺寸的大小。如果把图中的横坐标 V_e 转换成分子量 M 就成了分子量分布曲线。

为了将 V_e 转换成 M，要借助 GPC 校正曲线。实验证明在多孔填料的渗透极限范围内，V_e 和 M 有如下关系：

$$\lg M = A - B V_e$$

式中，A、B 为与聚合物、溶剂、温度、填料及仪器有关的常数。根据上式，用一组已知分子量的单分散性聚合物标准试样，在与未知试样相同的测试条件下得到一系列 GPC 谱图，以它们的峰值位置的 V_e 对 $\lg M$ 作图，可得如图 4-7 所示的直线，即 GPC 校正曲线。

有了校正曲线，即可根据 V_e 读得相应的分子量。一种聚合物的 GPC 校正曲线不能用于另一种聚合物，因而

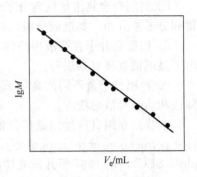

图 4-7　GPC 校正曲线

用 GPC 测定某种聚合物的分子量时，需先用该种聚合物的标样测定校正曲线。但是除了聚苯乙烯、聚甲基丙烯酸甲酯等少数聚合物的标样以外，大多数的聚合物的标样不易获得，多数时候只能借用聚苯乙烯的校正曲线，因此测得的分子量 M 值有误差，只具有相对意义。

　　用 GPC 方法不但可以得到分子量分布，还可以根据 GPC 谱图求算平均分子量和多分散系数，特别是当今的 GPC 仪都配有数据处理系统，可与 GPC 谱图同时给出各种平均分子量和多分散系数，无需人工处理。

习　题

1. 聚合物溶解与小分子溶解有什么不同，为什么？
2. 如何选择聚合物的溶剂？
3. 什么是溶度参数，为什么非极性聚合物能溶解在与其溶度参数相近的溶剂中？
4. 什么是 θ 温度、θ 温度状态？
5. 指出表示聚合物溶液的黏度的几种参数？
6. 某聚苯乙烯试样，经分级得到 7 个级分，用渗透压法测得各级分的 $\overline{M}_n$，并在 30℃ 的苯溶液中测得各级分的 $[\eta]$，结果如下：

$\overline{M}_n \times 10^{-4}$	43.25	31.77	26.18	23.07	15.89	12.62	4.83
$[\eta]$	147	117	101	92	70	59	29

试求马克-豪温方程中的两个参数 K 和 α。

参 考 文 献

[1]　符若文，李谷，冯开才. 高分子物理. 北京：化学工业出版社，2005.

[2]　Sun S F. Physical Chemistry of Macromolecules, Basic Principles and Issues. New York : John Wiley & Sons Inc., 1994.

[3]　H. Morawetz. Macromolecules in Solution. New York : John Wiley & Sons Inc., 1965.

[4]　潘鉴元，席世平，黄少慧. 高分子物理. 广州：广东科技出版社，1981.

[5]　何曼君，陈维孝，董西侠. 高分子物理. 上海：复旦大学出版社，1990.

[6]　Yamakawa. Modern Theory in Polymer Solutions. New York : Harper & Row Publishers Inc., 1971.

[7]　梁伯润. 高分子物理学. 第 2 版. 北京：中国纺织出版社，2000.

[8]　殷敬华，莫志深. 现代高分子物理学：上册. 北京：科学出版社，2001.

[9]　邓云祥，刘振兴，冯开才. 高分子化学、物理和应用基础. 北京：高等教育出版社，1997.

[10]　韩哲文主编. 高分子科学教程. 上海：华东理工大学出版社，2001.

第 5 章　逐步聚合反应

5.1　概述

逐步聚合反应在高分子合成中占有非常重要的地位，人类历史上首个实用性的合成高分子便是由苯酚和甲醛通过逐步聚合反应合成的。Carothers 等在脂肪族聚酯以及聚酰胺合成方面的研究不仅揭示了逐步聚合反应的基本原理，建立了逐步聚合反应的理论体系，也为现代高分子科学的发展打下了坚实的基础。

逐步聚合反应可用的单体种类非常丰富，适用的化学反应类型多种多样。与乙烯基单体的链式聚合产物相比，绝大部分的逐步聚合产物在其主链上含有杂原子和/或芳香环，通常具有更强的力学性能以及更高的耐热性能。

5.1.1　逐步聚合反应的一般性特征

在逐步聚合反应过程中，聚合物分子是由单体分子以及体系中所有聚合物分子之间通过功能基反应生成的。以二元羧酸和二元醇的聚酯化反应为例，其聚合反应过程可示意如下：

$$HOOC-R-COOH + HO-R'-OH \longrightarrow HOOC-R-COO-R'-OH + H_2O$$
二聚体

$$HOOC-R-COO-R'-OH + \begin{cases} HOOC-R-COOH \longrightarrow HOOC-R-COO-R'-OOC-R-COOH + H_2O \\ \text{三聚体} \\ HO-R'-OH \longrightarrow HO-R'-OOC-R-COO-R'-OH + H_2O \\ \text{三聚体} \end{cases}$$

$$2HOOC-R-COO-R'-OH \longrightarrow HOOC-R-COO-R'-OOC-R-COO-R'-OH + H_2O$$
四聚体

总的聚合反应方程式：

$$nHOOC-R-COOH + nHO-R'-OH \longrightarrow HO \left(\overset{O}{\overset{\|}{C}}-R-\overset{O}{\overset{\|}{C}}-OR'O \right)_n H + (2n-1)H_2O$$

在此过程中，单体和单体反应生成二聚体，所得二聚体同样带有反应性功能基（—COOH和—OH），可继续和单体反应生成三聚体，也可相互反应生成四聚体，依此类推，逐步得到高分子量聚合物。由此不难总结出逐步聚合反应具有以下一些基本特征：聚合反应是由单体和单体、单体和聚合中间产物以及聚合中间产物分子之间通过功能基反应逐步进行的；每一步反应都是相同功能基之间的反应，因而每步反应的反应速率常数和活化能都大致相同；单体以及聚合中间产物相互之间能够发生反应生成聚合度更高的产物；聚合产物的聚合度是逐步增大的。其中聚合体系中单体分子以及聚合物分子之间能相互反应生成聚合度更高的聚合物分子是逐步聚合反应最根本的特征，可作为逐步聚合反应的判据。

5.1.2　逐步聚合反应功能基反应类型

逐步聚合反应根据其基本的功能基反应类型可分为两大类：功能基之间的反应为缩合反应的称缩合聚合反应，简称为缩聚反应；功能基之间的反应为加成反应的称逐步加成聚合反应。

5.1.2.1　缩聚反应主要类型

（1）聚酯化反应　包括二元醇与二元羧酸、二元酯或二元酰氯等之间的聚合反应，如：

$$nHOOC{-}R{-}COOH + nHO{-}R'{-}OH \longrightarrow HO{\left(\!\overset{O}{\underset{}{C}}{-}R{-}\overset{O}{\underset{}{C}}{-}OR'O\right)}_{\!n}H + (2n-1)H_2O$$

（2）聚酰胺化反应　包括二元胺与二元羧酸、二元酯或二元酰氯等之间的聚合反应，如：

$$nCl{-}\overset{O}{\underset{}{C}}{-}R'{-}\overset{O}{\underset{}{C}}{-}Cl + nH_2N{-}R'{-}NH_2 \longrightarrow Cl{\left(\!\overset{O}{\underset{}{C}}{-}R{-}\overset{O}{\underset{}{C}}{-}NHR'NH\right)}_{\!n}H + (2n-1)HCl$$

（3）聚醚化反应　二元醇和二元醇之间的聚合反应，如：

$$nHO{-}R{-}OH \longrightarrow H{\left(OR\right)}_{\!n}OH + (n-1)H_2O$$

（4）聚硅氧烷化反应　硅醇之间的缩聚反应，如：

$$nHO{-}\underset{R^2}{\overset{R^1}{\underset{|}{\overset{|}{Si}}}}{-}OH \longrightarrow H{\left(O{-}\underset{R^2}{\overset{R^1}{\underset{|}{\overset{|}{Si}}}}\right)}_{\!n}OH + (n-1)H_2O$$

缩聚反应的一个共同特点是在生成聚合物分子的同时，伴随有小分子副产物的生成，如 H_2O、HCl、ROH 等。在书写这类聚合物的结构式时，一般要求其重复结构单元的表达式必须反映功能基反应机理，如聚酯化反应时，其反应机理是如下式所示的羧基和羟基之间的脱水反应，羧基失去的是—OH，羟基失去的是—H：

$$HO{-}\overset{O}{\underset{}{C}}{-}R{-}\overset{O}{\underset{}{C}}{-}(\overline{OH}\quad H)O{-}R'{-}OH$$

因此聚酯分子结构式更准确的表达式应为（a），而不是式（b）：

$$HO{\left(\!\overset{O}{\underset{}{C}}{-}R{-}\overset{O}{\underset{}{C}}{-}OR'O\right)}_{\!n}H \qquad\qquad H{\left(O{-}\overset{O}{\underset{}{C}}{-}R{-}\overset{O}{\underset{}{C}}{-}OR'\right)}_{\!n}OH$$
$$\text{(a)} \qquad\qquad\qquad\qquad\qquad \text{(b)}$$

5.1.2.2　逐步加成聚合反应主要类型

（1）重键加成逐步聚合反应　该反应指的是一些含活泼氢功能基的亲核化合物与含亲电不饱和功能基的亲电化合物之间的逐步加成聚合反应。以二异氰酸酯和二羟基化合物的聚合反应为例，其主要反应通过异氰酸酯基和羟基的加成反应进行：

$$nO{=}C{=}N{-}R{-}N{=}C{=}O + nHO{-}R'{-}OH \longrightarrow$$

$$O{=}C{=}N{-}R{-}\underset{}{\overset{H}{N}}{-}\overset{O}{\underset{}{C}}{\left(OR'O{-}\overset{O}{\underset{}{C}}{-}\underset{}{\overset{H}{N}}{-}R{-}\underset{}{\overset{H}{N}}\right)}_{\!n-1}OR'OH$$

聚氨酯

（2）Diels-Alder 加成聚合　如乙烯基丁二烯的聚合：

为了得到高分子量的聚合产物要求单体分子中至少含有三个双键，其中一对为共轭双键。

与缩聚反应不同，逐步加成聚合反应没有小分子副产物生成。

5.1.3　逐步聚合反应的分类

可由多种角度对逐步聚合反应进行分类：

① 逐步聚合反应可根据参与聚合反应的单体数目和种类进行分类，以缩聚反应为例，可分为均缩聚反应、混缩聚反应和共缩聚反应。均缩聚反应指的是只有一种单体参与的缩聚反应，其重复结构单元只含一种单体单元，其单体结构可以是 X—R—Y，聚合反应通过 X 和 Y 的相互反应进行，如由氨基酸单体合成聚酰胺；也可以是 X—R—X，聚合反应通过 X 之间的相互反应进行，如由二元醇合成聚醚；混缩聚反应指的是由两种单体参与、但所得聚合物只有一种重复结构单元的缩聚反应，其起始单体通常为对称性双功能基单体，如 X—R—X 和 Y—R′—Y，聚合反应通过 X 和 Y 的相互反应进行，聚合产物的重复结构单元由两种单体单元构成，聚合反应可看作是由两种单体相互反应生成的"隐含"单体 X—R—R′—Y 的均缩聚反应，如二元羧酸和二元醇的聚酯化反应。均缩聚和混缩聚所得聚合物为只含有一种重复结构单元的均聚物。共缩聚反应指的是由两种以上的单体参与、所得聚合物分子中没有唯一的重复结构单元的缩聚反应。表 5-1 列举了几种均缩聚、混缩聚和共缩聚体系在单体组成、聚合物结构上的差异。

表 5-1　均缩聚、混缩聚和共缩聚

单体组成	聚合物结构	缩聚反应类型
$H_2N—R—COOH$ $HO—R—COOH$ $HO—R—OH$	$H \overline{(} NH—R—CO \overline{)_n} OH$ $H \overline{(} O—R—CO \overline{)_n} OH$ $H \overline{(} OR \overline{)_n} OH$	均缩聚
$HO—R—OH + HOOC—R′—COOH$ $H_2N—R—NH_2 + HOOC—R′—COOH$	$H \overline{(} ORO—OCR′CO \overline{)_n} OH$ $H \overline{(} NH—R—NH—OCR′CO \overline{)_n} OH$	混缩聚
$mHO—R—COOH + nHO—R′—COOH$ $mHO—R″—OH + nHO—R—OH + (m+n)HOOC—R′—COOH$	$H \overline{(} ORCO \overline{)_m} \overline{(} OR′CO \overline{)_n} OH$ $H \overline{(} OROOCR′CO \overline{)_n} \overline{(} OR″OOCR′CO \overline{)_n} OH$	共缩聚

② 逐步聚合反应按聚合产物分子链形态的不同可分为线形逐步聚合反应和非线形逐步聚合反应。线形逐步聚合反应的单体为双功能基单体，聚合产物分子链只向两个方向增长，生成线形高分子。非线形逐步聚合反应的聚合产物分子链不是线形的，而是支化或交联的，即聚合物分子中含有支化点，要引入支化点必须在聚合体系中加入含三个以上功能基的单体。

③ 逐步聚合反应又可根据聚合反应热力学性质的不同分为平衡逐步聚合反应和不平衡逐步聚合反应。平衡逐步聚合反应是指聚合反应是可逆平衡反应，生成的聚合物分子可被反应中伴生的小分子副产物降解成聚合度减小的聚合物分子，如二元酸和二元醇的聚酯化反应、二元酸和二元胺的聚酰胺化反应等。不平衡逐步聚合反应是指聚合反应为不可逆反应，聚合反应过程中不存在可逆平衡，如重键加成逐步聚合反应等。当平衡逐步聚合反应的平衡常数足够高时（$K \geqslant 10^4$），其降解逆反应相对于聚合反应可以忽略，也可看作是非平衡逐步聚合反应，如二元酰氯和二元胺的聚酰胺化反应等。平衡逐步聚合反应依反应条件的不同也可以不平衡方式进行，如在聚合反应实施过程中随时除去聚合反应伴生的小分子副产物，使可逆反应失去条件。

5.1.4　单体功能度与平均功能度

逐步聚合反应的单体分子要求至少含有两个以上的功能基或反应点，单体分子所含的参与聚合反应的功能基或反应点的数目叫作单体功能度（f）。单体功能度决定了聚合产物分子链的形态。当 $f=2$ 时，聚合反应中分子链向两个方向增长，得到线形聚合物；当 $f>2$ 时，分子链将向多个方向增长，得到支化甚至交联的聚合物。一般情况下，单体功能度就等于单体分子所含功能基或反应点的数目，如乙二醇含有两个羟基，其 $f=2$；2,6-二甲基苯酚氧化脱氢聚合时，是由其酚羟基及其对位上的 H 参与聚合反应，即含有一个功能基和一个反应点，因而其 $f=2$。

平均功能度是指聚合反应体系中实际上能参与聚合反应的功能基数相对于体系中单体分子总数的平均值，用 $\bar{f}$ 表示。$\bar{f}$ 可分两种具体情况来计算，假设体系含 A、B 两种功能基，其数目分别为 n_A 和 n_B，则：

① 当 $n_A=n_B$ 时，理论上所有 A 功能基和 B 功能基都能参与聚合反应，因此 $\bar{f}$ 等于体系中功能基总数相对于单体分子总数的平均值，即：

$$\bar{f}=\sum N_i f_i / \sum N_i$$

式中，N_i 是功能度为 f_i 的单体分子数，下同。

② 当 $n_A \neq n_B$ 时，由于体系中多余的功能基并不会参与聚合反应，实际上能参与聚合反应的功能基是量少功能基数目的 2 倍，因此 $\bar{f}$ 等于量少的功能基总数乘以 2 再除以全部的单体分子总数。假设 $n_A < n_B$，则：

$$\bar{f}=2\sum N_A f_A / \sum N_i$$

下面是几个 $\bar{f}$ 计算的实例：

a. 2mol 丙三醇/3mol 邻苯二甲酸体系中，$n_{OH}=n_{COOH}=6mol$，因此：

$$\bar{f}=\sum N_i f_i / \sum N_i=(2\times3+3\times2)/(2+3)=2.4$$

b. 2mol 丙三醇/2mol 邻苯二甲酸/2mol 苯甲酸体系中，$n_{OH}=n_{COOH}=6mol$，因此：

$$\bar{f}=\sum N_i f_i / \sum N_i=(2\times3+2\times2+2\times1)/(2+2+2)=2.0$$

c. 2mol 丙三醇/5mol 邻苯二甲酸体系中，$n_{OH}=2\times3=6mol$，$n_{COOH}=5\times2=10mol$，$n_{OH}<n_{COOH}$，因此：

$$\bar{f}=2\sum N_{OH} f_{OH} / \sum N_i=2\times(2\times3)/(2+5)=1.71$$

在随后的章节将看到平均功能度不仅对聚合产物的分子链形态有影响，而且对聚合产物的聚合度等都具有深刻的影响。

5.2 线形逐步聚合反应

线形逐步聚合反应的单体必须是双功能基单体，根据其所含功能基性质的不同，可分为 3 大类：①A-A 型，单体所含的两功能基相同并可相互发生聚合反应，如二元醇聚合生成聚醚；②A-A+B-B 型，单个单体所含的两个功能基相同，但相互不能发生聚合反应，聚合反应只能在不同单体间进行，如二元胺和二元羧酸聚合生成聚酰胺；③A-B 型，单体所含的两功能基不同但可相互发生聚合反应，如羟基酸聚合生成聚酯。

5.2.1 线形逐步聚合反应产物的聚合度

线形逐步聚合产物聚合度的影响因素是多方面的，包括化学计量、动力学和热力学参数以及聚合反应的实施方法等。

5.2.1.1 线形逐步聚合反应产物的聚合度与功能基摩尔比、反应程度的关系

以 A-A+B-B 型单体聚合反应为例，假设起始的 A、B 两种功能基的数目分别为 N_A 和 N_B，反应到 t 时刻时，未反应的 A 功能基数目为 N'_A，未反应的 B 功能基数目为 N'_B。定义：

$$功能基摩尔比(r)=\frac{起始的 A(或 B)功能基数 N_A(或 N_B)}{起始的 B(或 A)功能基数 N_B(或 N_A)}(规定 r\leqslant1)$$

$$反应程度(p)=\frac{已反应的 A(或 B)功能基数}{起始的 A(或 B)功能基数}$$

则未反应的 A 功能基数目 $N'_A = N_A - N_A p = N_A(1-p)$；由于 A 功能基和 B 功能基成对参与反应，即已反应的 A 功能基数等于已反应的 B 功能基数，因此未反应的 B 功能基数目 $N'_B = N_B - N_A p = N_B(1-rp)$。

根据数均聚合度的定义，由于每个单体分子在聚合反应完成后都会相应地转化为一个单体单元，因此：

$$\overline{X}_n = \frac{单体单元数}{聚合物分子数} = \frac{起始 A\text{-}A 和 B\text{-}B 单体分子总数}{生成的聚合物分子数}$$

由于每个单体分子含有两个功能基，因而起始的 A-A 单体和 B-B 单体分子总数 $n_M = (N_A + N_B)/2$；当忽略聚合反应过程中的分子链环化副反应时，每个线形聚合物分子总含两个未反应的末端功能基，因此生成的聚合物分子总数（n_P）就等于未反应功能基总数的一半，即 $n_P = (N'_A + N'_B)/2$，因此：

$$\overline{X}_n = \frac{(N_A + N_B)/2}{(N'_A + N'_B)/2} = \frac{N_B(1+r)}{N_A(1-p) + N_B(1-rp)} \quad (设 N_B \geqslant N_A)$$

简化可得

$$\overline{X}_n = \frac{1+r}{1+r-2rp} \tag{5-1}$$

式（5-1）显示线形逐步聚合反应产物的数均聚合度与单体的功能基摩尔比和反应程度三者之间的关系。

由聚合物的 $\overline{X}_n$ 和单体单元的分子量可以计算得到聚合物的数均分子量 $\overline{M}_n$。对于类似均缩聚反应那样只有一种单体参与的逐步聚合反应，由于聚合物分子中只含有一种单体单元，因而产物的 $\overline{M}_n = M_0 \overline{X}_n$（$M_0$ 为单体单元的分子量，忽略端基）；对于类似混缩聚反应那样由两种单体参与的逐步聚合反应，由于聚合物分子中含有两种单体单元，且数目相等，均等于聚合物 $\overline{X}_n$ 的一半，因此聚合物的 $\overline{M}_n$ 与两种单体单元分子量的关系如下：

$$\overline{M}_n = \frac{\overline{X}_n}{2}M_1 + \frac{\overline{X}_n}{2}M_2 = \overline{X}_n \frac{M_1 + M_2}{2}$$

式中，M_1 和 M_2 分别为两种单体单元的分子量。

5.2.1.2 反应程度对数均聚合度的影响

反应程度是反应过程中功能基的转化程度，与单体转化率是两个不同的概念，如当体系中所有的单体都两两反应生成二聚体时，单体转化率为 100%，但却只有一半的功能基已反应，反应程度只有 0.5。在逐步聚合反应过程中，绝大部分单体在很短时间内就相互反应生成低聚体，因而单体转化率在短时间迅速达到某一极限值，随着聚合反应的进行单体转化率不再有大的变化，但反应程度则随反应时间逐渐增大。

为了方便考察反应程度对聚合产物数均聚合度的影响，当等功能基摩尔比投料时（即 $r = 1$），则式（5-1）变成式（5-2）：

$$\overline{X}_n = \frac{1}{1-p} \tag{5-2}$$

将一系列的 p 值代入式（5-2），可得到相应的 $\overline{X}_n$：

p	0.500	0.750	0.900	0.980	0.990	0.999
$\overline{X}_n$	2	4	10	50	100	1000

可见随着反应程度 p 的增加，聚合产物 $\overline{X}_n$ 逐步增加，并且反应程度越高时，$\overline{X}_n$ 随反应程度的增长速率越快，为了得到高分子量的聚合产物必须保证聚合反应达到高的反应程度。$\overline{X}_n$ 随 p 的增加而增长的趋势如图 5-1 所示。

从反应程度对产物聚合度的影响还可以看出聚合反应与一般小分子有机反应的不同特

性，对于通常的小分子有机化学反应，若转化率能达 90%，应是非常不错的了，但对于逐步聚合反应，反应程度为 0.9，意味着聚合产物的聚合度仅为 10，而通常聚合物的聚合度至少必须达到 50~100 才具有实际应用价值，这就要求聚合反应的反应程度必须 >98%。而许多的化学反应因为反应条件的限制以及反应过程中副反应的影响，导致其很难达到高反应程度，因此能够用于合成高分子量聚合物的化学反应有限。

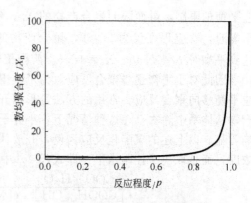

图 5-1　逐步聚合反应程度对聚合产物数均聚合度的影响

5.2.1.3　功能基摩尔比对数均聚合度的影响

为了方便考察功能基摩尔比 r 对数均聚合度 $\overline{X}_n$ 的影响，当反应程度 $p=1$ 时，则式（5-1）可写成：

$$\overline{X}_n = \frac{1+r}{1-r} \tag{5-3}$$

据此可得出 $p=1$ 时，不同 r 时产物的 $\overline{X}_n$：

r	0.500	0.750	0.900	0.980	0.990	0.999
$\overline{X}_n$	3	7	19	99	199	1999

可见，r 越接近 1，聚合物可能达到的最高 $\overline{X}_n$ 越大，r 越偏离 1，所得聚合物的 $\overline{X}_n$ 越低。r 对 1 的稍微偏离都可导致聚合产物的 $\overline{X}_n$ 显著降低，如当 r 由 0.999 降低到 0.99 时，虽然 r 的变化不到 1%，但 $\overline{X}_n$ 却由 1999 降低到了 199，降低了 10 倍。因此，为了得到高分子量的聚合产物，除了必须保证高反应程度外，还必须尽可能地保证聚合体系功能基摩尔比等于 1。这对单体的纯度、投料时称量的准确性都提出了非常严格的要求，并且要求聚合反应过程中不能有其他消耗功能基的副反应。

5.2.1.4　平衡常数对数均聚合度的影响

从前面的讨论可知，反应程度影响产物的聚合度，而对一平衡逐步聚合反应而言，反应程度又取决于该平衡逐步聚合反应的平衡常数，因此聚合度与平衡常数有关。以二元酸和二元醇的外加酸催化聚酯反应为例，根据功能基等反应性假设，其聚合反应平衡可简化如下：

$$\sim\!\!COOH + \sim\!\!OH \underset{}{\overset{K}{\rightleftharpoons}} \sim\!\!\overset{\overset{O}{\|}}{C}\!\!-\!\!O\sim + H_2O$$

设 $r=1$，起始浓度 $\equiv[M]_0 = [COOH]_0 = [OH]_0$，对于密闭体系，即不将反应副产物从体系中清除，当聚合反应达到平衡时，酯基浓度 $[COO] = p[M]_0 = [H_2O]$，未反应的羧基浓度与未反应的羟基浓度相等，即 $[COOH] = [OH] = [M]_0 - p[M]_0$，因此：

$$K = \frac{[COO][H_2O]}{[COOH][OH]} = \frac{(p[M]_0)^2}{([M]_0 - p[M]_0)^2} = \frac{p^2}{(1-p)^2} \tag{5-4}$$

开方后得：

$$p = \frac{K^{1/2}}{1 + K^{1/2}} \tag{5-5}$$

与式（5-2）联立可得：

$$\overline{X}_n = K^{1/2} + 1 \tag{5-6}$$

可见当聚合反应在密闭体系中进行时，聚合反应能够达到的最高反应程度会受到聚合反应平衡的限制，继而限制聚合产物的 $\overline{X}_n$。例如，聚酯化反应的反应平衡常数 $K=4.9$，达到平衡时，反应程度仅为 0.689，聚合产物的 $\overline{X}_n=3.2$；聚酰胺化反应的平衡常数 $K=305$，达到平衡时 $p=0.946$，$\overline{X}_n=18.5$。所得聚合产物的 $\overline{X}_n$ 都偏低，不能满足实用要求。

因此对于平衡逐步聚合反应，为了获得高分子量的聚合产物，就必须打破平衡，驱使反应平衡移向聚合反应。常用的方法是采用开放体系，即在聚合反应过程中不断地将小分子副产物从体系中除去，在这种情况下，小分子副产物残留浓度的控制水平对聚合产物的 $\overline{X}_n$ 影响明显。以上述的聚酯化反应为例，开放体系中小分子副产物水的浓度不再等于生成的酯基浓度，而是取决于控制水平，即式(5-4)中的 $[H_2O] \neq p[M]_0$，因此式(5-4)应表达为：

$$K = \frac{[COO][H_2O]}{[COOH][OH]} = \frac{p[M]_0[H_2O]}{([M]_0 - p[M]_0)^2} = \frac{p[H_2O]}{[M]_0(1-p)^2} \tag{5-7}$$

与式(5-2)联立，整理可得 $[H_2O]$ 与 $\overline{X}_n$ 的关系：

$$[H_2O] = \frac{K[M]_0}{\overline{X}_n(\overline{X}_n - 1)} \tag{5-8}$$

当 $\overline{X}_n$ 足够大时，$\overline{X}_n \approx \overline{X}_n - 1$，式(5-8)可简化变形为：

$$\overline{X}_n = \sqrt{\frac{K[M]_0}{[H_2O]}} \tag{5-9}$$

由式(5-9)可知，$\overline{X}_n$ 随着残余水浓度的降低而增大，若要合成相同 $\overline{X}_n$ 的聚合物，K 值越小，要求聚合体系中残留水的浓度越低。例如平衡常数相对较小的聚酯化反应（$K=4.9$）比平衡常数相对较大的聚酰胺化反应（$K=305$）的除水要求更高。此外从式(5-9)还可见，对于平衡逐步聚合反应，为了提高聚合产物的聚合度，除了降低残余水浓度，还可尽量提高单体浓度，因此平衡逐步聚合反应多采用不加溶剂的熔融聚合体系。

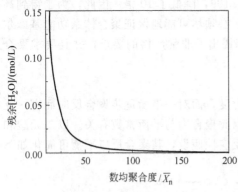

图 5-2 聚酯反应体系中
残余 $[H_2O]$ 对 $\overline{X}_n$ 的影响
（$[M]_0 = 5mol/L$，平衡常数 $K=4.9$）

图 5-2 显示本体熔融聚合合成聚酯时，聚合反应体系中残余 $[H_2O]$ 与 $\overline{X}_n$ 的关系，可见 $\overline{X}_n$ 随着残余 $[H_2O]$ 的降低而增大，并且残余的 $[H_2O]$ 越低，$\overline{X}_n$ 增长的幅度越大。

5.2.1.5 逐步聚合产物分子量的稳定化

逐步聚合反应的特点之一是当以功能基等摩尔比进行聚合反应时，聚合产物仍带有可相互反应的末端功能基，在加工及使用过程中尤其是在加热条件下可能进一步发生反应导致聚合物分子量发生变化，相应地造成聚合物性能不稳定。因此必须对其末端基团加以控制，消除或抑制末端基团间的反应，使聚合物的分子量稳定化。通常可有两种方法：其一是在保证能获得符合要求的聚合度的前提下，使功能基摩尔比适当地偏离等摩尔比，这样在聚合反应完成后（量少功能基全部反应），聚合物分子链两端都带上相同的功能基；第二种方法是保持双功能基单体的功能基等摩尔比，加入单功能基化合物对聚合物进行封端，如在二元醇和二元酸聚合体系中加入乙酸，乙酸与末端—OH反应从而起到封端作用：

$$H\left(ORO-\overset{O}{\overset{\|}{C}}-R'-\overset{O}{\overset{\|}{C}}\right)_n OH + CH_3COOH \longrightarrow H_3C-\overset{O}{\overset{\|}{C}}\left(ORO-\overset{O}{\overset{\|}{C}}-R'-\overset{O}{\overset{\|}{C}}\right)_n OH + H_2O$$

单功能基化合物的加入一方面可对聚合物分子链进行封端，起分子量稳定剂的作用，另一方面还可调节产物聚合度，起分子量调节剂的作用，即通过其用量来调节产物分子量大小。假设在 A-A 和 B-B 聚合体系中加入含 B 功能基的单功能基化合物使 B 功能基过量，设 N_A、N_B 和 N_B' 分别为 A-A 单体、B-B 单体和单功能基化合物所含的功能基数目，当 A 的反应程度为 p 时，未反应的 A 功能基数 $= N_A(1-p)$，未反应的 B 功能基数 $= N_B + N_B' - N_A p$；此时体系中的聚合物分子可分为三类：①分子链两端都被单功能基化合物封端的聚合物分子 P_1；②分子链一端被单功能基化合物封端、另一端带未反应功能基的聚合物分子 P_2；③分子链两端都带未反应功能基的聚合物分子 P_3。

假设 P_1 的分子数为 N_1，则其消耗的单功能基化合物分子数为 $2N_1$；则 P_2 的分子数 $N_2 = N_B' - 2N_1$，P_3 的分子数 $N_3 = [N_A(1-p) + (N_B + N_B' - N_A p) - (N_B' - 2N_1)]/2$。因此，生成的聚合物分子总数 $= N_1 + N_2 + N_3 = N_B' + (N_A - 2N_A p + N_B)/2$。所以：

$$\overline{X}_n = \frac{(N_A + N_B)/2 + N_B'}{N_B' + (N_A - 2N_A p + N_B)/2} = \frac{N_A + (N_B + 2N_B')}{N_A + (N_B + 2N_B') - 2N_A p} \tag{5-10}$$

令

$$r' = \frac{N_A}{N_B + 2N_B'} \tag{5-11}$$

式(5-10) 和式(5-11) 联立可得：

$$\overline{X}_n = \frac{1 + r'}{1 + r' - 2r'p} \tag{5-12}$$

单功能基化合物作为分子量稳定剂使用时，为了不影响得到高分子量的聚合产物，通常先让 A-A 和 B-B 单体以等功能基摩尔比进行聚合反应，当达到一定反应程度，产物聚合度符合要求后，再加入过量的单功能基化合物进行封端反应，这样既能得到高分子量的聚合物，又能保证高的封端率。

5.2.1.6 线形逐步聚合反应的聚合度分布

线形逐步聚合反应的聚合度可用统计的方法来推算。以 $r = 1$ 的 A-A＋B-B 型双功能基单体的聚酯化反应为例，一对羧基和羟基反应时，从统计学上反应程度 p 可视为体系中每一个羧基（或羟基）起反应而形成一个酯键的概率：

$$成键概率 = p = \frac{已反应的羧基（或羟基）数}{起始羧基（或羟基）数}$$

$$不成键概率 = 1 - p$$

对于每一个 x 聚体分子，必含有 $(x-1)$ 个酯基和 2 个未反应的功能基，其中 $(x-1)$ 个酯基必须由 $(x-1)$ 对功能基反应生成，因此其生成概率为 $p^{(x-1)}$；两个未反应功能基不成键的概率为 $(1-p)$，因此生成 x 聚体的概率 P_x 应该是 $(x-1)$ 个酯基的生成概率与 2 个未反应功能基不成键概率之积 $p^{(x-1)}(1-p)$。同时 P_x 也应等于 x 聚体在所有聚合产物分子中所占的数量分数，设 N_x 为 x 聚体的分子数，N 为聚合物分子总数，则：

$$N_x/N = P_x = p^{(x-1)}(1-p) \tag{5-13}$$

式(5-13) 为线形逐步聚合反应分子量的数量分数分布函数。

根据数量分数分布函数，可容易地导出质量分数分布函数。设 N_0 为起始单体分子总数，N 与 N_0 和 p 之间具有如下关系：

$$N = 未反应功能基数/2 = 2N_0(1-p)/2 = N_0(1-p) \tag{5-14}$$

式(5-14) 代入式(5-13) 可得：

$$N_x = Np^{(x-1)}(1-p) = N_0(1-p)^2 p^{(x-1)} \tag{5-15}$$

若忽略端基质量，设 M_0 为单体单元的平均分子量，则所有聚合物分子的总质量 $m =$

$N_0 M_0$，x 聚体的质量 $m_x = x M_0 N_x$，因此 x 聚体的质量分数为：

$$\frac{m_x}{m} = \frac{x M_0 N_x}{N_0 M_0} = \frac{x N_0 (1-p)^2 p^{(x-1)}}{N_0} = x(1-p)^2 p^{(x-1)} \tag{5-16}$$

式(5-16)为逐步聚合反应分子量的质量分数分布函数。

图 5-3 为不同反应程度时，逐步聚合反应产物分子量的质量分布曲线。可见，随着反应程度的提高，聚合度分布变宽，并且每条曲线都有极大值，其值可由式(5-16)微分等于 0 来求得。

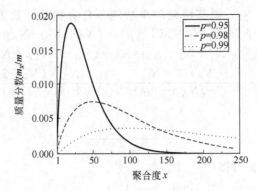

图 5-3 不同反应程度时，逐步聚合反应产物质量分布曲线

$$\frac{\mathrm{d}(m_x/m)}{\mathrm{d}x} = (1-p)^2 \left[p^{(x-1)} + x p^{(x-1)} \ln p \right] = 0$$

$$x_{\max} = -\frac{1}{\ln p} = -\frac{1}{p-1} - \frac{(p-1)^2}{2} - \frac{(p-1)^3}{3} - \cdots$$

当 $p \to 1$ 时，$-\ln p \approx 1-p$，因此：

$$x_{\max} = \frac{1}{1-p} = \overline{X}_n \tag{5-17}$$

可见聚合产物的数均聚合度是聚合产物的最可几聚合度。

逐步聚合产物的数均聚合度可由分子量的数量分数分布函数来计算，由数均聚合度的定义可知：

$$\overline{X}_n = \frac{N_0}{N} = \frac{\sum N_x x}{N}$$

将式(5-14)、式(5-15)代入上式，由于所有聚合物分子的数量分数总和等于 1，即：

$$\sum (N_x/N) = \sum p^{(x-1)}(1-p) = 1$$

因此：

$$\overline{X}_n = \frac{\sum N_x x}{N} = \frac{\sum x N_0 (1-p)^2 p^{(x-1)}}{N_0 (1-p)} = \frac{\sum x (1-p)^2 p^{(x-1)}}{1-p} = \frac{1}{1-p} \tag{5-18}$$

同样根据重均聚合度的定义：

$$\overline{X}_w = \frac{\sum x^2 N_x}{\sum x N_x} = \frac{\sum x^2 N_0 (1-p)^2 p^{(x-1)}}{\sum x N_0 (1-p)^2 p^{(x-1)}} = \frac{\sum x^2 (1-p)^2 p^{(x-1)}}{\sum x (1-p)^2 p^{(x-1)}} \tag{5-19}$$

其中 $\sum x^2 p^{(x-1)}$ 展开求和可得：

$$\sum x^2 p^{(x-1)} = 1 + 2^2 p + 3^2 p^2 + \cdots = \frac{1+p}{(1-p)^3}$$

且由于所有聚合物分子的质量分数总和等于 1，即：

$$\sum (m_x/m) = \sum x(1-p)^2 p^{(x-1)} = 1$$

代入式(5-19)，即得：

$$\overline{X}_{\mathrm{w}} = \frac{1+p}{1-p}$$

因此聚合度分散系数：

$$d = \frac{\overline{X}_{\mathrm{w}}}{\overline{X}_{\mathrm{n}}} = 1+p \tag{5-20}$$

说明逐步聚合产物的聚合度分散系数随反应程度的提高而增大，理论上分散系数最大接近 2。

5.2.2　线形逐步聚合反应的动力学

如前所述，逐步聚合反应是由体系中所有带功能基分子之间的相互反应组成的，如果严格区分的话，其聚合反应过程中包含了无数不同的反应，在此基础上研究聚合反应的动力学几乎是不可能的，因此有必要对聚合反应过程作一些合理的简化。为此提出了"功能基等反应性假设"：双功能基单体的两功能基反应性能相等，且不管其中一个是否已反应，另一个功能基的反应性能保持不变；功能基的反应性能与其连接的聚合物链的长短无关，这种"功能基等反应性假设"得到了许多实验结果的支持。

依据功能基等反应性假设，就可以将逐步聚合反应的动力学处理大大简化。以二元醇和二元羧酸的聚酯化反应为例，在忽略分子内环化反应和交换反应的情况下，聚合反应就可以简化为羧基和羟基之间的酯化反应：

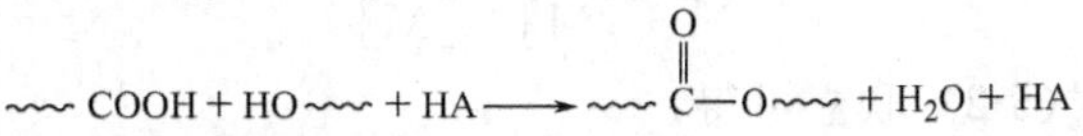

$$\sim\!\sim COOH + HO\!\sim\!\sim\,+\,HA \longrightarrow \sim\!\sim \overset{\overset{\displaystyle O}{\|}}{C}\!-\!O\!\sim\!\sim\,+\,H_2O + HA$$

（HA为酸催化剂）

这样就可以把聚合反应的动力学处理等同于小分子反应。当聚合反应速率 R_{p} 以—COOH 的消耗速率来描述时可表达为：

$$R_{\mathrm{p}} = -\frac{\mathrm{d}[COOH]}{\mathrm{d}t} = k[COOH][OH][HA] \tag{5-21}$$

式中，[COOH]、[OH] 和 [HA] 分别代表羧基、羟基和酸催化剂的浓度；k 为反应速率常数。根据体系中酸催化剂的不同，可分为自催化聚合反应和外催化聚合反应两种情形。

① 自催化聚合反应，即体系中不外加酸催化剂，二元酸单体自身起催化剂的作用，此时，式(5-21) 中的 [HA]=[COOH]，因此：

$$R_{\mathrm{p}} = -\frac{\mathrm{d}[COOH]}{\mathrm{d}t} = k[COOH]^2[OH] \tag{5-22}$$

说明自催化聚酯化反应总体表现为三级反应，对羧基浓度为二级反应，其中包含了羧基分别作为反应物和催化剂的两个一级关系。

当以等功能基摩尔比进行投料时，[COOH]=[OH]，设其浓度等于 [M]，则式(5-22) 可转换为：

$$-\frac{\mathrm{d}[M]}{\mathrm{d}t} = k[M]^3 \tag{5-23}$$

设羧基（或羟基）的起始（$t=0$ 时）浓度为 $[M]_0$，上式积分后可得：

$$2kt = \frac{1}{[M]^2} - \frac{1}{[M]_0^2} \tag{5-24}$$

式中，[M] 为 t 时刻未反应的羧基（或羟基）浓度。设 t 时刻的反应程度为 p，则：

$$[M]=[M]_0(1-p) \tag{5-25}$$

式(5-24) 和式(5-25) 联立可得：

$$\frac{1}{(1-p)^2}=2[M]_0^2 kt+1 \tag{5-26}$$

结合式(5-2) 可得：

$$\overline{X}_n^2=2[M]_0^2 kt+1 \tag{5-27}$$

即 $\overline{X}_n$ 的平方与反应时间成正比。

② 外加催化剂聚合反应，即在聚合体系中外加强酸（如硫酸、对甲苯磺酸等）作为催化剂。由于催化剂在聚合反应过程中的浓度保持不变，即式(5-21) 中的 [HA] 为常数，设 $k[HA]=k'$，代入式(5-21) 得：

$$R_p=-\frac{d[COOH]}{dt}=k'[COOH][OH] \tag{5-28}$$

可见，外加酸催化剂时，聚合反应为二级反应。当以等功能基摩尔比进行投料时，$[COOH]=[OH]=[M]$，代入式(5-28) 得：

$$-\frac{d[M]}{dt}=k'[M]^2 \tag{5-29}$$

积分可得：

$$k't=\frac{1}{[M]}-\frac{1}{[M]_0} \tag{5-30}$$

以式(5-25) 代入，与式(5-2) 联立可得：

$$\overline{X}_n=[M]_0 k't+1 \tag{5-31}$$

可见 $\overline{X}_n$ 随反应时间 t 线性增长。

由自催化聚合反应和外加催化剂聚合体系的比较可见，逐步聚合反应产物 $\overline{X}_n$ 的增长速度受动力学因素的影响显著。对于自催化体系，$\overline{X}_n^2$ 与反应时间成正比，$\overline{X}_n$ 随时间的增长较缓慢，并且随着反应的进行，$\overline{X}_n$ 的增长速度逐渐减慢，难以在较短的时间内获得高分子量的聚合产物；而对于外加催化剂体系，产物 $\overline{X}_n$ 随反应时间成线性增长，增长速度比自催化聚合体系要快得多，因此实际生产多采用外加催化剂体系。

5.2.3 线形逐步聚合反应中的环化副反应

聚合反应过程中的环化反应是线形逐步聚合反应中重要的副反应，环化反应分为单体分子环化以及聚合物分子的环化。

单体分子环化程度与环化产物的环大小意即环的热力学稳定性有关。以 A-B 型线形聚酯化反应为例，其单体结构示意如下：

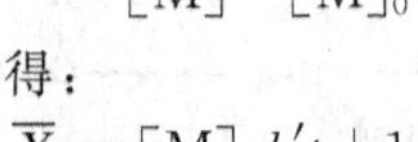

若 $n=4$，则单体可以形成稳定的六元环结构（），单体环化反应很容易发生，因此除了极个别例外，这类单体都不能进行线形逐步聚合反应。若 $n=3$ 或 $n=5$，可形成较稳定的五元环或七元环，虽然有较大的环化倾向，但其环化反应倾向比相应的六元环小得多。而当 $n=1$ 或 $n=2$ 时，几乎不可能发生环化反应，这是因为此时产物为环张力最大、稳定性极差的三、四元环。

对于聚合物分子的环化，可以是线形聚合物末端功能基之间的反应，也可能是由末端功能基"回咬"，发生分子内交换反应，如聚酯分子的末端—OH 可与分子链中的酯基发生分子内交换形成环化低聚物：

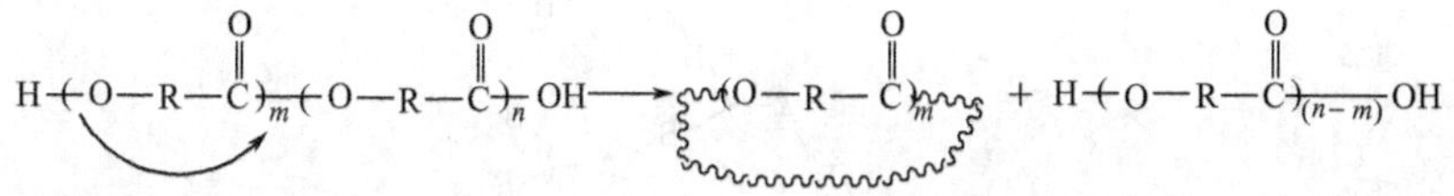

$$H\!-\!O\!-\!R\!-\!\overset{\overset{\displaystyle O}{\|}}{C}\!)_m\!(\!O\!-\!R\!-\!\overset{\overset{\displaystyle O}{\|}}{C}\!)_n\!OH \longrightarrow (\!O\!-\!R\!-\!\overset{\overset{\displaystyle O}{\|}}{C}\!)_m + H\!-\!O\!-\!R\!-\!\overset{\overset{\displaystyle O}{\|}}{C}\!)_{(n-m)}\!OH$$

由于环化反应是单分子（分子内）反应，而线形逐步聚合反应是分子间的双分子反应，两者对反应物（单体或低聚物）浓度的依赖关系不同，环化反应与线形聚合反应的速率比例与反应物浓度成反比：

$$\frac{环化反应速率}{线形聚合速率}=\frac{k_c[M]}{k_p[M]^2}=\frac{k_c}{k_p[M]}$$

式中，k_c 和 k_p 为环化反应和聚合反应的反应速率常数；$[M]$ 为反应物浓度。可见高浓度有利于线形逐步聚合反应，而低浓度有利于环化反应。在聚合反应过程中，由于功能基的等反应性，k_p 不随聚合产物分子量的增加而发生改变，但 k_c 则随聚合产物分子量增加而减小。随着聚合反应的进行，虽然 $[M]$ 下降，但 k_c 的下降比 $[M]$ 更严重，因此即使在高反应程度下，线形聚合反应仍然比环化反应有利。

5.3　非线形逐步聚合反应

非线形逐步聚合反应的产物分子链形态不是线形的，而是支化或交联的，其聚合体系中必须至少含有一种功能度 $f \geqslant 3$ 的单体。非线形聚合反应又可根据单体（或单体组合）分子结构特性的不同分为支化型和交联型逐步聚合反应：对于某些结构的单体体系，不管其反应条件（包括单体配比、反应程度等）如何改变，得到的聚合产物始终是支化的，不会产生交联，此为支化型逐步聚合反应；而对于另一些结构的单体体系，在适当反应条件下（如通过改变单体配比和反应程度）可得到交联的聚合产物，此为交联型逐步聚合反应。

5.3.1　支化型逐步聚合反应

当聚合体系的单体组成是 $AB+A_f$（$f \geqslant 3$）、AB_f 或 AB_f+AB（$f \geqslant 2$，聚合反应只发生在 A、B 功能基之间，下同）时，不管反应程度如何，都只能得到支化高分子，而不会产生交联。

（1）$AB+A_f$　A_f 单体与 AB 单体反应后，产物的末端功能基皆为 A 功能基，不能再与 A_f 单体反应，只能与 AB 单体反应，因此每个高分子只含一个 A_f 单体单元，即只含有一个支化点，支化分子所有链末端都为 A 功能基，链末端只能与 AB 单体反应使支链聚合度增大，链末端之间不能相互反应生成交联高分子，得到的是星形聚合物。如 $AB+A_3$ 和 $AB+A_4$ 聚合体系分别得到三臂和四臂的星形聚合物：

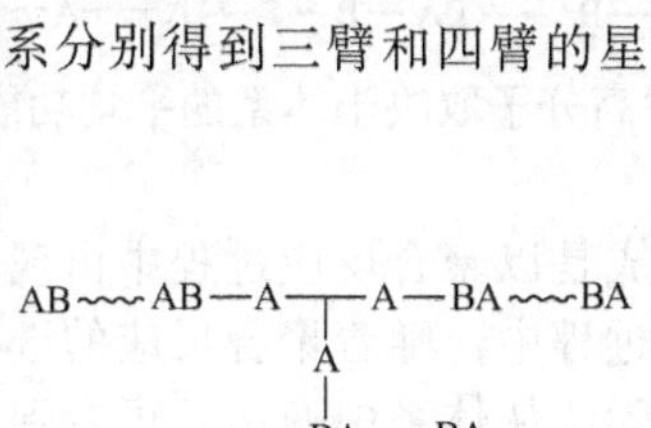

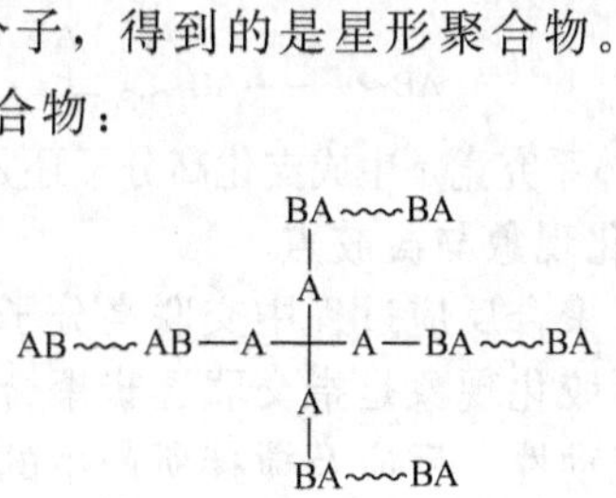

（2）AB_f 或 AB_f+AB　AB_f 型单体聚合时得到的是高度支化、含有多个末端 B 功能基的超支化聚合物。以 AB_2 为例，所得聚合物结构如下：

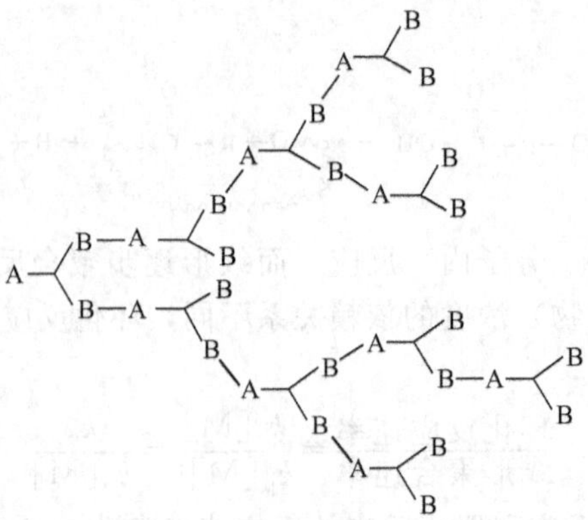

$AB_f + AB$ 与之相类似，只是在 AB_f 单体单元之间插入一些 AB 单体单元。当超支化高分子中所有支化点的功能度相同，且所有支化点间的链段长度相等时，叫树枝型高分子（Dendrimer），其结构可示意如下：

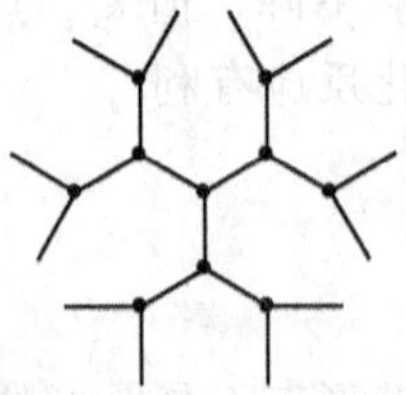

超支化高分子由于其独特的物理和化学性能，具有非常广泛的应用前景，在药物控制释放体系、超强吸水材料、光电功能材料、磁功能材料、聚合物电解质、纳米材料和涂料等领域都有重要的应用。

5.3.2　交联型逐步聚合反应

当逐步聚合反应体系的单体组成为 $AB+A_f+BB$、$AA+B_f$、$AA+BB+B_f$（$f \geqslant 3$）或 A_f+B_f（$f \geqslant 2$）时，同一聚合物分子中可引入多个支化单元，每个支化单元延伸出 f 条支链，不同支化单元的支链之间可相互反应。当聚合反应到一定程度时，支化单元之间相互连接形成交联高分子。以 $AB+A_3+BB$ 体系为例，其交联高分子结构可示意如下：

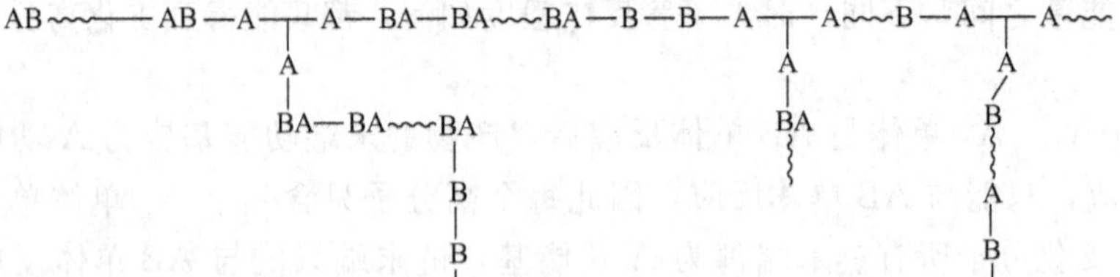

交联型逐步聚合体系究竟是生成支化高分子还是交联高分子取决于体系的平均功能度和反应程度。

5.3.2.1　凝胶化现象与凝胶点

交联型逐步聚合反应过程中交联高分子的生成是以聚合反应过程中出现的凝胶化现象为标记的。所谓凝胶化现象是指交联逐步聚合反应过程中，随着聚合反应的进行，体系黏度突然增大，失去流动性，反应及搅拌所产生的气泡无法从体系中逸出，可看到凝胶或不溶性聚合物明显生成的实验现象。出现凝胶化现象时的反应程度叫作凝胶点，以 p_c 表示。产生凝胶化现象时，并非所有的聚合产物都是交联高分子，而是既含有不溶性的交联高分子，也含有可溶性的支化或线形高分子。不能溶解的部分叫作凝胶，能溶解的部分叫作溶胶。由于体系中既含有分子量较低的溶胶，也含有分子量无限大的凝胶，因而产物的分子量分布无限宽。随着反应程度的进一步升高，溶胶逐渐产生交联变成凝胶，可用抽提方法将溶胶与凝胶分离。

交联型聚合反应根据其反应程度 p 与其凝胶点 p_c 的比较，可把其聚合反应过程分为 3 个阶段：①$p < p_c$ 时所得聚合物为甲阶聚合物；②p 接近于 p_c 时所得聚合物为乙阶聚合物；③$p > p_c$ 时所得聚合物为丙阶聚合物。甲阶聚合物既可以溶解，也可以熔融，乙阶聚合物仍然可熔融，但通常溶解性较差，丙阶聚合物由于高度交联，既不能溶解，也不能熔融，不具加工成型性能。因此对于交联型逐步聚合反应，合成时通常在 $p < p_c$ 时即终止聚合反应，在成型过程中再使聚合反应继续进行，直至交联固化。

5.3.2.2　凝胶点的预测

凝胶点对于交联型逐步聚合反应的控制是相当重要的。实验测定凝胶点时通常以聚合混合物中的气泡不能上升时的反应程度为凝胶点。凝胶点也可以从理论上进行预测，可有 Carothers 法和统计学法两种方法，这里仅介绍比较简单的 Carothers 法。

对于含 A、B 两种功能基的聚合体系，假设起始 $N_A \leqslant N_B$，N_0 为起始单体分子总数，则聚合体系的平均功能度为 $\bar{f} = 2N_A/N_0$（参看 5.1.4），因此起始 A 功能基数 $N_A = N_0\bar{f}/2$。当两种功能基不等摩尔比时，反应程度取决于量少功能基，因此凝胶点应该用量少功能基的反应程度来表征。假设聚合反应到 t 时刻时，体系中所有大小分子总数为 N，由于每减少一个分子需消耗一对功能基，因此反应中消耗的功能基总数为 $2(N_0 - N)$，消耗的 A 功能基数与 B 功能基数相等，都为 $(N_0 - N)$，因此 t 时刻时 A 功能基的反应程度为：

$$p = \frac{N_0 - N}{N_0\bar{f}/2} = \frac{2}{\bar{f}} - \frac{2}{\overline{X}_n\bar{f}}$$

当出现凝胶化现象时，理论上认为产物的 $\overline{X}_n \to \infty$，因此：

$$p_c = \frac{2}{\bar{f}} \tag{5-32}$$

可见凝胶点的大小取决于聚合体系的平均功能度，由于反应程度一般都小于 1，因此只有 $\bar{f} > 2$ 的聚合体系才会产生凝胶化现象。对于双功能基单体聚合体系，由于其 $\bar{f}$ 一定 $\leqslant 2$，因此不会产生凝胶化；对于支化聚合体系，当单体组成为 $AB + A_f$ 时，其 $\bar{f} < 2$，当单体组成为 AB_f 或 $AB_f + AB$ 时，其 $\bar{f} \equiv 2$，因此支化聚合体系虽然含有多功能基单体，但是只会得到支化高分子，而不会产生交联。

Carothers 法预测凝胶点时通常都比实验值稍高，其主要原因之一是 Carothers 法假设产生凝胶化现象时，$\overline{X}_n$ 为无限大，但事实上凝胶化现象发生在 $\overline{X}_n$ 为无穷大之前。

5.3.3　无规预聚物和确定结构预聚物

可进一步发生聚合反应的低聚物常称预聚物，预聚物的分子量通常为 500～5000，既可能是液态的，也可能是固态的。预聚物的交联也称固化。根据预聚物的性质与结构的不同，一般可分为无规预聚物和确定结构预聚物两大类。

由交联型逐步聚合反应得到的甲阶或乙阶聚合物属于无规预聚物。无规预聚物中未反应功能基在分子链上是无规分布的。无规预聚物的固化通常通过加热实现，在加热条件下，预聚物进一步聚合直至交联。其固化反应机理与预聚物的合成反应机理相同。

确定结构预聚物具有特定的活性端基或侧基，功能基的种类与数量可设计合成。确定结构预聚物通常由线形或支化型逐步聚合反应合成，因此预聚物的合成不存在凝胶化问题，但聚合产物分子中含有数个可在其他条件下发生聚合反应的功能基。功能基在端基的叫端基预聚物，功能基在侧基的叫侧基预聚物。确定结构预聚物的交联固化反应通常与预聚物的合成反应不同，不能单靠加热来完成，需要加入专门的催化剂或其他反应物。这些加入的催化剂或其他反应物叫固化剂。与无规预聚物相比，确定结构预聚物更具优越性，其合成反应以及交联反应可控性更好，更重要的是最终产物的结构可控性更强。

5.4　逐步聚合反应的实施方法

5.4.1　熔融聚合

　　熔融聚合是指聚合体系中只加单体和少量的催化剂，不加任何溶剂，聚合过程中原料单体和生成的聚合物始终处于熔融状态下进行的聚合反应。熔融聚合主要应用于平衡缩聚反应，如聚酯、聚酰胺和不饱和聚酯等的生产。

　　熔融聚合操作较简单，把单体混合物、催化剂、分子量调节剂和稳定剂等投入反应器内，然后加热使物料在熔融状态下进行反应，温度随着聚合反应的进行而逐步提高，保持聚合反应温度始终比反应物的熔点高 $10\sim20℃$。为防止反应物在高温下发生氧化副反应，聚合反应常需在惰性气体（如氮气）保护下进行，同时为更彻底地除去小分子副产物，需保持高真空。在熔融聚合体系中，为了精确控制单体功能基摩尔比和达到高反应程度（>99%），必须使用高纯度的单体，同时必须小心控制副反应，以免因此导致功能基不等摩尔比，限制聚合产物的分子量，甚至在聚合物分子中引入不期望的结构。

　　在熔融聚合反应过程中，随着反应的进行，反应程度的提高，反应体系的理化特性会发生显著的变化，与之相适应地，工艺上一般可分为以下三个阶段。

　　① 初期阶段　该阶段的反应主要以单体之间、单体与低聚物之间的反应为主。由于体系黏度较低，单体浓度大，逆反应速率小，对反应中生成的小分子副产物的除去程度要求不高，因而可在较低温度、较低真空度下进行，该阶段应注意的主要问题是防止单体挥发、分解等，保证功能基等摩尔比。

　　② 中期阶段　该阶段的反应主要以低聚物之间的反应为主，伴随有降解、交换等副反应。该阶段的任务在于除去小分子副产物，提高反应程度，从而提高聚合产物分子量。由于该阶段的反应物主要为低聚物，要使之保持熔融状态，同时使低分子副产物易除去，必须采用高温、高真空。

　　③ 终止阶段　当聚合反应条件已达预期指标，或在设定的工艺条件下，由于体系物理化学性质等原因，小分子产物的移除程度已达极限，无法进一步提高反应程度，因此需及时终止反应，避免副反应，节能省时。

　　熔融聚合的优点是由于体系组成简单，产物后处理容易，可连续生产。缺点是必须严格控制单体功能基等摩尔比，对原料纯度要求高，且需高真空，对设备要求高，反应温度高，易发生副反应。

5.4.2　溶液聚合

　　溶液聚合是指将单体等反应物溶在溶剂中进行聚合反应的一种实施方法。所用溶剂可以是单一的，也可以是几种溶剂的混合物。溶液聚合广泛用于涂料、胶黏剂等的制备，特别适于合成难熔融的耐热聚合物，如聚酰亚胺、聚苯醚、聚芳香酰胺等。溶液聚合可分为高温溶液聚合和低温溶液聚合。高温溶液聚合采用高沸点溶剂，多用于平衡逐步聚合反应。低温溶液聚合一般适合于高活性单体，如二元酰氯、异氰酸酯与二元醇、二元胺等的反应。由于在低温下进行，逆反应不明显。

　　溶液聚合的关键之一是溶剂的选择，合适的聚合反应溶剂通常需具备以下特性：①对单体和聚合物的溶解性好，以使聚合反应在均相条件下进行；②溶剂沸点应不低于设定的聚合反应温度；③有利于小分子副产物移除，或者与溶剂形成共沸物，在溶剂回流时带出反应体系；或者使用高沸点溶剂；或者可在体系中加入可与小分子副产物反应而对聚合反应没有其他不利影响的化合物。

溶液逐步聚合反应的优点是：①反应温度低，副反应少；②传热性好，反应可平稳进行；③无需高真空，反应设备较简单；④可合成热稳定性低的产品。缺点是：①反应影响因素增多，工艺复杂；②若需除去溶剂时，后处理复杂，必须考虑溶剂回收、聚合物的分离以及残留溶剂对聚合物性能、使用等的不良影响。

5.4.3　界面缩聚

界面缩聚是将两种单体分别溶于两种互不相溶的溶剂中，再将这两种溶液倒在一起，在两液相的界面上进行缩聚反应，聚合产物不溶于溶剂，在界面析出。

以对苯二甲酰氯与己二胺的界面缩聚为例，反应式为：

$$nCl-\overset{O}{\underset{}{C}}-\!\!\!\!\!\!-\overset{O}{\underset{}{C}}-Cl + nH_2N(CH_2)_6NH_2 \longrightarrow Cl\!\!\left[\overset{O}{\underset{}{C}}-\!\!\!\!\!\!-\overset{O}{\underset{}{C}}-NH(CH_2)_6NH\right]_{\!\!\overline{n}}H + (2n-1)HCl$$

当反应实施时，将对苯二甲酰氯溶于有机溶剂如 CCl_4，己二胺溶于水，且在水相中加入 NaOH 来消除聚合反应生成的小分子副产物 HCl。将两相混合后，聚合反应迅速在界面进行，所生成的聚合物在界面析出成膜，把生成的聚合物膜不断拉出，单体不断向界面扩散，聚合反应在界面持续进行（见图 5-4）。

界面缩聚能否顺利进行取决于几方面的因素。

① 为保证聚合反应持续进行，一般要求聚合产物具有足够的机械强度，以便将析出的聚合物以连续膜或丝的形式从界面持续地拉出。若不能及时将析出的聚合物从界面移去，就会妨碍单体的扩散与接触，使聚合反应速率逐渐降低。

② 水相中无机碱的加入是必需的，否则聚合反应生成的 HCl 可与二元胺反应使之转化为低活性的二元胺盐酸盐，使反应速率大大下降；但无机碱的浓度必须适中，因为在高无机碱浓度下，酰氯可水解成相应的酸，而酸在界面缩聚的低反应温度下不具反应活性，结果不仅会使聚合反应速率大大下降，而且会大大地限制聚合产物的分子量。

③ 要求单体反应活性高，因为如果聚合反应速率太慢，酰氯可有足够的时间从有机相扩散穿过界面进入水相，水解反应严重，导致聚合反应不能顺利进行，因此界面缩聚不适于反应活性较低的二元酰氯和二元脂肪醇的聚酯化反应。

图 5-4　对苯二甲酰氯与己二胺的界面缩聚示意图

（图中标注：聚酰胺；己二胺水溶液；聚酰胺膜；对苯二甲酰氯四氯化碳溶液）

④ 有机溶剂的选择对控制聚合产物的分子量很重要。因为在大多数情况下，聚合反应主要发生在界面的有机相一侧，如上述例子中，二元胺从水相扩散进入有机相的倾向比二元酰氯从有机相扩散进入水相的倾向大得多，聚合反应实际上发生在界面的有机相一侧。聚合产物的过早沉淀会妨碍高分子量聚合产物的生成，因此为获得高分子量的聚合产物要求有机溶剂对不符要求的低分子量产物具有良好的溶解性。

界面缩聚反应具有如下特点：①由于单体须扩散到界面才会发生聚合反应，而单体的扩散速度远小于单体的反应速率，因而界面缩聚总的反应速率受单体扩散速率控制；②聚合反应只发生在界面，产物分子量与体系总的反应程度无关；③由于聚合反应只在界面发生，并不总是要求体系中总的功能基摩尔比等于 1，因而对单体的纯度要求也不是十分苛刻，但为保证在界面处获得功能基等摩尔比，必须使两单体从两相向界面的扩散速度相等，因此扩散速度相对较慢的单体要求其浓度相对较高；④反应温度低，常为 $0\sim50℃$，可避免因高温而导致的副反应，有利于高熔点耐热聚合物的合成。

界面缩聚由于需采用高成本的高活性单体，且溶剂消耗量大，设备利用率低，因此虽然有许多优点，但工业上的实际应用并不多。典型的例子是用光气与双酚 A 界面缩聚合成聚碳酸酯以及一些芳香族聚酰胺的合成。

5.4.4　固相聚合

固相聚合是指单体或预聚物在聚合反应过程中始终保持在固态条件下进行的聚合反应。主要应用于一些熔点高的单体或部分结晶低聚物的后聚合反应，因为这些单体或结晶低聚物如果用熔融聚合法可能会因反应温度过高而引起显著的分解、降解、氧化等副反应而使聚合反应无法正常进行。

固相聚合的反应温度一般比单体熔点低 $15\sim30℃$，如果是低聚物，为防止在固相聚合反应过程中固体颗粒间发生黏结，在聚合反应前必须先让低聚物部分结晶，聚合反应温度一般介于非晶区的玻璃化温度和晶区的熔点之间。在这样的温度范围内，一方面由于链段运动可使分子链末端基团具有足够的活动性，以使聚合反应正常进行；另一方面又能保证聚合物始终处于固体状态，而不会发生熔融或黏结。此外，为使聚合反应生成的小分子副产物及时而又充分地从体系中清除，一般需采用惰性气体（如氮气等）或对单体和聚合物不具溶解性而对聚合反应的小分子副产物具有良好溶解性的溶剂作为清除流体，把小分子副产物从体系中带走，促进聚合反应的进行。

5.5　一些重要的逐步聚合物

5.5.1　聚酯

聚酯是指单体单元通过酯基相互连接的一类聚合物。由饱和二元羧酸（或酯、酰氯）与二元醇缩聚而得的是线形饱和聚酯。而由二元醇、饱和与不饱和酸酐（或二元酸）缩聚得到的线形聚酯，由于通过不饱和单体在聚合物分子结构中引入了不饱和双键，因此称不饱和聚酯，它最终使用时必须交联固化。

聚对苯二甲酸乙二酯（PET）是最重要的线形饱和聚酯，其合成通常采用高温熔融缩聚工艺，根据单体组成的不同可分为酯交换法和直接酯化法。

目前工业上最普遍采用的方法是直接酯化法。反应分两个阶段：

第一阶段为对苯二甲酸（PTA）和过量的乙二醇（EG）（约 1∶1.2）直接酯化，反应在加压下于 $230\sim270℃$ 进行，反应产物为低聚物，小分子副产物是水：

$$n\text{HO—C}(=\!\!O)\text{—C}_6\text{H}_4\text{—C}(=\!\!O)\text{—OH}+(n+1)\text{HO—CH}_2\text{CH}_2\text{—OH} \longrightarrow \text{HOCH}_2\text{CH}_2\text{O} \big[\text{C}(=\!\!O)\text{—C}_6\text{H}_4\text{—C}(=\!\!O)\text{—OCH}_2\text{CH}_2\text{O}\big]_n \text{H}+2n\text{H}_2\text{O}$$

第二阶段为低聚物之间的聚合反应，小分子副产物为乙二醇，需高温（$270\sim290℃$）、高真空（$10\sim50\text{Pa}$），直至除去过量的 EG 获得高分子量 PET：

$$m\text{HOCH}_2\text{CH}_2\text{O}\big[\text{C}(=\!\!O)\text{—C}_6\text{H}_4\text{—C}(=\!\!O)\text{—OCH}_2\text{CH}_2\text{O}\big]_n\text{H} \longrightarrow$$

$$\text{HOCH}_2\text{CH}_2\text{O}\big[\text{C}(=\!\!O)\text{—C}_6\text{H}_4\text{—C}(=\!\!O)\text{—OCH}_2\text{CH}_2\text{O}\big]_{mn}\text{H}+(m-1)\text{HO—CH}_2\text{CH}_2\text{—OH}$$

PET 主要用于制造纤维，俗称涤纶，具有弹性好、耐皱折、耐老化、不怕虫蛀等优良性能，可大量用于衣料、帘子线、渔网等，PET 还可用作塑料制造膜、瓶、容器及电器零件等。

不饱和聚酯也是聚酯中的一个重要品种,最简单的不饱和树脂可由马来酸酐和乙二醇熔融缩聚而得:

$$n \begin{array}{c} O \\ \parallel \end{array} + n\text{HOCH}_2\text{CH}_2\text{OH} \longrightarrow \left(\text{OCH}_2\text{CH}_2\text{O} - \overset{O}{\underset{\parallel}{C}} - \overset{H}{\underset{}{C}} = \overset{H}{\underset{}{C}} - \overset{O}{\underset{\parallel}{C}} \right)_n$$

应用时一般都是将聚合所得确定结构不饱和聚酯预聚物溶于可自由基聚合的乙烯基单体中,以溶液形式使用。其交联固化反应通过预聚物分子中的不饱和双键与乙烯基单体(最常用的是苯乙烯)的自由基共聚反应来实现,加入的乙烯基单体通常称为不饱和聚酯的活性稀释剂。

除了不饱和酸以外,很多情况下还会加入一些饱和酸酐或二元酸来调节预聚物分子中的双键含量(交联密度)和产物的性能。若仅用马来酸酐和乙二醇聚合,则其最终产品交联密度太高,太脆,无太大实用价值。通用型的不饱和聚酯是由马来酸酐、邻苯二甲酸酐和 1,2-丙二醇和/或乙二醇聚合而得。

不饱和聚酯具有重要的应用,如用作玻璃纤维增强塑料(即玻璃钢)用于制造大型构件,如汽车车身、小船艇、容器、工艺塑像等,与无机粉末复合,用于制造卫浴用品、装饰板、人造大理石等。

5.5.2 聚碳酸酯

最重要的聚碳酸酯是双酚 A 型聚碳酸酯,根据所用单体的不同,双酚 A 型聚碳酸酯的合成可分为光气法和酯交换法。

光气法所用单体为双酚 A 和光气:

$$\text{HO} - \underset{CH_3}{\overset{CH_3}{\underset{|}{\overset{|}{C}}}} - \text{OH} + \text{Cl} - \overset{O}{\underset{\parallel}{C}} - \text{Cl} \xrightarrow{-\text{HCl}} \left(O - \underset{CH_3}{\overset{CH_3}{\underset{|}{\overset{|}{C}}}} - O - \overset{O}{\underset{\parallel}{C}} \right)_n$$

光气法可采用溶液聚合或界面缩聚,其中以界面缩聚应用最广。将双酚 A 溶于 NaOH 水溶液中,然后加入有机溶剂(氯苯、1,2-二氯乙烷、二氯甲烷等),在快速搅拌下通入光气。与一般的界面缩聚不同,其聚合产物是溶解在有机相中,并不沉淀析出。聚合反应完成后,将反应混合物静置分层,除去水相,有机相经中和、水洗等处理后,再采用沉淀或干燥法将聚合物分离。该方法的优点是易获得高分子量的聚合产物,最大的缺点是需使用高毒性的光气,而且还需对大量的废水和溶剂进行后处理。

酯交换法是将双酚 A 和碳酸二苯酯在熔融条件下发生酯交换聚合反应:

$$\text{HO} - \underset{CH_3}{\overset{CH_3}{\underset{|}{\overset{|}{C}}}} - \text{OH} + \text{PhO} - \overset{O}{\underset{\parallel}{C}} - \text{OPh} \xrightarrow{-\text{PhOH}} \left(O - \underset{CH_3}{\overset{CH_3}{\underset{|}{\overset{|}{C}}}} - O - \overset{O}{\underset{\parallel}{C}} \right)_n$$

酯交换法无需使用溶剂、并可避免直接使用高毒性的光气,但是由于熔体的高黏度减缓了聚合反应小分子副产物苯酚的扩散,导致难以及时充分地将苯酚移去,易使反应程度受到限制,从而最终限制了聚合产物的分子量,而且双酚 A 在高温及 OH⁻ 存在下不稳定,容易导致聚合产物变色。

聚碳酸酯具有优异的透明性和冲击性能,而且尺寸稳定性和耐蠕变性能亦佳,具有广泛的应用,包括压缩光盘、玻璃制品(门、窗、太阳镜、安全面罩、防爆玻璃等)以及汽车工业(仪表板及其零部件、挡风玻璃、车身外壳等)、医疗器械电子电气工业,用作绝缘插件、线圈框架、垫片等。

5.5.3　聚酰胺

聚酰胺是指聚合物分子中单体单元通过酰胺基相互连接的聚合物，脂肪族的聚酰胺俗称尼龙。聚酰胺可由二元胺和二元酸混缩聚合成，也可由 ω-氨基酸均缩聚或环内酰胺开环聚合合成（参见第 6 章），但由于 ω-氨基酸单体难提纯、成本高，一般不用于聚酰胺的工业合成。

聚酰胺命名时通常在"聚酰胺"前缀后分别标上二元胺和二元酸所含的碳原子数，如由己二胺和己二酸合成的聚酰胺命名为"聚酰胺 66"，由己二胺和癸二酸合成的聚酰胺可命名为"聚酰胺 610"等；而由氨基酸或环内酰胺合成的聚酰胺则在"聚酰胺"后加注单体所含的碳原子数，如由氨基己酸或己内酰胺得到的聚合物命名为"聚酰胺 6"。

如果聚酰胺在其熔融温度以上是热稳定性的，几乎无一例外的都是采用熔融聚合法合成。以二元胺和二元酸为起始单体的熔融聚合反应时为防止二元胺挥发，一般首先将二元胺和二元酸在水溶液中反应得到盐（称为聚酰胺盐），在高压釜中进行预聚然后加热熔融聚合，以最重要的聚酰胺 66 为例：

$$\text{H}_2\text{N}\!\leftarrow\!\text{CH}_2\!\overrightarrow{)}_6\text{NH}_2 + \text{HO}-\overset{\text{O}}{\overset{\|}{\text{C}}}\!\leftarrow\!\text{CH}_2\!\overrightarrow{)}_4\overset{\text{O}}{\overset{\|}{\text{C}}}-\text{OH} \longrightarrow {}^+\text{H}_3\text{N}\!\leftarrow\!\text{CH}_2\!\overrightarrow{)}_6\text{NH}_3^+ \quad {}^-\overset{\text{O}}{\overset{\|}{\text{C}}}\!\leftarrow\!\text{CH}_2\!\overrightarrow{)}_4\overset{\text{O}}{\overset{\|}{\text{C}}}{}^-$$

$$2\text{H}_2\text{O} + \left[\overset{\text{H}}{\overset{|}{\text{N}}}\!\leftarrow\!\text{CH}_2\!\overrightarrow{)}_6\overset{\text{H}}{\overset{|}{\text{N}}}-\overset{\text{O}}{\overset{\|}{\text{C}}}\!\leftarrow\!\text{CH}_2\!\overrightarrow{)}_4\overset{\text{O}}{\overset{\|}{\text{C}}} \right]_n$$

绝大部分的聚酰胺用于制造合成纤维（如锦纶），聚酰胺纤维具有很好的拉伸强度和弹性，广泛地应用于制造布料、轮胎帘布、毡毯、绳索等。少部分聚酰胺用于制造塑料制品，主要应用于各种机械、化工设备及电子电气部件，如轴承、齿轮、泵叶轮、密封圈、垫片、输油管、电器线圈骨架、各种电绝缘件以及各种类型的管、棒、片材等。

5.5.4　酚醛树脂

酚醛树脂由苯酚和甲醛缩聚而得，苯酚和甲醛反应时，苯酚包含有三个反应点，即酚羟基的两个邻位和一个对位，其功能度 $f=3$；甲醛在水中以甲二醇形成存在，其功能度 $f=2$，因此两者聚合反应为非线形逐步聚合反应。分别用酸或碱作催化剂时，反应机理不同，所得聚合物的分子形态也不同。在酸催化下，通过适当地控制投料比可得到线形酚醛树脂，而在碱催化下总得到非线形酚醛树脂。

苯酚和甲醛在酸催化下，甲醛和苯酚的摩尔比为（0.5～0.8）∶1 时，可得到分子量为 500～5000 的确定结构预聚物，其聚合反应机理为甲醛质子化后跟苯酚发生邻位或对位的亲电取代反应：

$$\text{H}-\overset{\text{O}}{\overset{\|}{\text{C}}}-\text{H} \underset{\text{H}_2\text{O}}{\rightleftharpoons} \text{HOCH}_2\text{OH} \underset{\text{H}^+}{\rightleftharpoons} (\text{H}_2\text{C}{=}\overset{+}{\text{O}}\text{H} \longleftrightarrow \text{H}_2\text{C}-\text{OH}^+)$$

所得的羟甲基苯酚在酸催化下迅速与其他苯酚分子未取代的邻、对位 H 脱水缩合形成亚甲基桥键，其反应速率比前一步的亲电取代反应速率快 5～10 倍：

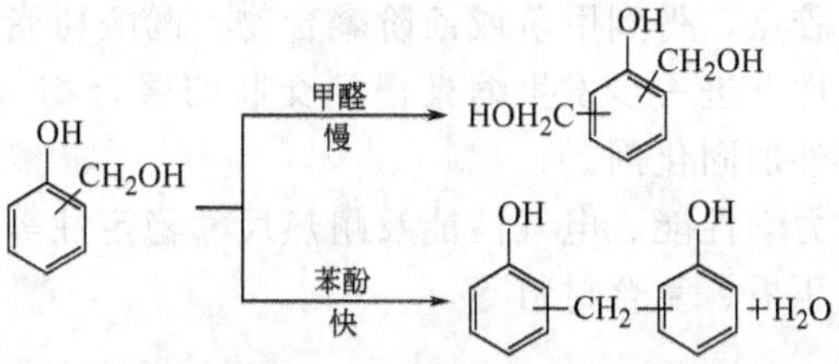

因此一旦在苯环上引入一个羟甲基后，在引入第二个羟甲基之前，先引入的羟甲基已与其他苯酚分子的活性点反应生成二苯酚中间体，在苯酚过量的情况下不能分离得到羟甲基取代的中间产物，因此酸催化的酚醛树脂的分子结构中不含羟甲基。由于分子链的屏蔽作用，酚醛树脂分子中部的未取代反应点因位阻大，比末端反应点的活性低，因此羟甲基的引入总是优先发生在分子链的末端，在苯酚过量的情况下容易得到线形高分子：

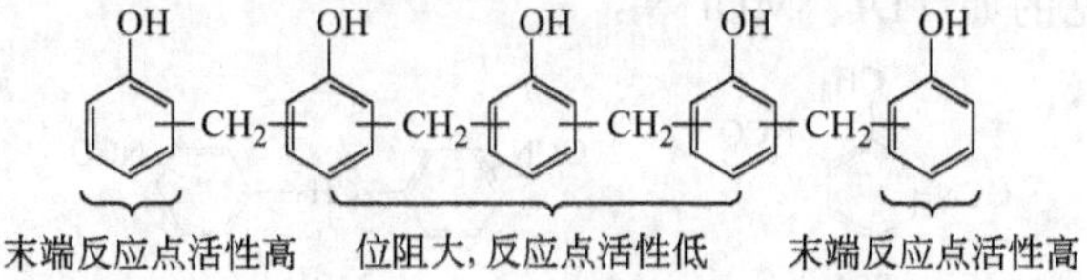

羟甲基取代对苯酚具有活化作用，更容易进行二羟甲基取代和三羟甲基取代，因此碱催化聚合体系中同时存在单、双、三羟甲基取代苯酚：

酸催化酚醛树脂预聚物中不含羟甲基，不能简单地通过加热来实现交联固化。必须外加甲醛才能发生交联反应，通常加入多聚甲醛或六亚甲基四胺作为固化剂，它们在加热、加压条件下可分解释放出甲醛，进而发生交联反应。

当甲醛和苯酚在碱催化下以摩尔比（1.2～3.0）：1 进行聚合反应时，得到的是无规预聚物。在碱性条件下，苯酚以共振稳定的阴离子形式存在：

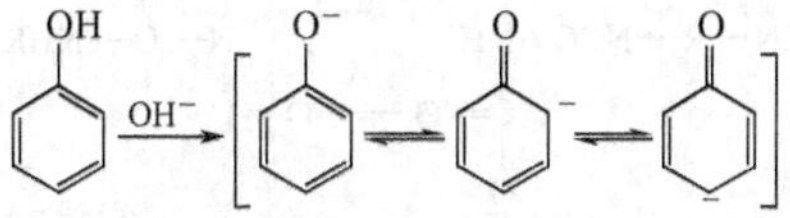

聚合时，首先苯酚阴离子与甲醛加成形成邻或对位羟甲基取代的苯酚，以邻位反应为例，反应过程可示意如下：

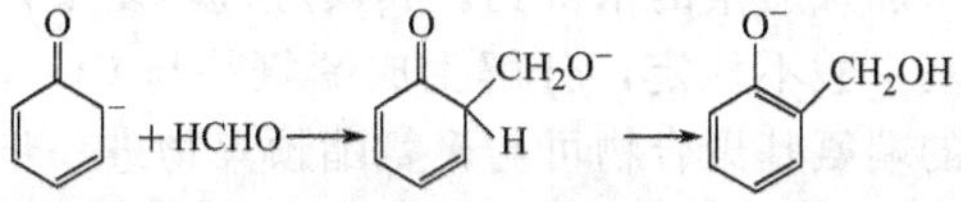

羟甲基取代对苯酚具有活化作用，更容易进行二羟甲基取代和三羟甲基取代，因此碱催化聚合体系中同时存在单、双、三羟甲基取代苯酚：

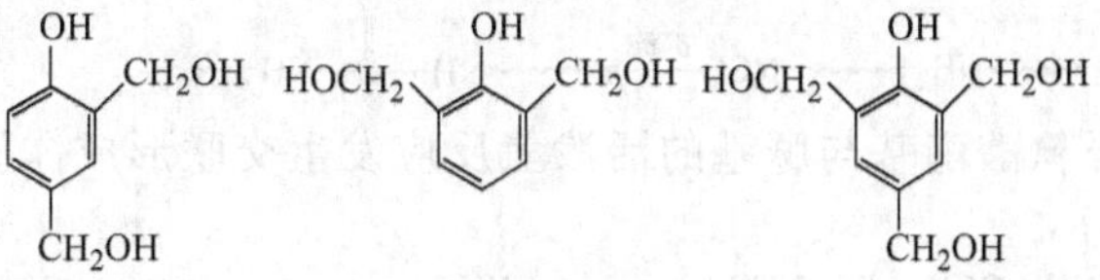

这些取代苯酚也可进一步通过羟甲基与苯酚的未取代位反应形成亚甲基桥键、或者羟甲基之间相互反应形成亚甲基醚桥键，得到多环产物，如：

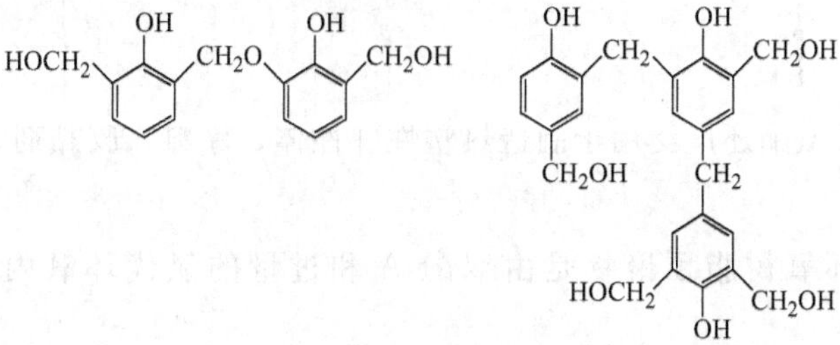

控制反应程度小于凝胶点，得到甲阶或乙阶聚合物。酚醛树脂预聚物分子结构中含有大量的羟甲基，可在加热条件下进一步发生缩聚得到交联的聚合物（丙阶聚合物），因此碱催化酚醛树脂的固化不需要外加固化剂。

酚醛树脂具有较好的力学性能、电气性能及耐热尺寸稳定性等，酚醛树脂的应用包括涂料、胶黏剂、模塑料、层压板、复合材料等。

5.5.5　聚氨酯

聚氨酯指的是一类单体单元之间的特征连接基团为氨基甲酸酯的聚合物，通常由二异氰酸酯与二元醇的重键加成聚合而得：

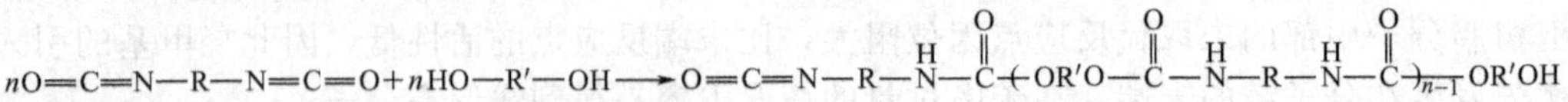

$$n O{=}C{=}N{-}R{-}N{=}C{=}O + n HO{-}R'{-}OH \longrightarrow O{=}C{=}N{-}R{-}\overset{H}{N}{-}\overset{O}{C}{-}OR'O{-}\overset{H}{C}{-}\overset{H}{N}{-}R{-}\overset{H}{N}{-}\overset{O}{C}{-}_{n-1}OR'OH$$

异氰酸酯单体常见的如 TDI、MDI 等：

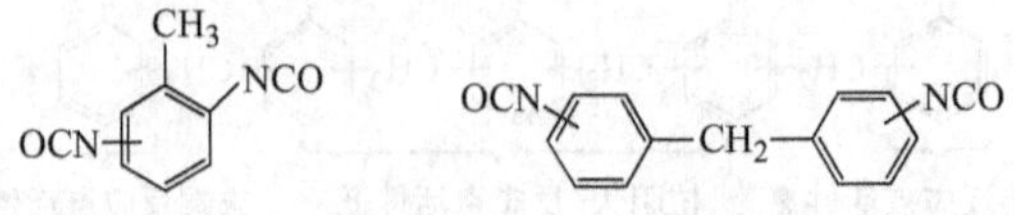

二元醇可以是小分子如乙二醇、丁二醇等，更多的是二羟基聚醚（由相应的环醚化合物开环聚合而得）或二羟基聚酯（由二元羧酸和过量的二元醇缩聚反应而成）。

聚氨酯的固化剂主要有小分子的多异氰酸酯和多元醇等，如体系中过量或有意加入的二异氰酸酯可与聚氨酯分子中的亚氨基反应生成交联结构：

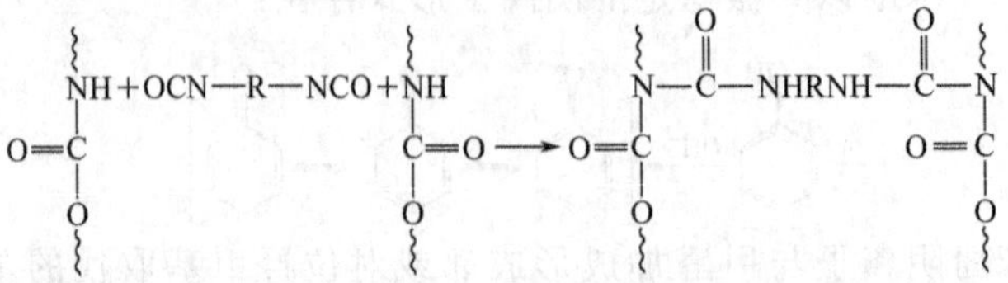

聚氨酯最重要的用途之一是作泡沫塑料，聚氨酯泡沫通常由端羟基聚醚或聚酯和过量的二异氰酸酯所得的预聚物中加入适量的水得到。其反应过程复杂，首先异氰酸酯端基与水反应生成末端氨基甲酸，氨基甲酸不稳定，分解生成端氨基与 CO_2，放出的 CO_2 气体在聚合物中形成气泡，并且生成的端氨基聚合物可与聚氨酯预聚物进一步发生扩链反应：

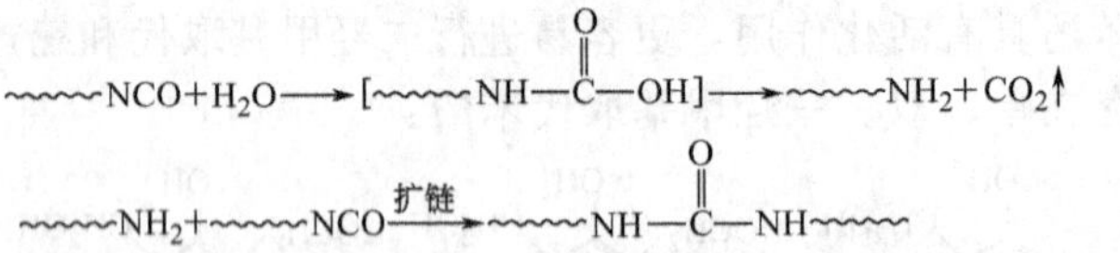

然后预聚物中游离的异氰酸酯基与脲基的活泼氢反应发生交联形成体型网状结构：

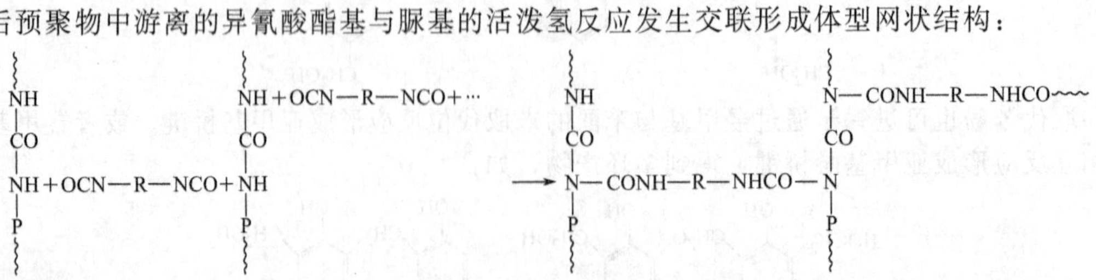

除泡沫塑料以外，聚氨酯还广泛用于制造热塑性弹性体、涂料、胶黏剂、密封剂等

5.5.6　环氧树脂

最广泛使用的环氧树脂预聚物是由双酚 A 和过量的氯代环氧丙烷在碱催化下聚合而得：

$$(n+2)CH_2 \overset{O}{-} CHCH_2Cl+(n+1)HO \overset{}{\underset{}{\bigcirc}} -C(CH_3)_2 \overset{}{\underset{}{\bigcirc}} -OH \longrightarrow (n+2)HCl+$$

$$CH_2 \overset{O}{-} CHCH_2 \left[O \overset{}{\underset{}{\bigcirc}} -C(CH_3)_2 \overset{}{\underset{}{\bigcirc}} -OCH_2 \underset{OH}{CH} CH_2 \right]_n O \overset{}{\underset{}{\bigcirc}} -C(CH_3)_2 \overset{}{\underset{}{\bigcirc}} -OCH_2 CHCH_2$$

所得聚合物主链含醚键和仲羟基,端基为环氧基。其聚合反应机理普遍的看法如下所示:

$$^-O\text{-Ar-}O^- + CH_2\overset{O}{-}CH\text{-}CH_2Cl \longrightarrow {}^-O\text{-Ar-}O\text{-}CH_2\text{-}CH\text{-}CH_2Cl \longrightarrow {}^-O\text{-Ar-}O\text{-}CH_2\text{-}CH\overset{O}{-}CH_2+Cl^-$$

因此,氯代环氧丙烷实际上起到双环氧基单体的作用。可根据使用目的,通过适当地调节氯代环氧丙烷的过量程度并控制反应程度得到分子量不同的确定结构预聚物($n=2\sim25$),根据分子量不同而呈液态或固态。

环氧树脂的固化反应可有两种基本方法,一是加入适当的引发剂引发环氧基的开环聚合,另一种方法是加入能与树脂中的环氧基或羟基反应的多功能化合物作为固化剂如多元胺及其酰胺衍生物、多元羧酸、酸酐等。不同固化剂的反应机理和反应条件不同。以多元胺固化剂为例,其固化反应为其氨基与预聚物的环氧端基发生亲电加成反应:

$$-R\text{-}NH_2 + H_2C\overset{O}{-}CH\text{-}CH_2 \sim\sim \longrightarrow \overset{|}{R}\text{-}NH\text{-}CH_2\text{-}\underset{OH}{CH}\text{-}CH_2 \sim\sim$$

环氧树脂分子中的双酚 A 结构赋予聚合物优良的韧性、刚性和高温性能;醚结构赋予聚合物良好的耐化学性;醚键和仲羟基为极性基团,可与多种表面之间形成较强的相互作用,环氧基还可与介质表面的活性基,特别是无机材料与金属材料表面的活性基起反应形成化学键,产生强力的黏结,因此环氧树脂具有独特的黏附力,配制的黏合剂对多种材料具有良好的粘接性能,常称"万能胶"。

习 题

1. 名词解释

单体功能度,反应程度,凝胶化现象,凝胶点,无规预聚物,确定结构预聚物

2. 简述逐步聚合的特点。

3. 假设由邻苯二甲酸酐、苯三酸和甘油组成的聚合体系中,三种单体的摩尔比分别为 (1) 3:1:3 和 (2) 1:1:2。请用 Carothers 法分别预测该聚合体系的凝胶点。

4. 设 1.1mol 乙二醇和 1.0mol 对苯二甲酸反应直至全部羧基转化为酯基,并将反应生成的水随即汽化除去。请写出反应方程式,并计算所得产物的数均聚合度。若进一步升温反应,并抽真空除去 0.099mol 乙二醇,试写出反应方程式,并计算产物的数均聚合度。

5. 由己二酸和己二胺合成聚酰胺 66,当反应程度为 0.997 时,若得到的产物数均分子量为 16000,则起始的单体摩尔比为多少?产物的端基是什么?

6. 己二酸和己二胺以功能基等摩尔比进行聚合反应,若在单体混合物中加入用量为己二酸的 1% 的乙酸,当反应程度为 0.995 时,所得产物的数均聚合度为多少?

参 考 文 献

[1] 卢江,梁晖. 高分子化学. 第 2 版. 北京:化学工业出版社,2010.

[2] 邓云祥,刘振兴,冯开才. 高分子化学、物理和应用基础. 北京:高等教育出版社,1997.

[3] Stevens M P. Polymer Chemistry. 3rd ed. New York: Oxford University Press, 1999.

[4] Elias HG. An Introduction to Polymer Science. Weinheim: VCH Verlagsgesellschaft mbH, 1997.

[5] Odian G. Principles of Polymerization. 4th ed. John Wiley & Sons, Inc, 2004.

[6] Hu QSh. Synthetic Methods in Step-Growth Polymers. Edited by Martin E Rogers and Timothy E Long, 2003, John Wiley & Sons, Inc: 467.

第6章　自由基聚合反应

6.1　概述

烯类单体在聚合条件下，碳碳双键与聚合反应活性中心加成进行链式聚合反应，生成乙烯基聚合物：

$$R^* + nH_2C{=}CH \longrightarrow R{+}CH_2{-}CH{)_n}$$
$$\qquad\qquad\quad | \qquad\qquad\qquad |$$
$$\qquad\qquad\quad X \qquad\qquad\qquad X$$

乙烯基聚合物在高分子合成工业上占据极其重要的地位，其主要品种如聚乙烯、聚氯乙烯、聚苯乙烯、聚丙烯等的产量遥遥领先，主宰整个合成聚合物的市场。

链式聚合的反应历程根据反应活性中心的性质，可分为自由基聚合、阳离子聚合、阴离子聚合和配位聚合等。其中自由基聚合，在理论研究上已进入较完善的境地，有关活性中心的产生及性质、聚合机理和聚合动力学等都被研究得比较透彻，相关理论已非常成熟，可作为离子聚合研究的比较和借鉴。因此，自由基聚合是整个链式聚合的基础。

6.1.1　链式聚合反应的一般特征

链式聚合反应一般由链引发、链增长、链终止等基元反应组成。首先由某种叫作引发剂的化合物 I 在一定条件下产生引发活性中心（或称引发活性种）R^*，引发活性中心与单体分子 M 发生加成反应，打开其双键、形成单体活性中心，而后进一步与单体加成，形成一个新的活性中心，如此重复实现链增长，形成链增长活性中心（或称活性链）。链增长活性中心可通过链终止反应被破坏而失活，链增长反应就会停止，生成稳定的大分子。以上过程可简示如下：

链引发　　　　　　　　　　　　$I \longrightarrow R^*$

　　　　　　　　　　$R^* + M \longrightarrow RM^*$

链增长　　　　　$RM^* + M \longrightarrow RM_2^*$

　　　　　　　　$RM_2^* + M \longrightarrow RM_3^*$

　　　　　　　　　　…………

　　　　　　　$RM_{n-1}^* + M \longrightarrow RM_n^*$

链终止　　　　　　　　$RM_n^* \longrightarrow$ "失活" 大分子（稳定的大分子）

在链式聚合反应中，引发活性中心 R^* 一旦形成，就会迅速地（0.01s～几秒）与单体重复发生加成，增长成活性链，然后终止成大分子。在任何阶段，聚合反应是通过单体和反应活性中心（包括引发活性中心和链增长活性中心）之间的加成反应来进行的。单体转化率随反应时间不断增加，但是聚合物的平均分子量瞬间达到某定值，与反应时间无关，这些与逐步聚合反应完全相反。

根据以上分析，可将链式聚合反应的基本特征总结如下：①聚合过程由多个基元反应组成，由于各基元反应机理不同，因此它们的活化能和速率差别较大；②单体只能与活性中心反应生成新的活性中心，单体之间不能发生聚合反应；③聚合体系始终是由单体、聚合物、微量的引发剂及浓度极低的链增长活性中心所组成；④聚合产物的分子量一般不随单体转化率而改变，延长聚合时间，单体转化率增加。

6.1.2 链式聚合单体

能进行链式聚合的单体主要有烯烃（包括共轭二烯烃）、炔烃、羰基化合物和一些杂环化合物，其中以烯烃最具实际应用意义。评价一个单体的聚合反应性能，应从两个方面考虑：首先是其聚合能力大小，然后是它对不同聚合机理如自由基聚合、阳离子聚合、阴离子聚合的选择性。前者由烯烃单体取代基的位阻效应（取代基数量、位置及大小）决定；后者可从取代基的电子效应（诱导效应和共轭效应）的角度判断。

6.1.2.1 位阻效应决定单体聚合能力

一取代烯烃（$CH_2 = CHX$）和 1,1-二取代烯烃（$CH_2 = CXY$）原则上都能进行聚合，原因是活性中心可从无取代基的 β-碳原子上进攻单体。除非取代基体积太大，如带三元环以上的稠环芳烃取代基的乙烯不能聚合。

1,2-二取代以及三、四取代烯烃原则上都不能聚合，其原因是这三类取代烯烃的 α-碳原子和 β-碳原子都带有取代基，活性中心不论是从 α-位还是 β-位进攻单体时都存在空间障碍，聚合反应活性低，通常难以进行均聚反应，但可与其他单取代烯烃进行共聚反应。唯一例外的是当取代基为 F 时，它的一、二、三、四取代乙烯都可以聚合，这是因为 F 原子半径小，与 H 非常接近，从而无空阻效应。

6.1.2.2 电子效应决定聚合机理的选择性

乙烯基单体（$CH_2 = CH—X$）对聚合机理的选择性，即是否能进行自由基聚合、阴离子聚合或阳离子聚合，取决于取代基—X 的诱导效应和共轭效应（合称为电子效应），取代基电子效应的影响主要表现在它们对单体双键的电子云密度的改变，以及对形成活性种（自由基、阴离子、阳离子等）的稳定能力的影响。

给电子取代基如烷氧基、烷基、乙烯基等，使双键电子云密度增加，有利于阳离子的进攻和键合：

$$\overset{\delta^-}{CH_2} = \overset{\delta^+}{CH_2} \leftarrow Y$$

同时，给电子取代基通过共轭效应而使链增长阳离子活性中心稳定，有利其生成，以乙烯醚的聚合为例：

$$\sim\sim CH_2 - \overset{\overset{H}{|}}{\underset{\underset{\ddot{O}:}{|}}{C^+}} \longleftrightarrow \sim\sim CH_2 - \overset{\overset{H}{|}}{\underset{\underset{\overset{+}{\ddot{O}}}{\parallel}}{C}}$$
$$\qquad\qquad\qquad R \qquad\qquad\qquad\qquad R$$

以上两方面的作用结果，使带给电子取代基的乙烯基单体有利于阳离子聚合。由于烷基的给电子性、共轭性较弱，所以只有 1,1-二烷基取代烯烃如异丁烯才能进行阳离子聚合，而单取代烯烃如丙烯则不发生阳离子聚合。

吸电子取代基如氰基、羰基（醛、酮、酸、酯）等，则降低了双键上的电子云密度，有利于阴离子的进攻，同时生成的链增长阴离子活性中心又可被吸电子取代基共轭稳定。因此带吸电子取代基的单体易进行阴离子聚合。

与离子聚合具有较高的选择性相反，由于自由基是电中性的，对单体中取代基的电子效应无严格要求，几乎所有的乙烯基单体都可以进行自由基聚合，即自由基聚合对单体的选择性低。许多带吸电子基团的烃类单体，如丙烯腈、丙烯酸酯类等既可以进行阴离子聚合，也可以进行自由基聚合。只是在取代基的电子效应太强时，才不能进自由基聚合，如偏二腈乙烯、硝基乙烯等只能进行阴离子聚合；而异丁烯、乙烯基醚等只能进行阳离子聚合。

卤原子的诱导效应是吸电子，同时也具有 p-π 共轭的给电子性，但两者均较弱，因此氯乙烯不发生离子聚合，只能自由基聚合。

共轭烯烃，例如苯乙烯、丁二烯、异戊二烯等，由于 π 电子云的流动性增加了烯烃单体对于带不同电荷活性中心进攻的适应性，因此视引发条件不同而可进行阴离子型、阳离子型、自由基型等各种链式聚合反应。

6.2　自由基聚合基元反应

6.2.1　链引发反应

6.2.1.1　引发剂种类

自由基聚合的活性中心是自由基，在大多数情况下，自由基活性中心起源于引发剂。引发剂在一定条件下（加热或光照）首先分解成初级自由基，初级自由基与单体加成形成单体自由基：

$$I \longrightarrow R\cdot$$

$$R\cdot \xrightarrow{CH_2=CHY} R-CH_2-\overset{\overset{\displaystyle H}{|}}{\underset{\underset{\displaystyle Y}{|}}{C}}\cdot$$

　　　　　　初级自由基　　　　　单体自由基

当然，自由基活性中心也可通过热、光和高能辐射等与单体作用直接产生。

常用的自由基聚合引发剂可分为四大类：过氧化物、偶氮类化合物、氧化还原体系以及某些在光作用下产生自由基的物质。下面逐一进行介绍。

（1）过氧化物　过氧化物属热分解型，分为无机过氧化物和有机过氧化物两大系列。无机过氧化物如 H_2O_2、$K_2S_2O_8$ 等，它们均裂分解形成初级自由基的反应如下：

$$HO-OH \longrightarrow 2HO\cdot$$

$$KO-\overset{\overset{\displaystyle O}{\|}}{\underset{\underset{\displaystyle O}{\|}}{S}}-O-O-\overset{\overset{\displaystyle O}{\|}}{\underset{\underset{\displaystyle O}{\|}}{S}}-OK \longrightarrow 2KO-\overset{\overset{\displaystyle O}{\|}}{\underset{\underset{\displaystyle O}{\|}}{S}}-O\cdot(SO_4^-\cdot)$$

其中，H_2O_2 分解活化能高达 218kJ/mol，需要在高温下才能分解，因此很少单独使用，而过硫酸盐（包括钾、铵盐）则为常用的水溶性无机过氧化物引发剂。

有机过氧化物可看作过氧化氢的衍生物，其通式为 $R-O-O-R'$。R、R' 可以是氢、烷基、酰基、碳酸酯等，两者可以相同，也可以不同，构成种类繁多的有机过氧化物，如烷基过氧化氢、二烷基过氧化物、过氧化二酰、过氧化酯、过氧化二碳酸酯等。不同有机过氧化物的分解活化能差别很大，分解活化能越高，意味着过氧键均裂生成自由基越困难，引发活性则越低，必须在高温下使用。相反分解活化能低的有机过氧化物，可在低温下使用。

最常用的有机过氧化物是过氧化二苯甲酰（BPO），其使用温度在 $60\sim80$℃，热分解方式如下：

$$C_6H_5\overset{\overset{\displaystyle O}{\|}}{C}-O-O-\overset{\overset{\displaystyle O}{\|}}{C}C_6H_5 \longrightarrow 2C_6H_5\overset{\overset{\displaystyle O}{\|}}{C}-O\cdot$$

生成的苯甲酰氧自由基，可引发单体聚合，无单体存在时，它进一步分解成苯基自由基，放

出 CO_2：

$$C_6H_5\overset{\overset{\text{O}}{\|}}{C}-O\cdot \longrightarrow C_6H_5\cdot + CO_2$$

(2) 偶氮化合物　同过氧化物一样，偶氮化合物也属热分解型引发剂。最重要和最常用的偶氮化合物引发剂是偶氮二异丁腈（AIBN），一般在 50～70℃下使用，其分解反应式如下：

$$CH_3-\underset{\underset{CN}{|}}{\overset{\overset{CH_3}{|}}{C}}-N=N-\underset{\underset{CN}{|}}{\overset{\overset{CH_3}{|}}{C}}-CH_3 \longrightarrow 2CH_3-\underset{\underset{CN}{|}}{\overset{\overset{CH_3}{|}}{C}}\cdot + N_2$$

(3) 氧化还原体系　将具有氧化性的化合物（通常是过氧化物）与具有还原性的化合物配合形成氧化还原体系，通过氧化还原反应产生初级自由基引发聚合反应，该类引发体系称氧化还原引发体系。与前面的过氧化物和偶氮类化合物相比，氧化还原引发体系的分解活化能较低，因此可在较低温度下（室温或室温以下）引发聚合。例如，前面已提到，H_2O_2 的分解活化能很高（约 218kJ/mol），不宜单独使用，当在亚铁盐等还原剂存在下，分解活化能显著降低（约 40kJ/mol），在室温下即可引发聚合：

$$H_2O_2 + Fe^{2+} \longrightarrow HO^- + HO\cdot + Fe^{3+}$$

同样，过硫酸盐的分解活化能为 140kJ/mol，需要在较高温度（70～100℃）下使用。但它与亚铁盐组成氧化还原引发剂时，其分解活化能降低至约 50kJ/mol，可在 0～50℃甚至更低温度下获得适宜的分解速率：

$$^-O_3S-O-O-SO_3^- + Fe^{2+} \longrightarrow Fe^{3+} + SO_4^{2-} + SO_4^-\cdot$$

(4) 光分解型引发剂　有机过氧化物和偶氮类化合物等热分解型引发剂在加热条件下分解成自由基，同时它们也可以在光照下产生同样的自由基，因此它们同属光分解型引发剂。有些不适合于热分解的引发剂却可用光分解，因此光分解型引发剂种类更多，常见的如安息香等，其分解反应如下：

$$C_6H_5\overset{\overset{\text{O}}{\|}}{C}-\underset{\underset{\text{OH}}{|}}{C}H-C_6H_5 \xrightarrow{h\nu} C_6H_5\overset{\overset{\text{O}}{\|}}{C}\cdot + C_6H_5-\underset{\underset{\text{OH}}{|}}{C}H\cdot$$

光分解型引发剂的优点是引发反应与温度几乎无依赖关系，可在低温下引发聚合。

6.2.1.2　引发剂分解动力学

在自由基聚合过程中，链引发速率最小，是整个反应的控制步骤，所以了解引发剂分解动力学是十分重要的。

引发剂分解反应一般是一级反应：

$$R_d \equiv \frac{-d[I]}{dt} = k_d[I] \tag{6-1}$$

式中，R_d、k_d 分别为引发剂分解速率和分解速率常数。令引发剂起始浓度为 $[I]_0$，则将式（6-1）积分得到：

$$\ln\frac{[I]_0}{[I]} = k_d t \tag{6-2}$$

式（6-2）给出了引发剂浓度随时间变化的定量关系，称为引发剂分解速率方程。

引发剂分解反应速率大小常用半衰期来衡量。所谓半衰期，就是指引发剂分解至起始浓度的一半时所需的时间，用 $t_{1/2}$ 表示。将 $[I] = [I]_0/2$ 代入式（6-2），可求出引发剂的半衰期：

$$t_{1/2} = \frac{\ln2}{k_d} = \frac{0.693}{k_d} \tag{6-3}$$

可见，分解速率常数越大，半衰期越短，则引发剂活性越高。常用引发剂在 60℃时的半衰期来表征其活性的高低：$t_{1/2} > 6h$，为低活性；$t_{1/2} = 1 \sim 6h$，为中活性；$t_{1/2} < 1h$，为高活性。

6.2.1.3　引发效率

引发剂分解生成初级自由基，并不一定能全部用于引发单体形成单体自由基。把初级自由基用于形成单体自由基的百分数称作引发效率，以 f 表示。通常情况下引发效率小于100%，主要原因有笼蔽效应和诱导分解两种。

（1）笼蔽效应　所谓笼蔽效应是指在溶液聚合反应中，浓度很低的引发剂分子被溶剂分子包围，像处在笼子中一样。引发剂分解成初级自由基以后，必须扩散出溶剂笼子，才能引发单体聚合。但部分初级自由基来不及扩散就发生偶合或歧化变成稳定化合物，使初级自由基浓度下降而致使引发剂效率降低。以 AIBN 为例：

$$(CH_3)_2C{-}N{=}N{-}C(CH_3)_2 \longrightarrow 2(CH_3)_2\overset{\cdot}{C} + N_2$$
$$\underset{CN}{|} \qquad \underset{CN}{|} \qquad \underset{CN}{|}$$

$$2(CH_3)_2\overset{\cdot}{\underset{CN}{C}} \left\langle \begin{array}{l} \longrightarrow (CH_3)_2\underset{CN}{\overset{|}{C}}{-}\underset{CN}{\overset{|}{C}}(CH_3)_2 \\ \longrightarrow (CH_3)_2C{=}N{-}\underset{CN}{\overset{|}{C}}(CH_3)_2 \end{array} \right.$$

（2）诱导分解　诱导分解的实质是自由基（包括初级自由基、单体自由基、链自由基）向引发剂分子的转移反应。例如，BPO 可发生以下反应：

$$R^{\cdot} + C_6H_5\overset{O}{\overset{\|}{C}}{-}O{-}O{-}\overset{O}{\overset{\|}{C}}C_6H_5 \longrightarrow C_6H_5\overset{O}{\overset{\|}{C}}{-}OR + C_6H_5\overset{O}{\overset{\|}{C}}{-}O^{\cdot}$$

其结果是原来的自由基 R·终止生成稳定的分子，伴随着生成一新自由基。自由基数目并无增减，但徒然消耗了一个引发剂分子，从而使引发效率降低。一般认为，过氧化物引发剂容易发生诱导分解，而偶氮类引发剂不易诱导分解。

6.2.1.4　引发剂的选择

首先，根据聚合实施方法（将在下面章节讨论）选择引发剂类型。本体聚合、悬浮聚合和有机相溶液聚合选用有机过氧化物（如 BPO）、偶氮类化合物（如 AIBN）等油溶性引发剂。乳液聚合和水相溶液聚合则选用 $K_2S_2O_8$、$(NH_4)_2S_2O_8$ 等水溶性无机过氧化物引发剂，或 $K_2S_2O_8/Fe^{2+}$ 等水溶性氧化还原引发体系。

其次，按照聚合温度选择分解速率或半衰期适当的引发剂，使自由基生成速率适中。如果引发剂半衰期过长，则分解速率过低，导致聚合反应速率太慢，而且聚合物中残留引发剂过多；相反，半衰期太短，引发反应过快，聚合反应难以控制，甚至爆聚，或引发剂过早分解结束，在低转化率下就使聚合反应停止。表 6-1 列出了引发剂的使用温度范围。

表 6-1　引发剂的使用温度范围

引发剂分类	使用温度范围/℃	引发剂举例
高温引发剂	>100	异丙苯过氧化氢，叔丁基过氧化氢，过氧化二异丙苯
中温引发剂	50~100	过氧化二苯甲酰，偶氮二异丁腈，过硫酸盐
低温引发剂	−10~50	氧化还原体系：过氧化氢-亚铁盐，过硫酸盐-亚铁盐，异丙苯过氧化氢-亚铁盐，过氧化二苯甲酰-N,N-二甲基苯胺
极低温引发剂	<−10	过氧化物-烷基金属（三乙基铝，三乙基硼等），氧-烷基金属

6.2.1.5　其他引发反应

（1）**热引发**　许多单体在根本无引发剂存在下加热，似乎也进行自发聚合反应，但实验证明其中大部分是由于单体中所含杂质（如与 O_2 反应生成的过氧化合物）热分解产生初级的自由基引发聚合的。只有苯乙烯和甲基丙烯酸甲酯等少数单体可以肯定是能进行纯粹的热引发聚合反应。

热引发机理至今尚不完全清楚，对于苯乙烯的热引发，可能是按三分子引发机理进行的，即先由两个苯乙烯分子通过 Diels-Alder 加成形成二聚体，再与另外一个苯乙烯分子进行氢原子转移，产生两个具有引发活性的自由基：

（2）**光引发**　光引发聚合可分为单体直接吸收光子产生自由基的直接光引发机理和加入光敏剂或光分解型引发剂的间接光引发机理。其中，光分解型引发剂的引发机理本质仍然是引发剂分解产生初级自由基，只不过分解反应的条件是光而不是热，因此，它们可归类于光引发剂引发。现讨论的对象是直接光引发和光敏剂存在下的间接光引发。

① **直接光引发**　比较容易直接光引发聚合的单体是一些含有光敏基团的化合物，如丙烯酰胺、丙烯腈、丙烯酸酯、丙烯酸等。一般认为，这些烯烃单体在吸收一定波长的光量子后成为激发态，然后分解成为自由基引发聚合，例如：

$$CH_2\!=\!CHCOOR \xrightarrow{h\nu} [CH_2\!=\!CHCOOR]^*$$
$$[CH_2\!=\!CHCOOR]^* \longrightarrow CH_2\!=\!CHCO\cdot + RO\cdot$$
$$或\ CH_2\!=\!CH\cdot + \cdot COOR$$

紫外光的波长在 $200\sim395nm$ 范围内，其能量正好落在单体键能范围内。因此，光聚合的光源通常采用能提供紫外光的高压汞灯。

② **光敏剂间接引发**　由于不少单体如苯乙烯、乙酸乙烯酯等，直接光引发的光量子效率（或引发效率）低，因此聚合速率和单体转化率均较低。然而加入少量光敏剂后，光引发速率剧增，所以应用更广泛。如下式所示，光敏剂 Z 的作用是它吸收光能后，发生分子内电子激发变成激发态 Z^*，Z^* 又以适当的频率把吸收的能量传递给单体 M，使单体处于激发态 M^*，然后再分解成自由基引发聚合：

$$Z \xrightarrow{h\nu} Z^*$$
$$Z^* + M \longrightarrow M^* + Z$$
$$M^* \longrightarrow R_1^{\cdot} + R_2^{\cdot}$$

可见，不同于光分解型引发剂，光敏剂本身不形成自由基，而是将吸收的光能传递给单体而引发聚合。但实际上，光敏剂有时同时也是光分解型引发剂。常见的光敏剂有二苯甲酮类化合物及各种染料。

（3）**高能辐射引发**　以高能辐射线引发单体聚合，称为辐射引发聚合。辐射线可以是 γ 射线（波长为 $0.0001\sim0.05nm$ 的电磁波）、X 射线（波长为 $0.01\sim10nm$ 的电磁波）、β 射线（高能电子流）、α 射线（正离子如 He^{2+} 流）和中子射线（质量与质子相同而不带电的粒子流）等。其中，以 ^{60}Co 为辐射源产生的 γ 射线最为常用，其能量最高，穿透力强，而且操作容易。

辐射引发聚合机理极为复杂，可能是分子吸收辐射能后脱去一个电子形成阳离子自由基，阳离子自由基不稳定，可进一步分解成自由基和阳离子：

$$A—B \xrightarrow{\text{辐射}} A—B^{\dagger}+e$$
$$\longrightarrow A^{+}+B^{\cdot}$$

因此，聚合可能包括自由基和阴、阳离子聚合反应历程。

6.2.2 链增长反应

引发剂分解的初级自由基与单体加成产生单体自由基，完成链引发，之后便立刻开始链增长反应，即单体自由基与单体反复加成生成链自由基。由于链增长反应活化能较低，$21\sim33kJ/mol$，为放热反应，因此链增长过程非常迅速，1s 以内就增长至聚合度为几千的链自由基。由于链转移或链终止反应存在，链自由基不能无限地增长，增长到一定程度就会失活形成分子量为几万到几十万的聚合物。随着时间增长，单体不断地趋于耗尽，相应聚合物产率不断增加，用通式表示如下：

$$R—CH_2—\overset{\cdot}{\underset{X}{C}}H \xrightarrow{H_2C=CHX} R—CH_2—\underset{X}{CH}—CH_2—\overset{\cdot}{\underset{X}{C}}H ------ \xrightarrow{H_2C=CHX}$$

单体自由基

$$R \underset{X}{(CH_2—CH)}_{(n-1)} CH_2—\overset{\cdot}{\underset{X}{C}}H \xrightarrow{\text{链转移或终止}} \text{"失活"的聚合物分子}$$

链自由基

6.2.2.1 链增长反应中单体的加成方式

（1）单烯烃单体 以单取代单体（$CH_2=CHX$）为例，链增长自由基与单体加成方式有"头-尾"、"头-头"和"尾-尾"三种：

$$
\begin{array}{l}
\sim\sim CH_2\overset{\cdot}{C}H \\
\quad\quad\; X \\
\qquad\qquad +H_2C=CH \\
\sim\sim CH\overset{\cdot}{C}H_2 \\
\quad\quad\; X
\end{array}
\longrightarrow
\begin{cases}
\sim\sim CH_2CH—CH_2\overset{\cdot}{C}H \quad\text{头-尾} \\
\sim\sim CH_2—CH—CH\overset{\cdot}{C}H_2 \quad\text{头-头} \\
\sim\sim CHCH_2—CH_2\overset{\cdot}{C}H \quad\text{尾-尾}
\end{cases}
$$

从电子效应和空间效应来考虑，头-尾形式连接是比较有利的。因为按此方式连接时，自由基被取代基 X 共振稳定化，同时在生成头-尾结构产物相对应的链增长反应中，链自由基与单体加成时空间位阻小，容易进行。

（2）共轭二烯烃 共轭二烯烃，如丁二烯，链增长反应可以按 1,2-加成和 1,4-加成两种方式进行。

$$R^{\cdot}+CH_2=CH—CH=CH_2
\begin{cases}
\xrightarrow{1,2\text{-加成}} R—CH_2—\overset{\cdot}{C}H \to (CH_2—CH)_n \\
\qquad\qquad\qquad\qquad \overset{|}{CH} \qquad\qquad \overset{|}{CH} \\
\qquad\qquad\qquad\qquad \overset{\|}{CH_2} \qquad\qquad \overset{\|}{CH_2} \\
\qquad\qquad\qquad\qquad\qquad\quad 1,2\text{-加成聚合物} \\
\xrightarrow{1,4\text{-加成}} [R—CH_2—CH\doteqdot CH—CH_2]^{\cdot} \to \\
R—CH_2—CH=CH—\overset{\cdot}{C}H_2 \to (CH_2—CH=CH—CH_2)_n \\
\qquad\qquad\qquad\qquad\qquad\qquad\qquad 1,4\text{-加成聚合物}
\end{cases}$$

因此在生成的丁二烯聚合产物中，主链上同时存在有 1,4-加成和 1,2-加成的单体单元。由于 1,2-加成时位阻较大，故 1,4-加成单体单元比 1,2-加成单体单元多，光谱分析结果表明，一般 1,2-加成单体单元约占 20%，而 1,4-加成单体单元约占 80%。

6.2.2.2 链增长反应的立体化学

在由单取代乙烯（Y＝H）和 1,1-二取代乙烯聚合得到的聚合物中，主链上每隔一个碳原子就有一个手性碳原子（用 C^* 表示）：

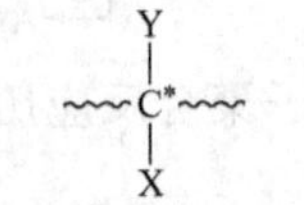

$$
\sim\!\!\!\!\overset{\displaystyle Y}{\underset{\displaystyle X}{C^*}}\!\!\!\!\sim
$$

手性碳原子 C^* 产生两种立体构型：S 型与 R 型。

自由基聚合的链末端自由基为平面型的 sp^2 杂化，可以绕着末端的碳-碳单键自由旋转：

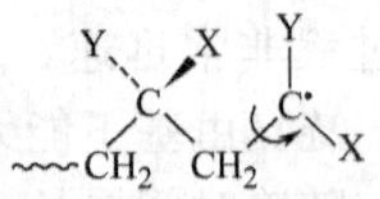

因此，与单体加成时，取代基 X、Y 的空间构型是随机的，不具有选择性，常常得到的是无规立构高分子。由于碳-碳单键旋转实际上不是完全自由的，有一定的能垒存在，因此降低聚合温度将限制碳-碳键旋转，产物立构规整性增大。

对于共轭双烯烃的自由基聚合，在进行 1,4-加成时，可以出现顺式和反式构型：

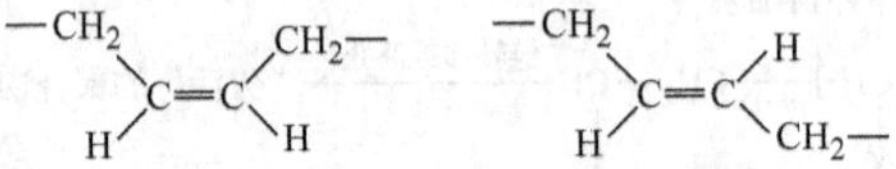

顺式　　　　　　　反式

由于空间位阻一般以反式结构为主，但聚合温度上升，顺式结构含量增加。

6.2.3　链终止

链增长反应不能无限地进行，链增长活性中心自由基的相互间可通过偶合或歧化反应失活，生成稳定的聚合物分子，相应的过程便是链终止。相应的终止方式分为偶合终止和歧化终止。

两个链自由基的孤电子相互结合成共价键的终止方式称为偶合终止：

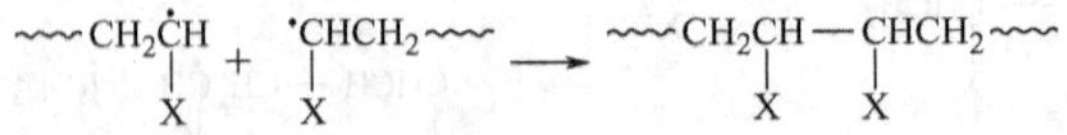

偶合终止的结果，使生成的聚合物分子的聚合度为两个链自由基聚合度之和，从统计学角度出发就是平均聚合度加倍。若用引发剂引发并且无链转移反应时，偶合终止生成的聚合物分子两端都带有引发剂的残基。

一个链自由基夺取另一个链自由基的原子（多数是 β-氢原子）的终止方式，则称为歧化终止：

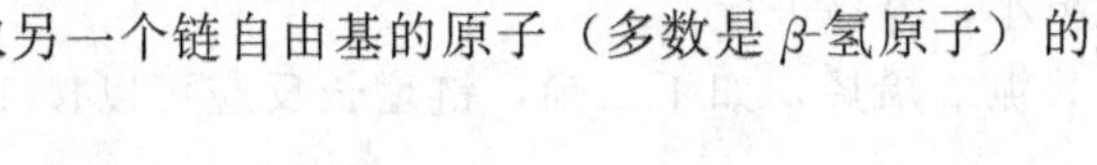

其结果是生成两个分别为饱和端基和不饱和端基的聚合物分子，聚合物分子的聚合度与链自由基的聚合度相等。

链终止反应和链增长反应是一对竞争反应，前者是链自由基与链自由基的双基终止，后者是链自由基与单体的加成反应。二者的活化能都较低，反应速率均很快。但相比之下，链终止反应活化能更低：链增长反应活化能为 $20\sim34\text{kJ/mol}$，链终止反应活化能为 $8\sim21\text{kJ/mol}$。因此，链终止反应速率常数远大于链增长反应速率常数〔分别为 $10^6\sim10^8\text{L/(mol·s)}$、$10^2\sim10^4\text{L/(mol·s)}$〕。但在自由基聚合体系中，链自由基浓度很低，约为 $10^{-7}\sim10^{-9}\text{mol/L}$，远远小于单体浓度（一般约为 1mol/L）。这样综合考虑反应速率常数与反应物浓度，链增长反应速率较链终止反应速率还要高三个数量级。因此，不会出现自由基来不及与单体进行链增长就发生链终止，而不能形成长链自由基和聚合物的情况。

6.2.4　链转移反应

链自由基除了以上介绍的双基终止方式以外，还可以与聚合体系中的其他物质发生链转移反应，自身终止生成稳定的聚合物分子，并同时生成一个新的自由基。与链终止反应不同，链转移反应中由于新的自由基可继续引发单体聚合，导致新的链增长反应，即动力学链未被终止。链转移反应通常包括向单体、引发剂、溶剂、高分子等的链转移反应。

（1）向单体链转移　链自由基可向单体分子发生链转移，过程涉及氢原子的转移：

$$\sim\sim CH_2CH\overset{\centerdot}{}\underset{X}{|} + CH_2=CH\underset{X}{|} \longrightarrow \sim\sim CH=CH\underset{X}{|} + CH_3-CH\overset{\centerdot}{}\underset{X}{|}$$

（2）向引发剂链转移　链自由基向引发剂分子发生链转移，实际上就是前面所介绍的引发剂诱导分解，以 BPO 为例：

$$\sim\sim CH_2\overset{\centerdot}{CH}\underset{X}{|} + C_6H_5-\overset{O}{\overset{\|}{C}}-O-O-\overset{O}{\overset{\|}{C}}-C_6H_5 \longrightarrow \sim\sim CH_2-CH-O-\overset{O}{\overset{\|}{C}}-C_6H_5\underset{X}{|} + C_6H_5-\overset{O}{\overset{\|}{C}}-O\overset{\centerdot}{}$$

（3）向溶剂分子链转移　单体在溶剂中聚合时，溶剂分子中的活泼氢或卤原子等可转移给链自由基，从而使自由基活性中心转移到溶剂分子上，如：

$$\sim\sim CH_2\overset{\centerdot}{CH}\underset{X}{|} + CHCl_3 \longrightarrow \sim\sim CH_2-CH_2\underset{X}{|} + \overset{\centerdot}{}CCl_3$$

显然，溶剂分子中有弱键存在且键能越小，其链转移能力越强。

（4）向高分子链转移　链自由基还可以与体系中已"失活"的高分子（通过链终止、链转移产生）发生链转移，这种链转移通常发生在高分子链中带有取代基的碳原子上：

$$\sim\sim CH_2\overset{\centerdot}{CH}\underset{X}{|} + \sim\sim CH_2-CH\underset{X}{|}\sim\sim \longrightarrow \sim\sim CH_2-CH_2\underset{X}{|} + \sim\sim CH_2-\overset{\centerdot}{C}\underset{X}{|}\sim\sim$$

新形成的链自由基可继续引发单体聚合而产生支链：

$$\sim\sim CH_2-\overset{\centerdot}{C}\underset{X}{|}\sim\sim + mM \longrightarrow \sim\sim CH_2-CH\underset{M_m}{|}\sim\sim$$

向高分子的链转移反应在低转化率时由于高分子浓度小而可以忽略，但在高转化率下，往往是不能忽略的。有时为了避免支化高分子的生成，往往要控制转化率便是这个道理。

6.3　自由基聚合反应动力学

6.3.1　自由基聚合动力学方程

自由基聚合由链引发、链增长、链终止、链转移等基元反应组成，各个基元对聚合速率都有贡献，但在多数情况下，其中的链转移反应一般不影响聚合速率，暂不加以考虑。为了简化动力学方程处理，作如下假设：

① 链引发和链增长反应都消耗单体，但聚合产物的平均聚合度一般很大，链引发这一步所消耗的单体所占比例很小，可以忽略；

② 等活性理论，即链自由基的反应活性与其链长基本无关；

③ 稳态假设，经过一段时间之后，体系中自由基浓度不变。

根据假设①，聚合速率 R 近似等于链增长反应速率 R_p（p 表示链增长：propagation）：

$$R = -\frac{d[M]}{dt} = R_i + R_p \approx R_p$$

而在链增长反应过程中，链增长反应速率是各步增长反应速率之和，根据假设②链自由基的反应活性与链长无关，各步链增长反应速率常数相等，可用 R_p 表示，又将长短不等的自由基浓度之和以自由基浓度 $[M\cdot]$ 表示，则链增长反应速率可表示为：

$$R_p = k_p[M\cdot][M] \tag{6-4}$$

但上式不能直接用于表达聚合速率方程，这是因为式中的自由基浓度很低，寿命很短，难以实验测定，需用稳态假设处理它。

自由基聚合的链终止为双基终止，终止反应总速率 R_t（t 表示链终止：termination）为偶合终止反应速率 R_{tc}（c 表示偶合终止：coupling）和歧化终止反应速率 R_{td}（d 表示歧化终止：disproportion）之和。

偶合终止 $\qquad M_x^\cdot + M_y^\cdot \longrightarrow M_{x+y} \qquad R_{tc} = 2k_{tc}[M\cdot]^2$

歧化终止 $\qquad M_x^\cdot + M_y^\cdot \longrightarrow M_x + M_y \qquad R_{td} = 2k_{td}[M\cdot]^2$

终止反应总速率 $\quad R_t = -\dfrac{d[M\cdot]}{dt} = R_{tc} + R_{td} = 2(k_{tc}+k_{td})[M\cdot]^2$

用总终止反应速率常数 k_t 代表偶合终止反应速率常数 k_{tc} 与歧化终止反应速率常数 k_{td} 之和，则：

$$R_t = 2k_t[M\cdot]^2 \tag{6-5}$$

其中系数 "2" 表示终止反应同时消耗 2 个自由基。

根据稳态假设③，要保持自由基浓度恒定，则自由基的生成速率 R_i 与自由基的消失速率 R_t 相等：

$$R_i = R_t \tag{6-6}$$

联合式(6-5)与式(6-6)，求出自由基浓度：

$$[M\cdot] = \left(\frac{R_i}{2k_t}\right)^{\frac{1}{2}} \tag{6-7}$$

将式(6-7)代入式(6-4)，即得聚合速率方程式：

$$R_p = k_p\left(\frac{R_i}{2k_t}\right)^{\frac{1}{2}}[M] \tag{6-8}$$

值得强调的是聚合反应速率虽然只等于链增长反应速率 R_p，但并不是说它与链引发反应无关，因为参与链增长反应的自由基的产生与链引发反应相关。事实上由上聚合速率方程式可知，聚合速率与引发反应速率 R_i 的平方根成正比。

式(6-8)为一普适速率方程式，可用于任何引发机理的自由基聚合反应，只是在不同的引发方式下，式中的引发速率 R_i 的表达方式不同而已。在大多数情况下，自由基聚合用引发剂引发，其过程包括引发剂分解成为初级自由基和初级自由基与单体加成形成单体自由基两步：

$$I \xrightarrow[\text{慢}]{k_d} 2R\cdot$$

$$R\cdot + M \xrightarrow[\text{快}]{k_i} 2R\cdot$$

因为一引发剂分子分解生成两个初级自由基，所以初级自由基的生成速率为引发剂分解速率的 2 倍：

$$\frac{d[R\cdot]}{dt} = 2k_d[I]$$

在上引发过程的两步反应中，由于初级自由基与单体加成的速率远远大于引发剂分解速率，因此引发剂分解为速率控制步骤，即引发速率由初级自由基的生成速率决定。同时考虑到由于副反应使引发剂分解生成的初级自由基不完全参与引发反应，故引入引发效率 f，这样引发反应速率方程就为：

$$R_i = 2fk_d[I] \tag{6-9}$$

将式（6-9）代入式（6-8），得出由引发剂引发的聚合反应速率方程：

$$R_p = k_p \left(\frac{fk_d}{k_t}\right)^{\frac{1}{2}} [I]^{\frac{1}{2}} [M] \tag{6-10}$$

由上式可以得出重要结论：聚合速率与单体浓度成正比，与引发剂浓度的平方根成正比。其中聚合速率与引发剂浓度的平方根成正比，被称为平方根定则，它源于自由基聚合特有的双基终止机理，因此可作为自由基聚合机理的判断依据。

上自由基聚合动力学方程的正确性已被实验证明。实验结果还表明，上述动力学方程只适合于低转化率即聚合反应初期，因此被称为自由基聚合微观动力学方程。当转化率较高时，情况就比较复杂，有自加速现象等反常动力学行为出现，这将在本章稍后部分进行讨论。

6.3.2　温度对聚合速率的影响

考虑由引发剂引发聚合的情况，将其聚合速率方程式（6-10）中反应速率常数部分合并定义为聚合的总反应速率常数 k：

$$k = k_p (k_d/k_t)^{1/2} \tag{6-11}$$

总反应速率常数 k 与温度的关系遵循 Arrhenius 方程：

$$\ln k = \ln A - E/RT \tag{6-12}$$

各基元反应速率常数 k_p、k_d、k_t 与温度的关系与上式相同。

将式（6-11）取对数：

$$\ln k = \ln k_p + 1/2(\ln k_d - \ln k_t) \tag{6-13}$$

再将 k_p、k_d、k_t 与温度的 Arrhenius 关系式代入上式后得：

$$\ln k = \ln[A_p (A_d/A_t)^{1/2}] - (E_p + E_d/2 - E_t/2)/RT \tag{6-13}$$

比较式（6-12）和式（6-13）得聚合反应总活化能 E：

$$E = E_p + E_d/2 - E_t/2 \tag{6-14}$$

引发剂分解活化能 E_d 一般为 $120 \sim 150 kJ/mol$，链增长反应活化能 $E_p = 20 \sim 40 kJ/mol$，链终止反应活化能 $E_t = 8 \sim 20 kJ/mol$，则总活化能 $E = 80 \sim 90 kJ/mol$。总活化能大于零，表明温度升高，速率常数增大，聚合速率也随之加快。

如果聚合温度从 T_1 升到 T_2，可由下式求出聚合速率常数的变化：

$$\ln(k_1/k_2) = E/R(1/T_2 - 1/T_1)$$

例如当 $E = 84 kJ/mol$ 时，聚合温度从 50℃ 升至 60℃，k 值增加约 2.5 倍，如单体浓度和引发剂浓度保持不变，聚合速率也增加约 2.5 倍。

6.3.3　自加速现象

根据聚合速率方程式（6-10）可以预见，随着聚合反应进行，单体浓度和引发剂浓度不断降低，聚合速率应相应地不断下降。但实际上，在许多聚合反应中，当转化率达到一定值（如 15%～20%）后，聚合速率不但没有降低，反而迅速增加，这种反常的动力学行为称之为自加速现象。

自加速现象主要是体系黏度增加引起的，因此又称为凝胶效应（注意不要与体型缩聚中的凝胶化概念相混）。其产生的原因在于链终止反应受扩散控制，随着反应的进行，转化率提高，体系黏度增加，长链自由基运动受阻而导致其扩散速率下降，链自由基的活性末端碰撞机会减少，双基终止困难，链终止反应速率常数 k_t 显著下降。而链增长反应是链自由基与小分子单体的反应，黏度增加还不足以严重妨碍单体扩散，也就是说黏度增加对链增长反应的影响较小，链增长反应速率常数 k_p 基本保持不变。因此，聚合速率方程式(6-10) 中的 $k_p/k_t^{1/2}$ 项大幅度增加，聚合速率相应随之增加，即出现自加速。当然，转化率继续增加，体系黏度大到足以妨碍单体运动时，链增长反应也受扩散因素影响，k_p 急剧变小，聚合速率又趋于降低。因为只有自由基聚合才会双基终止，自加速现象是自由基聚合的特有现象。

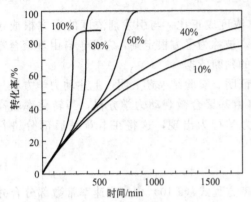

图 6-1 甲基丙烯酸甲酯聚合中，
单体浓度对自加速作用的影响
引发剂：BPO；溶剂：苯；温度：50℃
（曲线上数字为单体浓度）

从以上讨论已清楚，产生自加速现象的原因是体系黏度增加，双基扩散终止困难，聚合反应因而加速。因此，聚合介质的性质、溶剂量、聚合温度、产物分子量等对体系黏度有影响的因素都会对自加速现象产生深远的影响。如图 6-1 所示的甲基丙烯酸甲酯在苯中的聚合反应，在较低单体浓度（10%～40%）下，其聚合速率与式(6-10) 预料的相符合，属于正常的动力学行为，显然是因为在此浓度下的体系黏度不足以影响链自由基的扩散而无自加速现象。当单体浓度较高如大于60%时，出现自加速现象。且随着单体浓度增加，开始出现自加速现象时的转化率提前，即自加速愈明显。特别是不加溶剂的本体聚合（单体浓度100%），加速更剧烈。

6.3.4 阻聚与缓聚

某些物质对自由基聚合有抑制作用，这些物质能与自由基（包括初级自由基和链自由基）反应，使其成为非自由基或反应性太低而不能进行链增长反应的稳定自由基。根据对聚合反应的抑制程度，可将这类物质分成阻聚剂和缓聚剂。阻聚剂能使自由基完全失活而使聚合反应完全停止；而缓聚剂则只使部分自由基失活或使自由基活性衰减，从而使聚合速率下降。阻聚剂和缓聚剂在作用机制上不存在本质区别，只是作用程度不同而已。有时候阻聚和缓聚效果兼有，两者难以区别。

图 6-2 为苯乙烯热聚合时阻聚与缓聚的情况。加入典型阻聚剂苯醌后，它消耗了引发剂分解的初级自由基而不引发链增长反应，在一段时间内观察到的聚合速率为零，出现所谓诱导期（曲线2）。苯醌耗尽后，聚合反应才开始，聚合速率与无添加阻聚剂的纯苯乙烯热聚合（曲线1）基本相同。可以想象，诱导期的长短与所加阻聚剂苯醌的量成正比。硝基苯是一种缓聚剂，它的加入使聚合速率显著下降，但因没完全停止反应而无诱导期（曲线3）。而亚硝基苯的加入，先出现一诱导期，诱导期后聚合速率也降低，因它兼有阻聚和缓聚的作用（曲线4）。

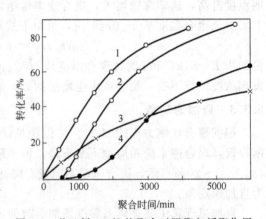

图 6-2 苯乙烯 100℃热聚合时阻聚与缓聚作用
1—无阻聚剂；2—0.1%苯醌；
3—0.5%硝基苯；4—0.2%亚硝基苯

烯烃单体如苯乙烯、甲基丙烯酸甲酯等在储存和精馏过程中，需加入适量阻聚剂（常用的是对苯二酚）以防止其自聚。而在聚合前，通常要除去所加的阻聚剂，或适当增加引发剂用量来补偿。在进行理论研究时，为获得良好的实验重现性，需对单体精心纯化，因为单体中的杂质可能起阻聚或缓聚作用。在聚合过程中如需控制一定转化率，可加入阻聚剂及时终止反应。由此可见，阻聚剂的性质与引发剂相反，但其作用也非常重要。

阻聚剂大体可分为分子型阻聚剂和稳定自由基阻聚剂两大类型，苯醌、硝基化合物、芳胺、酚类等属于分子型阻聚剂。分子型阻聚剂的阻聚机理非常复杂，目前尚无普适的阻聚机理模型。最常用的苯醌类阻聚剂可能的阻聚机理之一是：

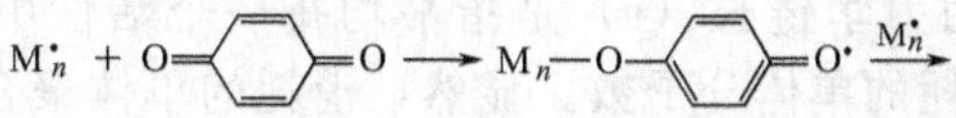

$$M_n^{\cdot} + O{=}\!\!\!\!\bigcirc\!\!\!\!{=}O \longrightarrow M_n{-}O{-}\!\!\!\!\bigcirc\!\!\!\!{-}O^{\cdot} \xrightarrow{M_n^{\cdot}} \text{偶合或歧化终止}$$

稳定自由基阻聚剂如 2,2-二苯基-2,4,6-三硝基苯肼自由基（DPPH）等，含有氮或氧自由基，非常稳定，在室温下可长期保存。这类稳定的自由基不具有引发活性，但可与初级自由基或链自由基等具有极高的反应活性的基团结合，使其失活而阻止聚合。如 DPPH 浓度在 $10^{-4}\,\mathrm{mol/L}$ 时，即可有效地阻止烯类单体的聚合，故有自由基捕捉剂之称。DPPH 与自由基的反应式如下：

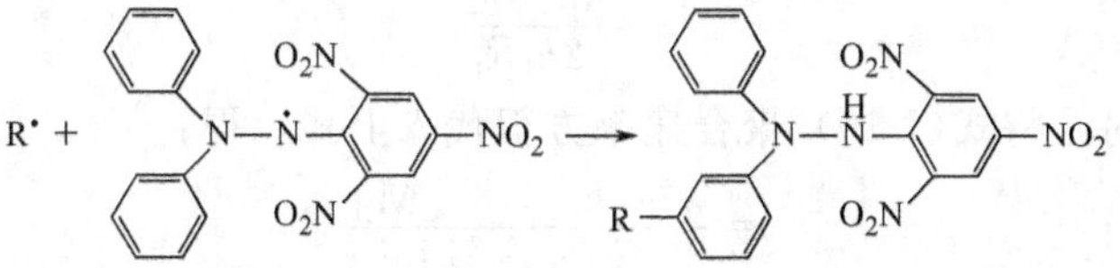

6.3.5　烯丙基单体的自阻聚作用

烯丙基单体 $CH_2{=}CH{-}CH_2Y$ 在进行聚合反应时，不但聚合反应速率慢，而且往往只能得到低聚体。其原因是在这类单体中烯丙基 C—H 键很弱，链自由基易向单体发生链转移，其过程如下：

$$M_n^{\cdot} + CH_2{=}CH{-}CH_2Y \longrightarrow CH_2{=}CH{-}\overset{\cdot}{C}HY + M_n{-}H$$

由于链转移后生成的烯丙基自由基具有高度共轭稳定性，因此上述链转移反应很易发生，使产物分子量剧烈下降。同时烯丙基自由基很稳定，不具有再引发活性，只能与链自由基或本身发生双基终止。这样，上述反应从形式上看是一链转移反应，但其效果相当于一加阻聚剂的终止反应，而阻聚剂是单体本身，因此被称为烯丙基单体的自阻聚作用。

常见的烯丙基自阻聚单体有丙烯、乙酸烯丙酯等。而甲基丙烯酸甲酯、甲基丙烯腈等单体也存在烯丙基 C—H 键，但自阻聚作用不明显。原因是酯基和氰基对自由基具有共轭稳定作用，降低了链转移的活性，但却增加了单体的链增长活性，从而使链增长与链转移这对竞争反应中前者占优，因此可获得高聚物。

6.3.6　氧的阻聚和引发作用

氧对自由基聚合反应的影响呈现两重性，在相对较低温度（如<100℃）下聚合时，氧极易与链自由基加成生成无再引发活性的过氧化物，起阻聚作用：

$$2M_n^{\cdot} + O_2 \longrightarrow M_n{-}O{-}O{-}M_n$$

由于以上阻聚作用，聚合前往往需要先除氧，并在惰性气氛（如氮气）下进行反应。但在高温时，由上式生成的过氧化物却能分解产生活泼的自由基 $M_nO^{\cdot}$ 起引发作用，表现出引发剂的作用。工业上便是利用氧的这一特性，在高温聚合时用它作引发剂。

6.4　自由基聚合反应产物的分子量

前面几节我们讨论了自由基聚合的基元反应和聚合反应动力学，本节则讨论另一个非常重要的问题——聚合产物的分子量。分子量是表征聚合产物的一个重要指标，它直接影响聚合物作为材料使用的性能。在自由基聚合反应中，影响聚合速率的因素诸如单体浓度、引发剂浓度和温度等往往对聚合产物分子量也产生影响。

6.4.1　动力学链长及其与聚合度的关系

动力学链长是一学术概念，之所以被提出是因为它可以作为一桥梁，将聚合产物分子量与聚合速率联系起来。所谓动力学链长（ν）是指平均每一个活性中心（自由基）从产生（引发）到消失（终止）所消耗的单体分子数。显然，消耗的单体聚合生成大分子链，因此动力学链长与分子量相关。根据动力学链长定义，它等于链增长反应速率和引发反应速率之比，而稳态时，引发反应速率与终止反应速率相等，故：

$$\nu=\frac{R_p}{R_i}=\frac{R_p}{R_t}$$

将 $R_p=k_p[M][M\cdot]$，$R_t=2k_t[M\cdot]^2$ 代入上式，并作简单变换得到：

$$\nu=\frac{k_p^2[M]^2}{2k_tR_p}$$

由引发剂引发时，将式(6-10)聚合速率方程代入上式，得：

$$\nu=\frac{k_p}{2(fk_dk_t)^{1/2}}\frac{[M]}{[I]^{1/2}} \tag{6-15}$$

上式表明，动力学链长与单体浓度成正比，与引发剂浓度的平方根成反比。其中，引发剂浓度对动力学链长和聚合速率的影响方向正好相反，引发剂浓度增加，聚合速率增加，但动力学链长减小，即分子量下降。

在无链转移反应时，动力学链长与聚合度的关系式相对比较简单，根据双基终止方式分以下几种情况：

歧化终止时，

$$\overline{X}_n=\nu$$

偶合终止时，

$$\overline{X}_n=2\nu$$

歧化和偶合终止同时存在时，

$$\nu<\overline{X}_n<2\nu$$

6.4.2　链转移对聚合度影响

当存在着链转移反应时，每进行一次链转移，原有的链自由基消失形成一条大分子，但同时产生一个新的自由基，它又继续引发单体聚合产生一条新的链自由基，即动力学链尚未终止，直至由双基终止导致链自由基消失为止。因此，链转移反应不影响动力学链长的大小，但却使聚合度下降。研究聚合度时，除考虑链终止外，还需考虑链转移。

按定义，平均聚合度等于单体消耗速率与聚合物生成速率之比。单体消耗速率等于链增长反应速率，聚合物生成速率包括链终止反应速率与链转移反应速率两部分。

$$\overline{X}_n=\frac{单体消耗速率}{聚合物生成速率}=\frac{R_p}{R_{td}+\frac{1}{2}R_{tc}+\sum R_{tr}} \tag{6-16}$$

式中，R_{td}、R_{tc}、R_{tr} 分别表示歧化终止反应速率、偶合终止反应速率和链转移反应速率

(tr 表示 transfer)。偶合终止反应速率 R_{tc} 前有一系数 $1/2$，是因为偶合终止时两条链自由基结合生成一条聚合物链。

在 6.2.4 节已讨论了各种链转移反应，其中比较常见且对聚合度影响较大的是活性链向单体、引发剂、溶剂等小分子物质转移。向单体（M）、引发剂（I）和溶剂（S）转移反应的速率方程分别为：

$$M_x^{\cdot} + M \xrightarrow{k_{tr,M}} M_x + M^{\cdot} \qquad R_{tr,M} = k_{tr,M}[M^{\cdot}][M]$$

$$M_x^{\cdot} + I \xrightarrow{k_{tr,I}} M_x + R^{\cdot} \qquad R_{tr,I} = k_{tr,I}[M^{\cdot}][I]$$

$$M_x^{\cdot} + S \xrightarrow{k_{tr,S}} M_x + S^{\cdot} \qquad R_{tr,S} = k_{tr,S}[M^{\cdot}][S]$$

式中，$R_{tr,M}$ 和 $k_{tr,M}$ 分别为向单体链转移反应的速率和速率常数，其他符号意义类推。将以上各种链转移反应速率方程代入式(6-16)并转换成倒数形式，则：

$$\frac{1}{X_n} = \frac{R_{td} + \frac{1}{2}R_{tc}}{R_p} + \frac{k_{tr,M}}{k_p} + \frac{k_{tr,I}}{k_p}\frac{[I]}{[M]} + \frac{k_{tr,S}}{k_p}\frac{[S]}{[M]} \qquad (6\text{-}17)$$

将链转移反应速率常数与链增长反应速率常数之比定义为链转移常数 C，它代表这两种反应的竞争力，反映某一物质的链转移能力。则向单体、引发剂和溶剂的链转移常数 C_M、C_I 和 C_S 可分别表示为：

$$C_M = \frac{k_{tr,M}}{k_p} \qquad C_I = \frac{k_{tr,I}}{k_p} \qquad C_S = \frac{k_{tr,S}}{k_p}$$

代入式(6-17) 得：

$$\frac{1}{X_n} = \frac{R_{td} + \frac{1}{2}R_{tc}}{R_p} + C_M + C_I\frac{[I]}{[M]} + C_S\frac{[S]}{[M]} \qquad (6\text{-}18)$$

当只有歧化终止时（$R_{tc} = 0$）：

$$\frac{1}{X_n} = \frac{1}{\nu} + C_M + C_I\frac{[I]}{[M]} + C_S\frac{[S]}{[M]} \qquad (6\text{-}19)$$

当只有偶合终止时（$R_{td} = 0$）：

$$\frac{1}{X_n} = \frac{1}{2\nu} + C_M + C_I\frac{[I]}{[M]} + C_S\frac{[S]}{[M]} \qquad (6\text{-}20)$$

以上两式就是链转移反应对聚合度影响的定量关系式，右边四项依次为链终止（无链转移时的正常聚合）、向单体链转移、向引发剂链转移、向溶剂链转移对聚合度的贡献，由于是倒数关系，实际上是对聚合度的负贡献。对于某一特定的体系，并不一定包括以上全部链转移反应。

如对于本体聚合，体系中无溶剂，所以式(6-19)中第四项为零。若使用的引发剂 C_I 值很小（如 AIBN，不发生诱导分解）或引发剂浓度很低，第三项也可以忽略不计，则只发生向单体链转移，式(6-19)可简化成：

$$\frac{1}{X_n} = \frac{1}{\nu} + C_M \qquad (6\text{-}21)$$

此时，聚合度只与反映向单体链转移能力大小的单体链转移常数 C_M 有关。

单体链转移常数 C_M（或链转移能力）主要决定于单体本身的结构。单体上带有键合力较小的原子，如氯原子、叔氢原子等，容易被自由基夺取而发生链转移。多数单体如甲基丙烯酸甲酯、丙烯腈、苯乙烯等的链转移常数较小（$10^{-4} \sim 10^{-5}$），对聚合度无明显影响，可以不考虑。但也有一些单体如乙酸乙烯酯、氯乙烯等链转移常数较大。特别是氯乙烯，C_M

约为 10^{-3}。这是因为氯乙烯分子上的 C—Cl 键结合较弱，氯原子很易被夺取而发生转移，以致向单体的链转移反应速率远远超过正常的链终止反应速率（$R_{tr,M} \gg R_t$）。此时，聚氯乙烯聚合度主要决定于向单体的链转移反应：

$$\overline{X}_n = \frac{R_p}{R_t + R_{tr,M}} \approx \frac{R_p}{R_{tr,M}} = \frac{1}{C_M} \tag{6-22}$$

或者说，在式(6-19)中，C_M 已大到右边第一项也可以忽略的程度，结果也如上式。由于链转移常数 C_M 是温度的函数，也就是说，此时产物的聚合度仅与温度有关，而与引发剂浓度和单体浓度等基本无关。这样，可以通过调节温度来控制产物聚合度，而聚合反应速率则由引发剂用量来调节。

当聚合反应在溶剂存在下进行时，向溶剂链转移对分子量影响明显。将式（6-19）右边前三项合并即无溶剂本体聚合产物聚合度的倒数：

$$\frac{1}{\overline{X}_n} = \frac{1}{(\overline{X}_n)_0} + C_S \frac{[S]}{[M]} \tag{6-23}$$

链转移常数 C_S 随溶剂性质不同而变化较大，含有活泼氢或含碳-卤弱键的溶剂如 CCl_4、CBr_4 等容易发生链转移反应，其链转移常数也较大。

在实际应用中，有时需要降低聚合产物分子量。如合成橡胶，若分子量太高，则难以加工。再如一类被称为"低聚物"的聚合物，其分子量只有几千，用于制备润滑油、表面活性剂等精细化工材料。虽然提高聚合温度或增加引发剂用量可以达到降低分子量的效果，但往往同时会使聚合速率增加，甚至会达到难以控制的程度。因此，工业上通常选用适当的链转移剂来调节分子量。所谓链转移剂，是指一些链转移常数较大的物质，如脂肪族硫醇（RSH），其中以十二烷基硫醇最为常用。由于链转移能力特别强，只需少量加入便可明显降低分子量，而且还可通过调节其用量来控制分子量，因此这类链转移剂又叫分子量调节剂。分子量调节剂用量与聚合度的定量关系式（以歧化终止为例）：

$$\frac{1}{\overline{X}_n} = \frac{1}{\nu} + C_M + C_I \frac{[I]}{[M]} + C_S \frac{[S]}{[M]} + C_S' \frac{[S']}{[M]} \tag{6-24}$$

即在式(6-19)的右边，再加上分子量调节剂对聚合度的贡献一项。式中，C_S' 为分子量调节剂的链转移常数；$[S']$ 为其浓度。

6.5 自由基聚合反应热力学

单体聚合能力可以从热力学及动力学两方面考虑，前者决定聚合的可能性，后者决定其反应速率。一个聚合反应如果在热力学上是不允许的，那么在任何条件下都不可能发生。但能否实现一个在热力学上可行的聚合反应，还依赖于动力学因素，即在给定的反应条件下，能否获得适宜的聚合速率，例如 α-烯烃的聚合并不存在热力学障碍，但在一般自由基或离子型引发剂作用下却难以进行。本节将从热力学的角度，分析聚合反应中的能量转化以及影响聚合反应方向和限度的主要因素。

6.5.1 聚合反应热力学特征

判断一个聚合反应在热力学上是否可行，可以从反应物（单体）转变成生成物（聚合物）的自由能变化来判断，根据热力学定律：

$$\Delta G = \Delta H - T \Delta S$$

式中，ΔG、ΔH 和 ΔS 分别是聚合时自由能、焓和熵的增量。当自由能增量 $\Delta G < 0$ 时，聚合反应才有自发进行的倾向；当 $\Delta G = 0$ 时，单体和聚合物处于可逆平衡状态；当 $\Delta G > 0$

时，聚合反应不能发生。因此，要使聚合反应能自动进行，必须满足热力学条件：

$$\Delta G = \Delta H - T\Delta S < 0$$

在链式聚合反应中，单体的双键打开形成聚合物的单键，为一放热过程，焓增量 ΔH 为负值，$-\Delta H$ 则被定义为一个聚合反应的聚合热。单体变成聚合物时，无序性减小，即聚合反应是一熵值变小的过程，ΔS 为负值。由此可见，从焓变的角度看是有利于聚合反应的进行，而从熵变的角度看却是不利聚合反应的进行。

表 6-2 给出在标准状态下，几种单体聚合反应的聚合热（$-\Delta H^{\ominus}$）和聚合熵（$-\Delta S^{\ominus}$）。所谓标准状态，对于单体通常是纯单体或 1mol/L 的溶液；对于聚合物是指非晶态或轻度结晶的纯聚合物，又或一个含 1mol/L 单体单元的聚合物溶液。表中的数据显示，聚合热（$-\Delta H$）随单体不同变化较大，而聚合熵（$-\Delta S$）对单体结构却不太敏感，相对稳定在 $100 \sim 120 J/(mol \cdot K)$ 范围内。因此，决定单体聚合倾向的主要因素在于聚合热。而且由于聚合反应的 ΔH 为负值，其绝对值必须大于 $-T\Delta S$ 才能使 $\Delta G < 0$，即聚合在热力学上成为可能，所以聚合热愈大，聚合倾向愈明显。

表 6-2　25℃（标准状态）下聚合热和聚合熵（以液体单体转变成无定形聚合物为例）

单　　体	$-\Delta H^{\ominus}$/(kJ/mol)	$-\Delta S^{\ominus}$/[J/(mol · K)]	单　　体	$-\Delta H^{\ominus}$/(kJ/mol)	$-\Delta S^{\ominus}$/[J/(mol · K)]
乙烯	92	—	氯乙烯	72	—
丙烯	84	116	偏二氯乙烯	73	89
1-丁烯	84	113	四氟乙烯	163	112
异丁烯	48	121	丙烯酸	67	—
丁二烯	73	89	丙烯腈	77	109
异戊二烯	75	101	醋酸乙烯酯	88	110
苯乙烯	73	104	丙烯酸甲酯	78	110
α-甲基苯乙烯	35	110	甲基丙烯酸甲酯	56	117

6.5.2　聚合热与单体结构的关系

聚合热（$-\Delta H$）可由实验测定，通常的方法是燃烧热法。烯类单体聚合热也可由键能初步估算。C═C 双键的键能约为 610kJ/mol，C—C 单键的键能约为 347kJ/mol。烯类单体聚合是一双键转变成两个单键的过程，聚合热约为两个键能之差：

$$-\Delta H = 2 \times 347 - 610 = 84 \;(kJ/mol)$$

按上式计算结果与表 6-2 中不少单体的聚合热（$-\Delta H$）实验值相接近，但也有一些单体的聚合热与估算值偏离较大，其原因在于单体的结构对聚合热有显著的影响。下面用图 6-3 直观地表示单体转化成聚合物后的能量变化即聚合热（$-\Delta H$），并分析单体结构（主要是取代基的性质）对聚合热的影响。

（1）取代基的位阻效应　带取代基的单体聚合后变成高分子，取代基之间的夹角从 120° 变成 109°，即相对于单体而言，高分子上取代基之间的空间张力变大，使聚合物的能级提高，如图 6-3 所示，聚合热则变小。

（2）取代基的共轭效应　一些取代基对单体的双键具有 π-π 共轭或 p-π 共轭稳定作用，使单体能级降低，而在聚合后所形成的高分子中不存在这种共轭稳定作用，因此单体与聚合物之间的能级差降低，聚合热也相

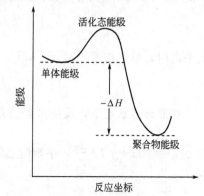

图 6-3　聚合反应能量变化

应减小。

（3）氢键和溶剂化作用　单体中若含有—COOH、—NH等，它们之间可形成氢键而使单体稳定，使单体能级下降。而在聚合物中，这种氢键稳定作用虽然也存在，但由于受到高分子链的约束而大大降低。这样最终结果是单体与聚合物的能级差变小，聚合热下降。同样的道理，溶剂化作用也使聚合热下降。

以上因素的任何一种或几种共同作用都会引起不同结构烯类单体的聚合热发生变化。如乙烯、丙烯和异丁烯的聚合热分别是92kJ/mol、84kJ/mol和48kJ/mol。与乙烯相比，丙烯和异丁烯的聚合热下降是由甲基位阻效应和甲基超共轭效应的叠加而引起的。再如 α-甲基苯乙烯，由于两个取代基的位阻效应、苯环共轭效应和甲基超共轭效应的共同作用，使该单体的聚合热大大降低，仅为35kJ/mol。而对于丙烯酸、丙烯酰胺等单体，聚合热的降低则主要是由氢键缔合对单体的稳定化作用而引起的。

某些带强电负性取代基的单体会使聚合热升高，典型的例子是四氟乙烯，聚合热高达163kJ/mol。其原因不是十分清楚，可能是由于分子间存在偶极相互作用从而增加了聚合物的稳定性，聚合物能级下降，聚合热上升。

聚合热的大小一般也可用来粗略判断聚合物的热稳定性，单体的聚合热越大，生成的聚合物热稳定性越好，如聚四氟乙烯便是一个很好的耐热高分子；而聚合热小的 α-甲基丙烯酸甲酯，其聚合物热稳定性很差，40～50℃时就发生降解。

6.5.3　聚合上限温度

在链式聚合反应中，链增长反应及其逆反应——解聚反应是一对平衡反应：

$$M_n^\cdot + M \underset{k_{dp}}{\overset{k_p}{\rightleftharpoons}} M_{n+1}^\cdot \tag{6-25}$$

式中，k_{dp} 为解聚反应速率常数。

以上解聚反应平衡的位置取决于温度，由于解聚反应活化能较链增长反应要高，因此在一般温度下，解聚反应进行很慢，甚至可以忽略。但温度升高，解聚反应速率常数比链增长速率常数增加得更快，解聚反应变得不可忽略，且随温度的增加愈显重要。当温度升高至某一值时，链增长反应速率与解聚反应速率相等，即聚合反应实际上是不进行的（聚合物产生的净速率为零），此时的温度称为聚合上限温度 T_c（ceiling temperature）。

由式（6-25），链增长反应速率 R_p 和解聚反应速率 R_{dp} 可表示为：

$$R_p = k_p[M_n^\cdot][M]$$

$$R_{dp} = k_{dp}[M_{n+1}^\cdot]$$

平衡时，R_p 与 R_{dp} 相等，且自由基活性与链长无关，即 $[M_n^\cdot]=[M_{n+1}^\cdot]$，因此：

$$k_p[M_n^\cdot][M] = k_{dp}[M_{n+1}^\cdot]$$

$$k_p[M] = k_{dp}$$

设平衡时，单体浓度 $[M]=[M]_c$，那么链增长-解聚平衡反应的平衡常数 K 为：

$$K = \frac{k_p}{k_{dp}} = \frac{1}{[M]_c} \tag{6-26}$$

在非标准状态下，反应过程的自由能变化 ΔG 与平衡常数 K 的关系由反应等温式决定：

$$\Delta G = \Delta G^\ominus + RT\ln K \tag{6-27}$$

而 $\Delta G^\ominus = \Delta H^\ominus - T\Delta S^\ominus$，平衡时 $\Delta G = 0$，代入式（6-27），再结合式（6-26）可得聚合上限温度 T_c：

$$T_c = \frac{\Delta H^\ominus}{\Delta S^\ominus + R\ln[M]_c} \tag{6-28}$$

式中，$[M]_c$ 为平衡单体浓度，也就是不能聚合的最低单体浓度。

从式(6-28)可以看出，平衡单体浓度 $[M]_c$ 是聚合上限温度 T_c 的函数。在任何一个单体浓度下，都有一个使聚合反应不能进行的上限温度 T_c；或者反过来说，在某一温度下，有一对应的平衡单体浓度或能进行聚合反应的最低极限浓度 $[M]_c$，其值由式(6-28)确定。在标准状态下，$[M]_c = 1\text{mol/L}$，则：

$$T_c = \frac{\Delta H^\ominus}{\Delta S^\ominus} \tag{6-29}$$

实际上，上式也可以由 $\Delta G^\ominus = \Delta H^\ominus - T\Delta S^\ominus = 0$ 直接导出。文献常常给出某一单体的一个 T_c 值，若没有特别说明，往往是 1mol/L 的单体溶液或纯单体的 T_c 值。

表 6-3 给出几种单体在 25℃时的平衡单体浓度和纯单体的最高聚合温度。数据显示，在 25℃时，大多数单体如乙酸乙烯酯、丙烯酸丁酯、苯乙烯等，单体的平衡浓度 $[M]_c$ 很小，表明剩余单体浓度很低、聚合趋于完成。而且这些单体的聚合上限温度 T_c 也较高，表明它们的聚合倾向大。但对于 α-甲基苯乙烯，25℃聚合达到平衡时，剩余单体浓度高达 2.2mol/L，或者说 2.2mol/L 的 α-甲基苯乙烯溶液在 25℃时就不能进行聚合反应，即使是纯的 α-甲基苯乙烯，其聚合上限温度 T_c 也只有 61℃，因此该单体难以聚合。

表 6-3　几种单体的平衡浓度及聚合上限温度

单　体	$[M]_c(25℃)/(\text{mol/L})$	纯单体的 T_c/℃	单　体	$[M]_c(25℃)/(\text{mol/L})$	纯单体的 T_c/℃
乙酸乙烯酯	1×10^{-9}	—	α-甲基苯乙烯	2.2	61
丙烯酸甲酯	1×10^{-9}	—	乙烯	—	400
甲基丙烯酸甲酯	1×10^{-3}	220	丙烯	—	300
苯乙烯	1×10^{-6}	310	异丁烯	—	50

6.6　活性/可控自由基聚合

6.6.1　活性聚合概念

传统的自由基和离子聚合等，增长活性链除进行链增长反应以外，还可发生链转移、链终止等使增长活性链失活的副反应，导致无法精确控制聚合产物的结构、分子量及分子量分布。假如聚合过程中不存在链转移和链终止，相应的聚合称为活性聚合（living polymerization）。为了保证所有的活性中心同步进行链增长反应而获得窄分子量分布的聚合物，活性聚合一般还要求链引发反应速率大于链增长反应速率。典型的活性聚合具备以下特征：

① 聚合产物的数均分子量与单体转化率呈线性增长关系；

② 当单体转化率达 100％后，向聚合体系中加入新单体，聚合反应继续进行，数均分子量进一步增加，并依然与单体转化率成正比（见图 6-4）。若加入的新单体与第一单体不同，则得到嵌段共聚物。

③ 聚合产物分子量具有单分散性，即 $\overline{M}_w / \overline{M}_n \to 1$

④ 聚合产物的数均聚合度应等于每个活性中心上加成的单体数，即消耗掉的单体浓度与活性中心浓度之比：

$$\overline{X}_0 = \frac{[M]_0 \times C}{[I]_0}$$

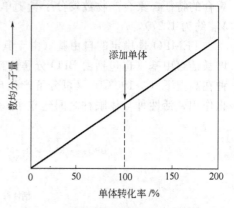

图 6-4　活性聚合产物数均分子量与单体转化率的关系

式中，$[M]_0$ 为单体起始浓度；C 为单体转化率；$[I]_0$ 为引发剂起始浓度。由于 $\overline{X}_0$ 可由单体与引发剂的投料比定量控制，因此活性聚合又称计量聚合。

以上特征同时也是判断一个聚合反应是否是活性聚合的实验依据。可是，完全满足这些条件的反应体系很少。有些聚合体系并不是完全不存在链转移和链终止反应，但相对于链增长反应而言可以忽略不计，因此分子量在一定范围内可设计，分子量分布也较窄，明显具有活性聚合的特征。为了与真正意义上的活性聚合相区别，通常把这些宏观效果上类似于活性聚合，但实际上仍存在链转移和链终止的聚合称为活性/可控聚合。

6.6.2 实现活性/可控自由基聚合的策略

自由基聚合的链增长活性中心为自由基，具有强烈的双基终止即偶合或歧化终止倾向。此外，经典的自由基聚合引发剂分解速率低，引发速率较链增长速率要慢得多。因此，传统的自由基聚合是不可控的。

从自由基聚合反应动力学可知，链增长反应和链终止反应对增长链自由基的浓度而言分别是一级反应和二级反应，它们的速率方程分别为：

$$R_p = K_p[P\cdot][M]$$
$$R_t = k_t[P\cdot]^2$$

由此可见，相对于链增长反应，链终止反应速率对链自由基浓度 $[P\cdot]$ 的依赖性更大，降低链自由基浓度，链增长反应速率和链终止反应速率均下降，但后者更为明显。假若能使链自由基浓度降低至某一程度，既可维持可观的链增长反应速率（即聚合反应速率），又可使链终止反应速率降低到相对于链增长反应速率可以忽略不计，这样便消除了自由基可控聚合的主要症结——双基终止，使自由基聚合反应从不可控变为可控。

根据自由基聚合动力学参数估算，当链自由基浓度在 10^{-8} mol/L 左右时，聚合反应速率仍然相当可观，而 R_t/R_p 约为 $10^{-3} \sim 10^{-4}$，即 R_t 相对于 R_p 实际上可忽略不计。那么，接下来的问题是如何在聚合过程中保持如此低的自由基浓度。高分子化学家提出以下策略：通过可逆的链终止或链转移，使活性种（具有链增长活性）和休眠种（暂时失活的活性种）进行快速可逆转换，成功地解决了这一问题。

按照以上思路，自 20 世纪 90 年代以来已开发出三种活性/可控自由基聚合体系：氮氧自由基存在下自由基聚合、原子转移自由基聚合以及可逆加成-断裂链转移自由基聚合。

6.6.3 氮氧自由基（TEMPO）体系

1993 年 Georges 等发现，在 123℃ 下 BPO/TEMPO 引发下的苯乙烯本体聚合具有活性聚合的特征：聚合产物数均分子量随单体转化率增加而线性增长，且分子量分布较窄（M_w/M_n 约为 1.27）。

TEMPO 是稳定的自由基（由于其空间位阻），它虽不能引发单体聚合，但可快速地与增长链自由基（也包括由 BPO 分解的初级自由基）发生偶合终止生成休眠种，而这种休眠种在高温下（>100℃）又可分解产生自由基，复活成活性种，即通过 TEMPO 的可逆链终止作用，活性种与休眠种之间建立了一快速动态平衡，从而实现活性/可控自由基聚合：

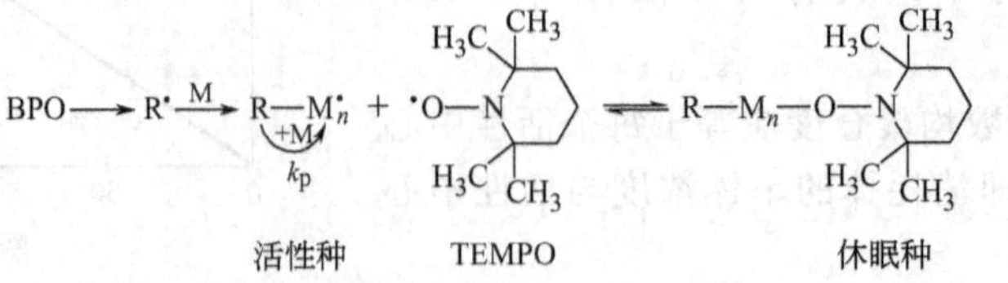

大量研究表明，TEMPO 体系目前只适合苯乙烯及其衍生物的活性/可控自由基聚合，因此通过这一体系进行高分子材料分子设计的范围受限。此外 TEMPO 价格昂贵，工业化

前景暗淡。但 TEMPO 体系毕竟是首例活性自由基聚合，具有重要的学术意义。

6.6.4 原子转移自由基聚合

1995 年，Matyjaszwski 和王锦山等报道了一种新的活性/可控自由基聚合方法，即原子转移自由基聚合（atom transfer radical polymerization，ATRP）。他们以有机卤化物 R—X（如 α-氯代乙苯）为引发剂，氯化亚铜/2,2′-联二吡啶（bpy）为催化剂，在 110℃ 下实现苯乙烯活性/可控自由基聚合。现以该体系为例，阐述 ATRP 的基本原理：

$$R—Cl + CuCl(bpy) \rightleftharpoons R^{\cdot} + CuCl_2(bpy)$$
$$\downarrow M$$
$$R—M_n^{\cdot} + CuCl_2(bpy) \underset{+M}{\overset{}{\rightleftharpoons}} R—M_n—Cl + CuCl(bpy)$$
$$k_p$$

如上式所示，低氧化态金属卤化物 CuCl 催化剂（活化剂）从引发剂 R—Cl 中夺取 Cl 原子（实际上是 Cl·），生成自由基 R· 及高氧化态金属卤化物 CuCl₂。R· 引发单体聚合形成增长链自由基 R—M$_n$·（活性种），它又可以从 CuCl₂ 中夺取 Cl 原子而被终止，形成暂时失活的大分子卤化物 R—M$_n$—Cl（休眠种），但该终止反应是可逆的，R—M$_n$—Cl 也像引发剂 R—Cl 一样，可被 CuCl 夺取 Cl 原子而活化，重新形成 R—M$_n$·活性种。由此可见，通过 Cl 原子从卤化物到 CuCl、再从 CuCl₂ 至自由基这样一个反复循环的原子转移过程（其动力为过渡金属 Cu 的可逆氧化还原反应），在活性种（自由基）与休眠种（大分子卤化物）之间建立了可逆动态平衡，使体系中自由基浓度大大降低，从而避免了双基终止副反应，实现对聚合反应的控制。

典型的 ATRP 体系的组分包括单体、引发剂、金属催化剂以及配体等。除了苯乙烯以外，其他单体如（甲基）丙烯酸酯类、丙烯腈、丙烯酰胺等都可以通过 ATRP 技术实现活性/可控自由基聚合，可见与 TEMPO 体系相比，ATRP 具有较宽的单体选择范围。

作为 ATRP 的引发剂，一般是一些 α-位上含有苯基、羰基、氰基等基团的卤代烷，如 α-卤代乙苯、α-卤代丙酸乙酯、α-卤代乙腈等。引发剂选择时必须注意其活性与单体活性的匹配性，一般的原则是选择能产生与增长链自由基结构相似的初级自由基的卤代烷，例如，α-氯代乙苯、α-溴代丙酸乙酯可分别用于苯乙烯、丙烯酸酯的聚合。

ATRP 通过金属催化剂的可逆氧化还原反应，在活性种与休眠种之间建立可逆动态平衡。因此作为金属催化剂必须有可变的价态，一般为过渡金属盐如最常用的 CuCl 和 CuBr。其他金属 Ru、Fe 等的化合物，如 RuCl₂、FeCl₂ 等也成功用于 ATRP。

配体在 ATRP 体系中的作用一方面是增加催化剂过渡金属盐在有机相中的溶解性，另一方面它与过渡金属配位后对其氧化还原电位产生影响，从而可用来调节催化剂的活性。对于 Cu 系催化体系用得最多的配体是 2,2′-联二吡啶，若在联二吡啶杂环上引入长脂肪链取代基后，如 4,4-二正庚基-2,2′-联二吡啶，聚合体系由原来的联二吡啶的非均相变为均相，相应地引发效率提高，产物分子量分布进一步变窄。

6.6.5 可逆加成-断裂链转移可控自由基聚合

继 TEMPO 和 ATRP 之后，1998 年 Moad 等报道了另一种活性/可控自由基聚合体系，即可逆加成-断裂链转移（reversible addition-fragmentation transfer，RAFT）自由基聚合。它是在 AIBN、BPO 等引发的传统自由基聚合体系中，加入链转移常数很大的链转移剂后，聚合反应由不可控变为可控，显示活性聚合特征。由 RAFT 聚合成功实现活性/可控自由基聚合的关键是找到了具有高链转移常数和特定结构的链转移剂双硫酯（RAFT 试剂），其化学结构如下：

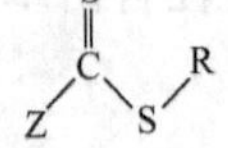

$$\underset{Z}{\overset{S}{\underset{\shortparallel}{C}}}\!\!-\!\!S\!\!-\!\!R$$

其中 Z 是能够活化 C=S 键对自由基加成的基团，通常为芳基、烷基；而 R 是活泼的自由基离去基团，断键后生成的自由基 R· 应具有再引发聚合活性，通常为枯基、异苯基乙基、氰基异丙基等。常用作 RAFT 试剂的双硫酯如：

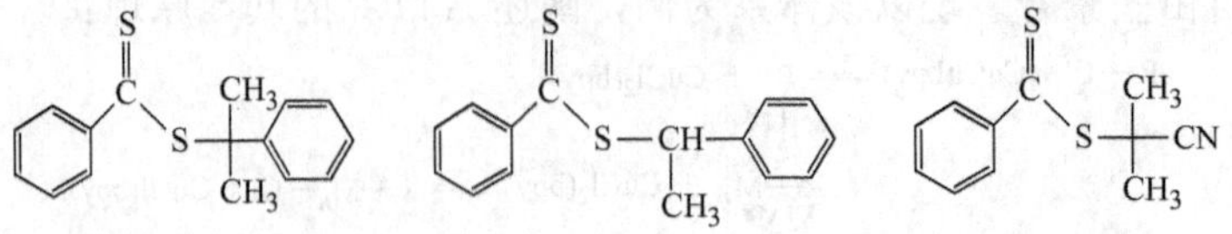

RAFT 自由基聚合的机理可表示如下：

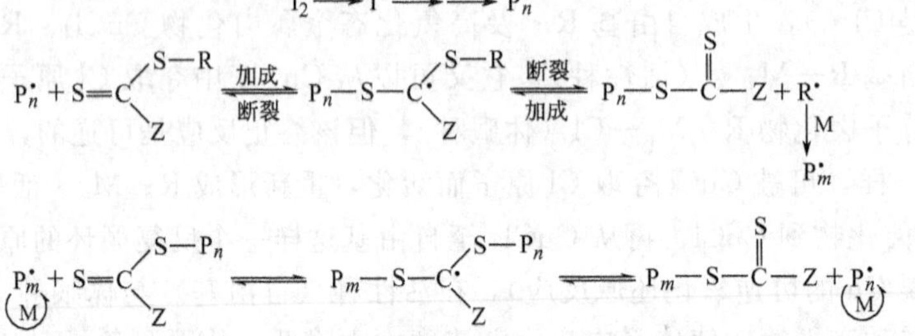

$$I_2 \longrightarrow I\bullet \overset{M}{\longrightarrow} P_n^\bullet$$

由此可见，引发剂（I_2）分解成初级自由基引发单体聚合生成链自由基 P_n·，它与双硫酯链转移剂加成形成一种稳定的自由基中间体（无聚合活性），该自由基中间体又可逆地碎裂出一新的自由基 R· 和大分子双硫酯链转移剂 S=C(Z)S—P_n。R· 继续引发单体聚合形成链自由基 P_m·，而生成的大分子双硫酯链转移剂与初始的 RAFT 试剂（小分子双硫酯）由于具有相同的链转移特性，因此可以充当新一轮可逆的加成-断裂链转移过程的链转移剂。经过足够的时间反应及平衡（链平衡）后，P_m 和 P_n 的分子量趋于相等，因此可得到分子量分散性小的聚合物。

在传统自由基聚合中，不可逆链转移反应导致链自由基永远失活变成失活的大分子。与此相反，在 RAFT 自由基聚合中，链转移是一个可逆的过程，链自由基暂时失活变成休眠种（大分子双硫酯链转移剂），并与活性种（链自由基）之间建立可逆的动态平衡，抑制了双基终止反应，从而实现对自由基聚合反应的控制。

RAFT 自由基聚合单体适用范围非常广，不仅适合于苯乙烯、（甲基）丙烯酸酯、丙烯腈等常见单体，还适合于丙烯酸、丙烯酰胺、苯乙烯磺酸钠等功能性单体。此外，在聚合工艺上，RAFT 最接近传统的自由基聚合，不受聚合方法限制，因此它可能是最具工业化前景的可控自由基聚合之一。

6.7　自由基聚合反应的实施方法

自由基聚合反应的实施方法主要有本体聚合、悬浮聚合、溶液聚合和乳液聚合四种。虽然不少单体可以选用这四种方法中的任何一种进行聚合，但工业上每种单体只选用一种或两种方法进行聚合，其主要依据是考虑生产成本、产品的性能要求及用途等。本体聚合、溶液聚合也适合于其他链式聚合如离子型聚合及配位聚合。下面就各种聚合方法的原理和优缺点作简要介绍。

6.7.1　本体聚合

本体聚合是单体本身在不加溶剂或分散介质（常为水）的条件下，由少量引发剂或光、热、辐射的作用下进行的聚合反应。根据需要，有时还可加入必要量的颜料、增塑剂、防老剂等。根据单体在聚合体系中的状态，本体聚合可有气相聚合、液相聚合及固相聚合三种，但最常见的是液相聚合法，只是因为大部分单体在聚合温度下是液体，即使是气态单体也可以通过加压液化。

在本体聚合中，如果生成的聚合物能溶于单体，如苯乙烯、甲基丙烯酸甲酯、乙酸乙烯酯等聚合体系，则体系自始至终是均相，属于均相聚合。相反，聚合物不能溶于单体，则聚合物一旦生成便沉淀下来，属于非均相聚合，或称沉淀聚合，乙烯、氯乙烯、丙烯腈等的聚合属于沉淀聚合。

本体聚合的优点是产品纯度高，有利于制备透明和电性能好的产品，聚合设备也较简单。另外，由于单体浓度高，聚合反应速率较快、产率高。缺点是聚合体系由于无溶剂存在而黏度大，自加速现象显著，聚合热不易导出，体系温度难以控制。因此易引起局部过热甚至爆聚而影响最终产物的质量，如变色、产生气泡、分子量分布宽等。为了解决聚合热的导出问题，实验室或工业上往往采用分段聚合工艺，即分预聚合和后聚合两段进行。可先在低温下预聚合，然后逐渐升高温度进行后聚合。也可相反，先在较高温度下预聚合，控制转化率在一定范围内，然后再迅速冷却至较低温度下缓慢聚合（后聚合）。

6.7.2　溶液聚合

把单体和引发剂溶于适当的溶剂中，在溶液状态下进行的聚合反应称溶液聚合。这种方法也可分为均相与非均相（沉淀）聚合。前者聚合物溶于所用溶剂，如丙烯腈在 DMF 中的聚合；后者聚合物不溶于所用的溶剂，如丙烯腈在水中的聚合。

与本体聚合相比，此法的优点是：溶剂可作为传热介质，有利于聚合热的导出，体系温度容易控制；体系黏度低，自加速现象较弱，同时也有利于物料输送；体系中聚合物浓度被溶剂稀释而变小，向聚合物链转移生成支化或交联产物的概率大大降低。缺点是：体系单体浓度小，聚合速率较慢而使生产效率下降；由于使用溶剂，必须考虑其对人体或环境的影响；同时产物是聚合物溶液，若所得聚合物不是以溶液形式应用时必然涉及聚合物的分离纯化、溶剂回收等后序，增加了成本；再者由于溶剂的链转移作用，溶液聚合难以合成高分子量的聚合物。

根据溶液聚合的特点，它适合用于生产直接以溶液形式使用的聚合物，例如涂料、黏合剂、合成纤维纺丝液等。

溶液聚合时一个关键的问题是溶剂的选择，要考虑的主要问题：一是溶剂的活性，即对引发剂的诱导分解能力和与链自由基发生链转移反应的能力，尽量选择惰性溶剂；二是溶剂对聚合物的溶解性，均相聚合时选择良溶剂，沉淀聚合时则选择劣溶剂。

6.7.3　悬浮聚合

悬浮聚合是在分散剂存在下，借助搅拌把非水溶性单体分散成小液滴悬浮于水中进行的聚合反应。单体中溶有油溶性引发剂，整体看水为连续相，单体为分散相，属非均相聚合。但以一个小液滴为单元的话，可看成是本体聚合。其聚合机理与本体聚合相同，符合一般自由基聚合动力学规律。根据聚合物在单体中的溶解性，液滴单元的本体聚合有均相、非均相聚合之分。均相聚合得到透明珠状聚合物，如苯乙烯、甲基丙烯酸甲酯的悬浮聚合，因此悬浮聚合有时称珠状聚合；非均相聚合如氯乙烯的悬浮聚合则得到不透明粉状聚合物。

凡能进行本体聚合的单体一般也可进行悬浮聚合，此法的优点是水做分散介质，无毒安全，散热好，温度易控制，由于产物是珠状或粉状的固体微粒，分离、干燥等后处理方便，适宜大规模生产。主要缺点是分散剂易残留于聚合物中，而使其纯度和透明性降低。

悬浮聚合中，分散剂和搅拌是两个重要的因素，二者将单体分散成稳定的小液珠的过程，如图 6-5 所示。

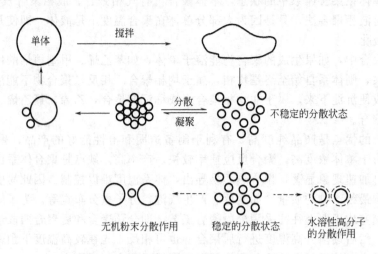

图 6-5　悬浮聚合中单体分散过程示意图

不溶于水的单体在搅拌的剪切力作用下首先分散成大液珠，受力继续分散成小液珠。但单凭搅拌形成的珠滴是不稳定的，特别是聚合进行到一定转化率后，小珠滴内因溶有聚合物而发黏，很易黏结甚至成块，此时搅拌的作用已不是分散，反而是促进黏结。为了使单体呈稳定的分散状态，必须在聚合体系中加入分散剂（或悬浮剂）。分散剂主要有两大类：一类是水溶性高分子如聚乙烯醇、明胶、纤维素衍生物等，其作用机理主要是既能降低界面张力而有利于单体分散，又同时吸附在液滴表面，形成保护膜，提高其稳定性；另一类是不溶于水的无机粉末，如碳酸镁、碳酸钙、滑石粉、高岭土等，它们的作用机理是细粉末吸附在液滴表面，起机械隔离的作用。从以上分析可知，悬浮聚合中搅拌速度、分散剂的种类和用量是决定单体液滴大小及其分布的最重要因素，同时也决定了最终聚合物微珠的大小和均匀度。搅拌速度愈大，分散剂用量愈多，聚合物颗粒愈细。在其他条件不变时，一般通过调节搅拌速度来控制聚合物颗粒大小是最方便的。

6.7.4　乳液聚合

6.7.4.1　乳液聚合的特点

乳液聚合是非水溶性（或低水溶性）单体在搅拌和乳化剂的作用下，在水中形成乳状液而进行的聚合反应。显然它不同于本体和溶液聚合，属于液-液非均相聚合体系。而与同是液-液非均相聚合的悬浮聚合比较，虽然都是将单体分散在水中，但二者有明显的区别：①悬浮聚合反应在单体液滴中进行，而乳液聚合则发生在乳化剂形成的胶束内，后者的粒径较前者小得多；②悬浮聚合使用油溶性引发剂，在单体相中分解，而乳液聚合使用水溶性引发剂，在水相中分解。因此乳液聚合有其独特的反应历程，机理较前三种聚合方式复杂得多，控制因素也不同。

乳液聚合的优点有：用水作分散介质、传热、控温容易；体系黏度与聚合物分子量及聚合物含量无关，反应后期体系黏度仍然较低，有利于搅拌、传热和物料输送，特别适合制备黏性大的橡胶类聚合物；由于特殊反应机理（下面讨论），导致聚合速率较快，产物分子量高，且不像其他聚合方法那样，受聚合速率与产物聚合度成反比规律的限制，能在提高聚合物分子量的同时又不牺牲聚合速率。缺点是产物含乳化剂而纯度差，除涂料、黏合剂等直接使用乳液的场合，需经破乳、洗涤、干燥等后工序，增加生产成本。

6.7.4.2　乳液聚合的基本组分

乳液聚合的基本组分是单体、分散介质、乳化剂和引发剂。分散介质通常是水，其用量占总体系质量的 $40\%\sim70\%$，除了分散作用外，水还是体系中其他组分如乳化剂、引发剂等的溶剂。

单体一般不溶于或微溶于水，通常占体系质量 $30\%\sim60\%$。常见的乳液聚合单体如苯乙烯、丁二烯、丙烯腈、丙烯酸酯、氯乙烯、乙酸乙烯酯等。

引发剂要求是水溶性，无机过氧化物（如过硫酸盐）、氧化还原体系（如 H_2O_2/Fe，过硫酸盐/Fe^{2+} 等是应用最广的引发体系。引发剂用量通常为单体总质量的 $0.1\%\sim1\%$。

乳化剂在乳液聚合中起了独特的作用，其用量一般为单体质量的 $0.2\%\sim5\%$。它使互不相溶的油（单体）/水转变为热力学稳定的乳状液，该过程称乳化。乳化剂之所以能起乳化作用，是因为乳化剂都是表面活性剂，在它的分子上同时带有亲水性基团和亲油（疏水）性基团。根据亲水基团的性质，可将乳化剂主要分为阴离子型、阳离子型和非离子型三类。

阴离子型乳化剂中的亲水基团是阴离子，如—COO^-（羧酸根）、—OSO_3^-（硫酸根）和—SO_3^-（磺酸根）。常见的品种有脂肪酸钠 RCOONa（$R=C_{11}\sim C_{17}$）、十二烷基硫酸钠 $C_{12}H_{25}OSO_3Na$、烷基磺酸钠 RSO_3Na（$R=C_{12}\sim C_{16}$）等。

阳离子型乳化剂的亲水基团是阳离子，常见的品种是长链脂肪胺的盐和季铵盐，如十二烷基氯化铵和十六烷基三甲基溴化铵等。

非离子型乳化剂的分子上不带有离子基团，其典型的代表是环氧乙烷聚合物，如：

$$R\!-\!(OC_2H_4)_7OH \qquad R\!-\!\!\!\!\boxed{}\!\!\!\!-\!(OC_2H_4)_7OH$$

其中 $R=C_{10}\sim C_{16}$，它们的亲水基团是非离子的醚键。与阴离子型乳化剂相比，非离子型乳化剂的乳化能力相对弱些，但稳定性好，因此二者通常复合使用。

乳化剂溶于水后，开始以分子状态分散于水中，当浓度达到一定值后，乳化剂分子开始由 $50\sim100$ 个聚集一起形成胶束（$2\sim10$nm），胶束形态可以是球状，也可以是棒状，如图 6-6 所示。乳化剂在水中能形成胶束所需要的最低浓度称为临界胶束浓度，简称 CMC。显然，CMC 越小，则乳化剂的乳化能力越强。

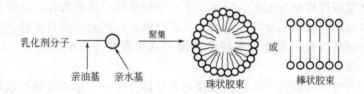

图 6-6　胶束示意图

在溶有乳化剂的水中（乳化剂浓度大于 CMC），加入单体，在搅拌和乳化剂的作用下，不溶于水的单体绝大部分（约 95%）被分散成稳定的乳化单体液滴，另有一小部分单体可渗入到胶束的疏水（亲油）内部，形成所谓的增溶胶束，这种由于乳化剂的存在而增大了难溶单体在水中的溶解性的现象称为胶束增溶现象。由此可见，乳化剂的作用表现在两个方面：稳定乳液和增溶作用。

6.7.4.3　聚合的场所

聚合开始前，体系中存在三相：一是水相，含有引发剂、极少量单体和以分子分散状态的乳化剂；二是单体液滴，表面吸附着乳化剂成为保护膜而稳定，其直径约为 $10^3 \sim 10^5$ nm，数量为 $10^{10} \sim 10^{12}$ 个/mL；三是增溶胶束，直径为 $5 \sim 10$ nm，数量为 $10^{17} \sim 10^{18}$ 个/mL。

水相中，引发剂分解产生初级自由基，随后引发单体聚合，那么聚合的场所在哪里，这是为了阐明乳液聚合机理首先要解决的问题。

水中溶解的单体，当然可以被引发聚合。但由于水中溶解的单体浓度极低，所以即使在水相中聚合，但对聚合的贡献很小，可以忽略，即水相不是聚合的主要场所。

单体液滴中本身无引发剂（这不同于悬浮聚合），那么引发剂在水相中分解的初级自由基能否扩散进入单体液滴引发聚合呢？答案是否定的，即单体液滴也不是聚合的场所，原因分析如下：单体液滴尽管拥有总量95％以上的单体，但是其数目仅为增溶胶束数目的百万分之一，同时单体液滴的体积较增溶胶束的要大得多，因此其总表面积也比增溶胶束要小很多，约为增溶胶束表面积的 4％。这样自由基应更容易向体系中数量和表面积大得多的增溶胶束内扩散。一旦自由基（除了初级自由基之外，还包括在水相中引发微量单体聚合所形成的短链自由基）进入增溶胶束，立即引发增溶胶束内的单体进行聚合（增溶胶束内单体浓度很高，接近于本体浓度），因此增溶胶束才是乳液聚合的主要场所。增溶胶束内单体发生聚合后，增溶胶束

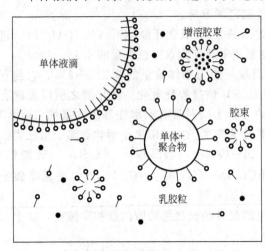

图 6-7 乳液聚合体系示意图
—○ 乳化剂分子；● 单体分子

就转变成乳胶粒，该过程称为成核过程。由于乳胶粒内部同时含有单体和聚合物分子，所以又称单体-聚合物颗粒（M/P 颗粒）。可见，聚合场所确切地说应是增溶胶束通过成核过程转变成的乳胶粒。图 6-7 为一典型的乳液聚合体系的示意图。

6.7.4.4 乳液聚合历程

典型的乳液聚合可分为三个不同阶段，聚合体系的相态也发生相应的变化。

阶段Ⅰ：乳胶粒生成阶段——成核期。引发剂在水相中分解，产生的自由基扩散至增溶胶束内，随即在增溶胶束中发生聚合反应，使增溶胶束转变成乳胶粒。此阶段相态特征是乳胶粒、增溶胶束和单体液滴三者共存。聚合反应开始后，水相中的自由基进攻增溶胶束，将生成越来越多的新乳胶粒。聚合发生场所的增多意味着聚合速率的增加，以动力学的角度看，这段可称为加速期。

随着聚合的进行，乳胶粒可不断地吸收来自单体仓库——单体液滴扩散而来的单体，以补充聚合消耗掉的单体，而使单体浓度保持在一平衡（饱和）水平。这样，乳胶粒逐渐变大，而单体液滴体积相应不断缩小，但在这一阶段其数目保持不变。

乳胶粒不断增大，要保持稳定，就需要更多的乳化剂分子对其表面覆盖。这样，越来越多的乳化剂从水相转移到乳胶粒表面上，使溶解在水相中的乳化剂不断减少，直到其浓度低于 CMC，增溶胶束不稳定而被瓦解破坏以致最后消失，相应的乳胶粒的数目也不再增加，这时标志着阶段Ⅰ——成核过程的结束。阶段Ⅰ的时间较短，单体转化率仅为 2％～15％。

阶段Ⅱ：乳胶粒长大阶段。这阶段乳胶粒数目保持恒定，约为开始存在胶束数的 0.1％。同时单体液滴的存在为乳胶粒内的聚合反应提供稳定的单体补充，因此聚合速率是

恒定状态，又被称为恒速期。随着聚合的进行，乳胶粒体积不断增大，单体液滴体积不断缩小，直至最后消失，意味着恒速期的结束，此时单体转化率在 15%～60% 范围内。这阶段体系的相态特征是乳胶粒和单体液滴二者共存。

阶段Ⅲ：聚合后期（完成）阶段。这阶段乳胶粒数目虽然不变，但单体液滴消失，乳胶粒内单体得不到补充，所以乳胶粒内单体浓度逐步减小，聚合速率不断降低，直至聚合完全停止，因此又称减速期。聚合完成后乳胶粒熟化，得到外层由乳化剂包围的聚合物颗粒，其相态特征是只有乳胶粒（最后变成聚合物颗粒）。

6.7.4.5　乳液聚合动力学

根据以上分析，乳液聚合过程从动力学角度上可分为加速、恒速和减速三阶段，如前所述，乳液聚合的引发剂分解产生初级自由基的反应是在水中进行的，但聚合反应（包括链引发、链增长和链终止反应）是在乳胶粒内进行的，因此聚合速率与乳胶粒的数目直接相关。在一个典型的乳液聚合体系中，引发剂分解生成初级自由基的速率约为 10^{16} 个/(L·s)，而乳胶粒浓度约为 10^{18} 个/L，由此计算可知平均要间隔 100 s 才能有一个自由基进入乳胶粒内。第一个自由基进入乳胶粒后，引发单体进行链增长反应，直到第二个自由基进入，立刻发生双基终止，此时乳胶粒变成不含自由基、不进行链增长反应的"死乳胶粒"。只有再待第三个自由基进入时方再次被活化成含有一个自由基的"活性乳胶粒"。因此在任何时间内统计整个乳液聚合体系，平均有一半的乳胶粒各含有一个自由基，另外一半乳胶粒不含自由基，即活性自由基浓度为乳胶粒数目的一半。设乳胶粒浓度为 N（mol/L），则：

$$R_p = k_p[M][M \cdot] = k_p[M]\frac{N}{2}$$

式中，[M] 为乳胶粒中的单体浓度。

研究证明，乳胶粒浓度 N 与乳化剂浓度 [E] 和引发剂浓度 [I] 有关：

$$N \propto [I]^{\frac{2}{5}}[E]^{\frac{3}{5}}$$

因此：

$$R_p = k_p'[M][I]^{\frac{2}{5}}[E]^{\frac{3}{5}} \tag{6-30}$$

由此可见，除一般自由基聚合速率的控制因素如单体浓度、引发剂浓度、温度以外，乳液聚合速率还多了一个控制因素——乳化剂的浓度。

考虑没有链转移反应的情况，则产物聚合度 $\overline{X}_n$ 为：

$$\overline{X}_n = \frac{R_p}{0.5R_i}$$

式中，引发反应速率 R_i 前要有个系数 0.5，是因为由引发剂生成的自由基一半用于引发，一半用于终止。而 $R_i = 2fk_d[I]$，则：

$$\overline{X}_n = \frac{R_p}{fk_d[I]} \tag{6-31}$$

结合式(6-30) 和式(6-31)，再引入一个总速率常数 K，则：

$$\overline{X}_n = K[M][I]^{-\frac{3}{5}}[E]^{\frac{3}{5}} \tag{6-32}$$

由式(6-32) 可知，与一般自由基聚合相似，引发剂浓度虽可提高聚合速率，但却使聚合度下降。而乳化剂浓度对聚合反应速率和聚合度的影响方向却是一致的：增大乳化剂浓度可同时提高聚合反应速率和聚合度，这是乳液聚合的最大特点。

与其他聚合方法相比，乳液聚合中的自由基寿命较长（因为每个乳胶粒中只有一个自由基，只有待第二个自由基进入才发生双基终止），所以产物分子量较高。

6.8 重要自由基聚合产物

6.8.1 低密度聚乙烯

目前工业上生产聚乙烯（polyethylene，PE）的方法有高压法、中压法和低压法三种。其中高压法属本章介绍的自由基聚合，中压法和低压法则属配位聚合，将在第 7 章讨论。

高压法合成聚乙烯是在高压高温下，以微量氧作引发剂的本体聚合（高压下，乙烯单体液化）。而在高温条件下，链自由基容易发生分子内和分子间链转移反应，形成支链。因此，所得聚乙烯结晶度低（50%～70%），相对密度也低（0.91～0.93），故常常被称为低密度聚乙烯（low density polyethylene，LDPE）。

聚乙烯是无毒的半透明蜡状材料，其电绝缘性能优越，化学稳定性好，耐酸、碱和大多数有机溶剂。由于低密度聚乙烯的结晶度较低，使得其刚度和软化温度等都较低，但具有良好的柔韧性、延伸性和透明性，而成为非常好的膜材料，大量用于农用薄膜、工业包装膜等。除此之外，还可用于制造软管及电线绝缘包层等。

6.8.2 聚氯乙烯

聚氯乙烯（polyvinyl chloride，PVC）是目前世界上仅次于聚乙烯的第二大塑料品种。工业上氯乙烯的聚合方法有悬浮、乳液和本体三种。其中，悬浮聚合法工艺成熟，后处理简单，目前世界上用该法生产的聚氯乙烯树脂占其总量的 80%～85%。

PVC 的主要特点是耐腐蚀、阻燃、电绝缘性好，机械强度较高，其缺点是热稳定性差，受热易脱除氯化氢，因此加工时需加入热稳定剂。为适应不同的用途，可在 PVC 中添加一定量的增塑剂，加工成不同类型的产品。从柔软的薄膜、人造革、软管到硬质的板材、管材及容器等。PVC 薄膜可用于农用薄膜、包装膜、雨衣等。PVC 板材、管材可用于建筑材料（门窗、地板等）和各种输送管道（水管、下水管道、通风管等）。

6.8.3 聚苯乙烯

聚苯乙烯（polystyrene，PS）也是一种用途广泛的通用塑料，其产量仅次于聚乙烯及聚氯乙烯。苯乙烯的聚合反应一般采用本体聚合法和悬浮聚合法。聚苯乙烯无色透明，具有良好的刚性、光泽和电绝缘性，无毒无味，并能自由着色，广泛用于各种仪器零件、仪表外壳、保温材料（泡沫塑料）、食品包装容器及日常用品（如纽扣、梳子、牙刷及玩具等）。聚苯乙烯主要缺点是性脆、耐热性差，从而限制了它的使用范围。为了克服这种缺点，可采用橡胶接枝改性，由于橡胶的增韧作用，而获得抗冲击聚苯乙烯，未经改性的苯乙烯均聚物则称为通用级聚苯乙烯。

6.8.4 聚甲基丙烯酸甲酯

聚甲基丙烯酸甲酯（polymethyl methacrylate，PMMA），俗称有机玻璃，主要用本体聚合法合成。

有机玻璃透光率高达 90% 以上，比普通无机玻璃还好，相对密度为 1.18，仅为普通玻璃的 1/2，机械强度和韧性是普通玻璃的 10 倍以上，耐冲击、不易破碎。主要用作航空透明材料，如飞机风挡和座舱罩等，还广泛用于建筑的天窗、仪表防护罩、车窗玻璃、光学镜片及文具生活用品等。

6.8.5 聚丙烯腈

工业上生产聚丙烯腈（polyacrylonitrile，PAN）主要采用溶液聚合。丙烯腈溶于水，在水中以水溶性自由基引发剂引发聚合，但聚合物不溶于水，故是一个沉淀聚合。若用 N,N-二甲基甲酰胺或硫氰酸钠水溶液（含量为 49%）作溶剂，在 AIBN 引发下，则是一个均相溶液聚合体系，产物直接用于溶液纺丝制造聚丙烯腈纤维。

聚丙烯腈主要用于制造纤维，俗称腈纶，其外观和手感很像羊毛，故又称"合成羊毛"。腈纶突出的优点是耐光、耐候性好，仅次于含氟纤维而优于天然及其他合成纤维。

习　题

1. 解释下列名词

（1）诱导分解　　（2）引发效率　　（3）自加速现象　　（4）阻聚和缓聚　　（5）动力学链长

（6）链转移常数

2. 下列单体能否进行聚合，若可行，适合于何种机理（自由基聚合、阳离子聚合和阴离子聚合），并说明原因。

（1）$CH_2\!=\!CHCl$　　（2）$CH_2\!=\!CHC_6H_5$　　（3）$CH_2\!=\!CHCN$　　（4）$CH_2\!=\!C(CN)_2$

（5）$CH_2\!=\!C(CH_3)_2$　　（6）$CF_2\!=\!CF_2$　　（7）$CH_2\!=\!CHC\!=\!CH_2$
$$CH_3$$

（9）$CH_3CH\!=\!CHCH_3$　　（10）$CH_2\!=\!C(CH_3)COOCH_3$

3. 比较链式聚合和逐步聚合的特征。

4. 写出由异丙苯过氧化氢热分解引发丙烯腈聚合反应的基元反应式。

5. 写出下列常用自由基引发剂的分解反应式

（1）AIBN　　（2）BPO　　（3）过硫酸钾　　（4）过硫酸钾/亚硫酸氢钠　　（5）H_2O_2/Fe^{2+}

（6）异丙苯过氧化氢/Fe^{2+}

6. 以过氧化叔丁基作引发剂、苯作溶剂，60℃下进行苯乙烯溶液聚合。已知 $[M]=1.0\text{mol/L}$；$[I]=0.01\text{mol/L}$；引发速率和链增长速率分别为 $4.0\times10^{-11}\text{mol/(L·s)}$ 和 $1.5\times10^{-7}\text{mol/(L·s)}$。试计算聚合反应初期的动力学链长和聚合度。计算时采用以下数据：60℃下苯乙烯、苯的相对密度分别为 0.887 和 0.839；$C_M=8.10\times10^{-5}$；$C_I=3.2\times10^{-4}$；$C_S=2.3\times10^{-6}$，设苯乙烯-苯体系为理想溶液。

7. 比较本体聚合、溶液聚合、悬浮聚合、乳液聚合的基本特征和优缺点。

8. 简述原子转移自由基聚合（ATRP）的原理。

参 考 文 献

[1]　卢江，梁晖. 高分子化学. 第 2 版. 北京：化学工业出版社，2010.

[2]　潘祖仁. 高分子化学. 第 2 版. 北京：化学工业出版社，1997.

[3]　复旦大学高分子系高分子教研室. 高分子化学. 上海：复旦大学出版社，1995.

[4]　余学海，陆云. 高分子化学. 南京：南京大学出版社，1994.

[5]　王愧三，寇晓康. 高分子化学教程. 北京：科学出版社，2002.

[6]　Odian G. Principles of Polymerization. 4th ed. New Jersey：Iohn Wiley & Sons Inc.，2004.

[7]　周其凤，胡汉杰. 高分子化学. 北京：化学工业出版社，2001.

[8]　何天白，胡汉杰. 海外高分子科学的新进展. 北京：化学工业出版社，1997：5-18.

[9]　Collins E A，Bares J，Billlmeyer F W. Experiments in Polymer Science. New York：Wiley-Interscience，1973.

[10]　王建国. 高分子合成新技术. 北京：化学工业出版社，2004.

[11]　曹同玉，刘庆普，胡金生. 聚合物乳液合成原理、性能及应用. 北京：化学工业出版社，1997.

第 7 章　离子聚合、配位聚合及开环聚合

7.1　离子聚合

7.1.1　离子聚合特征

离子聚合与自由基聚合一样，同属链式聚合反应，但链增长反应活性中心是带电荷的离子而不是自由基。根据活性中心所带电荷的不同，可分为阳离子聚合和阴离子聚合。对于含碳-碳双键的烯烃单体而言，活性中心就是碳阳离子或碳阴离子，它们的聚合反应可分别用下式表示：

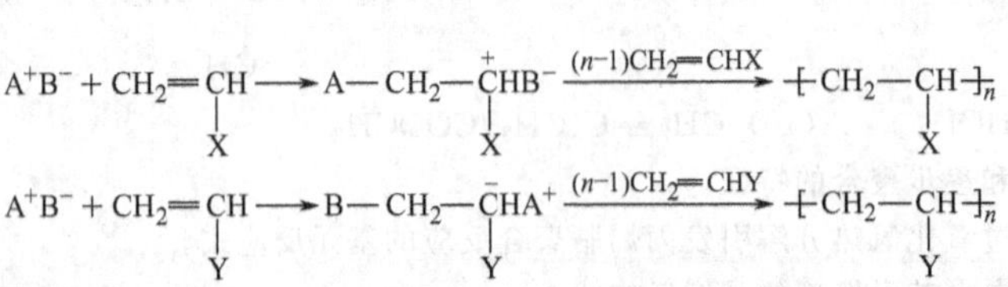

$$A^+B^- + CH_2\!\!=\!\!CH \longrightarrow A\!-\!CH_2\!-\!\overset{+}{C}HB^- \xrightarrow{(n-1)CH_2=CHX} \{CH_2\!-\!CH\}_n$$

$$A^+B^- + CH_2\!\!=\!\!CH \longrightarrow B\!-\!CH_2\!-\!\overset{-}{C}HA^+ \xrightarrow{(n-1)CH_2=CHY} \{CH_2\!-\!CH\}_n$$

除了活性中心的性质不同之外，离子聚合与自由基聚合明显不同，主要表现在以下几个方面。

(1) 单体结构　一般而言，自由基聚合对单体选择性较低，多数烯烃单体可以进行自由基聚合。但离子聚合对单体有较高的选择性，只适合于带能稳定碳阳离子或碳阴离子取代基的单体。具有给电子基团的乙烯基单体，有利于阳离子聚合，具有吸电子基团的乙烯基单体，则容易进行阴离子聚合。由于离子聚合单体选择范围窄，其已工业化的聚合物品种要较自由基聚合少得多。

(2) 活性中心的存在形式　在自由基聚合中，反应活性中心是电中性的自由基，虽然寿命很短，但可独立存在。而离子聚合的链增长活性中心带电荷，为了保持电中性，在增长活性链近旁有一个带相反电荷的离子存在，称之为反离子或抗衡离子（counterion）。这种离子和反离子形成的离子对在反应介质中能以几种形式存在，可以是共价键、离子对（包括紧密离子对和被溶剂分隔的疏松离子对）乃至自由离子，以阳离子聚合为例：

$$\sim\!\!\sim AB \rightleftharpoons \sim\!\!\sim A^+B^- \rightleftharpoons \sim\!\!\sim A^+/\!/B^- \rightleftharpoons \sim\!\!\sim A^+ + B^-$$

共价键合　　紧密离子对　　疏松离子对　　　自由离子

以上各种形式之间处于平衡状态，不同形式的活性中心具有不同的活性，从左到右，增长活性链与反离子作用减弱，与单体的反应性增强，链增长反应速率加快，但增长链构型的控制能力则减弱。

共价键形式一般无反应活性，大多数离子聚合的链增长活性中心是处于平衡状态的离子对和自由离子。离子对中活性中心和反离子结合的紧密程度又主要取决于单体、反离子结构以及溶剂和温度等聚合条件，反过来又影响聚合反应速率、聚合物分子量及其分布和单体加入的立体化学。由于离子聚合经常存在两种以上的活性中心，因而其聚合机理和反应动力学较自由基聚合复杂，难以定量化。

(3) 聚合温度　离子聚合的活化能较自由基聚合低，可以在低温如 0℃ 以下，甚至 $-70\sim-100℃$ 下进行。若温度过高，聚合反应速率过快，有可能产生爆聚。同时，离子型

活性中心具有发生如离子重排、链转移等副反应的倾向，低的聚合温度可减少这些竞争副反应的发生。

（4）聚合机理　离子聚合的引发反应活化能较自由基聚合低，因此与自由基聚合的慢引发不同，离子聚合是快引发。自由基聚合中链自由基相互作用可进行双基终止，但离子聚合中，增长链末端带有同性电荷，不会发生双基终止，只能发生单基终止。

（5）聚合方法　自由基聚合可以在水介质中进行，但水对离子聚合的引发剂和链增长活性中心有失活作用，因此离子聚合一般采用溶液聚合，偶有本体聚合，但不能进行乳液聚合和悬浮聚合。同时由于微量杂质如水、酸、醇等都是离子聚合的阻聚剂，因此离子聚合对低浓度的杂质和其他偶发性物质的存在极为敏感，实验结果重现性差，这也限制了离子聚合在工业上的应用。

7.1.2　阳离子聚合

7.1.2.1　阳离子聚合单体

阳离子聚合单体必须是有利于形成阳离子的亲核性单体，主要是一些带给电子取代基的烯烃如：

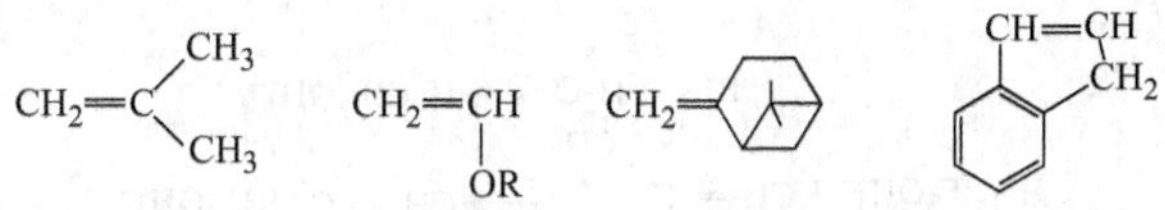

异丁烯　　　乙烯基醚　　　β-蒎烯　　　茚

和共轭烯烃如：

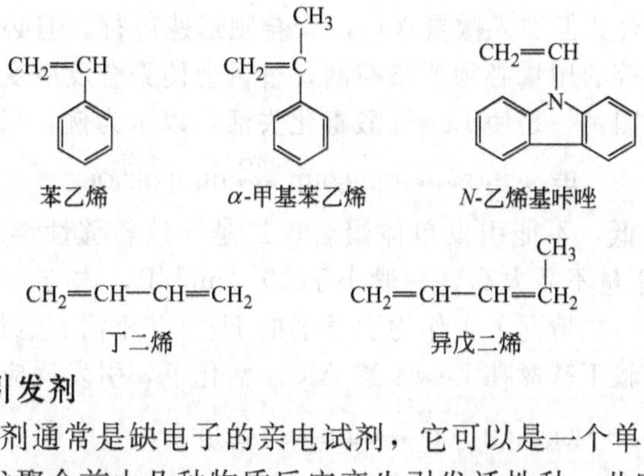

苯乙烯　　　α-甲基苯乙烯　　　N-乙烯基咔唑

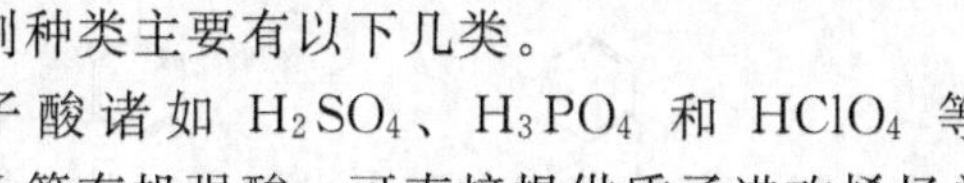

丁二烯　　　异戊二烯

7.1.2.2　阳离子聚合引发剂

阳离子聚合的引发剂通常是缺电子的亲电试剂，它可以是一个单一的阳离子（碳阳离子或质子），也可以在引发聚合前由几种物质反应产生引发活性种，此时称其为引发体系更为贴切。阳离子聚合引发剂种类主要有以下几类。

（1）质子酸　质子酸诸如 H_2SO_4、H_3PO_4 和 $HClO_4$ 等无机强酸和 CF_3SO_3H、CF_3COOH、CCl_3COOH 等有机强酸，可直接提供质子进攻烯烃单体而引发聚合：

$$H^+A^- + CH_2=C\begin{smallmatrix}R^1\\R^2\end{smallmatrix} \longrightarrow CH_3-\overset{+}{C}\begin{smallmatrix}R^1\\R^2\end{smallmatrix}A^-$$

质子酸引发活性的强弱取决于其提供质子的能力和阴离子的亲核性。卤化氢（HX）类，如 HI、HBr 和 HCl 等都不能使任何烯烃单体聚合。原因是虽然它们的提供质子能力较强，但相应的酸根离子（X^-）的亲核性太大，容易形成 C—X 共价键而终止聚合：

$$H^+X^- + CH_2=C\begin{smallmatrix}R^1\\R^2\end{smallmatrix} \longrightarrow CH_3-\overset{+}{C}\begin{smallmatrix}R^1\\R^2\end{smallmatrix}X^- \longrightarrow CH_3-C\begin{smallmatrix}R^1\\R^2\end{smallmatrix}X$$

由于氧的电负性较大，使得含氧酸如 $HClO_4$、H_2SO_4 等的酸根离子亲核性较弱，可以引发烯类单体聚合。但一般得到的聚合物分子量不会太大，因而不常使用，只用于合成一些低聚物，作为汽油、润滑油、表面活性剂等使用。

（2）Lewis 酸　这类引发剂包括 $AlCl_3$、BF_3、$SnCl_4$、$SnCl_5$、$ZnCl_2$ 和 $TiCl_4$ 等金属卤化物，以及 $RAlCl_2$、R_2AlCl 等有机金属化合物，其中以铝、硼、钛、锡的卤化物应用最广。Lewis 酸引发阳离子聚合时，可在高收率下获得较高分子量的聚合物，因此从工业上看，它们是阳离子聚合的主要引发剂。

Lewis 酸引发时常需要在质子给体（又称质子源）或碳阳离子给体（又称碳阳离子源）的存在下才能有效进行。质子给体是一类能析出质子的化合物，如水、卤化氢、醇、有机酸等；碳阳离子给体是一类能析出碳阳离子的化合物，如卤代烃、酯、醚、酸酐等。它们与 Lewis 酸作用产生质子或碳阳离子引发单体聚合，从这个角度上讲，质子给体或碳阳离子给体是引发剂，而 Lewis 酸是助引发剂，二者一起称为引发体系。Lewis 酸助引发剂有时也被称为活化剂。目前有些教科书对引发剂和助引发剂的定义与我们以上所用的概念相反，注意不要混淆。

以 BF_3 和 H_2O 引发体系为例，质子给体引发剂与 Lewis 酸助引发剂的引发过程可表示如下：

$$BF_3 + H_2O \Longleftrightarrow H^+[BF_3OH]^-$$

$$H^+[BF_3OH]^- + CH_2=\underset{\underset{CH_3}{|}}{\overset{\overset{CH_3}{|}}{C}} \longrightarrow CH_3-\underset{\underset{CH_3}{|}}{\overset{\overset{CH_3}{|}}{C^+}}[BF_3OH]^-$$

已有实验证实上述引发过程，即严格干燥聚合体系（反应器、单体和溶剂等），单用 BF_3 不能引发异丁烯聚合，但加入微量水后，聚合则迅速进行。但必须注意，作为引发剂的质子给体如水、醇、酸等的用量必须严格控制，过量会使聚合反应变慢甚至无法进行，并导致分子量下降。究其原因：一是使 Lewis 酸毒化失活，以水为例：

$$BF_3 + H_2O \Longleftrightarrow H^+[BF_3OH]^- \xrightarrow{H_2O} [H_3O]^+[BF_3OH]^-$$

生成的氧鎓离子活性太低，不能引发单体聚合；二是导致转移性链终止（见链转移和链终止）。作为引发剂水的用量不需太高，一般小于 $10^{-3}\,mol/L$，这与一般聚合体系中残留微量杂质水的浓度相当，即多数情况下，作为引发剂的 H_2O 并不需有意加入。

碳阳离子给体，如叔丁基氯在 Lewis 酸 $AlCl_3$ 活化下，引发反应可表示如下：

$$AlCl_3 + (CH_3)_3CCl \Longleftrightarrow (CH_3)_3C^+[AlCl_4]^-$$

$$(CH_3)_3C^+[AlCl_4]^- + CH_2=\overset{|}{\underset{\bigcirc}{CH}} \longrightarrow (CH_3)_3C-CH_2-\overset{+}{\underset{\bigcirc}{CH}}[AlCl_4]^-$$

当酯、醚作为碳阳离子给体时，产生碳阳离子引发活性种的反应式分别为：

$$AlCl_3 + R^1\overset{\overset{O}{\|}}{C}OR^2 \longrightarrow R^{2+}[AlCl_3R^1COO]^-$$

$$AlCl_3 + R^1OR^2 \longrightarrow R^{1+}[AlCl_3OR^2]^-$$

（3）碳阳离子盐　一些碳阳离子如三苯甲基碳阳离子〔$(Ph)_3C^+$〕、环庚三烯碳阳离子（$C_7H_7^+$）能与酸根 ClO_4^-、$SbCl_7^-$ 等成盐，由于这些碳阳离子的正电荷可以在较大区域内离域分散而能稳定存在，它们在溶剂中能离解成阳离子引发单体聚合。但由于这些阳离子稳定性高而活性较小，只能用于乙烯基烷基醚、N-乙烯基咔唑等活泼单体的阳离子聚合。

7.1.2.3　链增长

引发反应所生成的碳阳离子与单体不断加成进行链增长反应，以 BF_3/H_2O 引发异丁烯为例：

$$\text{CH}_3-\overset{\overset{\displaystyle CH_3}{|}}{\underset{\underset{\displaystyle CH_3}{|}}{C}}{}^{+}[\text{BF}_3\text{OH}]^- + \text{CH}_2=\overset{\overset{\displaystyle CH_3}{|}}{\underset{\underset{\displaystyle CH_3}{}}{C}} \xrightarrow{k_p} \text{CH}_3-\overset{\overset{\displaystyle CH_3}{|}}{\underset{\underset{\displaystyle CH_3}{|}}{C}}-\text{CH}_2-\overset{\overset{\displaystyle CH_3}{|}}{\underset{\underset{\displaystyle CH_3}{|}}{C}}{}^{+}[\text{BF}_3\text{OH}]^-$$

$$\Longrightarrow \text{CH}_3-\overset{\overset{\displaystyle CH_3}{|}}{\underset{\underset{\displaystyle CH_3}{|}}{C}}\overset{}{\left[\!\!\begin{array}{c}\end{array}\text{CH}_2-\overset{\overset{\displaystyle}{|}}{\underset{\underset{\displaystyle}{|}}{C}}\right]_{\overline{n}}\text{CH}_2-\overset{\overset{\displaystyle CH_3}{|}}{\underset{\underset{\displaystyle CH_3}{|}}{C}}{}^{+}[\text{BF}_3\text{OH}]^-$$

这种加成反应也可以看成是通过单体不断地在碳阳离子与其反离子所形成的离子间的插入而进行的。阳离子聚合链增长反应活化能较低，为 $20\sim25\text{kJ/mol}$，略低于自由基聚合的链增长反应活化能，因此链增长反应速率很快。

不同于自由基聚合的单活性中心（自由基），阳离子聚合的链增长过程中经常存在两类活性中心：自由离子和离子对，而离子对又分紧密离子对和疏松离子对。因此，阳离子聚合实际上存在两种以上的活性中心，它们对聚合反应的影响非常复杂。不同形式的离子对具有不同的活性，而离子对的存在形式在很大程度上取决于反离子的性质和反应介质：

（1）反离子效应　链增长过程中，来自引发体系带负电荷的反离子的性质将会影响离子对的增长反应活性。反离子亲核性越强，离子对越紧密，链增长反应活性越小。亲核性太大时，将使链终止得不到聚合物。反离子体积也有影响，体积大，离子对疏松，链增长活性大。

（2）溶剂效应　在阳离子聚合中，阳离子增长链与反离子之间的结合可以是共价键、离子对乃至自由离子，彼此处于平衡之中。反应介质（溶剂）的性质主要是极性和溶剂化能力不同，可改变自由离子与离子对的相对浓度以及离子对结合的松紧程度，从而影响聚合反应的速率和产物分子量。溶剂的极性和溶剂化能力越强，越有利于形成疏松离子对和自由离子，结果链增长反应速率增加。一些碱性溶剂，如醇、乙醚、四氢呋喃、N,N-二甲基甲酰胺、吡啶等，虽然它们极性和溶剂化能力都强，但由于它们带有给电子基团，可以与阳离子链增长活性中心络合，反而会使自由离子或离子对的活性降低导致聚合反应速率下降，同时这类溶剂往往和引发剂（如 Lewis 酸）发生反应而使后者毒化，因此不适用于阳离子聚合。

7.1.2.4　链转移和链终止

多种反应可使阳离子聚合的增长链失活，若动力学链被终止则是链终止，若增长链终止的同时，又再生出具引发活性的离子对，则是链转移。

（1）链转移反应

① 向单体链转移　在阳离子聚合过程中，向单体的链转移是最主要且难以避免的链转移反应，其常见的方式是通过增长链阳离子的 β-氢以质子形式转移到单体分子上：

$$\sim\!\!\sim\!\text{CH}_2-\overset{\overset{\displaystyle CH_3}{|}}{\underset{\underset{\displaystyle CH_3}{|}}{C}}{}^{+}[\text{BF}_3\text{OH}]^- + \text{CH}_2=\overset{\overset{\displaystyle CH_3}{|}}{\underset{\underset{\displaystyle CH_3}{}}{C}} \longrightarrow$$

$$\text{CH}_3-\overset{\overset{\displaystyle CH_3}{|}}{\underset{\underset{\displaystyle CH_3}{|}}{C}}{}^{+}[\text{BF}_3\text{OH}]^- + \sim\!\!\sim\text{CH}=\overset{\overset{\displaystyle CH_3}{|}}{\underset{\underset{\displaystyle CH_3}{}}{C}} \quad\text{或}\quad \sim\!\!\sim\text{CH}_2-\overset{\overset{\displaystyle CH_2}{\|}}{\underset{\underset{\displaystyle CH_3}{}}{C}}$$

在阳离子聚合中，极易发生向单体的链转移反应，其链转移常数 C_M 为 $10^{-2}\sim10^{-4}$，比一般自由基聚合的 $10^{-4}\sim10^{-5}$ 高得多，因此阳离子聚合产物的分子量一般较自由基聚合的要低。链转移与链增长是一对竞争反应，降低温度、提高反应介质的极性，有利于链增长反应，从而可提高产物分子量，这也是为什么阳离子聚合需在低温、极性溶剂中进行的原因。

② 向反离子链转移　增长链阳离子上的 β-质子也可向反离子转移，这种转移方式又称自发终止：

$$\sim\sim CH_2-\overset{\underset{\textstyle CH_3}{|}}{\underset{\underset{\textstyle CH_3}{|}}{C}}{}^+[BF_3OH]^- \longrightarrow \sim\sim CH_2-\overset{\underset{\textstyle CH_3}{\|}}{C} + H^+[BF_3OH]^-$$

③ 向溶剂链转移　如向芳烃溶剂的链转移反应：

$$\sim\sim CH_2-\overset{\underset{\textstyle CH_3}{|}}{\underset{\underset{\textstyle CH_3}{|}}{C}}{}^+[BF_3OH]^- + \text{〈benzene〉}-X$$

$$\longrightarrow \sim\sim CH_2-\overset{\underset{\textstyle CH_3}{|}}{\underset{\underset{\textstyle CH_3}{|}}{C}}-\text{〈benzene〉}-X + H^+[BF_3OH]^-$$

④ 向大分子链转移　在苯乙烯及其衍生物的阳离子聚合中，可通过分子内亲核芳香取代机理发生链转移：

$$\sim\sim CH_2-CH-CH_2-\overset{+}{C}H\ B^- \longrightarrow \sim\sim CH_2-CH-CH_2-\underset{\underset{\textstyle H}{|}}{CH}-\text{〈benzene〉} + H^+B^-$$

（2）链终止反应

① 与反离子结合　用质子酸引发时，增长链阳离子与酸根反离子结合终止，例如三氟乙酸引发苯乙烯聚合中，便可发生这种链终止反应：

$$\sim\sim CH_2-\overset{+}{C}H[OCOF_3]^- \longrightarrow \sim\sim CH_2-CH-OCOF_3$$

用 Lewis 酸引发时，一般是增长链阳离子与反离子中一部分阴离子碎片结合而终止，如 BCl_3 引发异丁烯聚合时：

$$\sim\sim CH_2-\overset{\underset{\textstyle CH_3}{|}}{\underset{\underset{\textstyle CH_3}{|}}{C}}{}^+[BCl_3OH]^- \longrightarrow \sim\sim CH_2-\overset{\underset{\textstyle CH_3}{|}}{\underset{\underset{\textstyle CH_3}{|}}{C}}-OH + BCl_3$$

② 与亲核性杂质的链终止　在聚合体系中，若存在一些亲核性杂质，如水、醇、酸、酐、酯、醚等，它们虽然可以作为质子或碳阳离子源在 Lewis 酸活化下引发阳离子聚合。但它们的含量过高时，还会导致转移性链终止反应，以水为例：

$$\sim\sim CH_2-\overset{\underset{\textstyle CH_3}{|}}{\underset{\underset{\textstyle CH_3}{|}}{C}}{}^+[BF_3OH]^- + H_2O \longrightarrow \sim\sim CH_2-\overset{\underset{\textstyle CH_3}{|}}{\underset{\underset{\textstyle CH_3}{|}}{C}}-OH + H^+[BF_3OH]^-$$
$$\downarrow {\scriptstyle H_2O}$$
$$[H_3O]^+[BF_3OH]^-$$
$$\text{（无引发活性）}$$

即水可与链转移再生出的质子反应，生成无引发活性的氧鎓离子，此时过量的水实际上起到链终止剂的作用。

7.1.2.5　活性阳离子聚合

在乙烯基单体的阳离子聚合中，链增长活性中心碳阳离子稳定性极差，特别是 β-位上质子酸性较强，易被单体或反离子夺取而发生链转移，碳阳离子活性中心这一固有的副反应被认为是实现活性阳离子聚合的主要障碍。

$$\sim\sim\overset{\underset{\textstyle H}{|}}{\underset{\underset{\textstyle H}{|}}{C}}\overset{H^\beta}{\overset{|}{\underset{\underset{\textstyle R}{|}}{\overset{+}{C}}}}\cdots\bar{B} \quad \begin{array}{l} \xrightarrow{H_2C=CHR} \sim\sim CH=CH + H_3C-\overset{+}{\underset{\underset{\textstyle R}{|}}{C}}\cdots\bar{B} \\[3mm] \xrightarrow{} \sim\sim CH=CH + H^+B^- \\ \underset{\textstyle R}{|} \end{array}$$

因此要实现活性阳离子聚合，除保证聚合体系非常干净、不含有水等能导致不可逆链终止的亲核杂质之外，最关键的是设法使本身不稳定的增长链碳阳离子稳定化，抑制 β-质子的转移反应。如前所述，在离子型聚合体系中，活性中心通常是自由离子和松紧程度不一的离子对，它们处于平衡中，示意如下：

$$\overset{\delta^+}{\sim\sim\sim C}\cdots\overset{\delta^-}{X} \rightleftharpoons \sim\sim\sim C^+ + X^-$$
$$\text{离子对}\qquad\qquad\text{自由离子}$$

其中，自由离子的活性虽高但不稳定，在具有较高的链增长反应速率的同时，链转移反应速率也较快，相应的聚合过程是不可控的，为非活性聚合。而离子对的活性决定于碳阳离子和反离子之间相互作用力的大小：相互作用力越大，二者结合越牢固，活性越小但稳定性越大；相反，相互作用越小，活性越大但稳定性越小。当碳阳离子与反离子的相互作用适中时，离子对的反应性与稳定性这对矛盾达到统一，便可使增长活性种有足够的稳定性，避免副反应的发生，同时又保留一定的正电性，具有相当的亲电反应性而使单体顺利加成聚合，这就是实现活性阳离子聚合的基本原理。为此主要有三条途径，现以烷基乙烯基醚的活性阳离子聚合为例加以阐述。

(1) 设计引发体系以获得适当亲核性的反离子　1985 年，Higashimura 等用 HI/I$_2$ 引发体系，在非极性溶剂、-15℃下进行烷基乙烯基醚阳离子聚合，它具有前述典型活性聚合的全部特征，首次实现了活性阳离子聚合。其反应机理可表示如下：

$$H_2C=CH \xrightarrow{HI} H_3C-CH-I \xrightarrow{I_2} H_3C-\overset{\delta^+}{CH}\cdots\overset{\delta^-}{I}\cdots I_2$$
$$\qquad | \qquad\qquad\qquad | \qquad\qquad\qquad\qquad |$$
$$\qquad OR \qquad\qquad\qquad OR \qquad\qquad\qquad\qquad OR$$
$$\qquad\qquad\qquad\qquad\qquad (1)\qquad\qquad\qquad\qquad\qquad (2)$$

$$\xrightarrow[\quad]{H_2C=CHOR} H\text{---}CH_2-CH\text{---}_{\overline{n}}CH_2-\overset{\delta^+}{CH}\cdots\overset{\delta^-}{I}\cdots I_2$$
$$\qquad\qquad\qquad\qquad\qquad | \qquad\qquad | $$
$$\qquad\qquad\qquad\qquad\qquad OR \qquad\quad OR$$
$$\qquad\qquad\qquad\qquad \textbf{(活性聚合物)}$$

首先 HI 与单体发生加成反应，定量生成加成物（1），但不发生聚合反应。当加入 Lewis 酸 I$_2$ 后，加成物分子中的 C—I 共价键被活化而形成带有部分正电荷的碳阳离子（2），它引发单体聚合，直至单体消耗完毕，活性仍然保持，即得到活性聚合物。这里，增长链碳阳离子的反离子 $\overset{\delta^-}{I}$---I$_2$ 具有适当的亲核性，使碳阳离子稳定化并同时又具有一定的链增长活性，从而实现活性聚合。

实验结果表明，聚合产物分子数等于 HI 的起始分子数，与 I$_2$ 起始分子数无关，但随 I$_2$ 的浓度增大聚合速率加快。因此在上聚合反应中，HI 为引发剂，I$_2$ 为活化剂（或助引发剂）。不过从上反应式可知，真正的引发剂应是乙烯基醚单体与 HI 原位加成的产物（1）。实际上，也可以预先合成单体—HI 加成物作为引发剂使用。

根据上式所示反应机理，在上述乙烯基醚的活性阳离子聚合中，HI 应该可以用其他一些质子酸代替，如 HCl、RCOOH、RSO$_3$H 等，而 I$_2$ 也可以用其他一些弱 Lewis 酸代替，如 ZnI$_2$、ZnCl$_2$、ZnBr$_2$、SnCl$_2$ 等，实验事实正是如此。

(2) 添加 Lewis 碱稳定碳阳离子　在上述乙烯基醚活性聚合体系中，若用较强的 Lewis 酸如 SnCl$_4$、TiCl$_4$、EtAlCl$_2$ 等代替 I$_2$ 或 ZnX$_2$，聚合反应加快、瞬间完成，但产物分子量分布很宽，表明聚合是不可控的，即为非活性聚合。这是由于 SnCl$_4$、TiCl$_4$ 等 Lewis 酸性太强，在它们的活化下所形成离子对中的反离子亲核性太小，碳阳离子远离反离子，甚至解离成自由离子，因此不稳定，在链增长反应的同时还易发生链转移反应。此时若在体系中添加醚（如四氢呋喃）、酯（如乙酸乙酯）等弱 Lewis 碱亲核性物质后，聚合反应变缓，但产物分子量分布变窄，显示典型活性聚合特征。在这里 Lewis 碱的作用机理被认为是对碳阳离子的亲核稳定化，可示意如下：

$$H_2C=CH \xrightarrow{HCl} H_3C-\underset{\underset{OR}{|}}{CH}-Cl \xrightarrow{SnCl_4} H_3C-\overset{+}{\underset{\underset{OR}{|}}{CH} }\ \overset{-}{Cl}\cdots SnCl_4$$

引发剂

$$H_2C=CHOR \quad \sim\sim CH_2-\overset{+}{\underset{\underset{OR}{|}}{CH}}\ \overset{-}{Cl}\cdots SnCl_4 \longrightarrow \beta\text{-H 链转移(非活性聚合)}$$

$$H_2C=CHOR \quad \sim\sim CH_2-\underset{\underset{OR}{|}}{CH}\cdots\overset{\delta^+}{O}\ \overset{\delta^-}{Cl}\cdots SnCl_4 \ \not\longrightarrow \beta\text{-H 链转移(活性聚合)}$$

O: (Lewis碱)

（3）添加盐稳定碳阳离子　如上所述，强 Lewis 酸作活化剂时不能实现活性聚合，原因是在 Lewis 酸作用下碳阳离子与反离子解离而不稳定，易发生 β-质子链转移等副反应。但若向体系中加入一些季铵盐或季鏻盐，如 nBu$_4$NCl、nBu$_4$PCl 等，由于阴离子浓度增大而产生同离子效应，抑制了增长链末端的离子对解离，使碳阳离子稳定化而实现活性聚合，如下所示：

$$\sim\sim CH_2-\overset{+}{\underset{\underset{OR}{|}}{CH}}\ \overset{-}{Cl}\cdots SnCl_4 \underset{}{\overset{n\text{Bu}_4\text{N}^+\text{Cl}^-}{\rightleftharpoons}} \sim\sim CH_2-\underset{\underset{OR}{|}}{CH}\cdots\overset{\delta^+}{}\ \overset{\delta^-}{Cl}\cdots SnCl_4$$

解离(非活性聚合)   非解离(活性聚合)

7.1.2.6　阳离子聚合工业应用——聚异丁烯和丁基橡胶

阳离子聚合实际应用的例子很少，这一方面是因为适合于阳离子聚合单体种类少，另一方面其聚合条件苛刻，如需在低温、高纯有机溶剂中进行，这限制了它在工业上的应用。聚异丁烯和丁基橡胶是工业上用阳离子聚合的典型产品。

Lewis 酸体系 BF$_3$/H$_2$O、H$_2$O/TiCl$_4$ 等是聚异丁烯阳离子聚合常用引发剂，引发体系中水的来源一般是单体异丁烯本身所含极微量杂质水，有时也需有意识地吹入湿空气或湿氮气。

温度是影响异丁烯阳离子聚合产物分子量的主要因素。在 $-40\sim0$℃下聚合，得到的是低分子量（$M_n < 5$ 万）油状或半固体状低聚物，可用作润滑剂、增黏剂、增塑剂等。在 -100℃以下聚合时，则可得到高分子量聚异丁烯（$M_n = 5\times10^4\sim10^7$），它是橡胶状固体，可用作黏合剂、管道衬里及塑料改性剂等。

聚异丁烯虽然有一定的弹性，但由于其分子中没有可供硫化而交联的双键，以致不能直接作弹性体（橡胶）使用。若将异丁烯与少量异戊二烯（为异丁烯的 $1.5\%\sim4.5\%$）共聚，便可得到较易硫化加工的丁基橡胶：

$$H_2C=\underset{\underset{CH_3}{|}}{\overset{\overset{CH_3}{|}}{C}} + H_2C=\underset{\underset{CH_3}{|}}{\overset{\overset{CH_3}{|}}{C}}-CH=CH_2 \xrightarrow[-100℃]{AlCl_3} \left[\!\!\left(CH_2-\underset{\underset{CH_3}{|}}{\overset{\overset{CH_3}{|}}{C}} \right)_{\!x}\!\!\left(CH_2-\underset{\underset{CH_3}{|}}{C}=CH-CH_2 \right)_{\!y}\right]_n$$

丁基橡胶的主要特点是气密性好，比天然橡胶强 $4\sim10$ 倍，所以主要用途是作内胎、探空气球及其他气密性材料。由于其弹性较其他类橡胶低，而不宜制造外胎。

7.1.3　阴离子聚合

7.1.3.1　阴离子聚合单体

阴离子聚合单体主要是带吸电子取代基的 α-烯烃和共轭烯烃，根据它们的聚合活性分为 4 组。

A 组（高活性）：

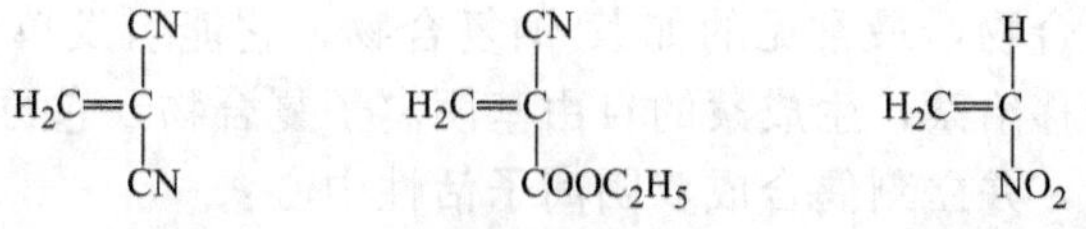

$$H_2C=C{CN \atop CN}$$

$$H_2C=C{CN \atop COOC_2H_5}$$

$$H_2C=C{H \atop NO_2}$$

偏二氰乙烯 α-氰基丙烯酸乙酯   硝基乙烯

B 组（较高活性）：

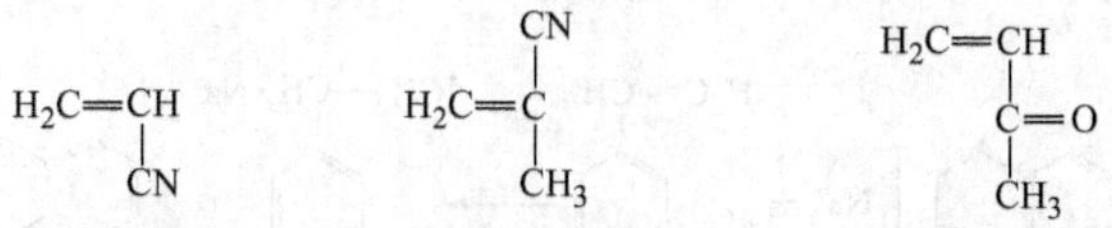

$$H_2C=CH{\atop CN}$$

$$H_2C=C{CN \atop CH_3}$$

$$H_2C=CH{\atop C=O \atop CH_3}$$

丙烯腈   甲基丙烯腈   甲基丙烯酮

C 组（中活性）：

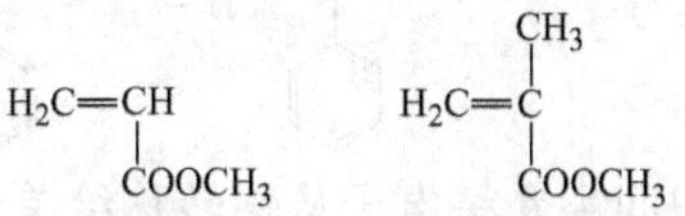

$$H_2C=CH{\atop COOCH_3}$$

$$H_2C=C{CH_3 \atop COOCH_3}$$

丙烯酸甲酯   甲基丙烯酸甲酯

D 组（低活性）：

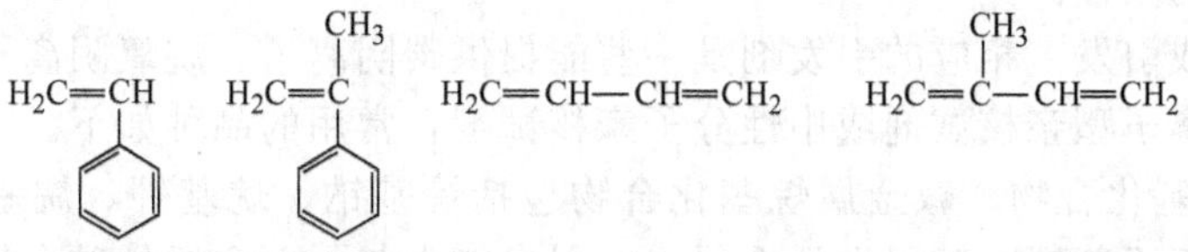

$$H_2C=CH$$ $$H_2C=C{CH_3}$$ $$H_2C=CH-CH=CH_2$$ $$H_2C=C-CH=CH_2{CH_3}$$

苯乙烯   甲基苯乙烯   丁二烯   异戊二烯

以上单体的阴离子聚合活性顺序，实际上与单体取代基吸电子性的强弱顺序是一致的。下面将讨论，高活性单体用很弱的引发剂就可被引发，而低活性单体只有用强引发剂才能被引发。

7.1.3.2 阴离子聚合引发剂

按引发机理不同可将阴离子聚合的引发反应分为两大类：电子转移引发和亲核加成引发。前者所用引发剂是可提供电子的物质，后者则采用能提供阴离子的阴离子型或中性亲核试剂作为引发剂。

（1）**电子转移引发** 碱金属原子将其外层价电子转移给单体或其他化合物，生成阴离子聚合活性种，因此称电子转移引发剂。根据电子转移的方式不同，又分为电子直接转移引发和电子间接转移引发。

① **电子直接转移引发** 碱金属 Li、Na、K 等将外层价电子直接转移给单体，生成单体自由基阴离子，它不稳定，立刻双基偶合成可进行双向链增长反应的双阴离子活性中心：

$$Na + H_2C=CH \longrightarrow {}^{\cdot}CH_2-CH Na^+$$

$$2\,{}^{\cdot}CH_2-CH Na^+ \longrightarrow Na^+ CH-CH_2-CH_2-CH Na^+$$

由于碱金属的价电子非常活泼，很容易失去转移给单体，所以碱金属的引发活性很高。但碱金属一般不溶于单体或溶剂，是非均相引发体系，引发剂利用率不高，导致引发反应较慢。一般可将金属分散成小颗粒或在反应器内壁上涂成薄层（金属镜）来增加金属的表面积，以提高引发速率。

② 电子间接转移引发　在极性溶剂如四氢呋喃（THF）中，碱金属和多环芳烃反应形成具有颜色的可溶性复合物，最常见的如萘-钠复合物，它能引发单体进行阴离子聚合。其机理是金属钠把电子转移给萘，生成萘的自由基阴离子复合物，它再将电子转移给单体，形成单体的自由基阴离子，并立刻偶合成双阴离子活性中心：

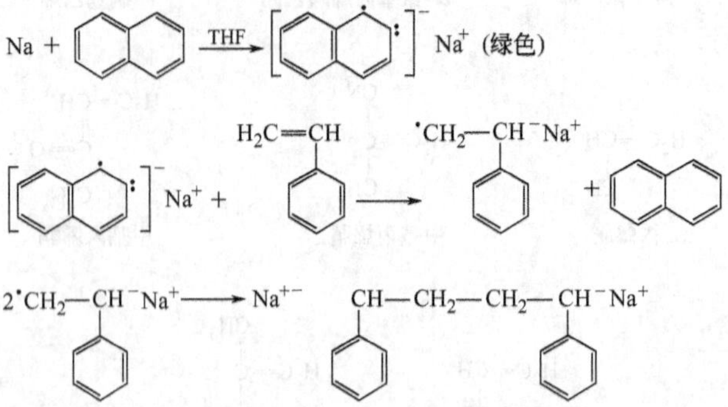

在整个过程中，萘相当于中间媒介将电子从钠转移给单体苯乙烯，即是一种间接的电子转移引发。由于萘钠复合物溶于溶剂，可以和单体均相混合，这就克服了单用碱金属由于非均相而效率低的局限性。

（2）亲核加成引发　相应的引发剂是一些能提供碳阴离子、烷氧阴离子和氮阴离子等引发活性中心的阴离子型亲核试剂或中性分子亲核试剂，常用的品种如下。

① 碱金属烷基化合物　碱金属烷基化合物包括烷基钠、烷基钾、烷基锂等，其中最常用的是烷基锂如正丁基锂，其引发活性很强，引发能力与上面介绍的碱金属相当。由于正丁基锂制备容易（可通过金属锂与 *n*-氯丁烷在己烷或庚烷介质直接反应获得），且可溶于多种极性和非极性溶剂，所以在理论研究和实际中应用较多。它对苯乙烯的引发作用可表示为：

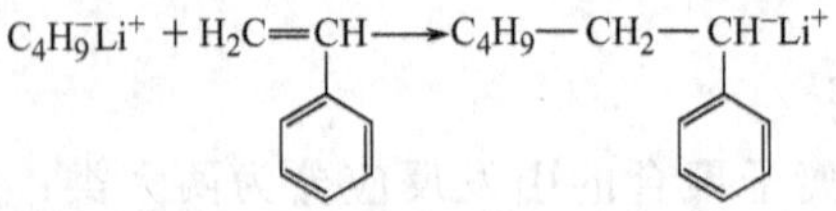

需要指出的是，由于 Li 具有一定的电负性，正丁基锂中的 C—Li 键被认为部分是离子键、部分是共价键。在醚类极性溶剂中离子键是主要的，且以未缔合的 C_4H_9Li 形式存在。而在烃类或非极性溶剂中共价键占优势，并按缔合状态 $(C_4H_9Li)_7$ 形式存在。正丁基锂未缔合的形式较缔合的形式活泼得多，因而引发活性要高。

② 金属胺　这类化合物提供氮阴离子引发聚合，代表性的化合物是氨基钾，在强极性介质液氨中，它几乎离解成 NH_2^- 自由离子，引发聚合：

$$KNH_2 \xrightleftharpoons{\text{液氨}} NH_2^- + K^+$$

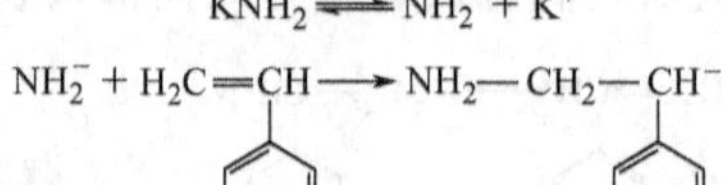

③ 含烷氧阴离子化合物　如 ROK、RONa、ROLi 等，解离出烷氧阴离子引发聚合，如乙醇钠：

$$C_2H_5O^-Na^+ + H_2C{=}\underset{\substack{|\\CN}}{CH} \longrightarrow C_2H_5O{-}CH_2{-}\underset{\substack{|\\CN}}{CH^-}Na^+$$

④ 中性分子亲核加成引发　R_3P（膦）、R_3N、吡啶、ROH、H_2O 等中性亲核试剂，都有未共用电子对，为 Lewis 碱，可以通过亲核加成机理引发阴离子聚合，但它们的引发活性较低，只能用于活泼单体的聚合，如活性很高的 *α*-氰基丙烯酸乙酯遇水可以被引发聚合：

$$\underset{\substack{|\\ \text{COOC}_2\text{H}_5}}{\overset{\substack{\text{CN}\\ |}}{\text{H}_2\text{C}=\text{C}}} + \text{H}_2\text{O} \longrightarrow \underset{\substack{|\\ \text{H}}}{\overset{\substack{\text{H}\\ |}}{\text{O}^+}} - \text{CH}_2 - \underset{\substack{|\\ \text{COOC}_2\text{H}_5}}{\overset{\substack{\text{CN}\\ |}}{\text{C}^-}}$$

在确定阴离子聚合的单体-引发剂组合时，必须考虑它们之间的活性匹配，即强碱性高活性引发剂能引发各种活性的单体，而弱碱性低活性引发剂只能引发高活性的单体，具体匹配关系如表 7-1。

表 7-1　常见阴离子聚合单体与引发剂的活性匹配关系

引发剂活性	高	较高	中	低
引发剂	K，Na 萘-Na 复合物 KNH₂，RLi	RMgX t-BuOLi	ROK RONa ROLi	吡啶 R₃N H₂O
匹配关系				
单体	苯乙烯 α-甲基苯乙烯 丁二烯 异戊二烯	丙烯酸甲酯 甲基丙烯酸甲酯	丙烯腈 甲基丙烯腈 甲基丙烯酮	偏二氯乙烯 α-氰基丙烯酸乙酯 硝基乙烯
单体活性	低	中	较高	高

7.1.3.3　链增长反应

经链引发反应产生的阴离子活性中心不断与单体加成进行链增长反应，如丁基锂引发苯乙烯阴离子聚合的链增长反应如下：

$$\text{C}_4\text{H}_9\text{CH}_2\text{CH}^-\text{Li}^+ + \text{H}_2\text{C}=\text{CH} \longrightarrow \text{C}_4\text{H}_9\text{CH}_2\text{CHCH}_2\text{CH}^-\text{Li}^+$$

$$\xRightarrow{\text{单体}} \text{C}_4\text{H}_9\text{CH}_2 + \text{CH}_2 - \text{CH} \xrightarrow{}_n \text{CH}_2 - \text{CH}^-\text{Li}^+$$

和阳离子聚合相似，阴离子聚合的链增长活性中心也是自由离子和松紧程度不一的离子对，它们处于平衡中：

$$\sim\!\text{M}^-\text{B}^+ \underset{}{\overset{K}{\rightleftharpoons}} \sim\!\text{M}^- + \text{B}^+$$

溶剂和反离子的性质都会对上平衡产生影响，从而显著改变链增长反应速率。溶剂的极性增强，上述平衡向右移动，体系中自由离子的相对浓度增加，同时离子对的结合变松，二者都使链增长反应速率加快。反离子（一般为碱金属离子）的影响较为复杂，在高极性溶剂和低极性溶剂中的影响方向正好相反。在极性溶剂中，溶剂化作用对活性中心离子形态起着决定性作用，金属离子越小，越易溶剂化，平衡向右移动，自由离子浓度增加，链增长反应变快。但在低极性溶剂中，溶剂化作用十分微弱以致离子对的离解可以忽略，增长活性中心主要是离子对，此时增长链碳阴离子与反离子之间的库仑力对活性中心离子对的存在形态起决定性作用。金属离子越小，它与碳阴离子的库仑力增强，离子对结合越紧密而使活性减小，增长速率反而下降。

7.1.3.4　链转移和链终止

当体系中存在杂质时，阴离子聚合则发生链终止反应，例如 O_2 或 CO_2 与增长链碳阴离子反应：

$$\text{~~CH}_2\text{CH}^-\text{B}^+ + O_2 \longrightarrow \text{~~CH}_2\text{CHOO}^-\text{B}^+$$
$$\overset{|}{R} \qquad\qquad\qquad \overset{|}{R}$$

$$\text{~~CH}_2\text{CH}^-\text{B}^+ + CO_2 \longrightarrow \text{~~CH}_2\text{CHCOO}^-\text{B}^+$$
$$\overset{|}{R} \qquad\qquad\qquad\quad \overset{|}{R}$$

生成的氧负离子或羧基负离子没有足够的碱性引发单体聚合，这就是终止反应。水是一种活泼的链转移剂：

$$\text{~~CH}_2\text{CH}^-\text{B}^+ + H_2O \longrightarrow \text{~~CH}_2\text{CH}_2 + HO^-\text{B}^+$$
$$\overset{|}{R} \qquad\qquad\qquad\qquad \overset{|}{R}$$

羟基负离子通常没有足够的亲核性，不能再引发聚合反应，因而使动力学链终止，即实际上是链终止反应。由于微量 H_2O、O_2、CO_2 等都能使阴离子聚合反应终止，因此阴离子聚合需在高真空或惰性气氛下、试剂和反应器都非常洁净的条件下进行。

7.1.3.5　活性阴离子聚合

与自由基聚合、阳离子聚合相比，阴离子聚合难以发生链转移和链终止反应。其原因如下：①活性链带有相同电荷，由于静电排斥作用，不能发生双基终止反应；②活性链碳阴离子的反离子常为金属离子，而不是离子团，增长链碳阴离子不能与反离子结合生成共价键而终止，也不能从反离子夺取某个原子或 H^+ 而终止；③向单体链转移需要通过活化能很高的脱去 H^- 反应：

$$\text{~~CH}_2\text{CH}^-\text{B}^+ + H_2C=CH \overset{\text{难}}{\longrightarrow} \text{~~CH}=CH + CH_3\text{CH}^-\text{B}^+$$
$$\overset{|}{R} \qquad\qquad\quad \overset{|}{R} \qquad\qquad\quad \overset{|}{R} \qquad\quad \overset{|}{R}$$

通常也不易发生。

因此，大多数阴离子聚合反应，尤其是非极性烯烃类单体如苯乙烯、丁二烯等的阴离子聚合，假若聚合体系很干净的话，本身是没有链转移和链终止反应的，即是活性聚合。阴离子活性聚合是 1957 年美国科学家 Szware 用萘钠在 THF 中引发苯乙烯阴离子聚合时首先发现的，这也是第一例活性聚合的报道，即活性聚合首先是通过阴离子聚合方法实现的。

对于丙烯酸酯、丙烯腈等极性单体的阴离子聚合，情况要复杂一些。这些单体中的极性取代基（酯基、酮基、氰基）容易与聚合体系中的亲核性物质如引发剂或增长链阴离子等发生副反应而导致链终止。以甲基丙烯酸甲酯的阴离子聚合为例：

$$H_2C=C-\overset{\overset{\displaystyle CH_3}{|}}{C}-\overset{\overset{\displaystyle O}{\|}}{}-OCH_3 + R^-Li^+ \longrightarrow H_2C=C-\overset{\overset{\displaystyle CH_3}{|}}{C}-\overset{\overset{\displaystyle OLi}{|}}{}-OCH_3 \longrightarrow H_2C=C-\overset{\overset{\displaystyle CH_3}{|}}{C}-\overset{\overset{\displaystyle O}{\|}}{}-R + CH_2O^-Li^+$$

$$\text{~~CH}_2-\overset{\overset{\displaystyle CH_3}{|}}{\underset{\underset{\displaystyle COOCH_3}{|}}{C}}{}^-Li^+ + H_2C=\overset{\overset{\displaystyle CH_3}{|}}{\underset{\underset{\displaystyle COOCH_3}{|}}{C}} \longrightarrow \text{~~CH}_2-\overset{\overset{\displaystyle CH_3}{|}}{\underset{\underset{\displaystyle COOCH_3}{|}}{C}}-\overset{\overset{\displaystyle O}{\|}}{C}-\overset{\overset{\displaystyle CH_3}{|}}{C}=CH_2 + CH_3O^-Li^+$$

因此与非极性单体相比，极性单体难以实现活性阴离子聚合。为了实现极性单体的活性阴离子聚合，必须使活性中心稳定化而清除副反应，主要途径有以下两种：

（1）使用立体阻碍较大的引发剂　1,1-二苯基己基锂、三苯基甲基锂等引发剂：

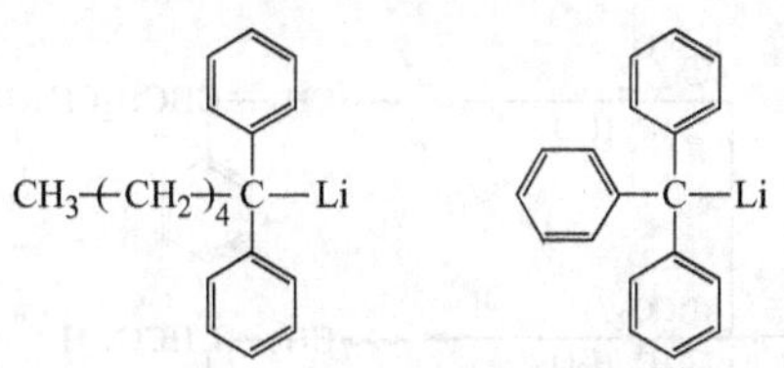

$$CH_3{\small\text{(}}CH_2{\small\text{)}}_4C{-}Li \qquad C{-}Li$$

立体阻碍大、反应活性较低，用它们引发甲基丙烯酸甲酯阴离子聚合时，可以避免引发剂与单体中羰基的亲核加成这一用一般烷基锂（如丁基锂）引发极性单体时的主要副反应。同时选择较低的聚合温度（如$-78℃$），还可避免活性端基的副反应，在上述条件下甲基丙烯酸甲酯反应具备活性聚合的全部特征。

（2）在体系中添加配合物　将一些配合物如金属烷氧化合物（LiOR）、无机盐（LiCl）、烷基铝（R_3Al）以及冠醚等，添加到（甲基）丙烯酸酯类单体的阴离子聚合体系中，可使引发活性中心和链增长活性中心稳定化，抑制了链引发和链增长反应过程中的各种副反应的发生，实现活性聚合。这种在配合物存在下的阴离子活性聚合称为配体化阴离子聚合（ligated anionic polymerization），它是目前实现极性单体阴离子活性聚合的最有力手段，较以上途径（1）相比，单体适用范围更广。

7.1.3.6　活性聚合的应用

自从 1957 年 Szware 发现活性聚合至今 50 余年中，活性聚合已发展成为高分子化学领域中最具学术意义和工业应用价值的研究方向之一。由于不存在链转移和链终止等副反应，通过活性聚合可以有效地控制聚合产物的分子量、分子量分布和分子结构。此外作为聚合物的分子设计最强有力的手段之一，活性聚合还可用来合成种类繁多、具有特定性能的多组分共聚物及具有特殊形状的模型聚合物等。

（1）指定分子量大小、窄分子量分布聚合物的合成　在活性聚合中，通过控制单体与引发剂浓度之比，可合成指定分子量的聚合物，而且分子量分布很窄。目前通过阴离子活性聚合制得的聚合物，其分子量分布最窄可达 1.04，接近于均一分子量分布。指定分子量大小、窄分子量分布的聚合物在理论研究上为研究聚合物分子量与性能之间关系提供了便利条件，在实际应用上可作为凝胶渗透色谱（GPC）测定聚合物分子量的标准物使用。

（2）端基功能化聚合物的合成　端基功能化聚合物是指在聚合物分子链末端带有功能团的聚合物，功能团可以是一端的（〜X），也可以是两端的（X〜Y）。常见的功能团有卤素、羟基、氨基、羧基、环氧基、双键等。这些功能团赋予聚合物某些特定性能，如反应性（遥爪聚合物）、引发活性（大分子引发剂）、聚合活性（大分子单体）等。利用活性聚合的快速定量引发、无链转移和链终止的特点，可采用引发剂法和终止剂法合成末端功能化聚合物。

所谓引发剂法是用带功能团 X 的引发剂引发活性聚合，将功能团 X 引入聚合物的 α-末端：

$$X{-}R^* \xrightarrow[\text{活性聚合}]{\text{单体}} X{\sim}M^* \xrightarrow{\text{终止}} X{\sim}M$$

所谓终止剂法是活性聚合体系中，加入带有功能团 Y 的终止剂进行链终止，使聚合物的 ω-末端带上功能团 Y：

$$\sim M^* + RY \longrightarrow \sim MR{-}Y$$

如在丁基锂引发的苯乙烯活性阴离子聚合体系中，加入不同的终止剂便可得到相应端基的聚苯乙烯：

$$\sim\!\sim\!CH_2-CH^-Li^+ \quad \begin{cases} \xrightarrow{\text{①}\triangle} \\ \text{②}H^+,H_2O \quad \longrightarrow \sim\!\sim\!CH_2-CHCH_2CH_2OH \quad \omega\text{-羟基聚合苯乙烯} \\[2mm] \xrightarrow{\text{①}CO_2} \\ \text{②}H^+,H_2O \quad \longrightarrow \sim\!\sim\!CH_2-CHCOOH \quad \omega\text{-羧基聚合苯乙烯} \\[2mm] \xrightarrow{Br-CH_2CH=CH_2} \sim\!\sim\!CH_2-CHCH_2CH=CH_2 \quad \text{大分子单体} \end{cases}$$

活性聚苯乙烯

（3）嵌段共聚物的合成　在传统的聚合反应中，当共聚单体的竞聚率都大于 1 时，有可能得到嵌段共聚物，但在生成嵌段共聚物的同时还会有大量的均聚物生成，而且嵌段共聚物中两嵌段的长度是不可控的。只有通过活性聚合才能合成不含均聚物、分子量及组成均可控制的"纯"嵌段共聚物。具体方法主要有顺序加料法和大分子引发剂法两种，以顺序加料法为例：

先让第一单体进行活性聚合，待单体转化率接近 100% 时，直接加入第二单体到反应体系中，便可得到 AB 二嵌段共聚物，以阴离子活性聚合为例，可表示如下：

$$A \xrightarrow{RLi} A\!\sim\!\sim\!AAA^- \xrightarrow{B} A\!\sim\!\sim\!AAA\!\sim\!\sim\!BBB^- \xrightarrow[\text{终止}]{H_2O} AB\ \text{二嵌段共聚物}$$

若采用双官能团引发剂如萘钠、萘锂等，便可得到 ABA 三嵌段共聚物：

$$A \xrightarrow{\text{萘锂}} {}^-AAA\!\sim\!\sim\!AAA^- \xrightarrow{B} {}^-BBB\!\sim\!\sim\!AAA\!\sim\!\sim\!AAA\!\sim\!\sim\!BBB^- \xrightarrow[\text{终止}]{H_2O} BAB\ \text{三嵌段共聚物}$$

通过上阴离子活性聚合的方法，苯乙烯-丁二烯-苯乙烯（SBS）三嵌段共聚物和苯乙烯-异戊二烯-苯乙烯（SIS）三嵌段共聚物已实现商品化生产。由于聚苯乙烯链段与聚丁二烯链段或聚异戊二烯链段不相容，因此会发生微观相分离。硬链段聚苯乙烯在体系中对软链段聚丁二烯或聚异戊二烯橡胶起了物理交联作用，使得 SBS 和 SIS 在常温下的力学性能与硫化橡胶十分相似。但温度高于聚苯乙烯的玻璃化转变温度时，聚苯乙烯链段软化，物理交联点破坏，体系可以像热塑性塑料一样加工成型，因此 SBS 和 SIS 被称为热塑弹性体。

7.2　配位聚合

7.2.1　Ziegler-Natta 引发剂

配位聚合反应始于 20 世纪 50 年代初 Ziegler-Natta 引发剂的发现，因此介绍配位聚合反应之前，必须先了解 Ziegler-Natta 引发剂。1953 年德国化学家 Ziegler 用 $TiCl_4$ 与 $Al(C_2H_5)_3$ 组成的体系引发乙烯聚合，首次在低温低压的温和条件下获得具有线形结构的高密度聚乙烯。在此之前，人们只能在高温高压条件下通过自由基聚合获得支化程度高的低密度聚乙烯。随后，1954 年意大利科学家 Natta 以 $TiCl_3$ 取代 $TiCl_4$ 与 $Al(C_2H_5)_3$ 组成引发剂引发丙烯聚合，首次获得结晶性好、熔点高、分子量高的聚合物。而在此之前，人们通过自由基、阳离子聚合都只能得到液状低分子量的聚丙烯。Ziegler 引发剂 $TiCl_4/Al(C_2H_5)_3$ 和 Natta 引发剂 $TiCl_3/Al(C_2H_5)_3$ 一道被称为 Ziegler-Natta 引发剂。Ziegler-Natta 引发剂的出现，立刻引起轰动，受到全世界的关注，并很快用于工业化生产。1955 年和 1957 年分别实现了低压聚乙烯、有规立构聚丙烯的工业化生产。通过 Ziegler-Natta 引发剂用廉价的乙烯、丙烯单体能制备高性能聚合物，获得了巨大的工业效益。同时 Ziegler-Natta 引发剂的出现还开创了高分子学科继自由基聚合、阳离子聚合和阴离子聚合之后的一新研究领域——配位聚合。无论从科学和工业的观点看，这都是一项革命性的发现，Ziegler 和 Natta 也因此共同荣获 1963 年诺贝尔化学奖。

Ziegler 和 Natta 的发现导致了以后数以千计 Ziegler-Natta 型引发体系的出现，现在广义上的 Ziegler-Natta 引发剂定义为由 ⅣB～ⅧB 族过渡金属化合物与 ⅠA-ⅢA 族金属烷基化合物或氢化物组成的复合引发体系，是一大类主要用于乙烯和 α-烯烃配位聚合引发体系的统称。其中过渡金属化合物的作用更重要，是主引发剂，金属烷基化合物起活化作用，是助引发剂。作为主引发剂的过渡金属化合物一般是 Ti、V、Cr、Co 和 Ni 的卤化物（$M_t X_n$），氧卤化合物（$M_t O X_n$），乙酰丙酮基化合物 $[M_t(acac)_n]$，环戊二烯基卤化物（$Cp_2 M_t X_2$）。作为助引发剂，Al、Zn、Mg、Be 和 Li 的烷基化合物是常见的，其中以有机铝化合物如 $Al(C_2 H_5)_3$、$Al(C_2 H_5)_2 Cl$ 和 $AlC_2 H_5 Cl_2$ 等用得最多。

众多的 Ziegler-Natta 引发剂，按它们在聚合介质（一般为烃类溶剂）中的溶解情况可以分为均相引发剂和非均相引发剂两大类。高价态过渡金属卤化物如 $TiCl_4$、VCl_5 等与 $Al(C_2 H_5)_3$、$Al(C_2 H_5)_2 Cl$ 等的组合，在低温下（$-78℃$）烃类溶剂（庚烷或甲苯等）中形成暗红色均相引发剂溶液，可引发乙烯聚合。但这类引发剂在温度升高至 $-25℃$ 以上时却发生不可逆变化，生成棕红色沉淀，从而转化成非均相引发剂。若要获得在室温甚至高于室温条件下的均相引发剂，需将过渡金属卤化物中的卤素被一些有机基团如烷氧基、乙酰丙酮基或环戊二烯基部分或全部取代再与 $Al(C_2 H_5)_3$ 组合。低价过渡金属卤化物如 $TiCl_3$、VCl_3 等本身就是不溶于烃类溶剂的结晶固体，它们与 $Al(C_2 H_5)_3$、$Al(C_2 H_5)_2 Cl$ 等助引发剂反应后仍然是固体，即为非均相引发剂。典型的 Ziegler-Natta 引发剂如 $TiCl_3/Al(C_2 H_5)_3$、$TiCl_4/Al(C_2 H_5)_2 Cl$（高温）就属这一类，这两种引发剂是被研究得最多、工业意义最大的体系。

7.2.2　配位聚合的一般描述

配位聚合（coordination polymerization）最早是由 Natta 提出用于解释 α-烯烃在 Ziegler-Natta 引发剂作用下的聚合机理而提出的新概念。虽同属链式聚合机理，但配位聚合与自由基聚合和离子聚合的聚合方式不同，最明显的特征是其活性中心是过渡金属（M_t）-碳键。若先不考虑活性中心的具体结构，以乙烯单体为例配位聚合过程可表示如下：

$$\overset{\delta^+}{M_t}{-}\overset{\delta^-}{R} + H_2C{=}CH_2 \xrightarrow{\text{配位}} \overset{\delta^+}{M_t}{-}\overset{\delta^-}{R} \xrightarrow{\text{插入}} \overset{\delta^+}{M_t}{-}\overset{\delta^-}{CH_2CH_2{-}R}$$
$$\underset{\underset{\pi\text{-配合物}}{H_2C{=}CH_2}}{|}$$

$$\xrightarrow[\underset{\pi\text{-配合物}}{H_2C{=}CH_2}]{} \overset{\delta^+}{M_t}{-}\overset{\delta^-}{CH_2CH_2{-}R} \longrightarrow \overset{\delta^+}{M_t}{-}\overset{\delta^-}{CH_2CH_2CH_2CH_2{-}R}\cdots\cdots \longrightarrow \overset{\delta^+}{M_t}{-}\overset{\delta^-}{CH_2CH_2{-}(CH_2CH_2)_n R}$$

由此可见，单体分子的碳碳双键先与金属原子的空轨道配位，形成 π-配合物，然后单体分子插入金属-碳键（$M_t{-}C$）之间，如此重复实现链增长。在以上过程中，单体首先与金属配位而被活化，同时也使 $M_t{-}C$ 键变弱而便于打开，从而使单体插入以形成新的 $M_t{-}C$ 键，也就是说单体在金属上的配位是链增长反应的先决条件。因此，称这类聚合为配位聚合，同时又称为插入聚合（insertion polymerization）。

7.2.3　聚合物的立体异构

1954 年，Natta 以 $TiCl_3/Al(C_2 H_5)_3$ 首次获得高结晶性、高熔点、高分子量的聚丙烯。Natta 进一步研究发现，所得到的聚丙烯具有立体结构规整性，且正是这种立构规整性使之具有高结晶性、高熔点的特性。因此 Ziegler-Natta 引发剂的发现，不仅开创了配位聚合这一新研究领域，同时也确立了有规立构聚合这一新概念。所谓有规立构聚合，又称定向聚合，是指形成有规立构聚合物为主（≥75%）的聚合过程。任何聚合反应（自由基聚合、阴离子聚合、阳离子聚合和配位聚合）或任何聚合实施方法（本体聚合、溶液聚合、乳液聚合、悬浮聚合等）只要它主要形成有规立构聚合物，都属于定向聚合。虽然配位聚合一般可以通过选择引发剂种类和聚合条件制备多种有规立构聚合物，但并不是所有的配位聚合都是定向聚合，即二者不能等同。

如第 2 章所述，根据聚合物分子中手性碳立体构型的连接方式不同可分为全同立构高分子、间同立构高分子和无规立构高分子，其中全同立构高分子和间同立构高分子中手性碳原子的立体构型是有规律地连接的，统称为立构规整性高分子或有规立构高分子。共轭烯烃聚合物的分子结构更复杂，其单体单元可有 1,2-加成结构与 1,4-加成结构之分，1,2-加成结构又存在 1,2-全同立构、1,2-间同立构和 1,2-无规立构，1,4-加成结构又分为顺式 1,4-加成和反式 1,4-加成。

有规立构聚合物的含量即聚合物的立构规整度最有效的测试方法是核磁共振法。此外，由于聚合物的立构规整性与聚合物的结晶性有关，所以许多测定结晶度或与结晶度相关的量的方法也常用来测定聚合物的立构规整度，如 X 射线法、密度法和熔点法等。工业上和实验室中测定聚丙烯的等规立构物含量最常用的方法是正庚烷萃取法，它用沸腾正庚烷的萃取剩余物即等规聚丙烯所占分数来表示等规度（无规聚丙烯溶于正庚烷）：

$$等规度 = \frac{沸腾正庚烷萃取后的样品质量}{样品质量} \times 100\%$$

对于二烯烃聚合物，其立构规整度常用某种立构体如顺式 1,4-、反式 1,4-或全同 1,2-、间同 1,2-等的质量分数来表示。其常用的测试方法是核磁共振法或红外光谱法。

有规立构与非立构规整性聚合物间的性质差别很大，不同异构形式的有规立构聚合物之间性能也不同。性能的差异主要起源于分子链的立构规整性对聚合物结晶的影响。有规聚合物的有序链结构容易结晶，无规聚合物的无序链结构则不易形成结晶，而结晶导致聚合物具有高的物理强度和良好的耐热性和抗溶剂性。

7.2.4 α-烯烃 Ziegler-Natta 聚合反应

Ziegler-Natta 引发剂是目前唯一能使丙烯、丁烯等 α-烯烃进行聚合的一类引发剂。当今，用此类引发剂以配位聚合方法生产的等规聚丙烯和高密度或线形低密度聚乙烯的产量已居世界塑料生产的首位，具有重大的实际意义。但是，与配位聚合生产的高速发展相比，配位聚合的理论研究要落后很多。一些基本问题如引发剂活性中心结构、定向聚合机理等至今尚不完全清楚。本节主要讨论钛-铝型 Ziegler-Natta 引发剂的配位定向聚合反应，特别是 $TiCl_3/Al(C_2H_5)_3$ 和 $TiCl_4/Al(C_2H_5)_3$ 两个非均相体系，二者不仅在理论上被研究得较为透彻，而且最具工业化意义。

7.2.4.1 链增长活性中心的化学本质

为了弄清 Ziegler-Natta 引发剂的聚合机理，首先要知道引发剂活性中心的本质，为此要了解引发剂组分之间的化学反应。研究表明 Ziegler-Natta 引发剂的二组分即主引发剂和助引发剂之间存在着复杂的化学反应。以 $TiCl_4$（液体）/$Al(C_2H_5)_3$ 为例，它们在惰性溶剂中发生以下反应：

$$TiCl_4 + Al(C_2H_5)_3 \longrightarrow TiC_2H_5Cl_3 + Al(C_2H_5)_2Cl \tag{7-1}$$

$$TiCl_4 + Al(C_2H_5)_2Cl \longrightarrow TiC_2H_5Cl_3 + AlC_2H_5Cl_2 \tag{7-2}$$

$$TiC_2H_5Cl_3 + Al(C_2H_5)_3 \longrightarrow Ti(C_2H_5)_2Cl_2 + Al(C_2H_5)_2Cl \tag{7-3}$$

$$TiC_2H_5Cl_3 \longrightarrow TiCl_3 + C_2H_5 \cdot \tag{7-4}$$

$$TiCl_3 + Al(C_2H_5)_3 \longrightarrow TiCl_2C_2H_5 + Al(C_2H_5)_2Cl \qquad (7\text{-}5)$$

$$2C_2H_5 \cdot \longrightarrow 歧化或偶合 \qquad (7\text{-}6)$$

TiCl$_4$ 首先被 Al(C$_2$H$_5$)$_3$ 烷基化形成烷基氯化钛 [式(7-1)~式(7-3)],烷基氯化钛分解使钛还原（Ti^{3+} $\longrightarrow$ Ti^{4+}）而生成固体 TiCl$_3$ 从溶剂中析出,并同时产生自由基 [见式(7-4)],TiCl$_3$ 再被 Al(C$_2$H$_5$)$_3$ 烷基化 [见式(7-5)],自由基则可发生偶合或歧化反应 [见式(7-6)]。实际上的反应可能要比上述所示的要更复杂,但可以肯定的是 TiCl$_4$ 烷基化和还原后的产物 TiCl$_3$ 晶体,再与 Al(C$_2$H$_5$)$_3$ 发生烷基化反应而被活化形成非均相引发活性中心,其本质是金属-碳键（Ti—C）,有关结构将在下面讨论。既然 TiCl$_3$ 才是真正的具有引发活性的物质,因此实际上可直接用 TiCl$_3$ 代替 TiCl$_4$;即 TiCl$_3$/Al(C$_2$H$_5$)$_3$ 体系,用于 Ziegler-Natta 聚合。

7.2.4.2 Ziegler-Natta 引发剂下的配位聚合机理

自 Ziegler-Natta 引发剂发现之日起,有关其引发下的聚合机理问题一直是这个领域最活跃、最引人注目的研究课题。聚合机理的核心问题是引发剂活性中心的结构、链增长方式和立构定向原因。至今为止,虽已提出许多假设和机理,但还没有一个能解释所有实验现象。但可以肯定的是 Ziglar-Natta 引发的 α-烯烃聚合不是传统的自由基或离子聚合,而是崭新的配位聚合。关于配位聚合的机理,在众多的假设中以两种机理模型最为重要,即双金属活性中心机理和单金属活性中心机理。

（1）双金属活性中心机理 双金属活性中心机理首先由 Natta 于 1959 年提出,该机理的核心是 Ziegler-Natta 引发剂两组分反应后形成含有两种金属的桥形络合物活性中心:

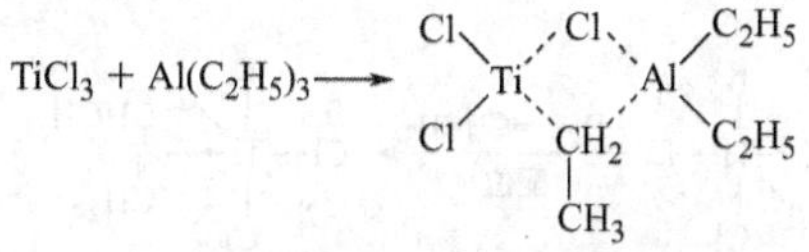

双金属活性中心

以上活性中心的形成是在 TiCl$_3$ 晶体表面上进行的。α-烯烃在这种活性中心上引发、增长。

如图 7-1 所示,单体（丙烯）的 π 键先与正电性的过渡金属 Ti 配位,随后 Ti—C 键打开、单体插入形成六元环过渡态,该过渡态移位瓦解重新恢复至双金属桥式活性中心结构,并实现了一个单体单元的增长,如此重复进行链增长反应。

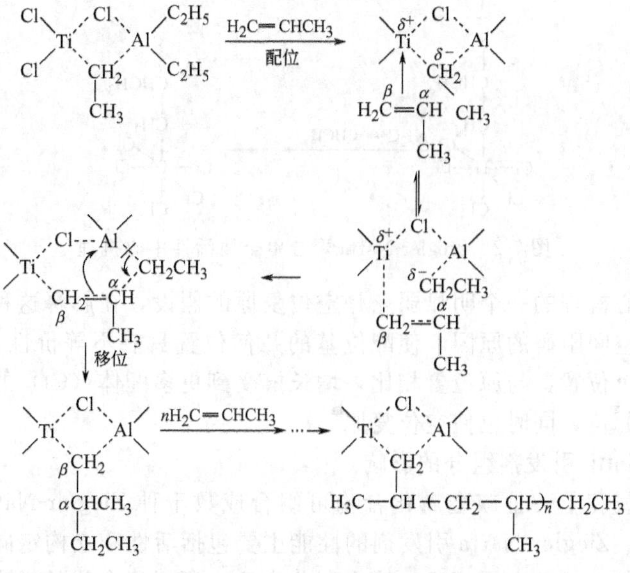

图 7-1 Ziegler-Natta 聚合的双金属活性中心机理

　　双金属活性中心机理一经提出，曾风行一时，成为当时解释 α-烯烃配位聚合的权威理论，但它受到越来越多的实验事实冲击。同时，该机理没有涉及立构规整聚合物的形成原因。许多实验数据表明增长反应仅发生在过渡金属-碳键上，其中最有力的实验证据是Ⅰ～Ⅲ族金属组分单独不能引发聚合，而单独的过渡金属组分则可以。因此，现在人们普遍接受的是另一配位聚合机理模型——单金属活性中心机理。但双金属活性中心机理首先提出的配位、插入等有关配位聚合机理的概念，仍具有突破性意义。

　　（2）单金属活性中心机理　　单金属活性中心机理认为，在 TiCl₃ 表面上，烷基铝将 TiCl₃ 烷基化，形成一个含 Ti—C 键、以 Ti 为中心的正八面体单金属活性中心：

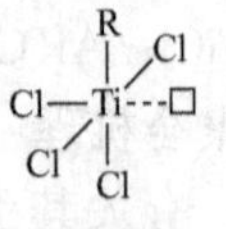

$$
\begin{array}{c}
R \\
| \\
Cl \\
Cl\!-\!Ti\!-\!-\!\square \\
| \\
Cl \\
Cl
\end{array}
$$

　　　　式中，□表示八面体 Ti 未被占据的空 d 轨道；R 表示烷基（由烷基铝中的烷基与 TiCl₃ 中的氯交换而得）。

　　单金属活性中心的链增长机理如图 7-2 所示。单体（丙烯）的双键先与 Ti 原子的空 d 轨道配位，生成 π-配位化合物，并形成一个四元环过渡态。随后 Ti—R 键打开、单体插入而实现一次链增长。此时再生出一个空位，但其位置发生了改变，相应地构型也与原来相反。如果第二个单体在此位置上配位、插入增长，应得到间同立构聚合物。根据生成全同立构聚合物这一实验事实的要求，必须假设单体每次插入前，增长链必须"飞回"到原位而使空位的位置复原。

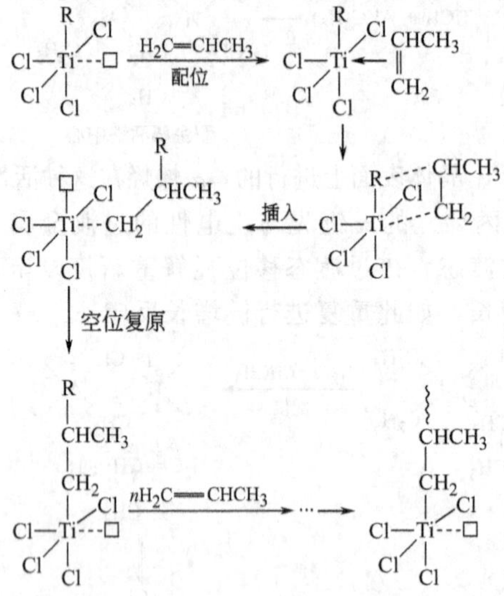

图 7-2　Ziegler-Natta 聚合单金属活性中心机理

　　单金属活性中心机理的一个明显弱点是空位复原的假设，在解释这种可能性时该机理认为由于立体化学和空间阻碍的原因，使配位基的几何位置具有不等价性，单体每插入一次，增长链迁移到另一个位置，与原位置相比，增长链受到更多配体（Cl）的排斥而不稳定，因此它又"飞回"到原位，同时也使空位复原。

7.2.4.3　Ziegler-Natta 引发剂组分的影响

　　不同的过渡金属和Ⅰ～Ⅲ族金属化合物可组合成数千种 Ziegler-Natta 引发剂，它们表现不同的引发性能。Ziegler-Natta 引发剂的性能主要包括活性和立构定向性。活性可通常表示为由每克（或摩尔）过渡金属（或过渡金属化合物）所得聚合物的千克数，立构定向性可通过测定产物的立构规整度而获得。

Ziegler-Natta 引发剂的立构定向性和活性随引发剂的组分和它们的相对含量不同而发生很大变化，通常的情况是引发剂组分的改变对引发剂的活性和立构定向性的影响方向相反。由于对活性中心的结构以及立构定向机理尚未完全弄清，所以许多数据难以从理论上得到解释，引发剂组分的选择至今仍凭经验。下面主要给出引发剂组分对其立构定向性的影响规律。

（1）过渡金属组分（主引发剂）　最常见的过渡金属组分是 Ti、Zr、V、Cr、Mo 等的卤化物，不同的过渡金属及其不同价态的化合物具有不同的立构定向能力，如对丙烯聚合而言可得到以下规律。

① 改变过渡金属，其立构定向性大小顺序为：

$$TiCl_3(\alpha、\gamma、\delta) > VCl_3 > ZrCl_3 > CrCl_3$$

② 不同价态的钛中，以三价钛定向性最好：

$$TiCl_3(\alpha、\gamma、\delta) > TiCl_2 > TiCl_4$$

③ 不同钛的卤化物中，以氯化物的定向性最高：

$$\alpha\text{-}TiCl_3 > TiBr_3 > TiI_3$$

$$TiCl_4 > TiCl_2(OC_4H_9)_2 \gg Ti(OC_4H_9)_4 \approx Ti(OH)_4$$

（2）ⅠA～ⅢA 族金属组分（助引发剂）　ⅠA～ⅢA 族金属组分对于引发剂的活性和立构定向性都有非常明显的影响，为了使引发剂具有高的引发活性和强的定向能力，通常需要将ⅠA～ⅢA 族金属组分与过渡金属组分配合使用。虽然ⅠA～ⅢA 族金属中的 Li、Na、K、Be、Mg、Zn、Cd 和 Ga 等都可以用来制备高活性的乙烯或 α-烯烃聚合引发剂，但铝化合物由于其易得和处理方便而被最多使用。

在ⅠA～ⅢA 族金属组分中如果金属不变，引发剂的立构定向性一般随有机基团的增大而降低，即 $Al(C_2H_5)_3 > Al(C_3H_7)_3 > Al(C_{16}H_{33})_3$，当烷基被卤素原子取代时定向性增大，卤素的影响次序是 I>Br>Cl，但活性的顺序正好相反。

（3）第三组分　按定义，Ziegler-Natta 引发剂由过渡金属化合物与ⅠA～ⅢA 族金属化合物组成，但在实际应用的过程中，往往添加其他组分——第三组分来提高引发剂的活性和立构定向性。第三组分多是一些带有孤对电子的给电子物质，所以又常称为电子给体。可作为第三组分的化合物极为广泛，大多是一些含氧、磷、硫、氮和硅的有机化合物，如醇、醚、酯、膦、硫醚、硫醇、胺、腈、硅氧烷等，还有无机卤化物或螯合物。

第三组分对 Ziegler-Natta 引发剂的活性和定向能力影响很大，这种影响除与第三组分本身的性质有关外，还和它们与一种或两种金属组分的相互作用（复杂的化学反应）有关。有些第三组分可以同时提高引发剂的定向性和活性，有些则只能提高活性和定向性中的一种。更多的情况是在提高活性的同时则降低了定向性，反之亦然。此外，第三组分还可以影响产物的分子量。

有关第三组分的作用机理有多种说法，如第三组分与ⅠA～ⅢA 族金属化合物反应改变了后者的化学组成，从而具有更高的活化作用。至于第三组分的加入提高定向性的原因是它可与非定向活性中心作用，降低了非定向活性中心的活性或数量。但是由于使用的第三组分种类繁多，同时第三组分可以分别与引发剂中两个组分相互作用，它的用量和添加次序对引发剂的效果均有影响，再加上 Ziegler-Natta 引发剂本身的复杂性，目前还没有一个统一的第三组分作用机理的理论，第三组分的选择仍多是经验的过程。

7.2.5　高效 Ziegler-Natta 引发剂

早期工业化的常规 Ziegler-Natta 引发剂 $TiCl_4/Al(C_2H_5)_3$、$TiCl_3/Al(C_2H_5)_3$［或

Al(C_2H_5)$_2$Cl]，分别用于乙烯和丙烯的聚合时引发活性很低，只有 1～2kg 聚合物/gTi。而且对丙烯聚合来讲，还存在着产物的立构规整性差的问题，常规引发剂所得聚丙烯的等规度低于 90%。因此聚合后还需对产物进行后处理以除去残留金属引发剂（此过程称为脱灰）和非等规聚合物（对丙烯聚合而言）。常规引发剂之所以活性很低，是因为在这种以 TiCl$_3$ 为基础（TiCl$_3$ 或直接加入或由 TiCl$_4$ 与烷基铝原位反应生成）的引发剂中，只有少数（小于 1%）暴露在晶体表面的钛原子成为活性中心，大多数钛原子被包埋在晶体内部而无引发活性。

如何提高 Ziegler-Natta 引发剂的活性和定向性一直是人们关注的课题和努力的目标。早期探索的途径包括超细研磨和加入醚类第三组分。超细研磨不但可以增大引发剂的表面积而且还可以促进引发剂各组分的反应从而提高其活性。添加第三组分则可大大改善引发剂的定向能力。通过以上方法引发剂的定向性达到了要求（不用通过后处理除去产物中非等规成分），但活性仍未能达到完全革除脱灰后处理的水平。直到 20 世纪 70 年代，出现了以 MgCl$_2$ 为载体的钛系引发体系，引发活性高达 1500～7000kg 聚合物/gTi，不但大大减小引发剂用量而且可免除后处理工序，生产成本也随之显著下降。这种新一代的高效载体催化剂的开发成功，可以说是 Ziegler-Natta 引发剂发展史上的一次重大突破，开创了高效引发剂的新时代。

载体引发剂之所以能产生高的引发活性，可以用 TiCl$_4$/MgCl$_2$ 载体引发剂为例来说明。MgCl$_2$ 载体尽可能使 TiCl$_4$ 充分地分散在其上，使之一旦与烷基铝［如 Al(C_2H_5)$_3$］反应生成的 β-TiCl$_3$ 晶体也得到充分的分散，从而使能成为活性中心的 β-TiCl$_3$ 数目大大增加，经测定活性中心 Ti 原子占总 Ti 原子数目的比例由原来常规引发剂的 1% 上升到约 90%，这种物理分散作用是 MgCl$_2$ 能提高引发效率的原因之一。除了物理分散，MgCl$_2$ 载体中的金属 Mg 的原子半径与 Ti 的接近，易发生共结晶而产生 Mg—Cl—Ti 化学键，由于 Mg 的电负性小于 Ti，Mg 的推电子效应会使 Ti 的电子密度增大而削弱 Ti—C 键，从而有利于单体的插入。

7.2.6　α-烯烃 Ziegler-Natta 聚合工业应用

7.2.6.1　高密度聚乙烯

用 Ziegler-Natta 引发剂引发乙烯配位聚合，由于聚合条件温和（较低的温度和压力），不易发生向大分子的链转移反应，而使产物基本无支链，所以称线形聚乙烯。低的支化度导致聚合物具有较高的结晶度（70%～90%）和较高的密度（0.94～0.97g/mL），因此又称高密度聚乙烯（HDPE）。与之相反，高温高压法自由基聚合得到的聚乙烯（参见第 6 章），由于产物支化度高而具有较低的结晶度（40%～70%）和较低的密度（0.91～0.93g/mL），故称低密度聚乙烯（LDPE）。与低密度聚乙烯相比，高密度聚乙烯具有更高的强度、硬度、耐溶剂性和上限使用温度，因此应用范围更广，主要用于注塑和中空成型制品，如瓶、家用器皿、玩具、桶、箱子、板材、管材等。

一般用途的 HDPE 分子量为 5 万～20 万，若分子量高于 150 万以上的 HDPE 被称为超高分子量聚乙烯（UHMWPE），是热塑性塑料中抗磨损性和耐冲击性最好的品种，可用于代替金属制造齿轮、轴承、锭子，并在开矿、武器制造、重型机械等行业中得到应用。

7.2.6.2　线形低密度聚乙烯

乙烯与少量 α-烯烃（如 1-丁烯、1-己烯、1-辛烯等）进行 Ziegler-Natta 配位共聚合，所得产物分子链结构仍属线形，但因带有侧基而密度降低，所以称线形低密度聚乙烯（LLDPE）。由于分子链上侧基的多少、长度取决于共聚单体的用量和类型，调节容易，可制备多种型号。它具有 HDPE 的性能，又具有 LDPE 的特性，由于抗撕裂强度比 LDPE 高，膜可以更薄，可以省料 20％以上，因此已广泛代替 LDPE 使用。

7.2.6.3　聚丙烯

Ziegler-Natta 聚合对丙烯而言更有实际意义，因为由于自身结构的原因，用自由基聚合无论是在通常条件下或在高温高压下，均得不到聚合物，而用 Ziegler-Natta 引发剂在与高密度聚乙烯大致相同的工艺条件下可顺利得到高分子量聚丙烯。不过与乙烯聚合不同的是，丙烯聚合的引发体系既要有高活性又要有高的定向性，为此引发体系中都要添加第三组分来提高聚丙烯的等规度。

等规聚丙烯在主要的塑料品种中是最轻的（$d=0.90\sim0.91g/mL$），因而具有很高的强度/质量比。它的熔点较高（175℃左右），最高使用温度达到 120℃，与 HDPE 相比耐热性要好。为了提高透明性、韧性，聚丙烯产品中的一部分（约 20％）是通过共聚改性的共聚物，最常见的是含有 2％～5％乙烯的共聚物。聚丙烯的用途十分广泛，可以用作塑料（建筑、家具、办公设备、汽车、管道等）、薄膜（压敏胶带、包装膜、保鲜袋等）和纤维（地毯、无纺布、绳等）。

7.2.6.4　共轭二烯烃聚合物

Ziegler-Natta 引发剂不但对 α-烯烃的定向配位聚合非常有效，而且也适用于共轭二烯烃，可以说 Ziegler-Natta 引发剂的工业成就主要表现在 α-烯烃和共轭二烯烃的定向聚合上。可用于共轭二烯烃配位聚合的 Ziegler-Natta 引发剂很多，其中以 Ti、V、Co、Ni 和稀土金属（Pr，Nd）最为重要。

Ziegler-Natta 引发剂对共轭二烯烃的定向聚合的选择性高于阴离子型烷基锂引发剂，如用丁基铝在非极性溶剂中只能得到顺式 1,4-含量为 35％～60％的聚丁二烯，而用 $TiCl_4/Al(C_2H_5)_3$、$Ni(C_7H_{13}COO)_2$（二辛酸镍）/$Al(C_2H_5)_3/BF_3OEt$ 等非均相或均相 Ziegler-Natta 引发剂均可获得顺式 1,4-含量大于 95％的聚丁二烯。顺式 1,4-含量大于 90％的聚丁二烯称高顺丁橡胶，顺式 1,4-含量约为 40％的聚丁二烯称低顺丁橡胶，前者的强度和弹性远远高于后者。高顺丁橡胶是当前世界上合成橡胶中仅次于丁苯橡胶的第二大品种，可部分代替天然橡胶制造轮胎和各种工业用橡胶制品。

对于异戊二烯的定向聚合，Ti/Al 型 Ziegler-Natta 引发剂［如 $TiCl_4/Al(C_2H_5)_3$］的选择性也略高于丁基锂阴离子引发剂（前者顺式 1,4 含量为约 94％，后者顺式 1,4 含量约为 97％）。高顺式 1,4-含量的聚异戊二烯的结构与天然橡胶（含 98％顺式 1,4-聚异戊二烯）极为接近，故称合成天然橡胶，它具有良好的弹性、耐磨性和耐热性，可代替天然橡胶制成各种橡胶制品，诸如汽车和飞机轮胎、胶管、胶带和鞋底等。

7.2.7　配位聚合的新型引发剂体系

Ziegler-Natta 引发剂的发现开创了烯烃聚合的新时代，经过几代的发展，Ziegler-Natta 引发剂的性能不断提高，特别是 20 世纪 70 年代出现的高效载体引发剂是 Ziegler-Natta 引发剂的巨大革新。人们一直没有中断对配位聚合新型引发剂的探索研究，到目前为止已取得不少突破性进展，其中最引人注目的便是茂金属引发剂和后过渡金属引发剂，下面分别加以讨论。

7.2.7.1　茂金属引发剂

最早的茂金属引发剂二氯二环戊二烯基钛（Cp_2TiCl_2）出现在 20 世纪 50 年代，它在 $Al(C_2H_5)_2Cl$ 活化下组成一均相引发体系能使乙烯聚合，但活性很低，并且对丙烯等 α-烯烃无引发活性，因而未能引起人们更多的关注。直到 1980 年，Kaminsky 等发现在茂金属化合物如 Cp_2ZrCl_2 中加入 $Al(CH_3)_3$ 的部分水解产物甲基铝氧烷（MAO）后，可使乙烯、丙烯聚合，并且引发活性非常高，其效率比 Ti 系高效载体引发剂还高几个数量级。从此，由于 MAO 的引入使可溶性茂金属引发剂的性能发生了质的变化，从而唤起人们对茂金属引发剂研究的极大兴趣。在过去的二十几年中，人们对茂金属引发剂的化学问题进行了广泛的研究，不论是在理论上还是应用上都取得了突破性进展，可以说茂金属引发剂的发现和发展是 Ziegler-Natta 引发剂发展史上的又一次革命。

现在广义上的茂金属引发剂被定义为由过渡金属（主要是ⅣB 族元素 Ti、Zr、Hf）和至少一个环戊二烯或环戊二烯衍生物（如茚基、芴基等）配体形成的络合物，其通式如图 7-3 所示。

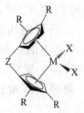

图 7-3　茂金属化合物的结构

图中，R 为 H 或烷基；X 为 Cl 或烷基；Z 是一桥联基团，通常是 C（CH$_3$）$_2$、Si（CH$_3$）$_2$、CH$_2$CH$_2$ 等，它将两个茂环相连而给茂金属络合物带来刚性，这点对引发剂定向性尤为重要。当然茂金属引发剂也有非桥联的结构（即无 Z 桥基）。

与传统的 Ziegler-Natta 引发剂相比，茂金属引发剂最重要的特点之一是均相体系，产生的活性中心结构单一，从而聚合产物的分子量分布较窄（M_w/M_n 约为 2）。而传统的非均相 Ziegler-Natta 引发体系有多种活性中心（可由不同价态的过渡金属产生），每个活性中心产生不同分子量的聚合物而使分子量分布变宽（M_w/M_n 为 3～8）。茂金属引发剂另一个重要特点是可通过改变其分子结构（如配体或取代基）来调控聚合产物的分子量、分子量分布及立构规整性等，从而可以按照应用的要求"定制（tailor-made）"产物的分子结构。

MAO 的助催化作用使茂金属引发剂成为远比一般 Ziegler-Natta 引发剂活性高得多的新引发体系。MAO 是三甲基铝在控制条件下的部分水解产物，其结构复杂，可能是含有线形、环状和三维结构的混合物，其中线形结构可表示为：

$$(CH_3)_2Al \!+\! O \!-\! Al \!\!\overline{}_n\!\! OAl(CH_3)_2 \quad (n=5\sim20)$$

MAO 在茂金属引发体系中的作用除了同烷基铝一样可以除去体系中对聚合不利的杂质之外，更重要的是参与活性中心的形成，以最简单茂金属络合物 Cp$_2$TiCl$_2$ 为例，可表示如下：

$$Cp_2TiCl_2 \xrightarrow{MAO} Cp_2Ti\!\!\begin{array}{c} CH_3 \\ \\ Cl \end{array} \xrightarrow{MAO} Cp_2Ti\!\!\begin{array}{c} + \ CH_3 \\ \\ \square \end{array} \quad (MAOCl)^- \qquad (7\text{-}7)$$

由此可见，MAO 首先使 Cp$_2$TiCl$_2$ 中的 Ti—Cl 键烷基化形成 Ti—C 键，随后由于 MAO 中铝原子强烈的缺电子倾向，又夺取茂金属络合物中的第二个氯原子形成一带一空配位□的茂金属阳离子活性中心。链增长反应的方式与传统 Ziegler-Natta 引发剂下的聚合类似，即单体在空位上配位，然后插入 Ti—C 键进行链增长。

非桥联茂金属络合物如 Cp$_2$TiCl$_2$ 等在 MAO 活化下对丙烯等 α-烯烃具有高的引发活性，但由于茂金属化合物中的环戊二烯基能以金属元素为轴线自由旋转，使其产生的活性中心为非手性的而无立体定向性，因此一般只能得到无规聚合物。而在茂环上引入桥联基团后（参见图 7-3），给茂金属配体带来了刚性，使得两个环戊二烯基无法自由旋转而易使茂金属化合物产生手性化的活性中心，具有高的立体定向性。通过分子设计可以合成不同结构和对称性的茂金属配合物，而获得各种立体选择性（全同、间同等）的引发体系。

如 C2 对称性茂金属化合物通常是外消旋体即一对对映体的混合物，以 rac-$(CH_3)_2$ $Si(Ind)_2ZrCl_2$（Ind 为茚基）为例，结构如下：

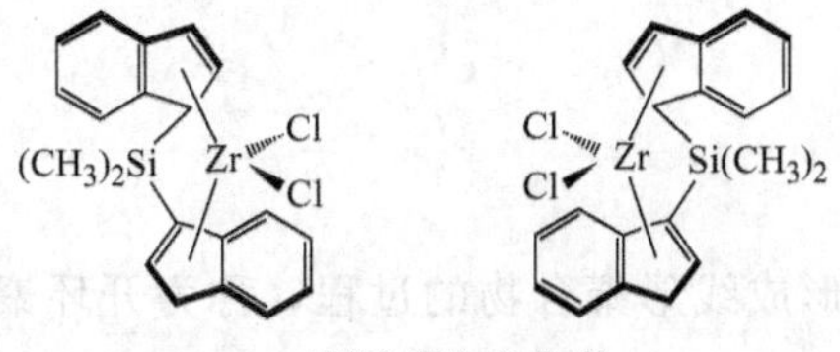

$rac\text{-}(CH_3)_2Si(Ind)_2ZrCl_2$

在每一个对映体中，与 Zr 相连的两个 Cl 原子在 MAO 作用下，一个变成 CH_3 基，一个变成空位□〔参见式(7-7)〕。聚合时单体首先在空位上配位，然后插入 Zr—C 键。因此，茂金属化合物中两个 Cl 配体所在的位置便是聚合反应发生的位置，称为配位活性点。在 $(CH_3)_2Si(Ind)_2ZrCl_2$ 中，这两个配位活性点是等价的，并具有手性特征。因此，按照引发剂活性中心控制机理应得到全同聚合物。但由于 rac-$(CH_3)_2Si(Ind)_2ZrCl_2$ 是外消旋体，因此得到的应是两种立体构型相反的全同聚合物。这是人们首次用均相引发剂合成全同聚烯烃，在此之前，只有用非均相 Ziegler-Natta 引发剂才能获得全同聚合物。

7.2.7.2　后过渡金属引发剂

后过渡金属引发剂是指以 Ni、Pd、Fe、Co 等后过渡金属原子为活性中心的一类金属配合物烯烃聚合引发剂，它是继茂金属引发剂之后出现的又一类新型均相单活性中心引发体系。后过渡金属引发剂的活性与茂金属引发剂相当甚至更高，除保持了茂金属引发剂诸如聚合产物分子量分布窄、结构可控等优点以外，还有一些茂金属引发剂没有的突出特点，如引发剂比较稳定，助引发剂 MAO 用量少，甚至可以不用等。最关键的是后过渡金属的亲电性较弱，能用于极性单体与烯烃的共聚合，合成性能优异的功能化聚烯烃材料。而传统的 Ziegler-Natta 引发剂和茂金属引发剂对极性基团非常敏感，易中毒而失活，因而难以实现极性单体的聚合。

1995 年，Brookhart 等首次报道了含 α-二亚胺配体的 Ni（或 Pd）后过渡金属引发剂，在 MAO 活化下对乙烯及 α-烯烃具有很高的活性。它的发现引起了后过渡金属引发剂的研究热潮，使之成为继茂金属引发剂之后的又一研究开发热点。

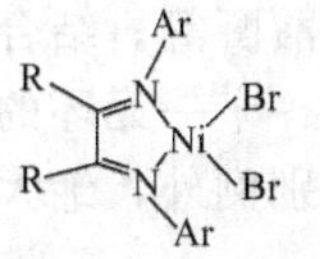

α-二亚胺配合物

乙烯在上述引发体系下聚合可生成高度支化的聚乙烯，这点具有重要的应用意义，因为目前采用传统的 Ziegler-Natta 引发剂合成支化的线性低密度聚乙烯时，必须使用昂贵的己烯、辛烯等 α-烯烃共聚单体。α-二亚胺 Ni 或 Pd 类引发体系之所以可以合成支化聚乙烯，这与乙烯在聚合时发生 β-氢转移有关，其过程可表示如下：

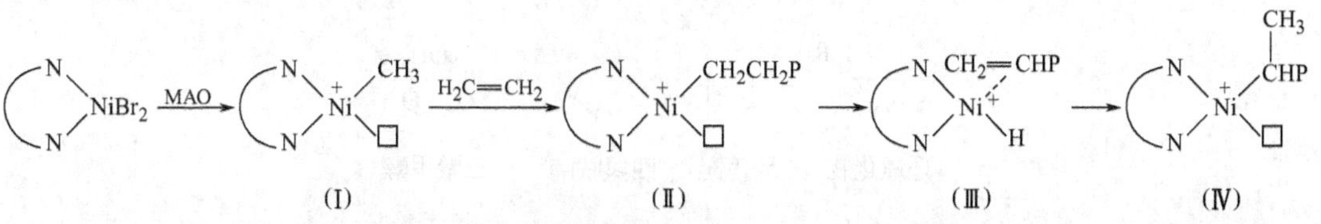

α-二亚胺 Ni 在 MAO 作用下生成引发活性中心（Ⅰ），按正常的链增长方式形成增长链活性中心（Ⅱ）。活性链末端上的 β-氢向过渡金属 Ni 上转移，形成带乙烯基末端的大分子

链，该大分子链像单体一样通过末端双键与金属 Ni 配位（Ⅲ），随后插入 Ni—H 键形成甲基支化的聚合物链（Ⅳ）。当然 β-位以后的氢也可发生类似的转移，从而形成更长的支链。

7.3　开环聚合反应

7.3.1　概述

环状单体开环相互连接形成线形聚合物的过程，称为开环聚合，如：

$$\triangle \longrightarrow \text{{}(OCH_2CH_2\text{)}_n}$$

$$\hexagon \longrightarrow \text{{}(OCH_2\text{)}_n}$$

开环聚合为链式聚合反应，包括链引发、链增长和链终止等基元反应，聚合反应通过单体和链增长活性中心之间的反应进行，单体和单体之间并不能进行聚合反应。但开环聚合反应与乙烯基单体的链式聚合反应又有所区别，其链增长反应速率常数与许多逐步聚合反应的速率常数相似，而比通常乙烯基单体的链式聚合反应低几个数量级。

环状单体开环聚合的难易取决于热力学和动力学两方面因素。从热力学因素考虑，环的张力越大，则环的稳定性越低，越容易开环聚合。表 7-2 列出了一些环烷烃转化为相应的线形高分子时的自由能变化。

表 7-2　一些环烷烃转化为线形高分子时的 ΔG[①]

单体	环丙烷	环丁烷	环戊烷	环己烷	环庚烷	环辛烷
$\Delta G/(\text{kcal/mol})$	−22.1	−21.2	−2.2	1.4	−3.9	−8.2

① 聚合反应过程都是在 25℃条件下由液态单体形成结晶聚合物。

可见除环己烷外，其余环烷烃的开环聚合的 ΔG 均小于 0，反应在热力学上都是可行的，其热力学可行性顺序为 3，4>8>5，7。虽然环丙烷和环丁烷的开环聚合热力学可行性较大，但通常只能得到低聚物，这主要是动力学上的原因。环烷烃的键极性小，不易受引发活性种进攻而开环。而杂环化合物中的杂原子易受引发活性种进攻并引发开环，在动力学上比环烷烃更有利于开环聚合。因此，绝大多数的开环聚合单体都是杂环化合物，包括环醚、环缩醛、内酯、内酰胺、环胺、环硫醚、环酸酐等。结合热力学和动力学因素，同类环单体进行开环聚合时，三元环、四元环和七元环～十一元环的聚合活性较高，而五元环的聚合活性较低，六元环的聚合活性则低得多，除个别例外，绝大多数的六元环单体不能进行开环聚合。

7.3.2　阳离子开环聚合反应

环醚分子中的 C—O 键是其活性基，其中的 O 具有 Lewis 碱性，因此除张力大的三元环氧化物外，环醚只能进行阳离子开环聚合，而不能进行阴离子开环聚合。常见的只含一个醚键的环醚单体包括三元环（环氧化物）、四元环（如环丙醚）和五元环（如四氢呋喃），常见的含两个以上醚键的环醚单体主要为环缩醛，如三聚甲醛：

环氧化物　　环丙醚　　四氢呋喃　　三聚甲醛

环大小对环醚单体聚合活性的影响与一般环单体的聚合规律一样，小于五或大于六的环醚单体相对容易聚合，五元环醚的聚合活性低得多，取代五元环醚一般不具有聚合活性。六元环醚如四氢吡喃、1,4-二氧六环和 1,3 二氧六环等一般都不能进行开环聚合，但全由缩醛结构构成的六元环缩醛——三聚甲醛则可进行阳离子开环聚合得到聚甲醛。

(1) 链引发　许多用于乙烯基单体阳离子聚合反应的引发剂也可用于环醚的阳离子开环聚合，包括强质子酸、Lewis 酸、碳阳离子源/Lewis 酸复合体系等。

强质子酸引发聚合反应时，首先质子与环醚单体形成二级环氧鎓离子，其 α-C 具有缺电子性，当它与另一单体反应时，单体的 O 对 α-C 亲核进攻使环氧鎓离子开环，生成端基为 —OH 的三级氧鎓离子链增长活性中心，以四氢呋喃聚合为例：

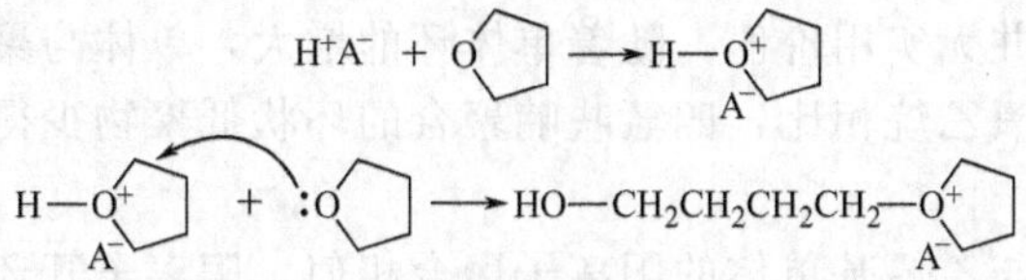

与乙烯基单体的阳离子聚合相似，一般的质子酸由于其酸根离子亲核较强，容易与增长链阳离子结合使聚合反应终止，结果只能得到低聚物。因此适宜的质子酸引发剂只限于一些超强酸，如三氟乙酸、三氟磺酸等。

单独 Lewis 酸（如 BF$_3$、SbCl$_5$ 等）引发聚合反应时，是通过与体系中微量的水或其他质子源作用生成质子再引发阳离子开环聚合反应。

质子酸或 Lewis 酸直接引发四氢呋喃等活性较低的环醚单体开环聚合时，引发聚合速率较慢，但在聚合体系中加入少量活泼单体如环氧乙烷作为引发促进剂，聚合速率显著提高。此时，引发剂首先引发活泼单体形成二级或三级氧鎓离子活性种，再引发低活性的单体四氢呋喃聚合：

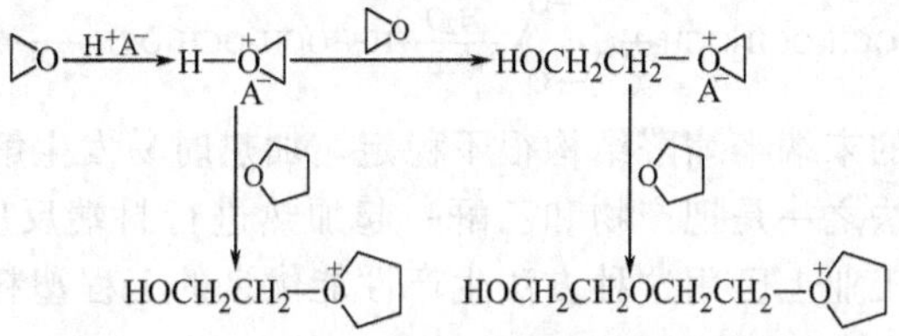

(2) 链增长反应　与链引发反应相似，链增长反应为单体的 O 对增长链的三级环氧鎓离子活性中心的 α-C 的亲核进攻反应。以四氢呋喃的聚合为例，其链增长反应可示意如下：

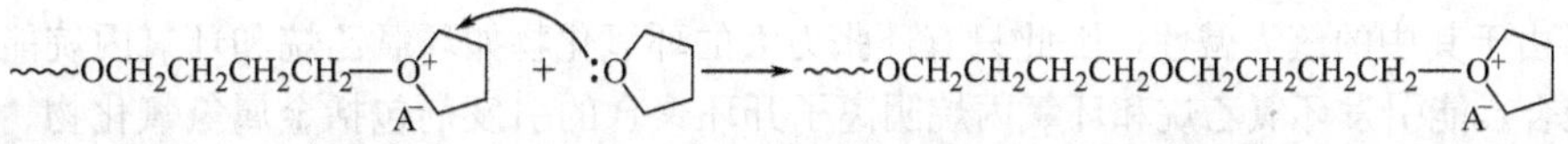

(3) 链转移反应　向高分子的链转移反应是环醚阳离子开环聚合中常见的链转移反应。与链增长反应相似，聚合物分子中的 O 也可亲核进攻氧鎓离子链增长活性中心生成三级氧鎓离子，然后单体进攻该氧鎓离子使增长链再生，以四氢呋喃聚合为例：

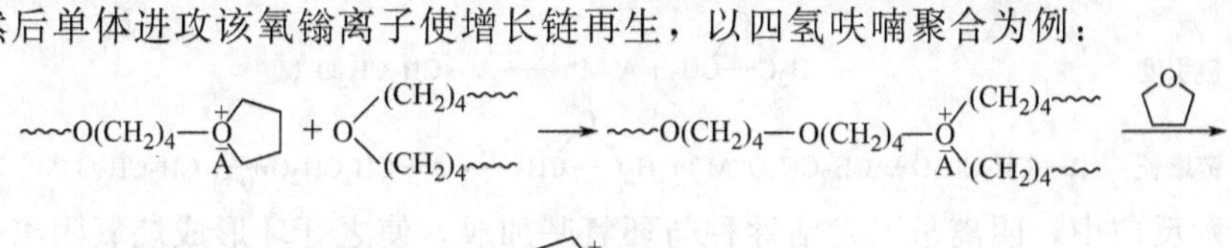

链转移反应的结果是高分子链发生交换，可能导致分子量分布变宽。向高分子的链转移反应既可发生在分子间，也可发生在分子内。分子内的高分子链转移反应常称为"回咬"反应，结果得到环状低聚物：

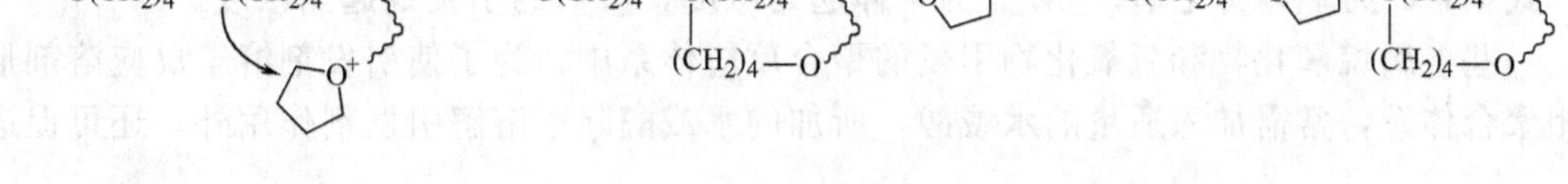

链增长与向高分子链转移是一对竞争反应，它取决于单体与高分子链中所含醚基亲核性的相对强弱，单体含醚基的相对亲核性越强越有利于链增长，相反则有利于向高分子链转移。单体与高分子中所含醚基亲核性的相对强弱与单体环大小有关。三元环醚单体如环氧乙烷聚合时，单体中 sp^3 杂化的氧转变为聚合物中 sp^2 杂化的氧鎓离子，使键角张力增大，环氧乙烷醚基的亲核性远远小于高分子链中醚基的亲核性，这有利于向高分子链转移而不利于链增长，易生成环状低聚物。事实上通常的环氧乙烷阳离子聚合的主要产物为 1，4-二氧六环（80%～90%），只有少量的线形低聚物（分子量<1000），因此环氧乙烷的阳离子开环聚合对于合成线形聚合物并无实用价值。随着单体环的增大，单体与聚合物中醚基氧的亲核性之比也增大，因此与环氧乙烷相比，四氢呋喃聚合的环状低聚物少得多，环状低聚物的总含量少于几个百分点。

（4）链终止反应　与乙烯基单体的阳离子聚合相似，阳离子开环聚合的链终止反应主要为增长链氧鎓离子与抗衡阴离子或由抗衡阴离子转移的阴离子结合，如：

$$\sim\sim OCH_2CH_2-\overset{+}{O}\underset{\overset{|}{BF_3OH}}{\triangleleft} \longrightarrow \sim\sim OCH_2CH_2OCH_2CH_2OH + BF_3$$

环缩醛是含两个以上醚键的环醚单体，以三聚甲醛（三氧六环）最为常见。工业上，通常用 Lewis 酸（如 BF_3 等）引发三聚甲醛聚合，得到聚甲醛：

$$H^+ + \bigcirc \longrightarrow H-\overset{+}{O}\bigcirc + \bigcirc \longrightarrow H-OCH_2OCH_2OCH_2-\overset{+}{O}\bigcirc \xrightarrow{\text{三聚甲醛}}$$

$$H+OCH_2OCH_2OCH_2\overline{)_n}\overset{+}{O}\bigcirc \xrightarrow[\text{终止}]{H_2O} H+OCH_2OCH_2OCH_2\overline{)_{n+1}}OH$$

所得聚合物分子链的末端半缩醛结构很不稳定，加热时易发生解聚反应分解成甲醛，不具有实用价值。解决方法之一是把产物和乙酐一起加热进行封端反应，使末端的羟基酯化，生成热稳定性的酯基。工业上已用这种方法生产性能优良的工程塑料聚甲醛。

7.3.3 阴离子开环聚合反应

7.3.3.1 环氧化物

环醚由于其中的氧为碱性，因此只有环张力大的环氧化物如环氧乙烷和环氧丙烷能进行阴离子开环聚合。能引发环氧乙烷和环氧丙烷阴离子开环聚合的引发剂包括金属氢氧化物、金属烷氧化合物、金属氧化物、金属氨基化合物、烷基金属化合物以及电子转移阴离子引发剂（萘钠）等。以环氧乙烷为例，其阴离子开环聚合的链引发反应、链增长反应分别表示如下：

链引发　　　$H_2C\overset{O}{-}CH_2 + A^-M^+ \longrightarrow A-CH_2CH_2O^-M^+$

链增长　　$A+CH_2CH_2O\overline{)_n}CH_2CH_2O^-M^+ + H_2C\overset{O}{-}CH_2 \longrightarrow A+CH_2CH_2O\overline{)_{(n+1)}}CH_2CH_2O^-M^+$

在链引发反应中，阴离子引发活性种与环氧基加成，使之开环形成烷氧阴离子链增长活性中心，链增长活性中心再与单体进行反复加成形成增长链。

环氧乙烷的阴离子聚合表现出活性聚合的特征，当由单阴离子引发剂引发时，聚合产物的数均聚合度为：

$$\overline{X}_n = \frac{C[M]_0}{[I]_0}$$

式中，C 为单体转化率；$[M]_0$ 为单体起始浓度；$[I]_0$ 为引发剂起始浓度。

一些金属烷氧化物和氢氧化物引发的聚合反应体系中，为了使引发剂溶于反应溶剂形成均相聚合体系，常需加入适量的水或醇，所加的水或醇除了溶解引发剂作用外，还可促进增长链阴离子与抗衡阳离子的离解，增加自由离子浓度，加快聚合反应速率。在醇的存在下，增长链可和醇之间发生如下交换反应：

$$R(OCH_2CH_2)_n O^- Na^+ + ROH \rightleftharpoons R(OCH_2CH_2)_n OH + RO^- Na^+$$

交换反应生成的醇盐可继续引发聚合反应。从形式上看，交换反应与链转移反应相似，但与链转移反应不同，交换反应生成的端羟基聚合物并不是"死"的聚合物，而只是休眠种，可和增长链之间发生类似的交换反应再引发聚合反应：

$$R(OCH_2CH_2)_n OH + R(OCH_2CH_2)_m O^- Na^+ \rightleftharpoons$$
$$R(OCH_2CH_2)_n O^- Na^+ + R(OCH_2CH_2)_m OH$$

通过交换反应，体系中的醇也可引发单体聚合，因此若无其他链转移反应时，体系中生成的聚合物分子数应等于引发剂起始分子数与所加醇的分子数之和，在此情况下，聚合产物的数均聚合度为：

$$\overline{X}_n = \frac{C[M]_0}{[I]_0 + [ROH]}$$

环氧丙烷的阴离子开环聚合通常只能得到分子量较低的聚合物（<7000），主要原因是聚合反应过程中易发生向单体的链转移反应：

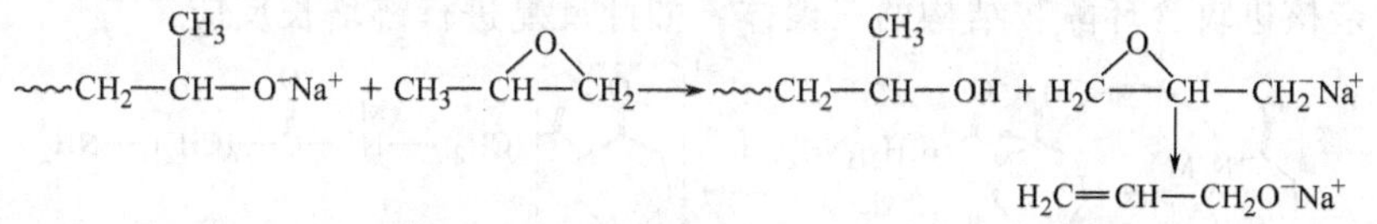

增长链从单体分子中与环氧基相连的甲基夺取质子，本身转化为末端带—OH 的聚合物，而环氧丙烷单体则转化为不稳定的环氧基烷基阴离子，很快开环形成相对稳定的烯丙烷氧阴离子，可再引发聚合反应形成新的聚合物链。

环氧化物经离子开环聚合，得到主链上含醚键的聚合物，统称聚醚。聚环氧乙烷（或称聚乙二醇）和聚环氧丙烷（或称聚丙二醇）是最常见的聚醚，它们可用 KOH 为引发剂，通过阴离子开环聚合制得，当以 H_2O 终止反应时，产物聚醚两端都带有羟基：

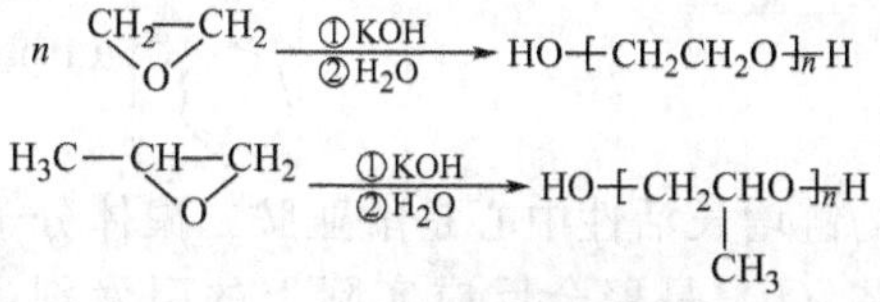

所得聚醚分子量一般为几百到几千，为液体至蜡状固体物，可溶于水，多用作非离子型表面活性剂，广泛应用于纺织、染料、化妆品、造纸等工业。

7.3.3.2　内酰胺

强碱如碱金属、金属氢化物、金属氨基化合物、金属烷氧化和金属有机化合物等可与内酰胺反应形成酰胺阴离子，但内酰胺的阴离子开环聚合并不是由强碱直接引发，内酰胺的阴离子开环聚合为活化单体机理。以己内酰胺阴离子开环聚合为例，其链引发反应可分为两步，首先内酰胺与引发剂碱金属（M）或其他金属化合物（$B^- M^+$）反应生成己内酰胺阴离子：

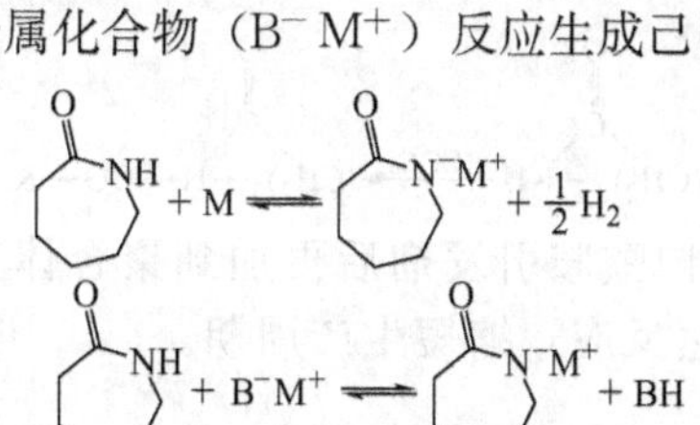

链引发反应的第二步是己内酰胺阴离子与单体的羰基发生亲核加成，使单体开环生成含

环酰胺结构的二聚体伯胺阴离子（a）：

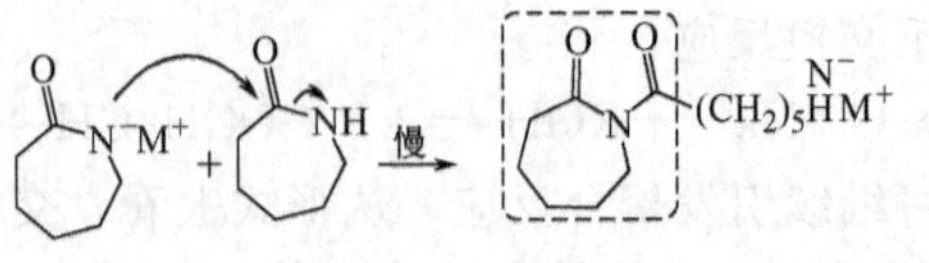

(a)

与酰胺阴离子相比，伯胺阴离子（a）不与羰基共轭、不稳定，反应活性非常高，很快从单体的酰胺基上夺取 H，形成含环酰胺结构的二聚体（b），同时生成酰胺阴离子：

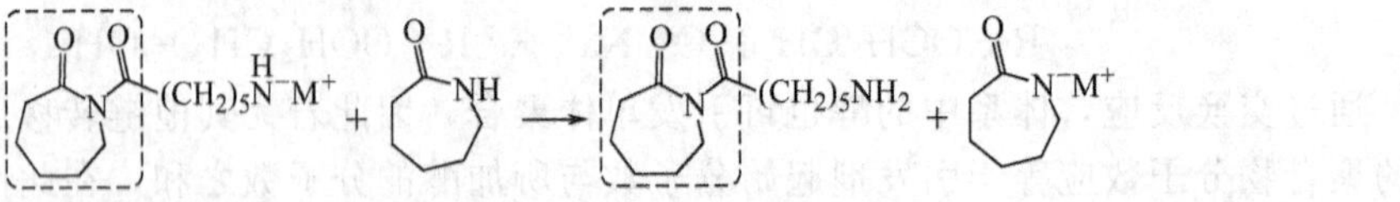

(b)

链引发反应所得酰亚胺二聚物（b）中的环酰胺键，由于其环外与 N 相连羰基的吸电子作用，增强环酰胺键的缺电子性，因此它与内酰胺阴离子的反应活性比内酰胺单体高得多，易受内酰胺阴离子亲核进攻开环生成带有酰胺阴离子的三聚体，该三聚体阴离子又从内酰胺单体夺取 H，形成含环酰胺结构的三聚体，同时使单体活化生成己内酰胺阴离子，己内酰胺阴离子再亲核进攻含环酰胺结构的三聚体，如此反复进行链增长反应：

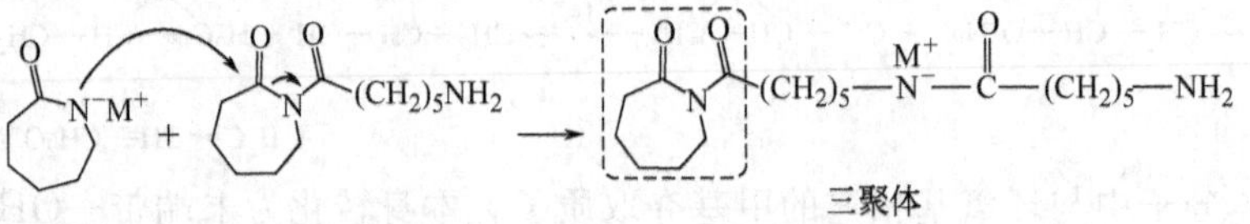

三聚体

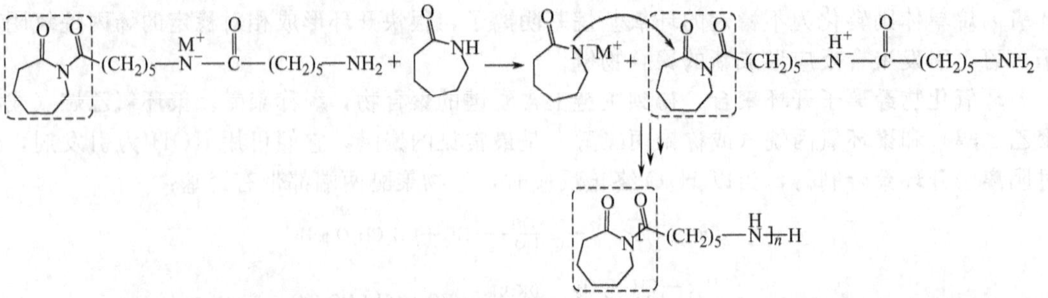

可见，聚合反应起始的链增长活性中心是酰亚胺二聚体分子（b）中环外 N-酰基化的环酰胺结构，即酰亚胺二聚体（b）是聚合反应实际上的引发剂，是聚合体系中原位生成的，所加阴离子引发剂的作用是活化单体（形成单体阴离子），聚合反应的链增长活性中心是增长链末端所带的环外 N-酰基化的环酰胺结构。由于内酰胺单体的酰胺键的活性不高（缺电子性不足），它与内酰胺阴离子之间的反应（链引发反应的第二步）较慢，使实际上作为引发剂的二聚物（b）的浓度增加缓慢，导致内酰胺聚合反应存在诱导期。为了消除聚合反应的诱导期，可在聚合体系中加入酰氯、酸酐、异氰酸酯等酰化试剂，与己内酰胺反应，原位生成具有引发活性的 N-酰基化环酰胺：

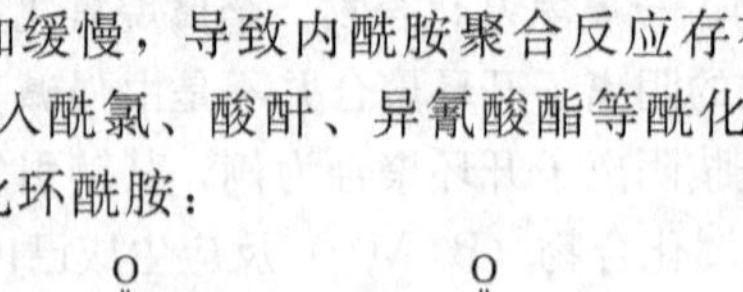

也可预先合成 N-酰基化己内酰胺引发剂后再加到聚合体系中。工业上生产浇注聚酰胺时，一般都加入酰化试剂，加速反应，缩短生产周期。

7.3.4　水解开环聚合

内酰胺在 5%～10%水存在下、加热至 250～270℃时，发生水解聚合。以己内酰胺的水解聚合为例，体系中主要伴有三种平衡反应。

己内酰胺水解成氨基酸：

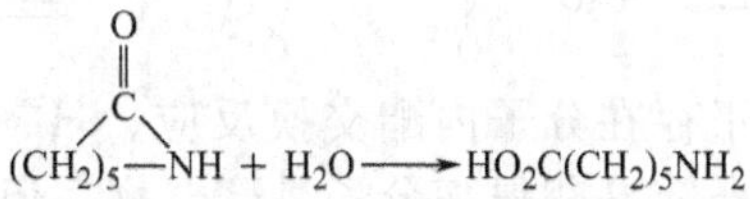

$$(CH_2)_5-NH + H_2O \longrightarrow HO_2C(CH_2)_5NH_2$$

氨基酸自身逐步聚合：

$$\sim\sim\sim COOH + H_2N \sim\sim\sim \rightleftharpoons \sim\sim\sim CO-NH \sim\sim\sim + H_2O$$

己内酰胺在氨基酸的氨基所引发下的开环聚合：

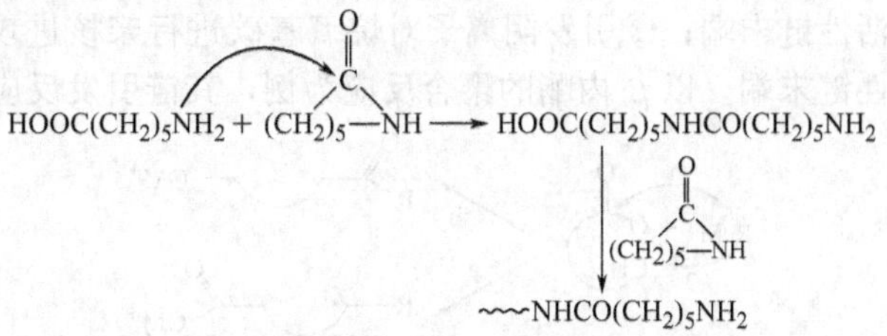

$$HOOC(CH_2)_5NH_2 + (CH_2)_5-NH \longrightarrow HOOC(CH_2)_5NHCO(CH_2)_5NH_2$$

$$\sim\sim\sim NHCO(CH_2)_5NH_2$$

由于己内酰胺开环聚合速率比氨基酸自身逐步聚合速率至少要大 1 个数量级，氨基酸自身逐步聚合只占己内酰胺聚合的很小比例，即开环聚合是聚合物生成的主要途径。

己内酰胺开环聚合产物中会含有 8％单体和 2％环状低聚物（以二、三聚体为主），环状低聚物是通过分子内的"回咬"反应生成的。工业上将产物经热水抽提以除去单体和环状低聚物，再在 $100\sim120℃$ 下真空干燥。

7.3.5　环酯开环聚合

环酯单体包括内酯和内交酯两大类，它们开环聚合后生成聚酯：

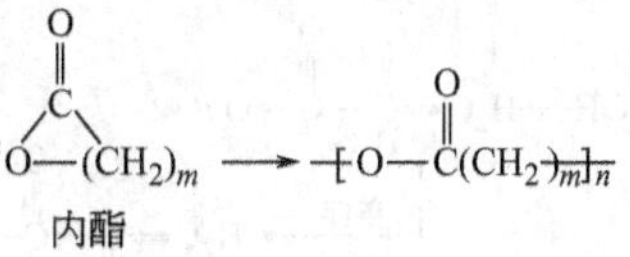

$$nO-(CH_2)_m \longrightarrow \left[O-C(CH_2)_m\right]_n$$
内酯

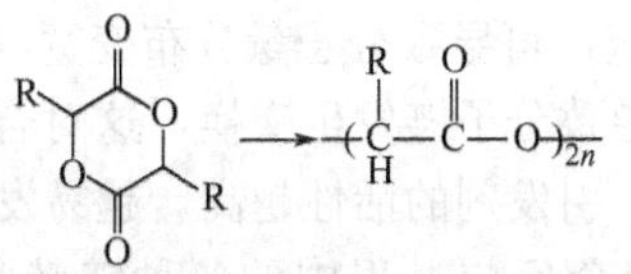

$$n \quad \overset{R}{\underset{R}{\bigcirc}} \longrightarrow \left(\overset{R}{\underset{H}{C}}-C-O\right)_{2n}$$
内交酯

内酯可以看成羟基酸的单分子环化产物，以己内酯（$m=5$）最为重要，其聚合物聚己内酯已商业化生产。内交酯是羟基酸受热失水形成的双内酯环化二聚体，常见的有乙交酯（$R=H$）和丙交酯（$R=CH_3$）等，相应的聚合产物为聚乙交酯（又称聚羟基乙酸）和聚丙交酯（又称聚乳酸）。聚己内酯、聚乙交酯和聚乳酸都具有良好的生物降解性和生物相容性，可广泛应用于生物医学、组织工程等领域，如药物控制释放体系、生物体吸收缝合材料、骨科固定及组织修复材料等。

内酯和内交酯可进行阳离子开环聚合、阴离子开环聚合和配位阴离子开环聚合。

用于环醚阳离子开环聚合反应的引发剂也可用于内酯的阳离子开环聚合，以三氟甲磺酸甲酯引发环内酯聚合为例，其链引发与链增长反应机理可示意如下。

链引发反应：

$$CH_3^+ + O \overset{O}{\underset{}{\bigcirc}} R \longrightarrow H_3C-O \overset{O}{\underset{}{\bigcirc}} R$$

链增长反应：

$$H_3C-O-\overset{O}{\underset{O}{C}}-R \;+\; O-\overset{O}{\underset{}{C}}-R \longrightarrow H_3C-O-\overset{O}{\underset{}{C}}-R-CH_2-\overset{+}{O}-R \Longrightarrow H_3C-O-\overset{O}{\underset{}{C}}-R\cdots_n\overset{+}{O}-R$$

内酯的阳离子开环聚合由于存在分子内酯交换反应、H^- 和 H^+ 转移反应等副反应，不如其相应的阴离子开环聚合那样容易获得高分子量聚合物，但一些高活性单体如环丙内酯的阳离子开环聚合可得到分子量达 100000 的聚酯。

环内酯阴离子开环聚合的引发剂主要有碱金属、碱金属氧化物、碱金属-萘/冠醚复合物等。链引发反应可有两种方式：①引发阴离子对内酯的羰基碳进行亲核进攻，使酰氧 C—O 键断裂形成烷氧阴离子活性链末端；②引发阴离子对烷氧基碳进行亲核进攻，使烷氧 C—O 键断裂生成羧酸阴离子活性链末端。以 β-内酯的聚合反应为例，其链引发反应机理可示意如下：

$$R^-M^+ + \overset{O}{\underset{CH_2}{C}}\overset{1}{\underset{2}{}} \longrightarrow \begin{cases} R-\overset{O}{\underset{}{C}}-CH_2-CH_2-OM^+ \\ R-CH_2-CH_2-\overset{O}{\underset{}{C}}-OM^+ \end{cases}$$

一般由弱碱引发 β-内酯阴离子开环聚合时，通常发生烷氧键断裂引发反应，形成羧酸根阴离子增长活性中心；而强碱引发剂，如碱金属烷氧化物，则发生酰氧键断裂形成烷氧阴离子增长活性中心。

内酯阴离子开环聚合存在链转移反应，包括向单体的链转移反应和向高分子的链转移反应。向单体的链转移反应主要为从单体夺取 β-质子的链转移反应，如丙内酯的阴离子开环聚合中，增长链活性中心从单体夺取质子，本身变为末端为羧基的聚合物分子，丙内酯单体失去 β-质子后开环生成丙烯酸根离子引发聚合反应，结果得到不饱和末端的聚酯：

$$\sim\sim C-O^- + \overset{H}{\underset{H_2C}{C}}\overset{O}{\underset{}{C}} \longrightarrow \sim\sim C-OH + H_2C=C-C-O^-$$

$$单体 \; H_2C=C-\overset{O}{\underset{}{C}}-O\left(CH_2CH_2-\overset{O}{\underset{}{C}}-O\right)_n CH_2CH_2-\overset{O}{\underset{}{C}}-O^-$$

向高分子的酯交换链转移反应，可导致分子量分布变宽，分子内的酯交换可导致环状低聚物生成，而分子间的酯交换反应会导致分子链发生交换，这对合成精确结构的共聚物是不利的。引发剂活性对链转移反应影响显著，引发剂的活性越高，越易发生向单体和高分子的链转移反应。

为了抑制环酯阴离子开环聚合反应过程中的各种链转移反应，可选用一些引发活性相对较低的含空 p、d 或 f 轨道金属的烷氧化物作为引发剂，其聚合反应机理不同于离子开环聚合，而是配位-插入开环聚合机理，通过酰氧键断裂使单体插入到引发剂的金属—氧键进行链增长。一般认为配位-插入开环聚合机理包括两步主要的反应，以内酯配位聚合为例，其聚合反应机理可示意如下：

$$\rangle M-OR + O\overset{R'}{\underset{O}{C}} \longrightarrow \cdots \longrightarrow \cdots \longrightarrow \cdots$$

中间态

$$\xrightarrow{单体} \cdots \xrightarrow{聚合} \rangle M\left(O-R'-\overset{O}{\underset{}{C}}\right)_n OR \xrightarrow{H^+} H\left(O-R'-\overset{O}{\underset{}{C}}\right)_n OR$$

　　首先，引发剂与单体配位后，引发剂所含的烷氧基对单体羰基 C 进行亲核进攻，羰基被打开形成中间态，其中原羰基氧与金属原子配位；然后，通过金属原子与原酯基的烷基氧配位，使单体的酰氧键断裂开环，如此反复进行链增长反应。聚合反应可通过水解反应终止，形成—OH 末端基。

　　配位开环聚合的引发剂通常为含有能量适当空 p、d 或 f 轨道的金属的烷氧化物（ROM）或羧酸盐（RCOOM）。常用的金属有 Al、Sn（包括Ⅱ价和Ⅳ价）、Mg、Zn、Ca、Ti、Bi（OAc）$_3$ 和镧系金属等。2-乙基己酸亚锡（又叫辛酸亚锡）是工业上最重要的环酯开环聚合引发剂，但是它只有在醇的存在下才显示较好的引发活性，无醇时聚合速率很慢，不到醇存在时聚合速率的 1%。一般认为真正的引发剂是由金属羧酸盐与醇原位反应生成的金属烷氧化物。

7.3.6　环硅氧烷开环聚合

　　聚烷基硅氧烷是一类主链由 Si—O—键组成的元素有机高分子，其特点是耐高低温、耐化学品、防水、无毒、黏附性小等，主要品种有硅油、硅树脂和硅橡胶。硅油分子量较低，用作表面活性剂、润滑油、液压油、载热体等；硅树脂分子量较高，用作涂料、黏合剂等；硅橡胶分子量很高（大于 10^6），作为弹性体制造各种管、带、垫圈和生物医用材料（人工心脏瓣膜、整容材料）等。

　　硅油和硅树脂通常由氯硅烷，如二氯二甲基硅烷水解聚合（逐步聚合机理）获得：

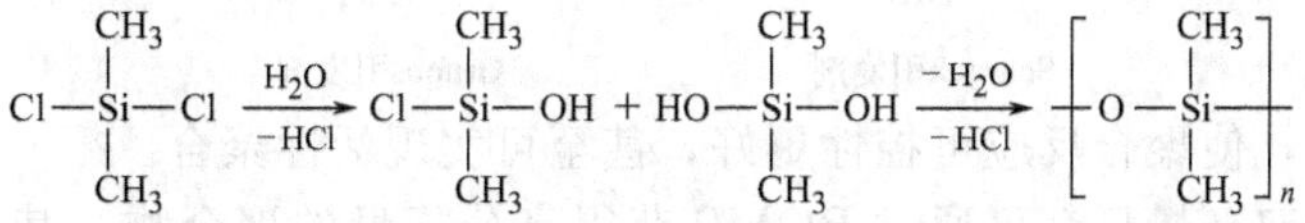

　　高分子量的硅橡胶则需由环硅氧烷单体的阳离子或阴离子开环聚合而成，最常见的环硅氧烷单体是一些硅氧烷环三聚物和环四聚物，如八甲基环四硅氧烷（简称 D$_4$）：

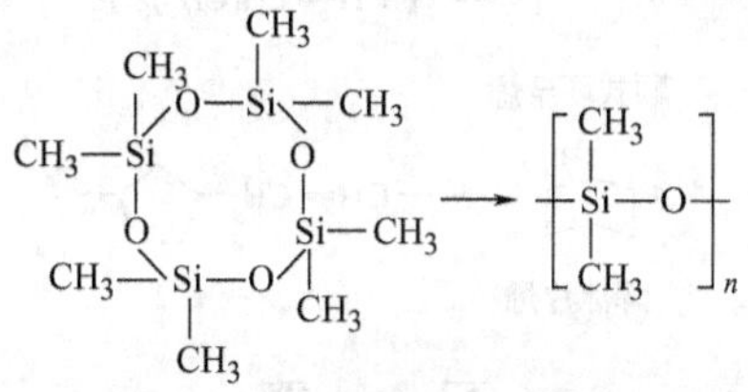

　　八甲基环四硅氧烷阳离子开环聚合引发剂包括多种质子酸和 Lewis 酸，聚合反应过程比较复杂，目前尚不完全清楚。在大多数反应条件下，在开环聚合反应的同时伴随着逐步聚合反应。其链引发及链增长聚合反应机理与环醚阳离子开环聚合类似，可示意如下：

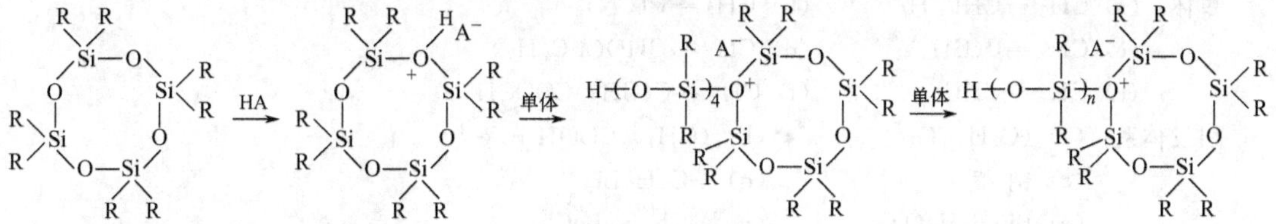

7.3.7　环烯烃的开环易位聚合

　　烯烃在某些复合配位催化剂作用下可使双键断裂发生双键再分配反应，称为烯烃易位反应，如：

当环烯烃在同类催化剂作用下发生烯烃易位反应时，开环得到主链含双键的聚合物，这类环烯烃聚合反应称为开环易位聚合反应（ROMP），如环戊烯的开环易位聚合反应：

$$n\ \pentagon \xrightarrow{\text{配位催化剂}} \text{+}CH=CH(CH_2)_3\text{+}_n$$

链引发和链增长反应活性中心为金属-碳烯，聚合反应机理可示意如下：

$$RCH=Mt \longrightarrow RCH=Mt \longrightarrow RCH—Mt \longrightarrow RCH—Mt$$

首先引发剂的金属原子与环烯烃的双键配位，金属-碳烯与单体双键形成四元环过渡态，然后重排开环再生金属-碳烯链增长活性中心，如此反复进行链增长反应。

早期使用的 ROMP 引发剂为双组分体系，由稀土金属（如 W、Mo、Rh、Ru 等）的卤化物或氧化物和烷基化试剂（如 R_4Sn 或 $RAlCl_2$ 等烷基金属 Lewis 酸）组成，两组分原位生成金属-碳烯，这类引发剂具有许多不足，如聚合产物分子量控制很难，实际生成的金属-碳烯浓度低，需要较高的反应温度（100℃）等，但由于成本低，在工业应用中仍有使用。

新一代引发剂为可分离的稳定金属-碳烯复合物，如 Schrock 引发剂（Mt＝W 或 Mo）和 Grubbs 引发剂：

$$RCH=Mt\begin{smallmatrix}OR'\\|\\|\\OR'\end{smallmatrix}N—Ar \qquad Cl—Ru\begin{smallmatrix}R\ Cl\\ \diagdown\diagup\\ \diagup\diagdown\\PR_3\end{smallmatrix}CHAr$$

Schrock引发剂　　　　　　　Grubbs引发剂

这类引发剂活性高，使聚合反应可控性更好，甚至可实现活性聚合。

许多环烯烃和双环烯烃都可通过 ROMP 获得高分子量的聚合物，其中环辛烯、降冰片烯等的 ROMP 已工业化：

$$n\ \octagon \longrightarrow \text{+}CH=CH(CH_2)_6\text{+}_n$$

顺式环辛烯

$$n\ \text{(降冰片烯)} \longrightarrow \text{+}CH=CH\text{—}\pentagon\text{+}_n$$

降冰片烯

习　题

1. 试从单体、引发剂、聚合方法及反应特点等方面对自由基、阴离子和阳离子聚合反应进行比较。

2. 将下列单体和引发剂进行匹配，说明聚合反应类型并写出引发反应式。

单体：（a）$CH_2=CHC_6H_5$　　　　（b）$CH_2=C(CN)_2$

　　　（c）$CH_2=C(CH_3)_2$　　　　（d）$CH_2=CHO(n\text{-}C_4H_9)$

　　　（e）$CH_2=CHCl$　　　　　　（f）$CH_2=C(CH_3)COOCH_3$

引发体系：（a）$(C_6H_5CO_2)_2$　　　　（b）$(CH_3)_3COOH+Fe^{2+}$

　　　　　（c）钠-萘　　　　　　　（d）$n\text{-}C_4H_9Li$

　　　　　（e）BF_3+H_2O　　　　　（f）$AlCl_3+t\text{-}BuCl$

3. 在离子聚合反应中，活性中心的形式有哪几种？不同形式的活性中心和单体的反应能力如何？其存在形式受哪些因素的影响？

4. 在离子聚合反应过程中，能否出现自加速效应，为什么？

5. 以乙二醇二甲醚为溶剂，分别以 RLi、RNa、RK 为引发剂，在相同条件下使苯乙烯聚合，判断采用不同引发剂时聚合速率的大小顺序。如果改用环己烷作溶剂，聚合速率的大小顺序如何？说明判断的根据。

6. 解释下列概念和名词：

(1) 配位聚合　　(2) 定向聚合　　(3) Ziegler-Natta 引发剂　　(4) 立构规整度

(5) 茂金属引发剂

7. 写出由下列单体聚合生成的立构规整性聚合物的结构：

(1) $CH_2\!=\!CH\!-\!CH_3$　　(2) $CH_2\!=\!C(CH_3)(C_2H_5)$　　(3) $CH_2\!=\!CH\!-\!CH\!=\!CH_2$

8. 写出在 $TiCl_4/Al(C_2H_5)_3$ 引发下，乙烯配位聚合的基元反应方程式。

9. 环大小对环单体开环聚合反应活性有何影响？

10. 环氧丙烷的阴离子开环聚合常常只能得到低分子量聚合物，请解释其原因。

参 考 文 献

[1]　卢江，梁晖. 高分子化学. 第 2 版. 北京：化学工业出版社，2010.

[2]　Odian G. Principles of Polymerization. 4ᵗʰed. New Jersey：Iohn Wiley & Sons Inc.，2004.

[3]　Sawamoto M. Prog. Polym. Sci.，1991，17：111.

[4]　Matyjaszewski K，Sawamoto M. Cationic Polymerizations：Mechanisms，Synthesis，and Applications. New York：Maecel Dekker，1997.

[5]　Sawamoto M. Macromol. Symp.，1994，85：33.

[6]　张洪敏，侯元雪. 活性聚合. 北京：中国石化出版社，1988.

[7]　Baskaran D. Prog. Polym. Sci.，2003，28：521.

[8]　Witold K. Principles of Coordination Polymerization. New York：John Wiley & Sons Ltd，2001.

[9]　黄葆同，陈伟. 茂金属催化剂及其烯烃聚合物. 北京：化学工业出版社，2000.

[10]　Johnson L K，Killian C M，Brookhart M. J. Am. Chem. Soc.，1995，120：4049.

[11]　Gates D P，Svejda S A，OnateE，et al. Macromolecules，2000，33：2320.

[12]　Stevens M P. Polymer Chemistry. 3ʳᵈed. New York：Oxford University Press. 1999.

第8章 链式共聚合反应

8.1 概述

在链式聚合中，由一种单体进行的聚合反应为均聚合反应（homopolymerization），形成的聚合物为均聚物（homopolymer）。两种或两种以上单体共同参与的聚合反应为共聚合（copolymerization），所形成的聚合物为共聚物（copolymer）。两种单体参与的共聚合反应称为二元共聚，以此类推有三元共聚、四元共聚等，一般将三元或三元以上的共聚反应称为多元共聚反应。对于二元共聚反应理论上已研究得相当透彻，而多元共聚反应的动力学和组成问题相当复杂，理论上定量分析困难，目前只限于实际应用。

8.1.1 共聚物类型和命名

根据共聚物分子的微观结构，二元共聚物主要有四类。

（1）无规共聚物(random copolymer)　在聚合物分子中，两种单体单元 M_1 和 M_2 呈无序排列，按概率分布：

$$\sim\sim M_1 M_2 M_2 M_2 M_1 M_1 M_2 M_2 M_2 M_1 M_1 M_1 M_1 M_1 M_2 \sim\sim$$

（2）交替共聚物（alternative copolymer）　共聚物分子中 M_1 和 M_2 两种单体单元有规则的交替分布：

$$\sim\sim M_1 M_2 M_1 M_2 M_1 M_2 M_1 M_2 M_1 M_2 M_1 M_2 M_1 M_2 M_1 \sim\sim$$

（3）嵌段共聚物（block copolymer）　M_1 和 M_2 两种单体单元各自组成长序列链段相互连接而成：

$$\sim\sim M_1 M_1 M_1 M_1 M_1 M_1 M_1 M_2 M_2 M_2 M_2 M_2 M_2 M_2 M_2 \sim\sim$$

（4）接枝共聚物（graft copolymer）　聚合物分子中，以一种单体组成的分子链为主链，在主链上接上一条或多条另一单体形成的支链：

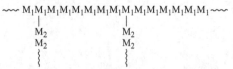

以上四类共聚物中，接枝共聚物和大多数的嵌段共聚物不是通过两种单体同时聚合来合成的，一般需要通过另外一些类型的反应来实现。

共聚物的命名是在两单体名称之间以横线相连，并在前面冠以"聚"字，或在后面冠以"共聚物"。例如，聚（苯乙烯-丁二烯）或苯乙烯-丁二烯共聚物。无规、交替、嵌段、接枝共聚物可以在两单体名称之间，分别用-co-、-alt-、-b-和-g-来区别，如聚（苯乙烯-co-甲基丙烯酸甲酯）、聚（苯乙烯-alt-甲基丙烯酸甲酯）、聚苯乙烯-b-聚甲基丙烯酸甲酯、聚苯乙烯-g-聚甲基丙烯酸甲酯。有时也把它们分别称为苯乙烯-甲基丙烯酸甲酯无规共聚物、苯乙烯-甲基丙烯酸甲酯交替共聚物、苯乙烯-甲基丙烯酸甲酯嵌段共聚物、苯乙烯-甲基丙烯酸甲酯接枝共聚物。由此可见，共聚物命名法尚未统一。至于命名时两种单体的先后次序，对无规共聚物而言则取决于它们的相对含量，一般含量多的单体名称在前，含量少的单体名称在后；若是嵌段共聚物，由于两种单体是在先后不同的聚合反应阶段加入的，因此其名称中的前后单体则代表单体聚合的次序；对于接枝共聚物，构成主链的单体名称放在前面，支链单体放在后面。

8.1.2　共聚反应的意义

在均聚反应中，聚合机理、聚合速率、分子量及分子量分布是要研究的主要问题。而在共聚反应中，除了以上问题之外，共聚物组成和序列分布为更重要的研究内容，即理论研究的范围扩展了。此外，通过共聚反应的研究可以获得单体、链增长活性中心（如自由基、碳阳离子、碳阴离子等）的活性数据，进而阐明单体活性与结构的关系，找出共聚反应中单体的活性规律，预测共聚物的组成，这些都是共聚反应研究的理论意义。

在应用上，共聚反应作为聚合物分子设计的有力手段，大大提高了人们有目的地合成具有预期性能聚合物的能力。共聚物是由两种或两种以上的单体以化学键相连的聚合物，其性质明显地不同于各自单体的均聚物及其共混物。因此，共聚合能从有限的单体（至多不过数百种）出发，根据实际需要进行人工裁剪，选择不同的单体组合和配比以不同方式进行共聚，便可得到种类繁多、性能各异的共聚物，以满足不同的使用要求。通过共聚，还可以改进聚合物的诸多性能，如机械强度、弹性、塑性、柔软性、玻璃化转变温度、熔点、耐溶剂性能、染色性能、表面性能、耐老化性等。以聚苯乙烯为例，它是一种硬度很高但抗冲击性和耐溶剂性能较差的易碎塑料，若将苯乙烯和丙烯腈共聚，增加了抗冲强度和耐溶剂性；与丁二烯共聚，产物具有良好的弹性，可作橡胶使用（丁苯橡胶）。而苯乙烯、丙烯腈、丁二烯三元共聚物则囊括了上述所有优点，其产物便是综合性能极好的 ABS 树脂。

8.2　二元共聚物的组成

8.2.1　共聚方程

两种单体共聚时，由于彼此化学结构的差异而导致它们的活性不同，因此得到的共聚物组成往往不同于单体投料组成。另外，单体在共聚反应中的相对活性与它们在均聚反应时的相对活性不同，有些单体共聚时表现出比均聚时更高的反应活性，甚至有些单体如顺丁烯二酸酐、1,2-二苯乙烯等本身不能发生均聚，但却容易进行自由基共聚。而另一些单体则相反，表现出较低的活性。这样，共聚物的组成不能根据已知的两单体的均聚速率来测算。因此，需要研究共聚物组成与单体组成以及单体聚合活性之间的关系，找出其基本规律。

当两种单体 M_1 和 M_2 进行共聚反应时能形成两种链增长活性中心，一种以 M_1 为链端，另一种以 M_2 为链端，可以分别表示为 $\sim M_1^*$ 和 $\sim M_2^*$。根据链式聚合机理，星号可以是自由基、碳阳离子或碳阴离子。为简化共聚反应的动力学处理，需进行一些合理的假设。首先进行等活性假设，即链增长活性中心的活性与链长无关，也与前末端单体单元结构无关，仅仅取决于活性中心所在末端单体单元，则链增长反应有如下四种：

$$\sim M_1^* + M_1 \xrightarrow{k_{11}} \sim M_1^* \quad R_{11} = k_{11}[M_1^*][M_1] \tag{8-1}$$

$$\sim M_1^* + M_2 \xrightarrow{k_{12}} \sim M_2^* \quad R_{12} = k_{12}[M_1^*][M_2] \tag{8-2}$$

$$\sim M_2^* + M_1 \xrightarrow{k_{21}} \sim M_1^* \quad R_{21} = k_{21}[M_2^*][M_1] \tag{8-3}$$

$$\sim M_2^* + M_2 \xrightarrow{k_{22}} \sim M_2^* \quad R_{22} = k_{22}[M_2^*][M_2] \tag{8-4}$$

式中，k_{11} 和 k_{12} 分别为增长链 $\sim M_1^*$ 与单体 M_1 和 M_2 加成的速率常数；k_{21} 和 k_{22} 则分别是增长链 $\sim M_2^*$ 与单体 M_1 和 M_2 加成的速率常数。链增长活性中心与同种单体加成的链增长反应〔式(8-1)和式(8-4)〕称为同系链增长；与另一种单体加成的链增长反应〔式(8-2)和式(8-3)〕则称为交叉链增长。

又假设链增长反应都是不可逆的，并且共聚物聚合度很高，以至忽略链引发反应的单体消耗，链增长反应时两种单体的消耗速率等于两种单体进入共聚物的速率。根据式(8-1)～式(8-4)，两种单体的消耗速率：

$$-\frac{d[M_1]}{dt} = R_{11} + R_{21} = k_{11}[M_1^*][M_1] + k_{21}[M_2^*][M_1] \tag{8-5}$$

$$-\frac{d[M_2]}{dt} = R_{12} + R_{22} = k_{12}[M_1^*][M_2] + k_{22}[M_2^*][M_2] \tag{8-6}$$

两种单体的消耗速率比等于两种单体进入共聚物的速率比，将上两式相除，得共聚物组成 $d[M_1]/d[M_2]$：

$$\frac{d[M_1]}{d[M_2]} = \frac{k_{11}[M_1^*][M_1] + k_{21}[M_2^*][M_1]}{k_{12}[M_1^*][M_2] + k_{22}[M_2^*][M_2]} \tag{8-7}$$

再作稳态假设，即共聚反应是稳态条件下进行的，体系中两种链增长活性中心的浓度不变。为了使 M_1^* 和 M_2^* 保持恒定，M_1^* 和 M_2^* 的消耗速率等于 M_1^* 和 M_2^* 的生成速率：

$$k_{12}[M_1^*][M_2] = k_{21}[M_2^*][M_1] \tag{8-8}$$

代入式(8-7)，并令参数 r_1 和 r_2 为：

$$r_1 = k_{11}/k_{12}, \quad r_2 = k_{22}/k_{21}$$

经整理得到：

$$\frac{d[M_1]}{d[M_2]} = \frac{[M_1]}{[M_2]} \times \frac{r_1[M_1] + [M_2]}{r_2[M_2] + [M_1]} \tag{8-9}$$

方程式(8-9)称为二元共聚物组成微分方程，简称二元共聚方程。r_1 和 r_2 定义为每种单体的同系链增长速率常数与交叉链增长速率常数之比，称为竞聚率。因此，共聚方程描述了某一时刻共聚物组成与相应时刻两种单体浓度及竞聚率 r_1、r_2 之间的定量关系。

共聚方程式(8-9)可以转化为摩尔分数的形式，为此令 f_1 和 f_2 分别为单体 M_1 和 M_2 的摩尔分数，F_1 和 F_2 分别为共聚物中 M_1 和 M_2 单体单元的摩尔分数，则有：

$$f_1 = \frac{[M_1]}{[M_1] + [M_2]} = 1 - f_2$$

$$F_1 = \frac{d[M_1]}{d[M_1] + d[M_2]} = 1 - F_2$$

把 f_1 和 F_1 代入式(8-9)得共聚方程的另一种表达式：

$$F_1 = \frac{r_1 f_1^2 + f_1 f_2}{r_1 f_1^2 + 2f_1 f_2 + r_2 f_2^2} \tag{8-10}$$

可按实际情况选用式(8-9)和式(8-10)，在不同的场合各有方便之处。

8.2.2　共聚物组成曲线

按照共聚方程式(8-10)，以 F_1 对 f_1 作图，所得到的 F_1-f_1 曲线称为共聚物组成曲线。与共聚方程相比，共聚曲线能更直观地显示出两种单体瞬时组成所对应的共聚物瞬时组成。

由于 F_1-f_1 曲线随 r_1、r_2 的变化而呈现出不同的特征。因此在讨论共聚物组成曲线之前，有必要首先理解竞聚率数值的意义。按照竞聚率的定义，它是均聚反应链增长速率常数与共聚链增长速率常数之比，也就是表示一种单体的均聚能力与共聚能力之比。当 $r_1 = 0$ 时，表示 $k_{11} = 0$，说明单体 M_1 只能共聚而不能均聚；当 $r_1 = 1$ 时，表示 $k_{11} = k_{12}$，即单体 M_1 的共聚反应和均聚反应倾向（概率）完全相同；当 $r_1 < 1$ 时，表示 $k_{11} < k_{12}$，即单体 M_1

的共聚反应倾向大于均聚反应倾向；当 $r_1 > 1$ 时，表示 $k_{11} > k_{12}$，即单体 M_1 的均聚反应倾向大于共聚反应倾向。根据不同的 r_1 和 r_2，呈现五种典型的二元共聚物组成曲线，分别介绍如下。

8.2.2.1　$r_1 = r_2 = 1$（恒比共聚）

这是一种特殊的情况，将 $r_1 = r_2 = 1$ 代入式(8-10)，则共聚方程可简化成 $F_1 = f_1$，即无论单体配比如何，共聚组成恒等于单体组成，因此称为恒比共聚或恒分共聚。以 F_1 对 f_1 作图得到一直线，如图 8-1 所示的对角线。

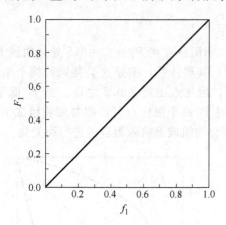

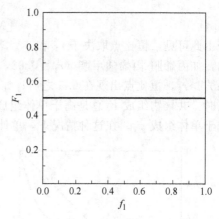

图 8-1　恒比共聚组成曲线（$r_1 = r_2 = 1$）　　　图 8-2　交替共聚组成曲线（$r_1 = r_2 = 0$）

8.2.2.2　$r_1 = r_2 = 0$（交替共聚）

这是另一种极端的情况，$r_1 = r_2 = 0$，表明两种单体不能进行均聚而只能进行共聚。因此，在生成的共聚物分子链中两种单体单元交替连接，称为交替共聚。将 $r_1 = r_2 = 0$ 代入共聚方程式（8-10），得 $F_1 = 0.5$，即不论两种单体比如何变化，共聚物组成始终保持 $F_1 = 0.5$，其共聚组成曲线（F_1-f_1）是 $F_1 = 0.5$ 的一条水平线，如图 8-2 所示。

完全满足交替共聚的实例并不多，更多的情况是某一单体竞聚率 r_1 接近于零，另一单体竞聚率 r_2 等于零；或者两种单体竞聚率都接近于零。这时的共聚类型可称为"接近交替共聚"或"单交替共聚"。将 $r_2 = 0$ 代入式(8-9)，则：

$$\frac{d[M_1]}{d[M_2]} = 1 + r_1 \frac{[M_1]}{[M_2]}$$

显然，只要使不能均聚而只能共聚的单体 M_2 的相对浓度足够大，而使有一定均聚倾向的单体 M_1 的相对浓度尽量小，上式的第二项就接近于零，则 $d[M_1]/d[M_2]$ 趋近于 1，便可生成接近交替组成的共聚物。r_1 越大，要想获得接近交替共聚物就必须使单体 M_1 的相对浓度越小。苯乙烯与顺丁烯二酸酐的自由基共聚（$r_1 = 0.01$，$r_2 = 0$）就属于这种情况，其共聚的组成曲线如图 8-3 所示。可见，控制苯乙烯的摩尔分数（f_1）小于 0.8 即可获得接近交替组成的共聚物。

一般用竞聚率的乘积 $r_1 r_2$ 趋近于零的程度来衡量单体对交替共聚的倾向，但此法只适用于 r_1 或 r_2 都不能远大于零的情形。如 $r_1 = 2$，$r_2 = 0$，虽然 $r_1 r_2 =$

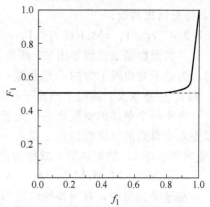

图 8-3　苯乙烯（M_1）-顺丁烯二酸酐

（M_2）自由基共聚组成曲线

（$r_1 = 0.01$，$r_2 = 0$）

0，但很难得到交替共聚物。

8.2.2.3　$r_1<1$，$r_2<1$（无规共聚）

由于 $r_1<1$，$r_2<1$，故 $k_{12}>k_{11}$，$k_{21}>k_{22}$，即两单体的共聚能力均大于其均聚能力。这种共聚类型，在自由基共聚中最为普遍。由于在共聚物分子链中两种链段均较短，故得到的是无规共聚物。共聚物的组成曲线具有图 8-4 所示的反 S 形特征，曲线与对角线相交，在交点处共聚物组成与单体组成相等，称为恒比点。将 $d[M_1]/d[M_2]=[M_1]/[M_2]$ 代入式（8-9），可求出满足恒比点的条件：

$$\frac{[M_1]}{[M_2]}=\frac{1-r_2}{1-r_1}$$

由此可见，恒比点取决于 r_1 和 r_2。若 $r_1=r_2$，则恒分点在 $F_1=f_1=0.5$ 处，曲线上下对称，如丙烯腈-丙烯酸甲酯（$r_1=0.83$，$r_2=0.83$）共聚体系，但是这类共聚的例子不多。如果 $r_1>r_2$，恒比点出现在 0.5 之后；如果 $r_1<r_2$，恒比点出现在 0.5 之前。当 f_1 低于恒比点时，共聚物组成 F_1 总是高于单体组成 f_1；而当 f_1 高于恒比点时，则共聚物组成 F_1 总是低于单体组成 f_1。在这种情况下，单体组成和聚合物组成都将随聚合的进行而变化。

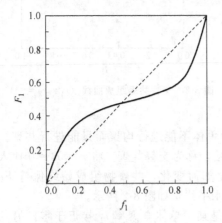

图 8-4　无规共聚组成曲线（$r_1<1$，$r_2<1$）

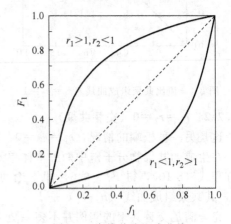

图 8-5　嵌均共聚组成曲线
（$r_1>1$，$r_2<1$ 或 $r_1<1$，$r_2>1$）

当 r_1 和 r_2 均越接近于 0 时，共聚组成曲线中部越平坦，极端的情况 $r_1=r_2=0$ 便是交替共聚。而当 r_1 和 r_2 均越接近于 1 时，共聚组成曲线越接近对角线，极端的情况 $r_1=r_2=1$，便是恒比共聚。

8.2.2.4　$r_1>1$，$r_2<1$ 或 $r_1<1$，$r_2>1$（嵌均共聚）

其共聚物组成曲线如图 8-5 所示，不与对角线相交，即无恒比共聚点。当 $r_1>1$、$r_2<1$ 时，为处于对角线上方的凸形曲线；当 $r_1<1$、$r_2>1$ 时，为处于对角线下方的凹形曲线。r_1 和 r_2 相差越大，曲线上凸或下凹的程度越大。

由于两个单体的竞聚率一个大于 1（均聚能力大）、一个小于 1（共聚能力大），因此可以想象所得到的共聚物实际上是在一种单体（竞聚率大于 1）的均聚嵌段中嵌入另一单体（竞聚率小于 1）的短链节，故称为嵌均共聚物，其大分子链可用下式表示：

〜〜〜 $M_1M_1M_1M_1M_1M_1M_1M_1M_2M_1M_1M_1M_1M_1M_1M_1M_1M_2M_2M_1M_1M_1M_1$ 〜〜

在这类共聚中，有一特殊情况即 $r_1r_2=1$，称为理想共聚。这时的组成曲线与图 8-5 相似，但曲线与对角线对称。将 $r_1r_2=1$ 的条件代入共聚方程式（8-9），则得：

$$\frac{d[M_1]}{d[M_2]}=r_1\frac{[M_1]}{[M_2]}$$

此式与混合理想气体各组分的分压或理想液体各组分的蒸气分压的数学表达形式类似，故称为理想共聚。但该术语并不意味着这类共聚任何情况下都是理想的，实际上随着两单体的竞聚率差值的增加，即使 $r_1 r_2 = 1$，要合成两种单体含量都较高的共聚物就越难，此时可以说是"不理想"。

8.2.2.5　$r_1 > 1$，$r_2 > 1$（嵌段或混均共聚）

两种单体倾向于均聚而不容易发生共聚，所得到的是"短嵌段"的共聚物，链段的长短取决于 r_1、r_2 的大小。由于 M_1 和 M_2 的链段的长度都不大且难以控制，因此很难用此类共聚获得具有实际应用意义的嵌段共聚物。若 $r_1 \gg 1$，$r_2 \gg 1$，聚合反应只能得到两种均聚物。故称这类共聚为嵌段或混均共聚。其共聚组成曲线呈 S 形，也有恒分点，形状与 $r_1 < 1$，$r_2 < 1$ 的共聚组成曲线相反（见图 8-6）。

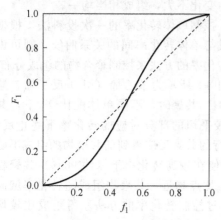

图 8-6　嵌段或混均共聚组成
曲线（$r_1 > 1$，$r_2 > 1$）

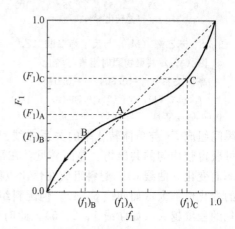

图 8-7　共聚物瞬间组成变化
方向（$r_1 < 1$，$r_2 < 1$）

8.2.3　共聚物组成分布及其控制

8.2.3.1　共聚物组成分布

从以上共聚类型的讨论中可知，除了恒比共聚和交替共聚以外，共聚物组成将随单体转化率的增大而改变。以自由基共聚较为普遍的情形 $r_1 < 1$、$r_2 < 1$ 为例，如图 8-7 所示，若要求合成的共聚物组成恰好是恒比共聚点 A 对应的组成 $(F_1)_A$，则取原料单体组成为 $(f_1)_A$ 即可，随着转化率提高，消耗的单体组成等于 $(f_1)_A$，所余单体的组成仍是 $(f_1)_A$，因此共聚物组成不随单体转化率而变。然而除了这一特殊情形之外，如要合成组成为 $(F_1)_B$ 的共聚物，按相应的原料单体组成 $(f_1)_B$ 投料，则瞬时生成的共聚物组成是合乎要求的。但因反应过程中进入共聚物中的 M_1 单体单元的摩尔分数 F_1 始终大于单体中 M_1 的摩尔分数 f_1，这就使得残留单体组成 f_1 递减，相应地形成的共聚物组成 F_1 也在递减。反应至一定时间，M_1 先行耗尽，此后生成的高聚物实际上是残余单体 M_2 的均聚物，以上过程的组成变化方向如图 8-7 中箭头所示。若要合成组成为 $(F_1)_C$ 的共聚物，其情况与 B 点正好相反。从以上讨论我们可以得出结论：随着单体转化率的提高，共聚物组成在不断改变。所得到的是组成不均一的混合物。相应就出现了组成分布的问题。

8.2.3.2　共聚物组成分布的控制

共聚是聚合物改性的一种重要方法，而共聚物的性能不但与共聚物组成而且与组成分布有关。若按共聚物组成来配制原料单体组成，当单体转化率达到 100％时，共聚物的平均组成虽然达到了要求，但由于内在组成的不均一性，使其性能仍可能不能合乎使用要求。因此

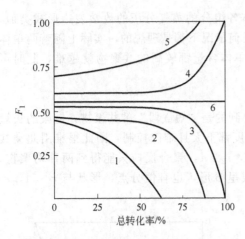

图 8-8　苯乙烯（M_1）与反丁烯二酸二乙酯（M_2）共聚物瞬时组成与转化率的关系（$r_1 = 0.30$，$r_2 = 0.07$）

$f_1 = 0.2$（1）；0.4（2）；0.50（3）；0.60（4）；0.80（5）；0.57（恒比共聚，6）

如何控制共聚物的组成分布在工业上具有重要意义。常用的共聚物组成分布控制方法有以下三种：

（1）恒比点一次投料法　当 $r_1 < 1$，$r_2 < 1$，二元共聚有恒比点时，若共聚物所需的组成与恒比共聚组成相等或非常接近，那就将两单体按所需的比例，一次投入。

如苯乙烯（$r_1 = 0.40$）和丙烯腈（$r_2 = 0.04$）的共聚，其恒比共聚组成 $F_1 = 0.62$，按 $f_1 = 0.62$ 或附近投料，这样共聚物组成将在很大转化率范围内变化不大，组成相当均一。

（2）控制单体转化率的一次投料法　根据共聚物组成与单体转化率间的关系曲线，则可由控制单体转化率的方法来控制聚合物的组成分布。

如图 8-8 所示为苯乙烯（M_1）-反丁烯二酸二乙酯（M_2）共聚时，不同单体配比 f_1 下，共聚物瞬间组成 F_1 与单体转化率的关系曲线。在曲线较平坦的部分对应的转化率下终止反应，便可获得较均匀的共聚物。显而易见，在恒比点进行的共聚反应得到的共聚物的组成不随转化率而变化（曲线6），配料组成在恒比点附近，即使在较高转化率下（约90%）共聚物组成的变化也不大（如曲线3、4）。但配料组成偏离恒比点越远，共聚物组成随转化率增高而变化的程度越大（如曲线1、2、5），此时就难以通过控制转化率的方法获得组成比较均一的共聚物。

（3）补加活泼单体　通过分批或连续补加活性较大的单体，以保持体系在整个反应过程中单体组成基本恒定，便可得到组成分布较均一的共聚物。例如对于 $r_1 > 1$、$r_2 < 1$，即 $F_1 > f_1$ 的体系，应将单体 M_1 分批或连续补加。

8.3　竞聚率的测定

竞聚率是共聚反应的重要参数，它决定着一对单体的共聚行为如共聚物组成、序列长度分布等。竞聚率的数值可以通过实验测定单体组成和相应的共聚物组成而获得。单体组成最常用的测定方法有高效液相色谱（HPLC）法、气相色谱（GC）法等；共聚物组成的测定可根据共聚物中的特征基团或元素，选用元素分析、放射性同位素标记以及各种波谱技术（IR、UV、NMR 等）。分析之前要对共聚产物样品纯化，彻底除去可能含有的均聚物及其他杂质。现介绍两种常用的竞聚率测定方法。

（1）直线交叉法（Mayo-Lewis 法）　把共聚方程式(8-9)重排得：

$$r_2 = \frac{[M_1]}{[M_2]}\left[\frac{d[M_1]}{d[M_2]}\left(1 + \frac{[M_1]}{[M_2]}r_1\right) - 1\right]$$

实验时采用一单体投料配比 $[M_1]/[M_2]$ 进行共聚，在低转化率下（<10%）终止聚合，测定所得共聚物的组成。由于转化率较低，可以近似地认为该共聚物组成就是投料配比 $[M_1]/[M_2]$ 所对应的瞬时共聚物组成 $d[M_2]/d[M_1]$。将 $[M_1]/[M_2]$ 和 $d[M_2]/d[M_1]$ 的数据代入上式，可得到一以 r_1 和 r_2 为变量的线性关系式，拟定数个（三个以上）r_1 值，便可按此线性关系求算出数个 r_2 值，以 r_1 和 r_2 为坐标作图可得一直线。再以另一个不同

投料比进行一次实验，又可得到另一条直线。最少作三次实验得到三条 r_1-r_2 直线，从三直线的交点或交叉区域的重心读取 r_1、r_2 值。如图 8-9，交叉区域的大小与实验的精确度有关，显然，交叉区域愈小，表示实验误差也愈小。

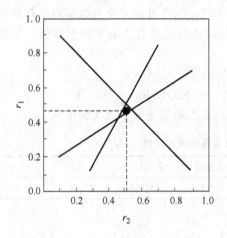
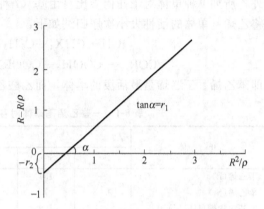

图 8-9　直线交叉法求 r_1、r_2 值　　　　　　图 8-10　截距斜率法求 r_1、r_2 值

（2）截距斜率法（Fineman-Ross 法）　令 d$[M_2]$/d$[M_1]$＝ρ，$[M_1]$/$[M_2]$＝R，代入共聚方程式(8-9)再重排成：

$$\left(R - \frac{R}{\rho} \right) = \frac{R^2}{\rho} r_1 - r_2$$

进行数次实验（一般不少于 6 次），在低转化率下测定不同 $[M_1]$/$[M_2]$ 下对应的 d$[M_2]$/d$[M_1]$值，以 $(R - R/\rho)$ 为纵坐标、R^2/ρ 为横坐标作图，即可得一条直线，斜率为 r_1，截距为 r_2，如图 8-10 所示。

几乎所有制备上感兴趣的单体对的竞聚率 r_1 和 r_2 都已被测定出来，可以在参考书或手册上查到。注意竞聚率数值有一定误差，各书中引用时会有些出入。

8.4　自由基共聚合

以上讨论了链式共聚合的通性，以下分别讨论各种链式共聚合。与均聚合一样，链式共聚合也分为自由基型、离子型等几种，其中以自由基共聚反应在工业上利用最广，理论上研究也最为透彻。

8.4.1　单体及自由基的反应活性

仅仅通过均聚合速率常数 k_p 的大小来判断单体或自由基的活性是困难的。例如虽然苯乙烯和乙酸乙烯酯进行自由基均聚反应时链增长速率常数分别为 145L/（mol·s）和 2300L/（mol·s），但我们仍不能据此得出结论即乙酸乙烯酯活性高于苯乙烯，也不能判断它们的自由基究竟哪个活性大。这是因为链增长速率常数 k_p 是由单体的活性和自由基的活性共同决定的。若要比较不同单体的活性，必须以同一种自由基为基准。同样，要比较自由基的活性，也必须以同一种单体作为基准，这就涉及共聚反应的问题了。因此，共聚合研究能了解单体及自由基的反应活性，从而揭示结构与反应性的关系，这是研究共聚合的理论意义之所在。

8.4.1.1　单体的相对活性

竞聚率的倒数如 $1/r_1 = k_{12}/k_{11}$，表示一种自由基同另一种单体反应的速率常数与该自由基同自身单体反应的速率常数比值，因此可用来衡量两种单体的相对活性，如 $1/r_1$ 越大，表示单体 M_2 相对于单体 M_1 越活泼。选取适当竞聚率数据（可在手册中查到），取其倒数列于表 8-1 中，表中各纵列的数值表示不同单体对同一参比链自由基的反应活性。

比较表中各个纵列竞聚率倒数的数值大小可以发现，除几处由于交替效应而引起的偏离外，所列 9 种单体对于任何参比自由基（7 种）的反应活性都是自上而下依次降低。由此可将乙烯基单体的活性大小次序归纳如下：

$$CH{=}CHX: {-}C_6H_5, {-}CH{=}CH_2 > {-}CN,$$
$${-}COR > {-}COOH, {-}COOR > {-}Cl > {-}OCOR, R > {-}OR, H$$

即苯乙烯、丁二烯是最活泼的单体，而乙酸乙烯酯、氯乙烯等是最不活泼的单体。

表 8-1　一些乙烯基单体对各种链自由基的相对活性（$1/r_1$）

单　　体	链自由基（〜〜 $M_1 \cdot$）						
	B·	St·	VAc·	VC·	MMA·	MA·	AN·
丁二烯（B）	—	1.7		9	4	20	50
苯乙烯（St）	0.73	—	100	50	2.2	6.7	25
甲基丙烯酸甲酯（MMA）	1.3	1.9	67	102		2	6.7
甲基乙烯酮（MVK）		3.4	20	10			1.7
丙烯腈（AN）	3.3	2.5	20	25	0.82	1.2	
丙烯酸甲酯（MA）	1.3	1.3	10	17	0.52		0.67
偏二氯乙烯（VDC）	—	0.54	10	—	0.39	—	1.1
氯乙烯（VC）	0.11	0.059	4.4	—	0.10	0.25	0.37
乙酸乙烯酯（VAc）		0.019	—	0.59	0.059	0.11	0.24

8.4.1.2　自由基的活性

比较不同自由基与同一参比单体进行链增长反应的速率常数 k_{12} 的大小便可得到各种自由基相对活性。通过实验或大多数情况下从手册中可获得 r_1 和 k_{11}（实际上是单体 M_1 的均聚时的链增长速率常数 k_p），代入 $r_1 = k_{12}/k_{11}$，便可求出 k_{12}。将 k_{12} 值列于表 8-2。

表 8-2　链自由基-单体链增长速率常数（$k_{12} \times 10^{-2}$）

单　　体	链自由基（〜〜 $M_1 \cdot$）						
	B·	St·	MMA·	AN·	MA·	VC·	VAc·
丁二烯（B）	1	2.8	20.6	980	418	—	3190
苯乙烯（St）	0.7	1.65	11.3	490	100.45	2300	5500
甲基丙烯酸甲酯（MMA）	1.3	3.14	5.15	131	41.8	1540	1100
丙烯腈（AN）	3.3	4.13	4.22	19.6	25.1	460	2250
丙烯酸甲酯（MA）	1.3	2.15	2.68	13.1	20.9	230	1870
氯乙烯（VC）	0.11	0.097	0.52	7.20	5.2	101	110
乙酸乙烯酯（VAc）		0.034	0.26	2.30	2.30	23	64.9

将表中各横行数据进行比较可以发现，所列 7 种链自由基对于每种参比单体的反应活性都是自左到右依次增加的，其中丁二烯、苯乙烯链自由基的活性最低，氯乙烯、乙酸乙烯酯链自由基活性最高。表中各纵列数据显示自上而下单体活性依次减小，与表 8-1 的数据所得结果一致。由此可见，自由基与单体的活性次序正好相反，即活泼单体产生的自由基不活泼，反过来不活泼单体产生的自由基活泼。

8.4.2　单体、自由基活性的结构因素

上面的讨论已给出了单体或自由基的相对活性。那么，单体或自由基的反应活性与它们

的结构之间的关系如何,是我们现在要讨论的问题。在影响活性的结构因素中,主要考虑的是单体或自由基所带取代基的共轭效应、极性效应和位阻效应。

(1) 共轭效应 共轭效应是决定单体或自由基活性最重要的因素。如果取代基能与自由基共轭,可使独电子离域性增加而稳定化。因此,取代基共轭效应越大,自由基就越稳定。由于双键取代基对自由基共轭稳定性最强,所以含不饱和或芳香取代基的单体如苯乙烯、丁二烯等的自由基最稳定,活性则最小。相反,氯、乙酰基等非共轭取代基对自由基的稳定化作用极小,相应的单体如氯乙烯、乙酸乙烯酯等的自由基最不稳定,活性则最大。但是如从单体的活性来看,情况则恰好相反。苯乙烯、丁二烯自由基的共轭稳定性高,故苯乙烯、丁二烯单体要转变成相应的自由基时所需活化能较小,反应容易进行,即苯乙烯、丁二烯单体的活性较大。氯乙烯、乙酸乙烯酯自由基不稳定,由单体变成自由基时所需活化能较大,故氯乙烯、乙酸乙烯酯单体的活性很小。

取代基的共轭效应对自由基和单体的影响程度不同,例如从表 8-2 数据可知,对于给定单体,乙酸乙烯酯自由基的活性比苯乙烯自由基大 100～1000 倍,而对于给定自由基,苯乙烯单体的活性只比乙酸乙烯酯大 50～100 倍。可见,取代基共轭效应对自由基活性影响要比对单体的影响大得多。也就是说决定自由基聚合链增长反应速率常数大小的关键因素是自由基活性而不是单体活性。这就解释了尽管苯乙烯单体比乙酸乙烯酯活性高,但乙酸乙烯酯的均聚速率常数要比苯乙烯的大。

共聚时,单体对有三种情形,即共轭稳定单体与非共轭稳定单体共聚;共轭稳定单体与共轭稳定单体共聚;非共轭稳定单体与非共轭稳定单体共聚。对于第一种单体对组合,以苯乙烯-乙酸乙烯酯为例,可能存在以下四种反应:

$$\sim St\cdot +St \longrightarrow \sim St\cdot \qquad ①$$
$$\sim St\cdot +VAc \longrightarrow \sim VAc\cdot \qquad ②$$
$$\sim VAc\cdot +St \longrightarrow \sim St\cdot \qquad ③$$
$$\sim VAc+VAc \longrightarrow \sim VAc\cdot \qquad ④$$

其中交叉链增长反应②由于是活性很低的苯乙烯自由基与活性很低的乙酸乙烯酯单体间的反应,反应速率极低,而使共聚反应难以进行。而对于第二种或第三种单体组合,则不会出现以上在交叉链增长反应中两种反应物(自由基和单体)的活性同时都低的情况,共聚反应容易进行。由此可得到以下结论:有共轭稳定作用的两单体之间或无共轭稳定作用的两单体之间容易发生共聚;而有共轭稳定作用的单体与无共轭稳定作用的单体构成的体系则不容易共聚。

(2) 极性效应 在单体和自由基活性顺序表中(见表 8-1 和表 8-2),会出现少数反常情况,这是由单体和自由基活性的另一个影响因素——取代基的极性效应引起的。给电子取代基使烯烃单体的双键带有部分负电性,吸电子取代基使烯烃单体的双键带有部分正电性。带有给电子取代基的单体(电子给体)与带有吸电子取代基的单体(电子受体)之间往往容易发生具有交替倾向的共聚反应,这就是极性效应,也称交替效应。因此,当带吸电子单体丙烯腈单体在以带给电子取代基的丁二烯或苯乙烯自由基为参比自由基时,其活性值出现反常增大的情况就不足为奇了。

由于极性效应,使一些如顺丁烯二酸酐等本身不能均聚的单体,与极性相反的单体如苯乙烯、乙烯基醚(本身也不能自由基均聚)等进行共聚合。甚至两个都不能自聚的单体,例如 1,2-二苯乙烯和顺丁烯二酸酐,由于二者极性相反,都可顺利地进行共聚。

强给电子单体和强受电子单体可发生高度交替共聚,关于其聚合机理目前有两种理论:过渡态极性效应机理和电子转移络合物均聚机理。前者认为在反应过程中,受电子的自由基和给电子的单体或者给电子的自由基与受电子单体之间相互作用，形成稳定的过渡态，导致交叉链增长反应活化能大大降低。以苯乙烯-顺丁烯二酸酐共聚合为例，顺丁烯二酸酐自由基与苯乙烯单体之间发生部分电子转移：

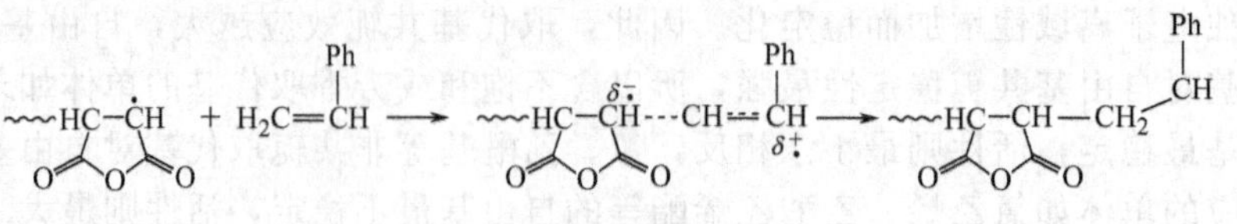

共振过渡态

同样，苯乙烯自由基与顺丁烯二酸酐单体之间也发生以上类似的电子转移，结果得到高度交替共聚物。

电子转移络合物均聚机理认为受电子单体和给电子单体首先形成 1：1 电子转移络合物，然后再均聚成交替共聚物。

$$M_1 + M_2 \rightleftharpoons M_1M_2（络合物）$$
$$nM_1M_2 \longrightarrow \cancel{} M_1M_2 \cancel{}_n$$

上述两种机理一直争论不休，到现在还没有定论，但可以认为两种观点在不同的场合分别或同时成立。

（3）空间位阻效应　单体中取代基的数目、大小、位置对单体或自由基活性均有影响。1,1-二取代单体如果取代基不是很大，空间位阻效应往往不显著，反而由于二个取代基的电子效应叠加而使单体活性增加，例如偏二氯乙烯，具有较氯乙烯大得多的活性。

与此相反，1,2-二取代单体的空间位阻效应明显，单体活性下降，例如 1,2-二氯乙烯的活性与氯乙烯相比大大降低。比较顺式和反式 1,2-二氯乙烯两个单体，反式的活性要比顺式大，这是一较普遍的现象。原因同样可解释为空间因素，即在自由基与单体加成时，顺式结构产生更大空间阻碍。

三氯乙烯的活性低于偏二氯乙烯，但高于 1,2-二氯乙烯，这是空间效应和电子效应共同作用的结果。四氯乙烯活性最低，显然是空间效应造成的。

8.4.3　Q-e 方程

前面讨论了单体和自由基的活性和结构的关系（共轭效应、极性效应和位阻效应），那么如何建立二者之间的定量关系，然后据此计算单体对的竞聚率，以代替大量、烦琐的逐对单体竞聚率的测定。Alfrey 和 Price 于 1947 年建立了 Q-e 概念，半定量地解决了上述问题。

按照 Q-e 概念，在不考虑空间位阻影响时，自由基和单体的反应速率常数与共轭效应、极性效应之间用以下经验公式联系起来：

$$k_{11} = P_1Q_1 \exp\left(-e_1e_1\right)$$
$$k_{12} = P_1Q_2 \exp\left(-e_1e_2\right)$$
$$k_{21} = P_2Q_1 \exp\left(-e_2e_1\right)$$
$$k_{22} = P_2Q_2 \exp\left(-e_2e_2\right)$$

式中，P 和 Q 分别为共轭效应对自由基和单体活性的贡献；假定单体及相应自由基的极性相同，则 e 为单体或自由基极性的量度。竞聚率相应地可表示为：

$$r_1 = \frac{Q_1}{Q_2} \exp^{-e_1(e_1-e_2)} \tag{8-11}$$

$$r_2 = \frac{Q_2}{Q_1} \exp^{-e_2(e_2-e_1)} \tag{8-12}$$

式（8-11）、式（8-12）称 Q-e 方程。

选最常用单体苯乙烯为标准参考单体，并规定其 $Q_1=1$，$e=-0.8$。将苯乙烯与不同单体共聚，测定 r_1、r_2 后代入上 $Q-e$ 方程，即可求得不同单体相对于苯乙烯的 Q、e 值。表 8-3 列出常见单体的 Q、e 值。Q 值越大，表示取代基的共轭效应越强，相应单体的活性也越高。e 值越大，取代基的吸电子性越强：e 值为负值时，取代基为给电子基团；e 值为正值时，取代基为吸电子基团。

表 8-3　常见单体 Q、e 值

单体	Q	e	单体	Q	e
乙基乙烯醚	0.018	−1.80	氯乙烯	0.056	0.16
丙烯	0.009	−1.69	甲基丙烯酸甲酯	0.78	0.40
异丁烯	0.023	−1.20	丙烯酰胺	0.23	0.54
乙酸乙烯酯	0.026	−0.88	丙烯酸甲酯	0.45	0.64
α-甲基苯乙烯	0.97	−0.81	丙烯酸	0.83	0.88
苯乙烯	1.00	−0.80	丙烯腈	0.48	1.23
丁二烯	1.70	−0.50	四氟乙烯	0.032	1.63
乙烯	0.016	0.05	马来酸酐	0.86	3.69

有了各种单体的 Q、e 值后，可利用 $Q-e$ 方程而不需进行共聚实验，算出任意两单体组合的竞聚率 r_1 和 r_2。但由于 $Q-e$ 方程本身的缺陷，如没有考虑位阻效应、将单体和自由基的极性等同看待等，使得求算出的 r_1、r_2 值误差较大。尽管如此，用它来粗略估算未知单体对的竞聚率从而预测它们的共聚行为还是十分方便的。例如 Q 值相似的单体易于共聚，e 值相差大的单体倾向于交替共聚。

8.4.4　自由基共聚合的应用

(1) 苯乙烯-丙烯腈共聚物　苯乙烯与 10％～40％丙烯腈自由基共聚制得的含腈塑料，可提高上限使用温度，改善抗溶剂性、抗冲击强度。用于制造管道设备、冰箱衬垫、容器及体育器械等。

(2) 丁苯橡胶　苯乙烯与丁二烯通过乳液共聚而得到的弹性体，称丁苯橡胶，是目前产量最大的合成橡胶（占合成橡胶 60％以上）。根据聚合温度不同，分为高温丁苯橡胶（热胶）和低温丁苯橡胶（冷胶）两种。前者在较高温度（50℃）下用 $K_2S_2O_8$ 引发聚合；后者在低温（约 5℃）下采用烷基过氧化氢-亚铁盐氧化还原体系引发聚合，其中以冷胶工艺较为成熟。

合成丁苯橡胶时，苯乙烯含量一般为 20％～30％，所得丁苯橡胶的耐磨性和耐老化性较天然橡胶好，但机械强度稍差。可以代替天然橡胶或与天然橡胶合用来制造轮胎。提高共聚物中苯乙烯含量，产品硬度增加，可作硬质橡胶使用。

(3) ABS 塑料　ABS 是丙烯腈-丁二烯-苯乙烯共聚物，它兼有聚苯乙烯良好的加工性和刚性、聚丁二烯的韧性、聚丙烯腈的化学稳定性，是一种应用广泛的热塑性工程塑料。ABS 主要通过接枝共聚法合成，其中以乳液接枝工艺最为成熟。先将丁二烯-苯乙烯乳液共聚制成丁苯胶乳，然后再加入丙烯腈和苯乙烯两种单体和引发剂进行接枝共聚合。

(4) 乙烯-乙酸乙烯酯共聚物　乙烯与乙酸乙烯酯共聚物，又叫 EVA 共聚物。共聚时随乙酸乙烯酯单体含量不同，所得共聚物结晶性发生改变而表现不同的性质，可作为塑料、热熔胶、压敏胶、涂料等。例如乙酸乙烯酯含量低于 20％的共聚物，可直接用作塑料，含量 25％～40％，用于配制热熔胶，含量 40％以上，用于配制压敏胶。

(5) 丙烯酸酯共聚乳液　丙烯酸酯乳液是一大类聚合物乳液的通称，它由不同丙烯酸酯单体通过乳液共聚获得，由于具有制备容易、性能优良且符合环保要求等优点，而在涂料和黏合剂领域应用广泛。合成丙烯酸酯乳液的共聚单体中，甲基丙烯酸甲酯常作为硬单体，赋予乳胶膜具有一定的硬度、耐磨性；丙烯酸丁酯、丙烯酸乙酯等作为软单体，赋予乳胶膜以一定的柔韧性和耐久性。除此之外，通常还加入一些丙烯酸、丙烯酰胺等功能单体以提高附着力和乳液稳定性。通过调节硬单体和软单体的比例，可获得玻璃化转变温度 T_g 不同的共聚物。T_g 越高，乳液成膜后的硬度越大，反之 T_g 越低，膜越软。

8.5 离子型共聚合

活性中心为离子的链式共聚反应称为离子型共聚合，包括阳离子型和阴离子型两种。前面已推导出的共聚物组成方程、序列分布方程等，不涉及活性中心的性质，因此除自由基共聚合之外同样适用于离子型共聚合。

然而同一共聚单体对，因共聚反应类型不同，共聚单体对的相对反应活性，即竞聚率 r_1 和 r_2 会有很大不同。例如苯乙烯-甲基丙烯酸甲酯共聚单体对，用 BPO 引发自由基共聚合时，$r_1 = 0.52$，$r_2 = 0.46$；用 $SnCl_4$ 引发阳离子共聚时，$r_1 = 10.5$，$r_2 = 0.10$；用钠/液氨引发阴离子共聚时，$r_1 = 0.12$，$r_2 = 6.4$。由于竞聚率不同，所得共聚物的组成差别很大，如图 8-11 所示。

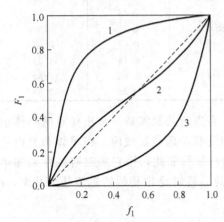

图 8-11 不同类型苯乙烯（M_1）与甲苯丙烯酸甲酯（M_2）共聚物组成曲线
1—阳离子共聚；2—自由基共聚；
3—阴离子共聚

自由基共聚合时，增长活性中心对单体的选择性不是很强，与苯乙烯或甲基丙烯酸甲酯发生链增长反应的机会相差不大，可获得组成较均匀的无规共聚物（见图 8-11 曲线 2）。相反离子型共聚合时，增长活性中心对单体选择性很大。阳离子共聚中，苯乙烯优先被阳离子增长活性中心选择进行链增长反应，从而共聚物中富含苯乙烯单元（见图 8-11 曲线 1）。但在阴离子共聚中，甲基丙烯酸甲酯优先被阴离子增长活性中心选择进行链增长反应，使共聚物组成中富含甲基丙烯酸甲酯单元（见图 8-11 曲线 3）。由此可见，离子型共聚对单体选择性高，往往难以合成两种单体单元含量都较高的共聚物，这是离子型共聚的特征之一。

离子型共聚的另一特征是溶剂、温度等反应条件对竞聚率的影响很大，也很复杂。这是因为溶剂、温度对离子型共聚中活性中心的存在形式（或离子对的离解程度）有很大影响。同时不同引发剂产生的反离子不同，因此对聚合也有明显的影响。利用离子型共聚这一特点，可通过改变聚合条件来调控竞聚率，达到合成预期组成共聚物的目的。

习 题

1. 何谓竞聚率，其物理意义是什么？

2. 讨论无规、交替、接枝和嵌段共聚物在结构上的差别。

3. 已知氯乙烯（M_1）与乙酸乙烯酯（M_2）共聚时，$r_1 = 1.68$，$r_2 = 0.23$。求作 F_1-f_1 共聚物组成曲线，并回答：

(1) 若起始反应的原料单体中氯乙烯含量为 85%（质量分数），从所作的 F_1-f_1 图求出共聚物中氯乙烯的含量（质量分数）；

(2) 由共聚物组成方程求出上一小题中共聚物中氯乙烯的含量，并相互比较之。

4. 在自由基均聚反应中，乙酸乙烯酯的聚合速率大于苯乙烯，但在自由基共聚反应中，苯乙烯单体的消耗速率远大于乙酸乙烯酯，为什么？若在乙酸乙烯酯均聚时，加入少量苯乙烯将会如何，为什么？

　　5. 试讨论离子型共聚反应的特征，并与自由基共聚合进行比较。

参 考 文 献

[1] 卢江，梁晖. 高分子化学. 第 2 版. 北京：化学工业出版社，2010.

[2] 潘祖仁. 高分子化学. 第 2 版. 北京：化学工业出版社，1997.

[3] 韩哲文. 高分子科学教程. 上海：华东理工大学出版社，2001.

[4] 邓云祥，刘振兴，冯开才. 高分子化学、物理和应用基础. 北京：高等教育出版社，1997.

[5] 肖超渤，胡运华. 高分子化学. 武汉：武汉大学出版社，1998.

[6] Odian G. Principles of Polymerization. 4th ed. New Jersey：Iohn Wiley & SonsInc.，2004.

[7] 余学海，陆云. 高分子化学. 南京：南京大学出版社，1994.

[8] Stevens M P. Polymer Chemistry，An Introduction. New York：Oxford，1999.

第9章　高分子的化学反应

研究和利用高分子的分子内或分子间的各种化学反应具有重要的意义，具体体现在两方面：①合成新型的具有特定功能的高分子。利用高分子的化学反应对高分子进行改性是合成新型高分子的有力手段之一，可得到许多通常难以直接由聚合反应合成的、复杂多样的高分子结构，从而赋予高分子新的特殊性能和用途。如离子交换树脂、高分子试剂及高分子催化剂、化学反应的高分子载体、可降解高分子、阻燃高分子等。②有助于了解和验证高分子的结构，如可利用邻二醇反应来测定聚乙烯醇分子链中首-首连接结构的含量等。

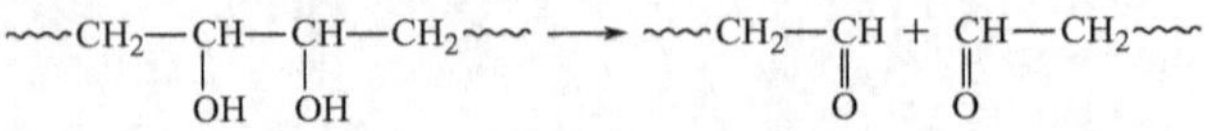

$$\sim\!CH_2\!-\!CH\!-\!CH\!-\!CH_2\!\sim \longrightarrow \sim\!CH_2\!-\!CH + CH\!-\!CH_2\!\sim$$
$$\underset{\displaystyle OH\ \ \ OH}{} \qquad\qquad \underset{\displaystyle O\ \ \ \ \ \ O}{}$$

9.1　高分子化学反应的特点、影响因素与分类

9.1.1　高分子化学反应的特点

虽然高分子的功能基能发生与小分子功能基类似的化学反应，但由于高分子与小分子具有不同的结构特性，其化学反应也有不同于小分子的特点。

(1) 多数情况下，与相应的小分子化学反应相比，由于高分子主链本身对其所带功能基的屏蔽位阻效应，高分子化学反应的反应速率与转化率通常较低，高分子链所带功能基可能并不能全部参与反应，因此反应产物分子链上既带有起始功能基，也带有新生成的功能基，不能将起始功能基和新生成的功能基分离开来，很难像小分子反应一样可分离得到含单一功能基的反应产物。此外，聚合物本身是聚合度不一的混合物，每条高分子链上的功能基转化程度也可能不一样，而且功能基在分子链上的分布也是无规的，因而产物结构是复杂的、不均匀的。

(2) 当高分子化学反应在溶液中进行时，高分子所含的功能基存在总浓度与局域浓度之分。高分子链在溶液中通常表现为无规线团，化学反应只能发生在无规线团局域内，高分子功能基在无规线团中的"局域浓度"高，而在无规线团以外区域中的浓度为 0。同样，小分子反应物也存在局域浓度与总浓度之分，局域浓度的高低取决于高分子的溶解性以及小分子反应物与高分子链间是否存在排斥或吸附作用。在高分子的良溶液中，若小分子反应物与高分子间不存在排斥或吸附作用时，小分子反应物在高分子线团内、外的浓度应该是相同的；若高分子的溶解性较差，则小分子反应物在高分子线团内的浓度就会低于线团外的浓度，即其局域浓度偏低；当高分子与小分子反应物间存在相互吸附作用时，则其局域浓度高于总的浓度，反应速率高于相应小分子化学反应，相反地，若高分子与小分子反应物间存在排斥作用时，导致局域浓度低于总浓度，反应速率比相应的小分子化学反应慢。

(3) 聚合物的化学反应可能导致聚合物的物理性能发生改变，如溶解性、构象、静电作用等发生改变，从而影响反应速率甚至影响反应的进一步进行（详见 9.1.2.1）。

(4) 高分子化学反应中副反应的危害性更大。当反应过程中存在副反应时，小分子反应可通过各种分离提纯手段将副产物除去，而高分子化学反应中，能否将不期望的副产物除去直接取决于副反应的性质，如果在产物分子链中同时含有副反应生成的功能基与目标功能基，就不可能将两者分离。此外在高分子化学反应中，不期望的交联或降解等副反应都将对产物的物理性能造成致命的损伤，必须充分考虑。

9.1.2　高分子化学反应的影响因素

高分子化学反应的影响因素是多方面的，包括聚合物本身的因素以及聚合物所处的环境因素等。聚合物本身的影响因素概括起来主要有两大类，一类是与聚合物的物理性质相关的物理因素，一类是与聚合物的分子结构相关的结构因素。

9.1.2.1　物理因素

（1）结晶性　在反应条件下，如果聚合物的晶区没有熔化或溶解，由于晶区分子链排列规整，分子链间相互作用力强，链与链之间结合紧密，小分子不易扩散进入晶区，晶区中的聚合物功能基难以与小分子反应试剂接触，因此反应只可能发生在非晶区，所得产物是不均匀的，反应速率随聚合物中非晶区含量的增加而加快。只有通过选择适当的反应温度和/或溶剂使聚合物的晶区熔化或溶解，使反应在均相条件下进行时，聚合物的反应才会与相应的小分子化学反应相似。虽然通常均相体系对反应更有利，但有些场合并不希望改变聚合物的本体性能，此时非均相反应反而更有利，如一些聚合物制品的表面改性处理。

（2）构象变化　即聚合物分子链在反应过程中的蜷曲程度的变化。在反应过程中，当聚合物的溶解性由好变差时，其分子链构象将由伸展状态向蜷曲状态转变，分子链上的一些功能基会因此被屏蔽，导致小分子反应物难以与之接触，使反应速率减慢。如聚(4-乙烯基吡啶)的季铵化反应，当季铵化程度较低时，由于静电排斥作用，使分子链变得更为伸展，分子链上的功能基更容易与小分子反应物接触，但随着季铵化程度的提高，聚合物的溶解性变差，使分子链变得蜷曲，反应速率变慢。

（3）溶解性变化　聚合物的溶解性随化学反应的进行可能不断发生变化，如聚乙烯在脂肪族或芳香族溶剂中的氯化反应，当引入的氯的质量分数低于 30% 时，聚合物的溶解性随着氯化程度的提高而提高，再进一步氯化，聚合物的溶解性却随之下降，当氯化程度超过 50%～60% 时，溶解性却又升高。聚合物在反应过程中的这种溶解性变化可能导致许多问题。一般溶解性变好对反应有利，溶解性变差对反应不利。一种极端情形是聚合物变得不溶解，从而可能导致小分子反应物难以扩散渗透到聚合物中，致使反应的最高转化率受限。但假若沉淀的聚合物对反应试剂有吸附作用，由于可使聚合物上的反应试剂浓度增大，反而可使反应速率增大。

（4）静电效应　聚合物所带的电荷可能改变小分子反应物在高分子线团中的局域浓度，从而影响其反应活性。当带电荷的聚合物与带相同电荷的小分子反应物反应时，由于静电排斥作用，使聚合物线团中的小分子反应物局域浓度降低，反应速率下降，甚至阻碍反应的充分进行。相反地，当与带相反电荷小分子反应物反应时，则会提高小分子反应物的局域浓度，从而使反应速率加快。例如聚(4-乙烯基吡啶)与 α-溴代乙酸根离子反应时，如果聚 (4-乙烯基吡啶)先部分质子化，使聚合物带上正电荷，从而可对体系中的 α-溴代乙酸根离子产生吸附作用，增加其在聚合物链上的局域浓度，促进反应的进行。

（5）交联　聚合物发生交联后，由于聚合物的溶胀性变小，小分子反应物难以扩散进入聚合物，导致其在聚合物中的局域浓度比聚合物外的浓度低，因此交联聚合物与相应非交联聚合物相比，其化学反应速率低，并且随着交联度的增大或溶剂溶解性变小，聚合物的溶胀性变小，这种差别更明显。

9.1.2.2　聚合物的结构因素

聚合物本身的结构对其化学反应性能的影响，称为高分子效应，这种效应是由高分子结构单元之间不可忽略的相互作用引起的。高分子效应主要有以下几种。

（1）邻基效应

① 位阻效应　由于新生成功能基的立体阻碍，导致其邻近功能基难以继续参与反应，这种效应常产生于引入大体积侧基的情形。如聚乙烯醇的三苯乙酰化反应，由于新引入的三苯乙酰基体积庞大，位阻效应显著，导致其邻近的—OH难以再与三苯乙酰氯反应：

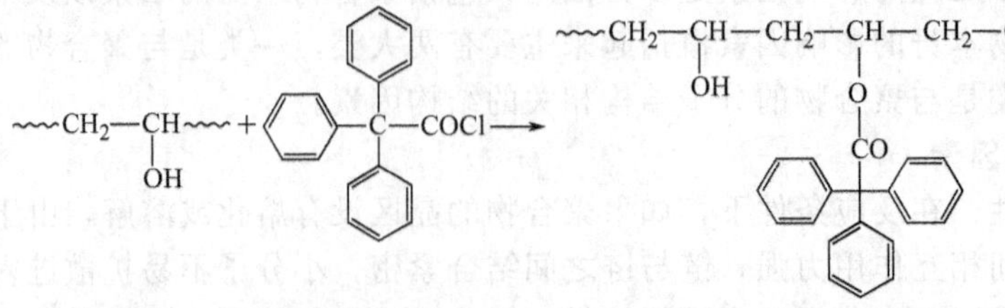

② 静电效应　邻近基团的静电效应可提高或降低功能基的反应活性。如聚丙烯酰胺在酸性条件下的水解反应就是一个邻基静电效应提高功能基反应活性的例子。其水解反应速率随反应的进行而增大，其原因是水解生成的羧基与邻近未水解的酰胺基作用生成酸酐环过渡态，从而促进了酰胺基中—NH$_2$的离去，加速水解。

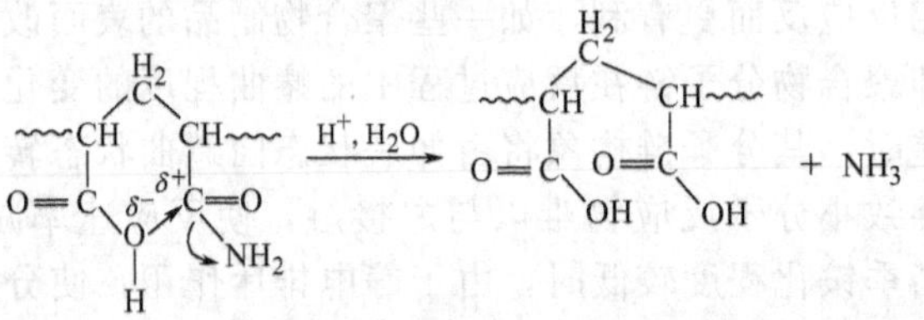

而聚丙烯酰胺在强碱条件下的水解反应则是一个典型的邻基静电效应降低反应活性的例子。当聚丙烯酰胺中某个酰胺基邻近的基团都已转化为羧酸根后，由于进攻的OH$^-$与高分子链上生成的—COO$^-$带相同电荷，相互排斥，因而难以与被进攻的酰胺基接触，不能再进一步水解，因而聚甲基丙烯酰胺在碱性条件下的水解程度一般低于70%。

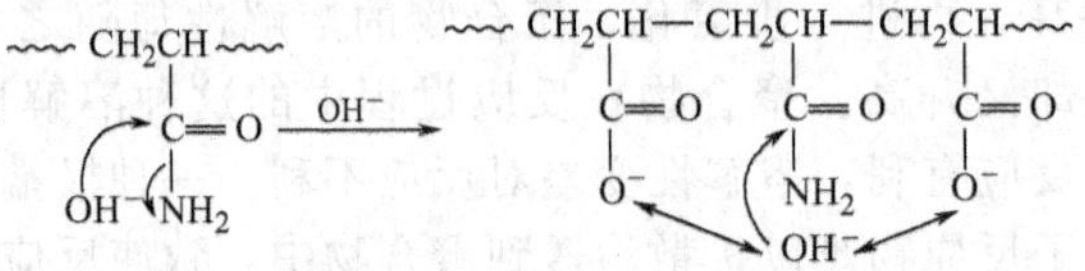

显然，这种邻基效应不会发生在类似的小分子反应中，因为在小分子反应中，未反应的功能基与已反应的功能基是被溶剂分隔开来的，不会相互影响。

此外，邻基效应不仅取决于功能基与反应类型，还与相邻功能基的立体化学有关。如全同聚甲基丙烯酸酯在吡啶/水中的皂化反应可观察到邻基促进作用，而在间同聚甲基丙烯酸酯的皂化反应中却没有这种促进作用。因为全同结构相邻功能基的朝向适于相互形成环状酸酐过渡态。

（2）功能基孤立化效应（几率效应）　当高分子链上的相邻功能基成对参与反应时，由于成对基团反应存在几率效应，即反应过程中间或会产生孤立的单个未反应功能基，由于单个未反应功能基难以继续反应，因而不能100%转化，只能达到有限的转化率。典型的例子如聚乙烯醇的缩醛化反应以及聚氯乙烯的脱氯反应。

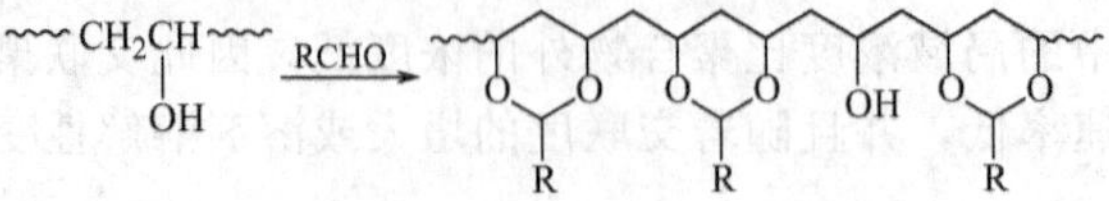

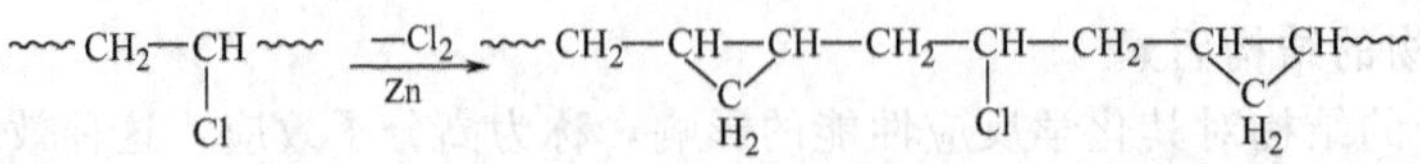

9.1.3　高分子化学反应的分类

高分子化学反应根据反应前后高分子所含功能基及其聚合度的变化可分为两大类。①高分子的相似转变，反应仅发生在聚合物分子的侧基上，即侧基由一种基团转变为另一种基团，并不会引起聚合度的明显改变；②高分子的聚合度发生根本改变的反应，包括聚合度变大的化学反应，如扩链、嵌段、接枝和交联；聚合度变小的化学反应，如降解与解聚。

9.2　高分子的相似转变

高分子的相似转变是聚合物改性以及合成新的高分子的一种有效方法。应用时需解决的关键问题之一是寻找合适的温和而又有效的反应条件。理想的高分子相似转变反应必须避免任何可能导致交联、降解或其他损害高分子性能的副反应发生，并且易于通过计量化学控制转变程度，这就要求相似转变反应的转化率要高，最好能定量地进行。

9.2.1　新功能基的引入与功能基转换

在聚合物分子链上引入新功能基或进行功能基转换，是对聚合物进行化学改性、功能化以及获取新型复杂结构高分子的有效手段。常见反应如下。

9.2.1.1　聚乙烯的氯化及氯磺化

$$Cl_2 \xrightarrow[\text{或有机过氧化物}]{\text{光}} 2Cl\cdot$$

$$\sim CH_2CH_2 \sim + Cl\cdot \longrightarrow \sim CH_2\dot{C}H \sim + HCl$$

$$\sim CH_2\dot{C}H \sim + Cl_2 \longrightarrow \sim CH_2CH \sim + Cl\cdot$$
$$\underset{Cl}{|}$$

聚乙烯的氯化反应

$$\sim CH_2-CH_2-CH_2-CH_2 \sim + Cl_2 + SO_2 \xrightarrow{\text{引发剂}} \sim CH_2-\overset{H}{\underset{Cl}{C}}-CH_2-\overset{H}{\underset{SO_2Cl}{C}} \sim + HCl$$

$$\sim CH_2-CH_2-CH_2-CH_2 \sim + SO_2Cl_2 \xrightarrow[\text{碱催化剂}]{\text{引发剂}} \sim CH_2-\overset{H}{\underset{Cl}{C}}-CH_2-\overset{H}{\underset{SO_2Cl}{C}} \sim + HCl + SO_2$$

聚乙烯的氯磺化反应

在聚乙烯分子链上引入氯原子后破坏了聚乙烯原有的分子链规整性，根据其氯化程度以及氯原子在分子链上的分布，可使结晶性的聚乙烯转化为半塑性的、弹性的或刚性的塑料。而氯磺基的引入则为聚合物提供了交联反应活性点，使之可用于热固性应用。

9.2.1.2　聚苯乙烯的功能化

聚苯乙烯芳环上易发生各种取代反应（硝化、磺化、氯磺化等），可被用来合成功能高分子、离子交换树脂以及在聚苯乙烯分子链上引入交联点或接枝点。特别重要的是聚苯乙烯的氯甲基化，由于生成的苄基氯易进行亲核取代反应而转化为许多其他的功能基。图 9-1 为聚苯乙烯苯环上的各种化学反应。图 9-2 为氯甲基化聚苯乙烯的各种化学反应。

9.2.1.3　纤维素的化学改性与功能化

纤维素是一种多分散的含无水葡萄糖重复结构单元（AGU）的结晶性线形聚合物，其分子结构如下：

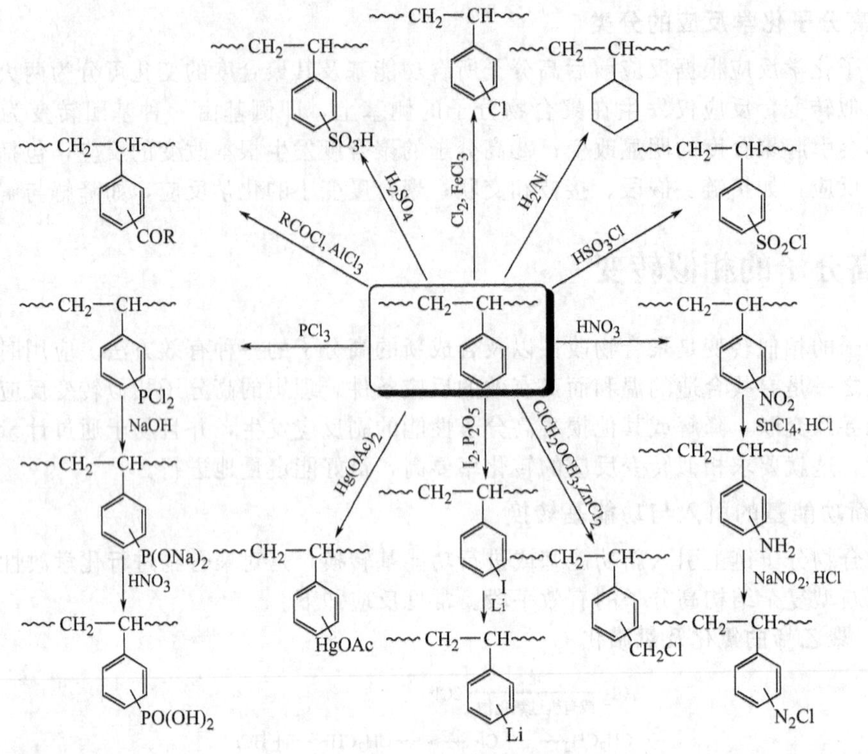

图 9-1　聚苯乙烯的各种化学反应

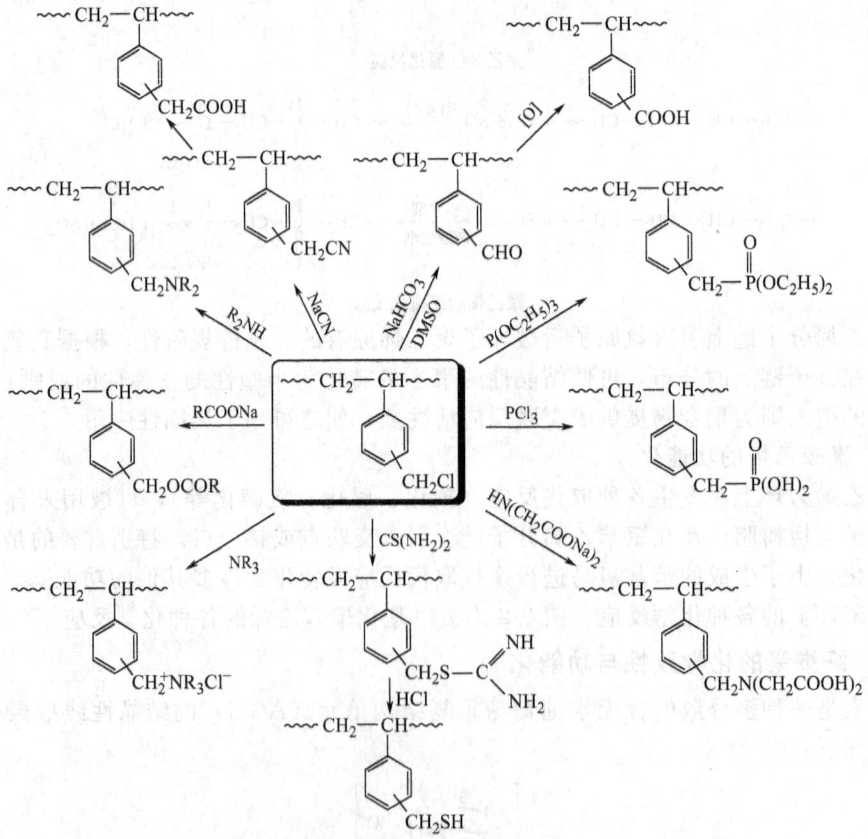

图 9-2　氯甲基化聚苯乙烯的各种化学反应

每一个无水葡萄糖单元在 C2、C3 和 C6 上分别含有 3 个可反应羟基，可进行通常的伯羟基和仲羟基的各种化学转变，C2 和 C3 上相邻的羟基也能进行邻二醇类反应。

图 9-3 所示为一些常见的纤维素改性（以其中一个羟基的反应为例）。其改性产物具有多种用途，如黏胶纤维可用作织物纤维，羧甲基纤维素和纤维素醚可用作胶体保护剂、黏结剂、增稠剂、表面活性剂等。

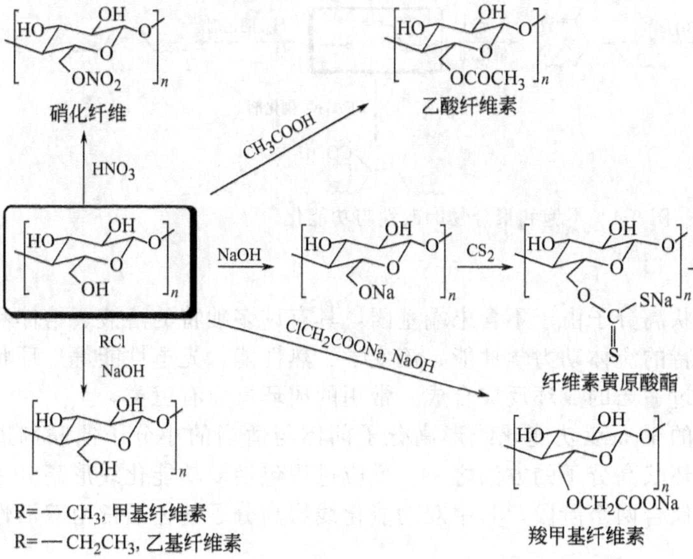

图 9-3　纤维素的化学改性

9.2.1.4　聚乙烯醇的合成及其缩醛化

由于乙烯醇极不稳定，极易异构化成乙醛，因此聚乙烯醇并不能直接由乙烯醇单体聚合而成，而是由聚乙酸乙烯酯在酸或碱的作用下水解而成。如：

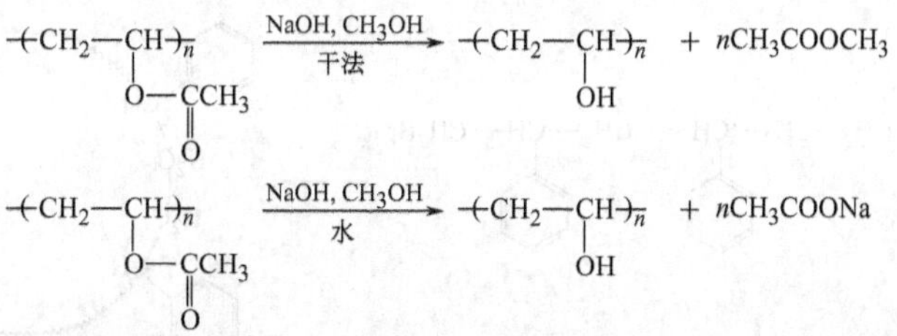

聚乙烯醇分子中含有大量的羟基，可进行醚化、酯化及缩醛化等化学反应，特别是缩醛化反应在工业上具有重要的意义，如对聚乙烯醇纤维进行缩甲醛、亚苄基化等缩醛化处理后，可得到具有良好的耐水性和力学性能的维纶，聚乙烯醇缩甲醛还可应用于涂料、黏合剂、海绵等方面，聚乙烯醇的缩丁醛产物在涂料、黏合剂、安全玻璃等方面具有重要的应用。

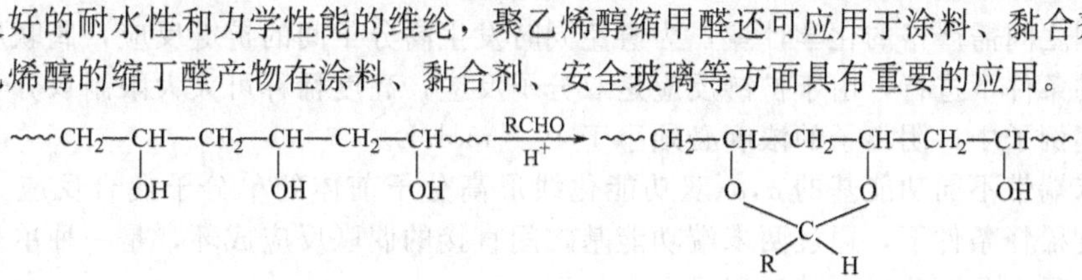

9.2.1.5　不饱和聚合物的改性与功能化

不饱和聚合物的氢化反应是一个典型的聚合物改性方法，可大大提高聚合物的稳定性。除此以外，不饱和聚合物分子链中的双键还可通过醛化、羧化、硅氢化、氧化、环氧化和氨甲基化等反应进行改性和功能化（见图 9-4）。

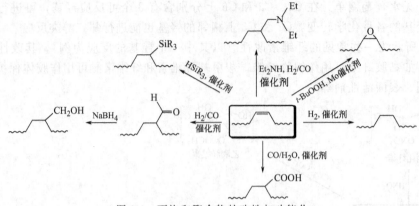

图 9-4　不饱和聚合物的改性与功能化

9.2.2　环化反应

与线形高分子相比，环状高分子由于不含末端基团，具有许多独特的溶液、熔体和固态性能，以及因之而产生的独特的流体动力学性能、流变学、热性能、光电性能等。环状高分子通常由线形高分子前体通过适当的成环反应合成。常用的成环反应有三类。

(1) 末端带相同功能基的 α,ω-双功能化线形高分子前体与适当的小分子偶联剂进行双分子偶合。这是传统的合成环状高分子的方法之一。反应过程包括双功能化线形高分子前体的合成及其与小分子偶联剂偶合两个阶段，其中双功能化线形高分子前体通常由双活性中心引发剂引发的活性聚合合成。

以环状聚苯乙烯的合成为例，其过程可示意如下：

采用高分子前体与小分子偶联剂双分子偶联法时，主要的副反应包括高分子前体的扩链反应，以及小分子偶联剂对高分子前体的封端反应。为了减少封端副反应，高分子前体与小分子偶联剂之间需严格的化学计量，为避免同时发生高分子间的扩链反应，偶联反应必须在高度稀释的条件下进行，由于扩链反应是双分子反应，高度稀释可大大限制双分子反应的速率。如上述例子中，阴离子的浓度必须小于 $10^{-4}\,mol/L$。

(2) 末端带不同功能基的 α,ω-双功能化线形高分子前体的单分子偶合反应。该高分子前体在高度稀释条件下，通过两末端功能基之间直接的偶联反应成环，是一种单分子反应方法，反应过程也分两阶段，其过程可示意如下：

$$A\text{-}I + nM \longrightarrow A{-}(M)_{n-1}M^* \xrightarrow{Y\text{-}B} A{-}(M)_n\,B$$

$$A{-}(M)_n\,B \longrightarrow (M)_n\ Z$$

即先由一带功能基 A 的引发剂 A-I 引发单体活性聚合，从而把 A 功能基引入高分子前体的 α-末端，再用一带有功能基 B 的终止剂 Y-B 终止聚合反应，从而把 B 功能基引入高分子前体的 ω-末端。然后，在适当条件下 A 功能基和 B 功能基直接偶合成环。由于偶合反应在同一分子内进行，因而虽然体系的总浓度很低，但功能基的局域浓度比前一方法高，相应地环化效率也较高。

上述两种方法得到的产物中难以避免地会同时含有线形高分子（包括线形高分子前体、封端线形高分子以及扩链线形高分子）和环状高分子，为得到纯的环状高分子必须经适当手段进行分离，分离方法既可以利用产物物理特性的不同，采用分级沉淀法、制备凝胶渗透色谱或液相色谱等，但这些方法为完全除去线形聚合物，都难以避免地会同时除去部分环状聚合物；也可以利用产物化学性质的不同，即利用线形聚合物含有末端功能基，对其末端功能基进行改性，使其化学性能与环状聚合物有明显的区别，再利用两者化学性质的显著差别进行分离。如用 α,ω-二羟基聚二甲基硅氧烷经 NaOH 处理后与二氯代硅烷偶联合成环状聚硅氧烷时，未成环的线形聚合物前体以阴离子形式存在，可用大孔阴离子交换树脂除去。

(3) 静电自组装成环法　该方法是在方法（1）上的改进，在线形高分子前体的两末端功能基和小分子偶联剂的功能基上分别引入相反电荷，并使之在极稀条件下通过静电自组装形成环状结构后，再发生偶联反应生成环状高分子，其过程可示意如下：

多个高分子链的自组装　　　单个高分子链的自组装　　　　环状高分子

该方法可定量地得到环状高分子而不含线形高分子，因而不需要提纯后处理。

9.3　扩链与嵌段反应

所谓扩链反应是通过链末端功能基反应形成聚合度增大了的线形高分子链的过程。末端功能化聚合物可由逐步聚合、自由基聚合、离子聚合等各种聚合方法合成，特别是活性聚合法。扩链部分既可以是同种高分子，也可以是第二种高分子，后者得到的产物为嵌段共聚物。

9.3.1　扩链反应

扩链反应是获取高分子量聚合物特别是高分子量逐步聚合产物的重要方法之一。逐步聚合反应过程中，在高反应程度下的聚合反应以及低聚物的固相聚合反应等都可以看作是扩链反应。在本节中只讨论需添加扩链剂的情形。所谓扩链剂通常是指一些双功能化的小分子化合物，能与线形低聚物分子的末端功能基之间发生偶联反应，从而得到分子量增大的产物。

有些逐步聚合物如聚酰胺、聚酯等通常由熔融聚合合成，由于客观条件所限，如熔融黏度大、小分子副产物难以除去以及在高温条件下易发生热降解、热氧化分解等副反应，难以获得高分子量的聚合产物。对于这类聚合物，扩链反应特别是一些无小分子副产物生成的扩链反应是获得高分子量聚合物的有效而经济的方法。可利用扩链反应来获得高分子量聚合物的有聚酯、聚醚、聚酰胺和聚乳酸等，其聚合物前体所含的末端功能基通常为—OH、—NH$_2$和—COOH。

适于二羟基或二氨基预聚物的常见扩链剂包括环硅氮烷、二异氰酸酯、二唑酮、1,3-二氧戊环等，以二羟基预聚物为例，其扩链反应可示意如下：

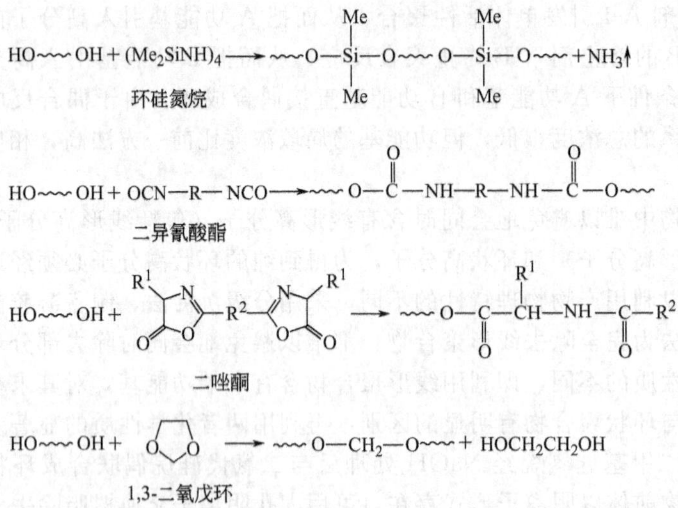

HO～OH + (Me₂SiNH)₄ ⟶ ～O–Si–O～O–Si–O～ + NH₃↑
环硅氮烷

HO～OH + OCN–R–NCO ⟶ ～O–C–NH–R–NH–C–O～
二异氰酸酯

HO～OH + （二唑酮结构） ⟶ ～O–C–CH–NH–C–R²–C–NH–CH–C–O～
二唑酮

HO～OH + （1,3-二氧戊环） ⟶ ～O–CH₂–O～ + HOCH₂CH₂OH
1,3-二氧戊环

适于二羧基预聚物的常见扩链剂包括二唑啉、二环氧化物、二嗪等，其扩链反应可示意如下：

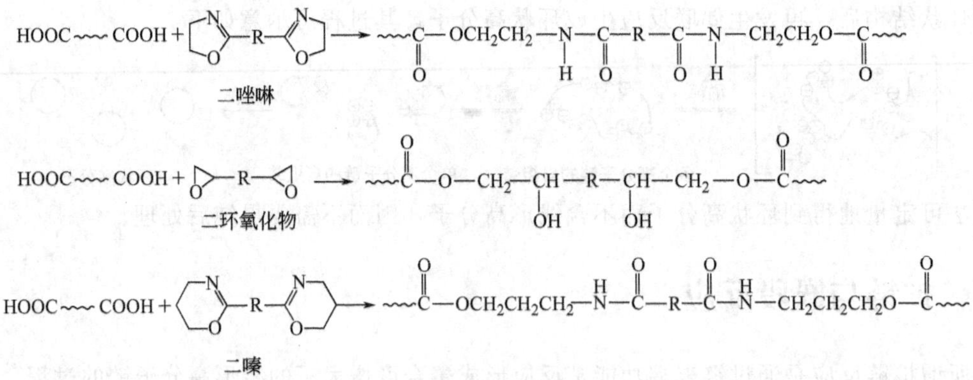

HOOC～COOH + （二唑啉结构） ⟶ ～C–OCH₂CH₂–N–C–R–C–N–CH₂CH₂O–C～
二唑啉

HOOC～COOH + （二环氧化物结构） ⟶ ～C–O–CH₂–R–CH₂–O–C～
二环氧化物

HOOC～COOH + （二嗪结构） ⟶ ～C–OCH₂CH₂CH₂–N–C–R–C–N–CH₂CH₂CH₂O–C～
二嗪

有趣的是一些可逆的扩链反应，它能可逆地控制聚合物的分子量，可望成为具有特殊性能的新型材料。可逆扩链反应包括热可逆和光可逆。

如在聚乙二醇末端引入 7-羟基香豆素功能基，该功能基在 $\lambda > 300\text{nm}$ 的光照下发生环化加成，生成的环状结构在 $\lambda < 290\text{nm}$ 的光照下可发生可逆裂解，但即使在 320℃ 的高温下也是稳定的，因而在通常的使用环境是稳定的。

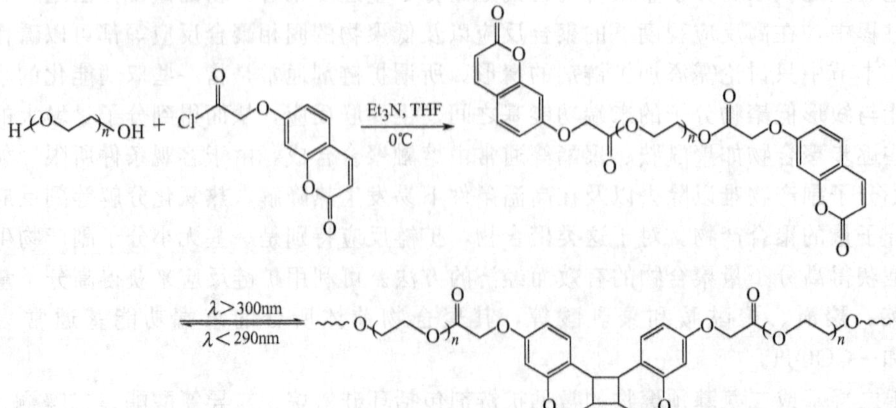

热可逆扩链反应的例子如二羟基聚酯与 1,2,4,5-苯四酸酐的扩链产物在温度高于 240℃时又可逆地完全裂解为起始聚合物，这样的可逆扩链反应既能保证聚合物在高温下具有良好的加工性能，又能保证聚合物在常温时的高分子量以及因此而产生的优越力学性能。

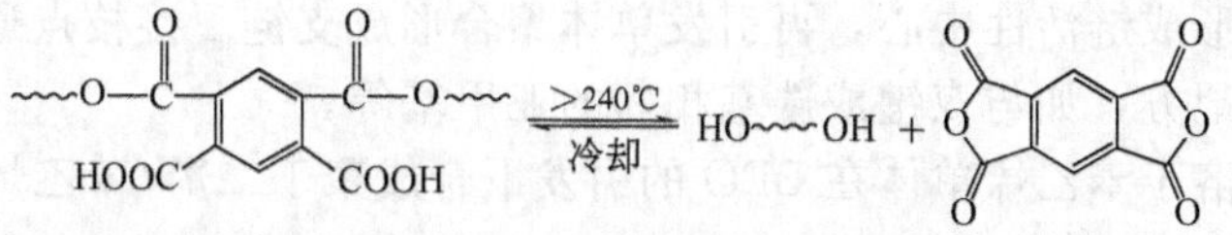

高分子量，力学性能好　　　　　　　　　低分子量，加工性能好

此类可逆扩链反应在自修复高分子材料领域也有应用。

9.3.2　嵌段反应

高分子预聚物的嵌段反应有两种基本形式：大分子引发剂法和末端功能基偶联法。

9.3.2.1　大分子引发剂法

末端含引发基团的预聚物引发另一种单体聚合。单功能化的大分子引发剂得到二嵌段共聚物，双功能化的大分子引发剂得到 BAB 型三嵌段共聚物。制备大分子引发剂的最佳方法是活性聚合法。

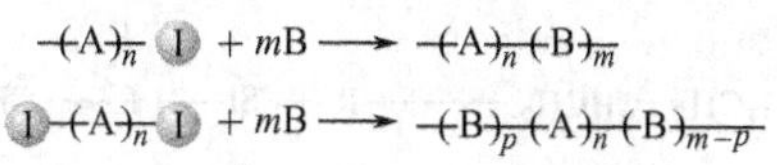

9.3.2.2　功能基偶联法

两种末端含有可相互反应功能基的高分子预聚物进行偶联反应，根据两种预聚物所含末端功能基数目的不同可分别得到 AB 型二嵌段共聚物、ABA 型三嵌段共聚物以及多嵌段共聚物等。

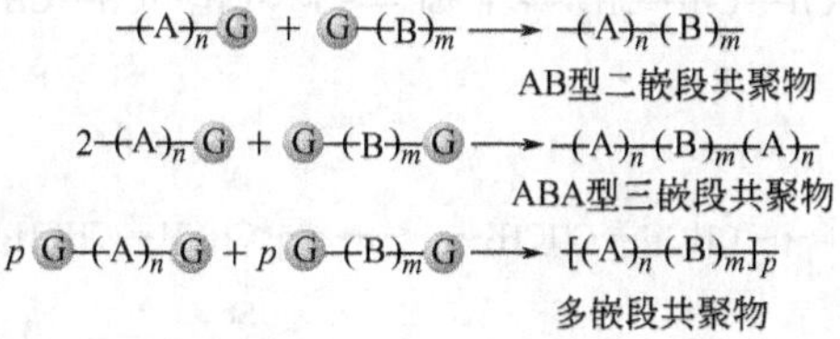

AB型二嵌段共聚物

ABA型三嵌段共聚物

多嵌段共聚物

末端功能基偶联法简单易实施，特别是当预聚物分子量不高时比较适宜，但随着预聚物分子量的增加，末端功能基浓度降低，反应速率将受到较大影响。特别是当两预聚物不相容时，会产生相分离，使反应受热力学限制。为克服以上问题，必须小心选择溶剂和反应温度以保证反应在均相条件下进行。

9.4　接枝反应

聚合物的接枝反应是指在高分子主链上连接不同组成的支链得到接枝共聚物，可分为三种基本方式。

9.4.1　高分子引发活性中心法

在主链高分子上引入引发活性中心引发第二单体聚合形成支链：

引入的引发活性中心可以是自由基，也可以是离子。高分子链自由基可由向高分子的链转移、辐射以及氧化还原反应产生，也可以在高分子链上引入自由基引发基团；离子活性中心则通

常由高分子链上所引入的引发基团产生。其中自由基接枝法由于方法简单易行，应用较多。

9.4.1.1 链转移反应法

链转移接枝反应体系含三个必要组分：聚合物、单体和引发剂。利用引发剂产生的活性种向高分子链转移形成链活性中心，再引发单体聚合形成支链。接枝点通常为聚合物分子链中易发生链转移的地方，如与双键或羰基相邻的亚甲基等。

如将聚丁二烯溶于苯乙烯单体在 BPO 的引发下合成聚丁二烯/苯乙烯接枝共聚物，其接枝反应历程如下。

① 初级自由基的生成：

$$Ph-\overset{O}{\underset{\|}{C}}-O-O-\overset{O}{\underset{\|}{C}}-Ph \xrightarrow{\triangle} 2Ph-\overset{O}{\underset{\|}{C}}-O\cdot(R\cdot)$$

② 聚苯乙烯自由基的形成：

$$R\cdot + n\text{St} \longrightarrow R\sim\text{St}\cdot$$

③ 主链自由基的形成：

$$R\cdot + \sim\sim CH_2CH=CHCH_2\sim \longrightarrow RH + \sim\sim \overset{\cdot}{C}HCH=CHCH_2\sim$$

$$R\cdot + \sim\sim CH_2=CHCH_2\sim \longrightarrow \sim\sim CH_2-\overset{\cdot}{C}H-\underset{\underset{R}{|}}{CH}-CH_2\sim$$

$$R\sim\text{St}\cdot + \sim\sim CH_2CH=CHCH_2\sim \longrightarrow R\sim\text{St}-H + \sim\sim \overset{\cdot}{C}HCH=CHCH_2\sim$$

④ 接枝反应：

$$\sim\sim\overset{\cdot}{C}HCH=CHCH_2\sim + n\text{St} \longrightarrow \sim\sim\underset{\underset{\{St\}}{|}}{CH}CH=CHCH_2\sim$$

$$\sim\sim CH_2-\overset{\cdot}{C}H-\overset{\cdot}{C}H-CH_2\sim + n\text{St} \longrightarrow \sim\sim CH_2-\underset{\underset{\{St\}}{|}}{CH}-\underset{\underset{R}{|}}{CH}-CH_2\sim$$

$$\sim\sim\text{St}\cdot + \sim\sim\overset{\cdot}{C}HCH=CHCH_2\sim \longrightarrow \sim\sim\underset{\underset{\{St\}}{|}}{CH}CH=CHCH_2\sim$$

⑤ 苯乙烯均聚物的生成：

$$R\sim\text{St}\cdot \xrightarrow{双基终止} 苯乙烯均聚物$$

这一类的接枝反应在生成接枝聚合物的同时，难以避免生成均聚物，接枝率一般不高，常用于聚合物改性，特别适合于不需分离接枝聚合物的场合，如制造涂料、胶黏剂等。

9.4.1.2 辐射接枝法

利用高能辐射在聚合物链上产生自由基是应用广泛的接枝方法。如聚乙酸乙烯酯用 γ 射线辐射接枝聚甲基丙烯酸甲酯：

$$\sim\sim CH_2-\underset{\underset{OCOCH_3}{|}}{CH}\sim \xrightarrow{\gamma射线} \sim\sim CH_2-\underset{\underset{OCOCH_3}{|}}{\overset{\cdot}{C}}\sim \xrightarrow{MMA} \sim\sim CH_2-\underset{\underset{OCOCH_3}{|}}{\overset{\overset{MMA\sim}{|}}{C}}\sim$$

如果单体和聚合物一起加入时，在生成接枝聚合物的同时，单体也可因辐射而均聚。因此必须小心选择聚合物与单体组合，一般选择聚合物对辐射很敏感，而单体对辐射不敏感的接枝聚合体系。此外为了减少均聚物的生成，可先对聚合物进行辐射，然后再加入单体。

9.4.1.3 大分子引发剂法

所谓大分子引发剂法就是在主链大分子上引入能产生引发活性种的侧基功能基，该侧基功能基在适当条件下可在主链上产生引发活性种引发第二单体聚合形成支链。主链上由侧基功能基产生的引发活性种可以是自由基、阴离子或阳离子，取决于引发基团的性质。

（1）自由基型　在主链高分子上引入易产生自由基的基团，如—OOH、—CO—OOR、—N₂X、—X 等，然后在光或热的作用下在主链上产生自由基再引发第二单体聚合形成支链。如在聚苯乙烯的 α-C 上进行溴代，所得 α-溴代聚苯乙烯在光的作用下 C—Br 键均裂为自由基，可引发第二单体聚合形成支链：

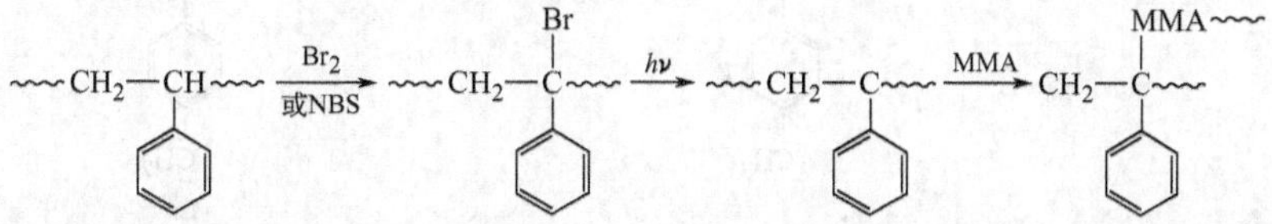

再如含羟基聚合物可与铈盐（Ce⁴⁺）等氧化剂组成氧化还原引发体系，通过氧化还原反应在高分子主链上产生自由基引发接枝聚合反应。该类氧化还原接枝反应体系中由于只生成高分子自由基，很少第二单体的均聚反应，因此通常具有相当高的接枝效率。

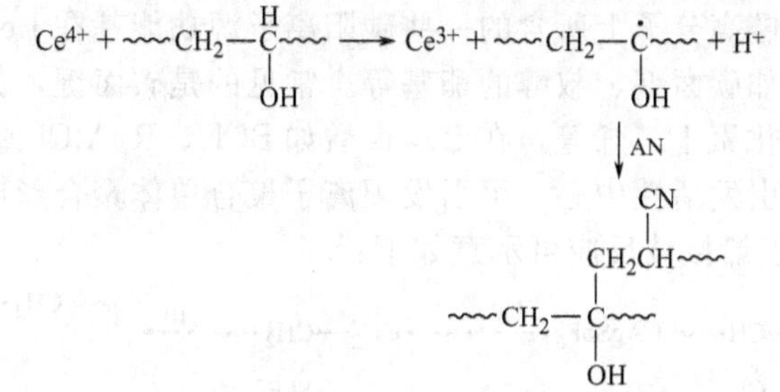

通常的自由基接枝反应由于难以控制分子量及分子量分布，难以得到精确结构的聚合物，而且还常常伴随有均聚物和交联产物的生成。但由于其方法简单易行，工业上常用于聚合物的接枝改性。

如果接枝聚合反应为活性聚合则可克服上述缺点。如在聚合物侧基上引入具有 ATRP 引发活性的卤原子，所得聚合物作为大分子引发剂引发第二单体的 ATRP，这样支链的聚合反应为活性聚合，可避免均聚物的生成。这类大分子引发剂既可由含 ATRP 引发基团的单体作为共聚单体通过非 ATRP 聚合反应来获得，也可由聚合物的功能化改性来获得。多种卤代聚合物可用作 ATRP 的引发剂，如氯乙烯/氯代乙酸乙烯酯共聚物、苯乙烯/对溴甲基苯乙烯共聚物、溴化丁基橡胶、氯磺化聚乙烯、苯乙烯/对氯甲基苯乙烯共聚物以及带—COC(CH₃)₂Br 侧基的聚甲基丙烯酸酯类等。

（2）阴离子型　阴离子型引发活性中心通常由主链高分子的金属化反应来引入。常用方法包括主链高分子中所含的烯丙基、苄基、芳环、酰胺基、酚羟基以及与羰基相邻碳上的活泼氢与烷基金属化合物（如丁基锂）等作用产生阴离子引发活性中心：

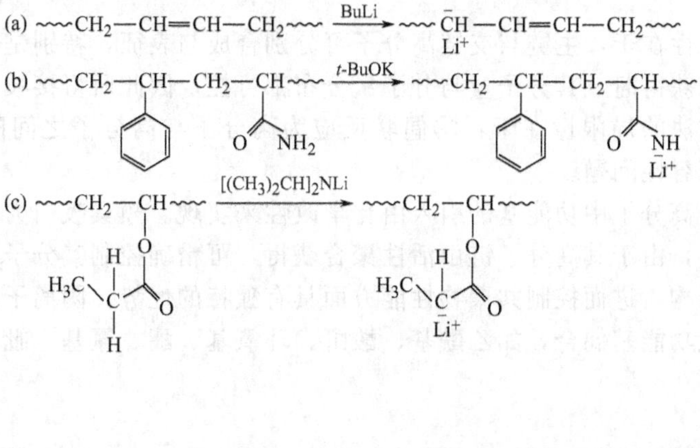

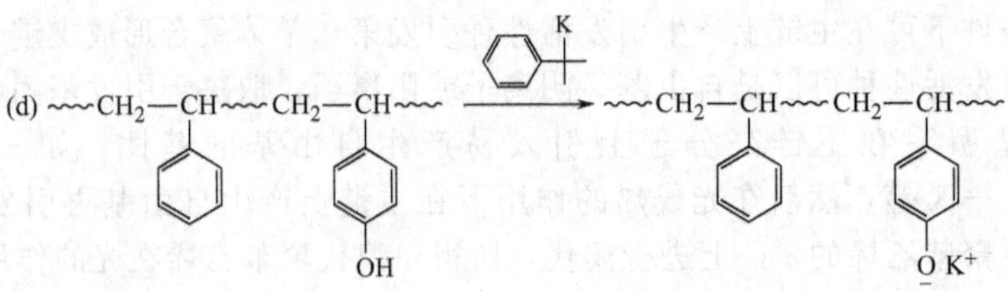

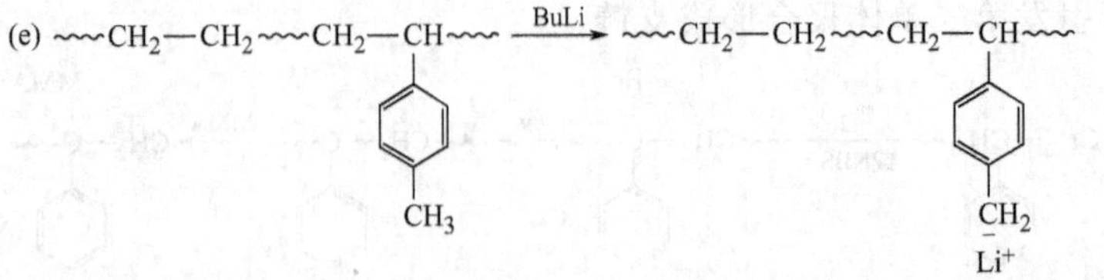

(d) 和 (e) 反应式

反应实施时，一般先在聚合物上形成活性中心后，再加入第二单体进行接枝聚合，这样可避免引发第二单体的均聚反应。由于阴离子聚合一般无链转移反应，因此可避免均聚物的生成，获得高的接枝效率。

（3）阳离子型　主链高分子上所含的一些碳阳离子源功能基在 Lewis 酸的活化下可产生阳离子引发活性中心，如碳卤键、叔醇的酯基等。常见的是碳卤键，如聚氯乙烯、聚氯丁二烯、氯化丁苯橡胶、氯化聚丁二烯等，在 Lewis 酸如 BCl_3、R_2AlCl 或 $AgSbF_6$ 等的作用下，在主链上产生碳阳离子引发活性中心，可引发阳离子聚合单体聚合形成支链。如聚氯乙烯在 $AgSbF_6$ 活化下引发异丁烯接枝反应可示意如下：

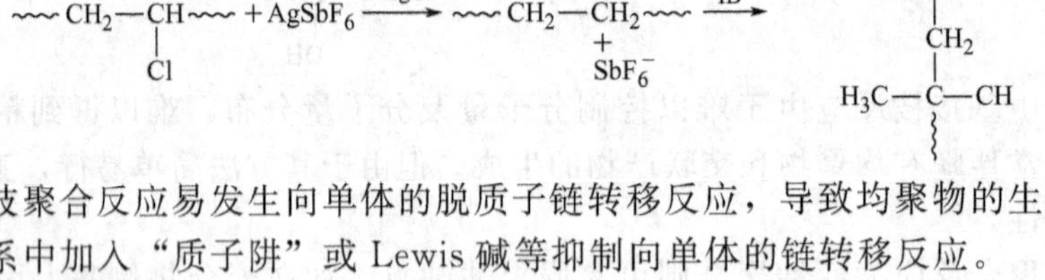

阳离子接枝聚合反应易发生向单体的脱质子链转移反应，导致均聚物的生成，为了提高接枝率可在体系中加入"质子阱"或 Lewis 碱等抑制向单体的链转移反应。

9.4.2　功能基偶联法

末端功能化的支链高分子与侧基功能化的主链高分子通过功能基偶联反应形成接枝聚合物。

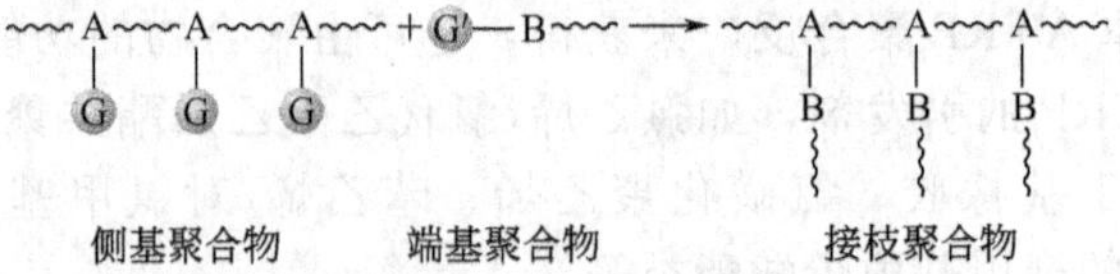

侧基聚合物　　端基聚合物　　接枝聚合物

如苯乙烯-马来酸酐共聚物与单羟基聚乙二醇的接枝反应：

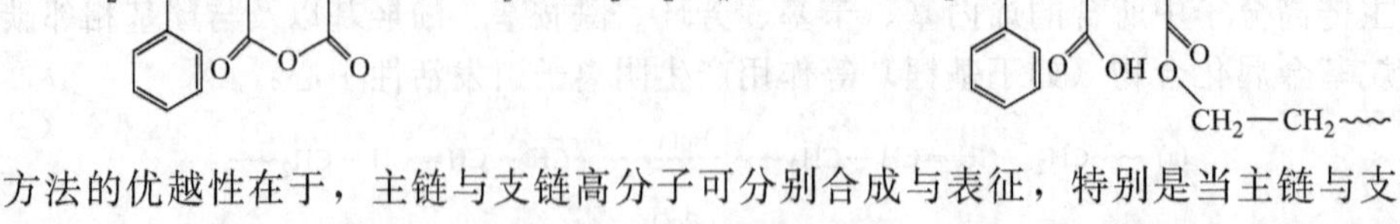

该方法的优越性在于，主链与支链高分子可分别合成与表征，特别是当主链与支链高分子都可由活性聚合获得时，其分子量与分子量分布都可控，因此所得接枝聚合物具有可控而精确的结构。该方法的局限性在于：①偶联反应为高分子与高分子之间的反应，立体阻碍大；②可能存在相容性问题。

多数情况下，高分子中功能基的引入由化学改性来实现。颇具吸引力的末端功能化聚合物是阴离子活性链，由于其高分子链由活性聚合获得，可精确控制其分子量大小，因而在控制接枝聚合物的结构，进而控制共聚物性能方面具有独特的优势。阴离子活性链可与主链高分子上的多种亲电功能基偶合，如乙酰基、酸酐、环氧基、酯、氰基、吡啶、乙烯基硅、苄卤、硅卤功能基等。

9.4.3　大分子单体法

大分子单体指末端带有一个可聚合功能基的预聚物，通过其均聚或共聚反应可获得以起始大分子为支链的接枝聚合物，以末端带乙烯基的大分子单体为例，其通式可示意为：

$$CH_2=CH + CH_2=CHY \longrightarrow -CH_2-CH-CH_2-CHY-$$

大分子单体可由多种聚合反应方法来获得，如自由基聚合、离子聚合、逐步聚合以及基团转移聚合等。合成大分子单体最适宜的方法是活性聚合法，可聚合基团通过适当的引发反应或终止反应一步或分步引入，采用活性聚合法合成的大分子单体不仅分子量及分子量分布可控，而且功能化程度高。虽然活性聚合法具有许多优点，但采用自由基链转移法由于简单易行，同样受到关注。可聚合基团的引入通常分步进行，首先通过链转移剂在分子链末端引入非聚合功能基，然后再通过功能基反应将其转变为可聚合基团。如在氯乙烯的聚合体系加入链转移剂 2-疏基乙醇，在分子链末端引入羟基，再与甲基丙烯酰氯反应引入可聚合基团成为大分子单体：

$$HO-CH_2CH_2-SH + nCH_2=CHCl \longrightarrow HO-CH_2CH_2-S(CH_2-\underset{\underset{Cl}{|}}{CH})_n H \xrightarrow{CH_2=C(CH_3)COCl}$$

$$CH_2=\underset{\underset{CH_3}{|}}{C}-\overset{\overset{O}{||}}{C}-O-CH_2CH_2-S(CH_2-\underset{\underset{Cl}{|}}{CH})_n H$$

9.5　交联反应

第 5 章中对多功能度单体的非线形聚合反应、无规预聚体和确定结构预聚体的固化反应等通过单体或预聚物之间的功能基反应形成交联高分子进行了较多的讨论，这些都属于高分子的交联反应，本章中主要介绍其他类型的交联反应。

9.5.1　不饱和橡胶的硫化

不饱和橡胶通常由 1,3-共轭二烯单体的均聚及与其他单体的共聚反应而得，如聚异戊二烯（包括合成的和天然的）、聚丁二烯、乙丙三元橡胶、丁苯橡胶、丁腈橡胶、丁基橡胶等。这类橡胶的硫化，工业上几乎都是将之与硫黄或一些含硫有机化合物加热发生交联反应。因此在橡胶工业中，通常用"硫化"来描述橡胶分子间的交联反应。以聚丁二烯橡胶的硫黄硫化为例，其硫化过程包括以下几个阶段：

（1）硫锑离子的形成

$$S_8 \xrightarrow{\triangle} \overset{\delta^+}{S_m}-\overset{\delta^-}{S_n}$$

$$\downarrow \sim\sim CH_2-CH=CH-CH_2\sim\sim$$

$$\sim\sim CH_2-CH-\underset{\underset{+S_m}{|}}{CH}-CH_2\sim\sim + S_n^-$$

（2）生成大分子碳阳离子

$$\sim\sim CH_2-\underset{\underset{+S_m}{|}}{CH}-CH-CH_2\sim\sim$$

$$\downarrow \sim\sim CH_2-CH=CH-CH_2\sim\sim$$

$$\sim\sim CH_2-CH_2-\underset{\underset{S_m}{|}}{CH}-CH_2\sim\sim + \overset{+}{CH}-CH=CH-CH_2\sim\sim$$

（3）交联

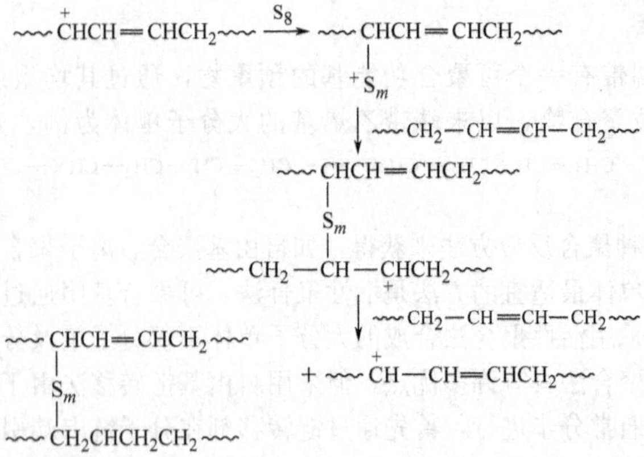

$$\sim\text{CHCH}=\text{CHCH}_2\sim \xrightarrow{S_8} \sim\text{CHCH}=\text{CHCH}_2\sim$$

9.5.2　过氧化物交联与辐射交联

将聚合物与过氧化物混合加热，过氧化物分解产生自由基，该自由基从聚合物链上夺氢转移形成高分子自由基，高分子自由基偶合就形成交联，其反应过程可示意如下：

$$\text{ROOR} \xrightarrow{\triangle} 2\text{R}\dot{\text{O}}$$

$$\text{R}\dot{\text{O}}+\sim\text{CH}_2-\text{CH}_2\sim \longrightarrow \sim\dot{\text{C}}\text{H}-\text{CH}_2\sim+\text{ROH}$$

$$2\sim\dot{\text{C}}\text{H}-\text{CH}_2\sim \longrightarrow \begin{array}{c}\sim\text{CH}-\text{CH}_2\sim\\ |\\ \sim\text{CH}-\text{CH}_2\sim\end{array}$$

除丁基橡胶因可发生降解反应外，所有的不饱和橡胶都可进行过氧化物交联，而且过氧化物形成的交联结构比硫黄硫化形成的交联结构具有更好的热稳定性。尽管如此，由于过氧化物比硫黄成本高得多，且副反应较多，如降解、初级自由基的夺氢与脱氢反应等，因此过氧化物交联法在经济上不具竞争力。过氧化物交联法主要用于那些不含双键、不能用硫黄进行硫化的聚合物，如聚乙烯、乙丙橡胶和聚硅氧烷等。

聚合物在高能辐射（如离子辐射）下也可产生高分子自由基，高分子自由基偶合便产生交联。因此，除了高分子自由基的产生方式不同外，辐射交联在本质上与过氧化物交联是相同的，都是通过高分子自由基的偶合进行。辐射交联已在聚乙烯及其他聚烯烃、聚氯乙烯等在电线、电缆的绝缘以及热收缩产品（管、包装膜、包装袋等）的应用上实现商业化。辐射交联在涂料以及黏合剂的固化等方面也有应用。

9.5.3　光聚合交联

一些多功能单体或多功能预聚体可在光直接引发或光引发剂引发下发生聚合形成交联高分子。光聚合交联的优点如下：①速度快，在强光照射下甚至可在几分之一秒内由液体变为固体，在超快干燥的保护涂层、清漆、印刷油墨以及黏合剂方面应用广泛；②聚合反应只发生在光照区域内，因而可很方便地借助溶剂处理实现图案化，这在印刷制板及集成电路制备上具有重要意义；③光聚合交联可在室温下进行，且无需溶剂，低能耗，是一种环境友好工艺，且聚合产物性能可预期。因而光聚合交联广受关注。

大多数多功能单体（预聚物）在直接光照下难以高效地产生引发活性种，因此需要加入光引发剂。根据光引发剂产生的引发活性种的不同，光聚合交联主要分为光引发自由基聚合交联和光引发阳离子聚合交联。

常用的自由基光引发剂是一些芳香羰基化合物，在光照下发生 C—C 键断裂或夺氢反应形成自由基：

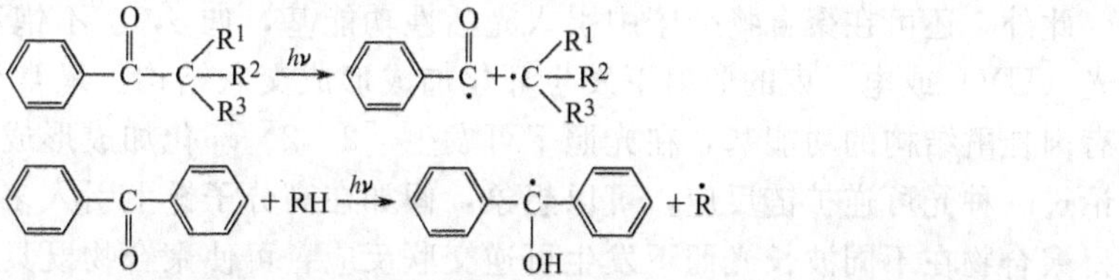

其中苯甲酰自由基是主要引发活性种，而二苯甲酮类光解产生的自由基对双键的引发活性较低，因此常需加入一些给氢化合物作为助引发剂，如加入叔胺形成 α-氨基烷基自由基来引发聚合反应。作为有效的光引发剂，必须在光照波长范围内的吸收大，产生引发自由基的量子效率高。光聚合交联常用的自由基光引发剂有以下几类：

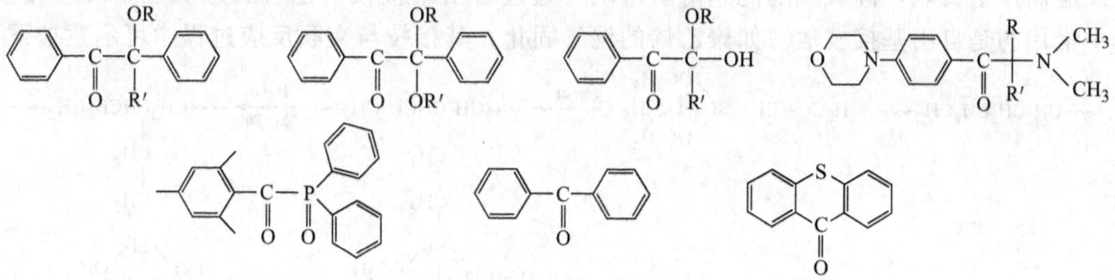

适于光引发自由基聚合交联的树脂体系主要有以下几类。

（1）丙烯酸树脂　用于光交联的丙烯酸树脂是一些含丙烯酸酯末端功能基的遥爪预聚体，其结构可示意如下：

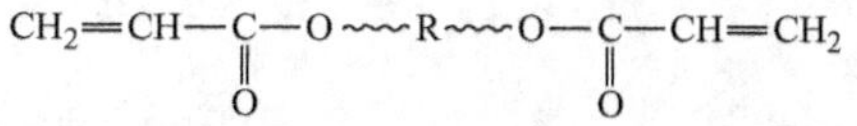

其中 R 可为聚酯、聚醚、聚氨酯或聚硅氧烷预聚物。所得交联聚合物的性能主要取决于预聚物的化学结构。脂肪族预聚物通常得到低模量的弹性体，在预聚物分子结构中引入芳香结构可提高所得交联聚合物的模量，得到硬的玻璃态聚合物。

丙烯酸酯的聚合反应活性高，且丙烯酸酯功能化预聚物种类多，因此丙烯酸酯预聚物在光固化领域占有重要的地位。由于预聚物黏度大，常需在体系中加入适量的小分子单体作为活性稀释剂。

（2）不饱和聚合物/乙烯基单体体系　不饱和聚合物/乙烯基单体体系的交联反应通过不饱和聚合物分子中的双键与乙烯基单体共聚而进行。典型的有不饱和聚酯/苯乙烯（丙烯酸酯）体系、苯乙烯-丁二烯-苯乙烯三嵌段共聚物（SBS）/丙烯酸酯体系等。以不饱和聚酯/苯乙烯体系为例，其光交联聚合反应可示意如下：

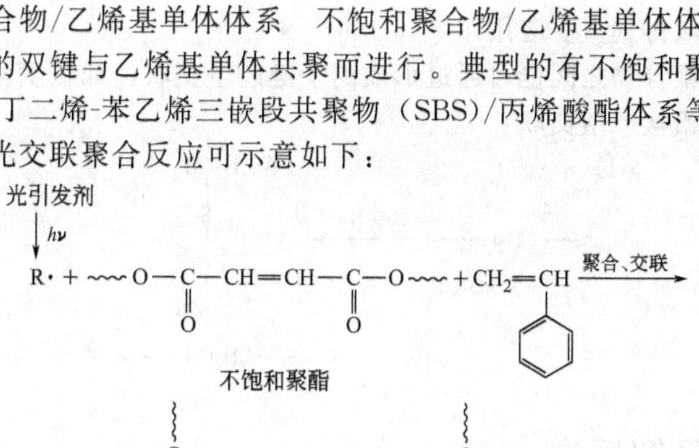

此外，还可在聚合物分子中引入光活性功能基，如 α，β-不饱和羰基，使聚合物可在紫外光（UV）或电子束的照射下发生环化加成形成交联结构。最常见的光活性功能基是一些含有肉桂酰结构的功能基，在光照下可发生 [2+2] 环化加成形成交联结构。在 9.3.1 节中讨论过一种光可逆扩链反应，可以想象，假如在高分子链上引入多个这种可逆光敏基团，则所得聚合物在不同波长光照下发生可逆交联反应，可使聚合物既具有热塑性聚合物的塑性加工性能，又具有热固性聚合物优异的物理化学性能。

9.5.4　其他交联

（1）湿气交联　在聚合物分子上引入硅氧烷功能基，硅氧烷功能基在湿气作用下发生缩聚反应而产生交联，硅氧烷功能基的引入既可通过自由基接枝，也可通过功能基反应接枝。其中常用的是自由基接枝法。如聚乙烯的湿气固化，其接枝与交联反应过程中可示意如下：

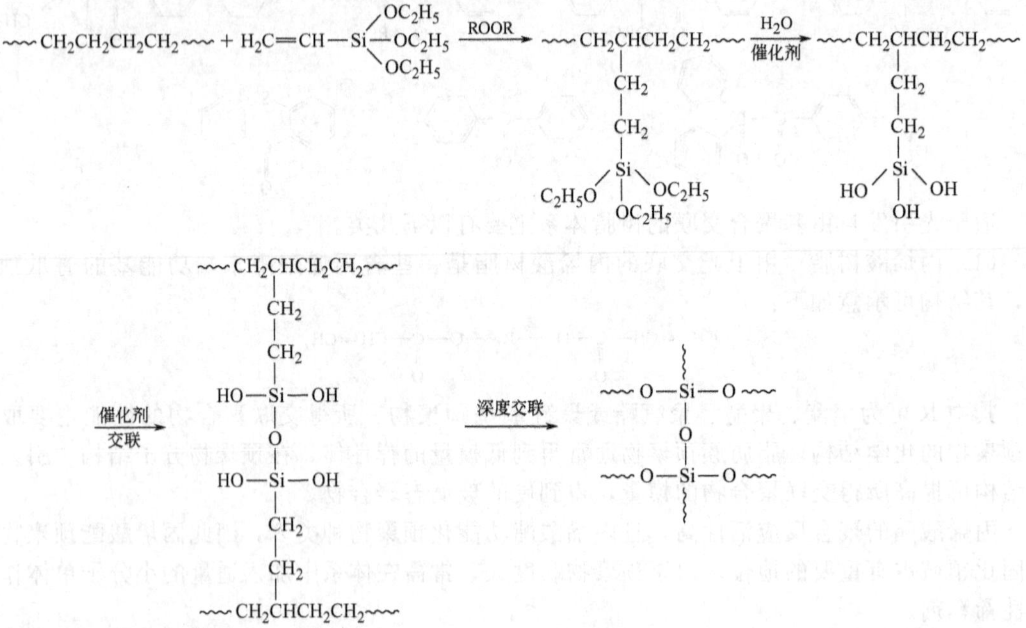

该方法已在电缆等领域得到重要应用。

（2）离子交联　聚合物之间也可通过形成离子键产生交联，如氯磺化的聚乙烯与水和氧化铅可通过形成磺酸铅盐产生交联：

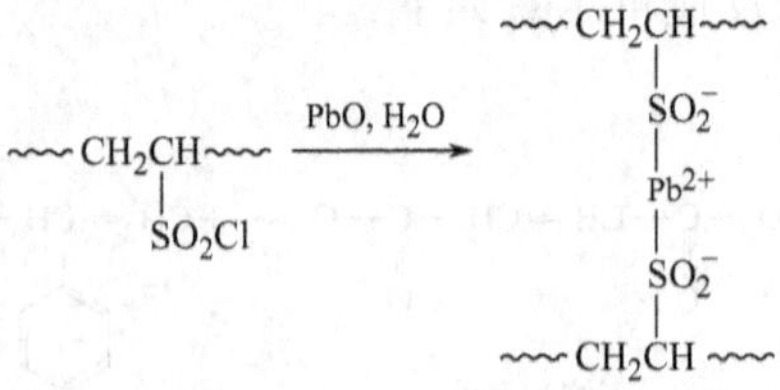

9.6　聚合物的降解反应

聚合物的降解反应是指聚合物分子链在机械力、热、高能辐射、超声波或化学反应等的作用下，分裂成较小聚合度产物的反应过程，但有时也把一些虽然没有引起聚合物分子的聚合度发生显著变化，但却导致聚合物的性能受到严重破坏、影响聚合物使用寿命的变化也归属于聚合物降解。如脆化是聚合物在使用过程中因某些反应使分子量降低或发生交联而最常见的聚合物降解后果。

　　与小分子化合物不同，聚合物只需少量的化学变化便可对其力学性能造成致命伤害。如对于通常的小分子烃类，如果其中 1% 的 C—C 键发生断裂，并不会对其性能产生严重影响，只不过引入了少量的杂质而已。但是聚烯烃分子链若发生同样的断键反应就可能由高聚物变成低聚物。也就是说聚合物分子中即使是发生非常低程度的断键反应也可能使聚合物完全失去其力学性能。

　　与聚合物降解密切相关的一个概念是聚合物的老化。聚合物在加工、储存及使用过程中，物理化学性质和力学性能发生不可逆的坏变现象称为老化。如橡胶的发黏、变硬和龟裂，塑料的变脆、变色和破裂等。需要注意的是，聚合物降解与老化是两个不同的概念。除了聚合物降解可引起聚合物老化外，一些物理因素也会引起聚合物的老化。如聚合物材料在使用时并不是使用纯聚合物，而需加入各种添加剂，这些添加剂在聚合物的储存和使用过程中，因物理流失或化学降解以及与其他材料接触过程中的添加剂相互迁移，也会导致聚合物的性能随时间而发生变化。因此聚合物性能的变化不仅与其发生的化学反应有关，而且与一些物理因素也有关。本章中只讨论引起聚合物性能变化的化学变化。

　　聚合物的降解可有以下几种基本形式：热降解、光降解、氧化降解以及水解与生物降解。

9.6.1　热降解

　　聚合物的热降解指的是聚合物在隔绝空气和辐射的情况下，单纯由热引起的聚合物性能的坏变现象，指的是聚合物分子链中的某些化学键在热能的影响下发生断键或重排反应，从而导致聚合物的性能变坏。由于聚合物在使用过程中通常无法避免与空气等接触，且大多使用温度不高，因此更易发生氧化降解，纯热降解并不严重。但是热降解在决定聚合物的加工性能方面具有重要意义。

　　聚合物的热降解反应可分为两大类：重排反应和断链反应。反应过程通常都比较复杂，热降解的初始产物在高温下可能非常活泼而很快进行其他化学反应。如聚对苯二甲酸乙二酯在 250～300℃ 初始的热降解反应为其酯基脱羧生成的羧酸和乙烯酯，乙烯酯在分解温度下不稳定，很快通过酯交换反应生成挥发性降解产物乙醛，这是在用聚对苯二甲酸乙二酯（PET）制造饮料瓶时必须考虑的问题：

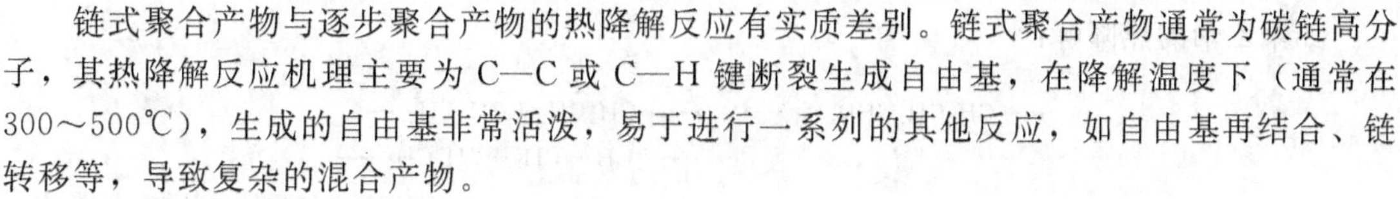

　　链式聚合产物与逐步聚合产物的热降解反应有实质差别。链式聚合产物通常为碳链高分子，其热降解反应机理主要为 C—C 或 C—H 键断裂生成自由基，在降解温度下（通常在 300～500℃），生成的自由基非常活泼，易于进行一系列的其他反应，如自由基再结合、链转移等，导致复杂的混合产物。

　　相反，通常的逐步聚合产物在分子链上有规律地分布着极性功能基，虽然与碳链高分子一样可在高温下通过断链反应产生分解，但也能通过重排反应产生分解，重排反应比断键反应可在较低温度下进行，并且对特定基团具有高选择性。

　　聚合物的断键反应易发生于聚合物分子中对热敏感的一些弱键，这些弱键主要包括：

①引发反应、链转移反应或链终止反应所引入的末端功能基；②聚合反应过程中与氧共聚，或聚合物储存时发生氧化反应所引入的含氧功能基；③聚合反应过程中不正常的单体连接方式，如首首连接等。因此聚合反应条件的控制以及聚合后对聚合物的改性对于减少这些弱键的存在，进而提高聚合物的热稳定性具有重要意义。

聚合物的纯热降解有三种机理，大多数聚合物发生热降解反应时常常不是按单一机理进行，取决于降解温度。

(1) 解聚反应　高分子链的断裂发生在末端单体单元，导致单体单元逐个脱落生成单体，是聚合反应的逆反应。

在链式聚合反应过程中，聚合反应与解聚反应是一对平衡关系，该平衡与温度有关，单体存在最高聚合温度 T_c。对于大多数聚合物而言，由于通常不存在解聚反应的引发因素，因此在高于 T_c 的温度下也是稳定的，但是当温度高到足以打破分子链中的某些化学键产生自由基时，就有可能很快发生自由基解聚反应。由于存在其他的副反应，实际上很少聚合物能完全分解为单体。发生解聚反应时，由于是单体单元逐个脱落，因此聚合物的分子量变化很慢，但由于生成的单体易挥发导致质量损失较快。

典型的例子如聚甲基丙烯酸甲酯的热降解：

$$\sim\mathrm{CH_2-\underset{COOCH_3}{\overset{CH_3}{C}}-\underset{COOCH_3}{\overset{CH_3}{\overset{|}{C}}}\cdot \longrightarrow \sim CH_2-\underset{COOCH_3}{\overset{CH_3}{\overset{|}{C}}}\cdot \ + \ CH_2=\underset{COOCH_3}{\overset{CH_3}{C}}}$$

(2) 无规断链反应　对于乙烯基聚合物，一旦分子链产生断链生成自由基后，除了前面所讲的可发生解聚反应外，还有可能发生夺氢转移反应，特别是存在活泼的 α-H 时：

$$\sim\mathrm{CH_2-\overset{H}{\underset{X}{C}}\cdot + \sim CH_2-\overset{H}{\underset{X}{C}}\sim \longrightarrow \sim CH_2-CH_2 + \sim CH_2-\overset{\cdot}{\underset{X}{C}}\sim}$$

转移反应与解聚反应的相对比例取决于链末端自由基的稳定性以及是否存在易被夺的活泼氢。事实上，只有既能生成较稳定的末端自由基、又不易发生夺氢转移反应时，聚合物才会完全发生解聚反应，这样的聚合物是极少的，通常是一些 1,1-二取代乙烯基聚合物。如聚甲基丙烯酸甲酯与聚丙烯酸甲酯相比，前者无活泼的 α-H，难以发生转移反应，因而得到的降解产物几乎 100% 为单体；后者存在较活泼的 α-H，易发生夺氢转移，因而热降解产物中，单体含量不超过 1%，多为低聚物混合物或炭化产物。

降解反应过程中的自由基转移反应使新的自由基不再在分子链的末端。在此情形下，高分子链主要从其分子组成的弱键处发生断裂，分子链断裂成数条聚合度减小的分子链，导致分子量迅速下降，但产物是仍具有一定分子量的低聚物，难以挥发，因此质量损失较慢。这种热降解方式称为无规断链反应。

如聚乙烯的热降解：

$$\sim\mathrm{CH_2CH_2CH_2CH_2} \longrightarrow \sim \overset{\cdot}{C}H_2CH_2 + \overset{\cdot}{C}H_2CH_2 \sim$$
$$\longrightarrow \sim CH=CH_2 + CH_3CH_2 \sim$$

如果高分子主链中含有功能基，如大多数的逐步聚合产物以及一些杂环单体的开环聚合产物，这些功能基通常就是分子链中的最弱键，它们热降解时降解反应选择性地发生在功能基上，通过分子重排断链成低聚物。如聚氨酯的热降解反应发生在氨基甲酸酯功能基上，氮上的氢转移给相邻的氧，分解生成末端异氰酸酯基和羟基：

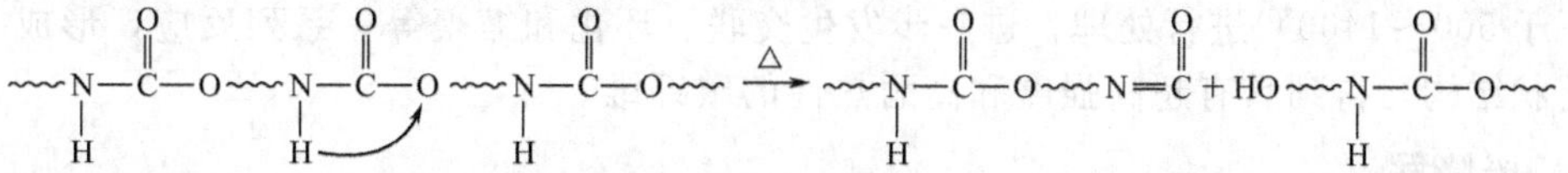

脂肪族的聚酯以及由芳香二酸与脂肪二醇得到的聚酯热降解时，并不会发生聚合反应的逆反应，因为聚合反应生成的小分子水或醇已被除去。这类聚合物初始的热降解反应为其酯基的脱羧反应：

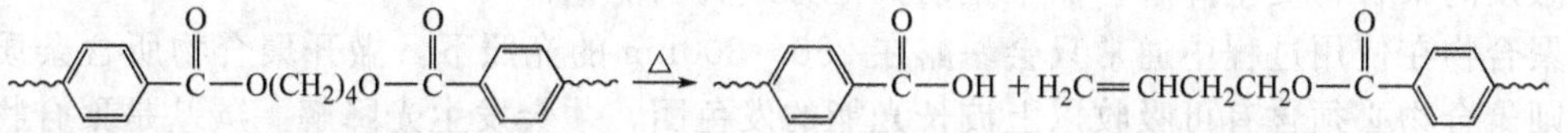

聚酰胺 66 初始的热降解反应是发生 α-C 上的氢转移，生成环戊酮和氨基末端基，环戊酮末端基再进一步分解成环戊酮和异氰酸酯末端基：

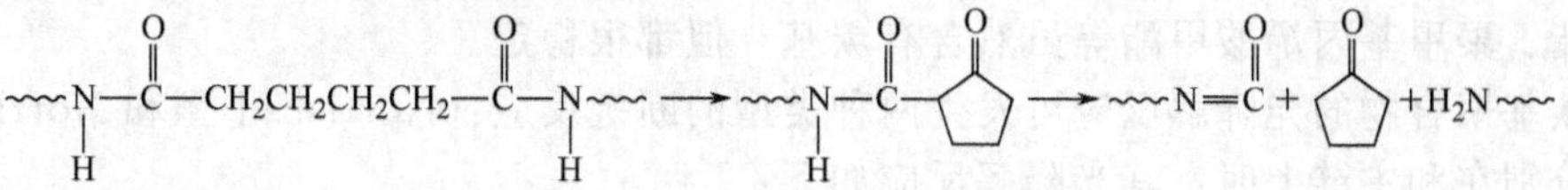

（3）侧基降解反应　聚合物的热降解反应除了发生在主链上，导致断链反应外，也可只发生在聚合物的侧基上，结果聚合物的聚合度不变，但在分子链上形成了新的结构，导致聚合物性能发生根本变化。侧基降解反应主要包括侧基脱除和环化反应。

侧基脱除反应的典型例子如聚氯乙烯的脱 HCl、聚乙酸乙烯酯的脱羧反应：

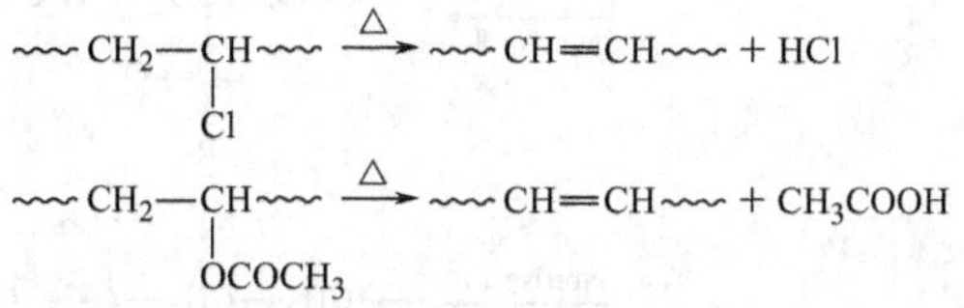

聚乙烯醇、纤维素及其酯等也可发生类似的反应。侧基脱除反应与断链反应相比，通常可在较低温度下进行，当温度更高时，侧基脱除与断链反应将成竞争反应。侧基脱除反应通常是由分子链上的一些缺陷所引起的，如聚氯乙烯分子链中一些在聚合反应过程中由链转移或链终止反应引入的烯丙基结构、叔氯原子等。侧基脱除反应一旦在主链上生成双键后，就会活化其烯丙位上的氢和取代基（如—Cl），使其更易脱去，从而对消去反应产生加速作用。如聚氯乙烯的脱 HCl 反应，哪怕在主链上只生成了一个双键，也会使反应速度加快约两个数量级，如果在主链上产生了共轭结构，速度加快更显著。

侧基环化反应如聚丙烯腈成环热降解反应：

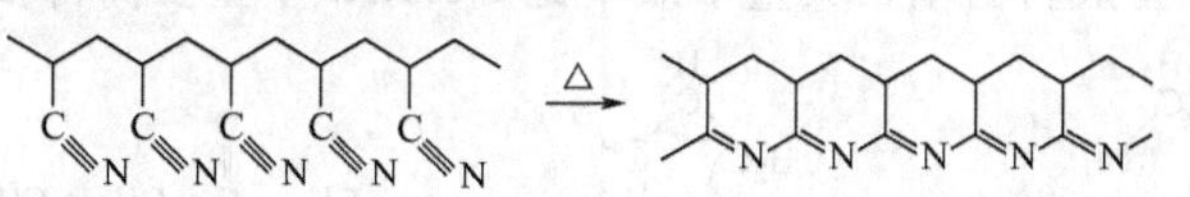

虽然侧基降解反应会导致聚合物变色、炭化，使聚合物性能遭受破坏，但侧基降解反应有时对于合成特种高分子具有重要意义，它可在高分子链中引入共轭或梯形结构。如侧基脱除反应是早期合成共轭高分子的重要方法之一，包括聚乙炔、聚对亚苯亚乙烯（PPV）等的合成。如 PPV 的合成：

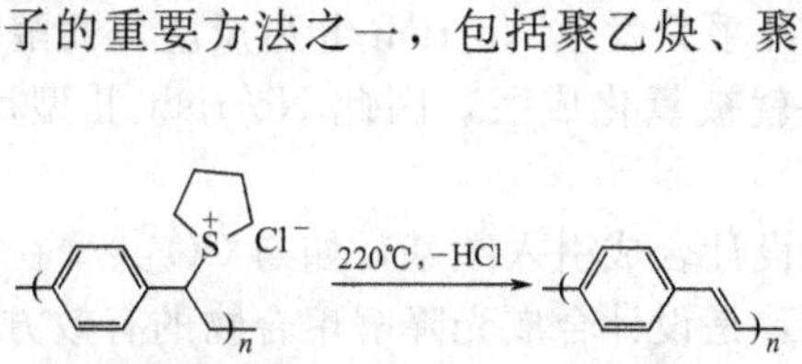

锍盐高分子前体　　　　　　　PPV

聚丙烯腈的侧基环化反应是合成聚丙烯腈碳纤维的基础，生成的环化聚丙烯腈再在氮气保护下于 500～1400℃进行处理，进一步发生交联、环化和缩聚等一系列反应，形成类似石墨的层状结构，得到具有超高强度和高耐热性的碳纤维。

9.6.2 光降解

聚合物受光照，当吸收的光能大于键能时，便会发生断键反应使聚合物降解。聚合物的光降解反应必须满足三个前提：①聚合物受到光照；②聚合物能够吸收光子，并被激发；③被激发的聚合物发生降解，而不是以其他方式失去能量。

聚合物在使用过程中通常只会暴露在 290～300nm 的光照下，撇开聚合物所含杂质的影响，则聚合物必须含有可吸收以上波长光能的发色团，才会发生光降解。羰基是聚合物中常见的最重要的发色团之一，包括酯基、酰胺基和碳酸酯功能基等，通常在 290nm 以上具有较弱的吸收。但通常聚合物吸收光能发生断链反应的量子效率都很低，因而像聚碳酸酯、芳香性聚酯、聚甲基丙烯酸甲酯等虽然含有羰基，但都很稳定。

含羰基聚合物的光降解反应可发生两种类型的断键反应：Norrish Ⅰ型和 Norrish Ⅱ型。当羰基分别在和主链上时，其光降解反应如下：

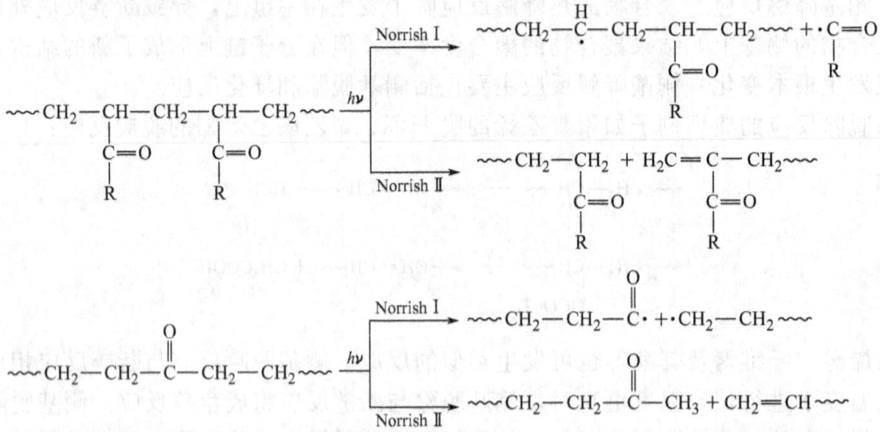

Norrish Ⅰ型断键反应中，被激发的羰基直接发生 α-断键反应，生成两个自由基。聚合物发生该类降解反应的量子效率通常都非常低（约为 0.001），因为断键生成的两个自由基在聚合物基体中容易再结合。在惰性气氛中，如果温度高于单体的 T_c，Norrish Ⅰ型断键反应可引发解聚反应。如果温度比 T_c 低得较多，则可能发生断链或交联反应。

Norrish Ⅱ型断键反应中，被激发的羰基经六元环过渡态夺取 γ-氢，生成的双自由基很快裂解，最终断键不生成自由基，其量子效率比 Norrish Ⅰ型要高得多（通常约 0.02）。

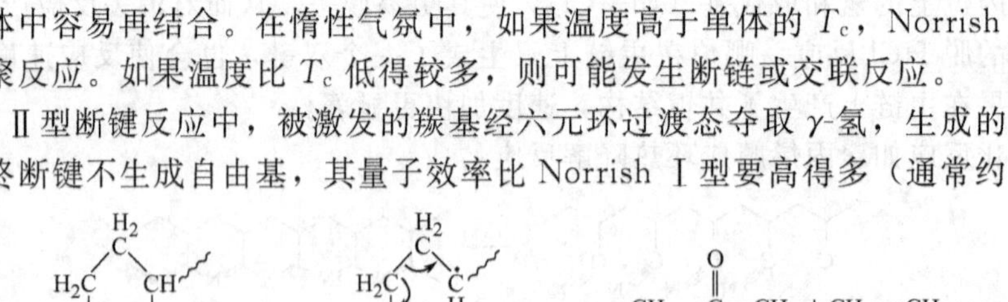

通常，聚合物中的酮基几乎只发生 Norrish Ⅱ型反应，而醛基则只发生 Norrish Ⅰ型反应，由于被激发的醛基很快就被氧化成酸，因此 Norrish Ⅱ型反应对聚合物的光降解意义更大。

在聚合物分子链中通过设计合成引入羰基，如与 CO 共聚在主链中引入羰基，或者与乙烯酮共聚在侧链上引入羰基，是设计合成光降解聚合物的有效方法之一。

由于聚合物对太阳光辐射的吸收速度慢，量子产率低，因而光降解过程一般较缓慢，为了加快聚合物的光降解，可加入吸收光子速度快、量子产率高的光敏剂（S），通过光敏剂首先吸收光子被激发形成激发态（S*），再与聚合物反应生成自由基，这种光降解方式常称为光敏降解，其机理类似于前述的光敏引发。

9.6.3　氧化降解

聚合物曝露在空气中易发生氧化作用，在分子链上形成过氧基团或含氧基团，从而引起分子链的断裂及交联，导致聚合物力学性能损失，包括韧性、冲击强度、断裂伸长率、弯曲强度等，也可导致聚合物外观发生显著变化，如粉化、产生裂纹、失去光泽、变黄等。

聚合物的氧化降解过程是一个链式反应过程，包括链引发、链增长和链终止反应。

链引发

$$\sim\!\!CH_2\!-\!\!\underset{X}{\overset{|}{CH}}\!\!\sim \xrightarrow[\text{或}R\cdot]{O_2} \sim\!\!CH_2\!-\!\!\underset{X}{\overset{|}{\dot{C}}}\!\!\sim + \cdot OOH(\text{或}RH)$$

链增长

$$\sim\!\!CH_2\!-\!\!\underset{X}{\overset{|}{\dot{C}}}\!\!\sim + O_2 \longrightarrow \sim\!\!CH_2\!-\!\!\underset{X}{\overset{OO\cdot}{\overset{|}{C}}}\!\!\sim$$

$$\sim\!\!CH_2\!-\!\!\underset{X}{\overset{OO\cdot}{\overset{|}{C}}}\!\!\sim + \sim\!\!CH_2\!-\!\!\underset{X}{\overset{|}{CH}}\!\!\sim \longrightarrow \sim\!\!CH_2\!-\!\!\underset{X}{\overset{OOH}{\overset{|}{C}}}\!\!\sim + \sim\!\!CH_2\!-\!\!\underset{X}{\overset{|}{\dot{C}}}\!\!\sim$$

链终止反应为各种自由基的偶合或歧化反应。

链引发反应的诱发因素是聚合物中难以避免的杂质（如催化剂残留、储存及加工过程中引入的其他污染物等）以及聚合物结构中的某些缺陷。这些杂质可与聚合物发生反应，特别是在高温加工过程中更明显。其次是聚合物分子中某些弱键在加工过程中的高温、高剪切下易发生断裂，也可生成初级自由基（参见 9.6.1）。此外，在加工过程中，在痕量氧的存在下，也可因高温或高剪切作用形成过氧化物。链引发反应的反应活化能取决于被进攻的 C—H 键的裂解能。以聚丙烯为例，聚合物分子链中含有几种不同的 C—H 键，大多数氧化反应发生在较活泼的三级 C—H 键上。而在不饱和聚合物中，氧化反应最易发生在烯丙位上，聚酰胺的氧化反应则主要发生在氮原子的 α-亚甲基上。

链增长反应包括两步，第一步反应为高分子链自由基与氧气反应生成过氧自由基，反应非常快。第二步反应为高分子过氧自由基从高分子链夺取氢，形成一个新的高分子链自由基和一个过氧化氢基团，反应要慢得多。一般地，高分子过氧自由基相对较稳定，不易发生其他副反应，但生成的过氧化氢基团不稳定，可在热或光照条件下发生分解，生成两个自由基：

$$\sim\!\!CH_2\!-\!\!\underset{X}{\overset{|}{CH}}\!-\!CH_2\!-\!\!\underset{X}{\overset{OOH}{\overset{|}{C}}}\!-\!CH_2\!-\!\!\underset{X}{\overset{|}{CH}}\!\!\sim \longrightarrow \sim\!\!CH_2\!-\!\!\underset{X}{\overset{|}{CH}}\!-\!CH_2\!-\!\!\underset{X}{\overset{\dot{O}}{\overset{|}{C}}}\!-\!CH_2\!-\!\!\underset{X}{\overset{|}{CH}}\!\!\sim + \cdot OH$$

$$\downarrow$$

$$\sim\!\!CH_2\!-\!\!\underset{X}{\overset{|}{\dot{C}}}\!H\!-\!CH_2\cdot + \underset{X}{\overset{O}{\overset{\|}{C}}}\!-\!CH_2\!-\!\!\underset{X}{\overset{|}{CH}}\!\!\sim$$

生成的烷氧自由基和氢氧自由基都非常活泼，氢氧自由基很快从聚合物链上夺取氢生成水。烷氧自由基则可能发生 β-断链反应生成羰基和烷基自由基，该反应是导致断链反应的关键反应，而且反应生成的羰基更易发生氧化反应。

饱和聚合物氧化反应的主要后果是断链反应，而在不饱和聚合物如不饱和橡胶中，由于 C=C 含量高，烷氧自由基进攻 C=C 的反应是链增长和断链反应的竞争反应，因而可发生交联、环氧化、环过氧化等，结果导致交联密度增大，橡胶变硬。

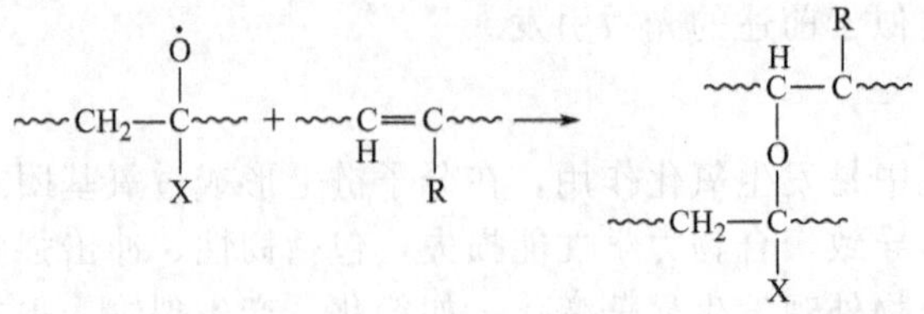

9.6.4 聚合物的稳定化

热、光、电、高能辐射和机械应力等物理因素，氧化、酸、碱、水等化学因素以及微生物等生物因素都可能引起聚合物老化。其中因热和光引起的聚合物降解是最常见的老化作用。为保证聚合物材料在加工、储存和使用过程中性能稳定，必须对聚合物进行稳定化处理，通常采用的方法是加入稳定剂。针对不同降解机理可加入不同的稳定剂。

9.6.4.1 热稳定剂

聚合物因吸收热能而造成的化学键断裂通常是无法通过加入稳定剂来防止的，只能通过设计合成和聚合反应控制，尽量避免弱键的产生，从而提高聚合物的热稳定性。热稳定剂能起的作用是抑制或延缓断键后续反应的发展。热断键最常见的后续发展是氧化反应，因此热稳定剂的主要作用是消除氧化反应的影响，常称抗氧剂。根据抗氧剂的作用机理可分为两大类，一类是自由基清除剂，它们能与过氧自由基迅速反应形成不活泼自由基，从而防止聚合物的热氧化降解。常见的是一些酚类和胺类化合物，特别是一些立体阻碍酚和芳香胺。其可能的机理可举例如下。

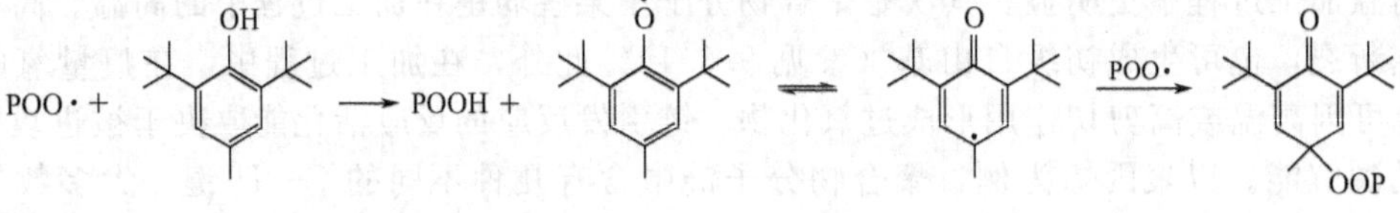

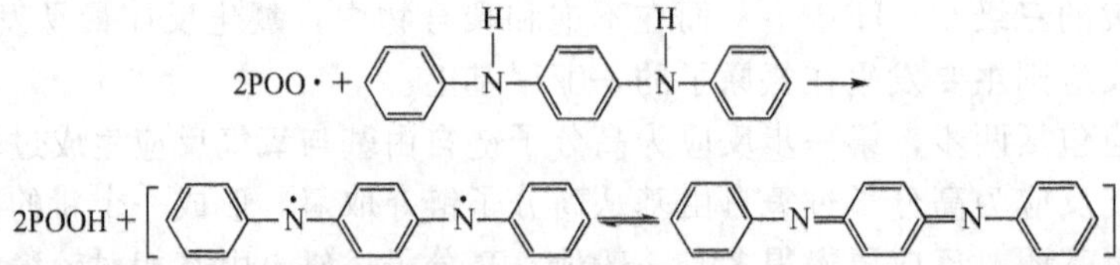

另一类是过氧化氢分解剂，能使氧化生成的过氧化氢基团分解生成非自由基，主要是一些含硫化合物（如硫醇、硫醚等）和含磷化合物（如亚磷酸酯类）。其稳定机理可用下式描述：

$$\sim\!\!\sim\mathrm{C{-}OOH} + 2\mathrm{RSH} \longrightarrow \sim\!\!\sim\mathrm{C{-}OH} + \mathrm{R{-}S{-}S{-}R} + \mathrm{H_2O}$$

$$\sim\!\!\sim\mathrm{C{-}OOH} + (\mathrm{RO})_3\mathrm{P} \longrightarrow \sim\!\!\sim\mathrm{C{-}OH} + (\mathrm{RO})_3\mathrm{PO}$$

9.6.4.2 光稳定剂

与热氧化降解相似，光氧化降解也可使用抗氧剂来消除体系中过氧自由基，但光降解反应具有与热降解反应不同的特性，包括光子吸收及能量转移，因而针对光降解反应采取的稳定化措施也与热降解反应不同。光稳定剂大致可分为四类，常见的光稳定剂见表 9-1。

（1）光屏蔽剂 光屏蔽剂能屏蔽或减少紫外光透射作用，如聚合物外表面的铝粉涂层，可防止光照透入聚合物；其次是聚合物中添加的一些颜料，如炭黑等，不仅能吸收可见光，也能吸收对聚合物危害大的 UV，而且可使光的吸收只发生在材料表层。但由于颜料与聚合物常常存在相容性问题，因而其应用受到一定的限制。

表 9-1　常见的光稳定剂

化合物类型	化合物品种	光稳定机理
颜料	炭黑，ZnO，MgO，$CaCO_3$，$BaSO_4$，Fe_2O_3	UV 屏蔽剂
2-羟基苯甲酮类	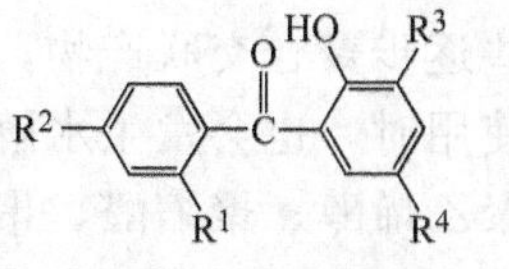 （2-羟基苯甲酮结构）R^1=H,烷基　R^2=H,烷基,苯基　R^3=H,丁基　R^4=H,丁基	UV 吸收剂
水杨酸苯酯类	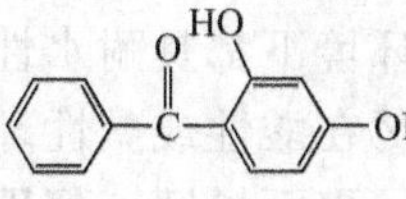 （2-羟基苯甲酮-OR结构，R=烷基；水杨酸苯酯结构） 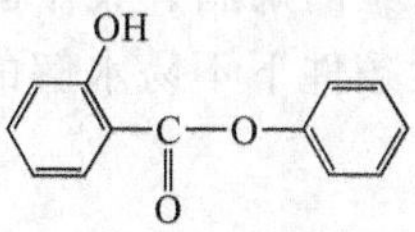	UV 吸收剂
苯并三唑类	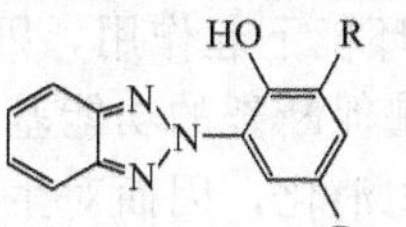 （苯并三唑结构，R=H,烷基）	UV 吸收剂
镍络合物	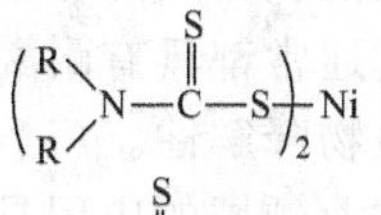 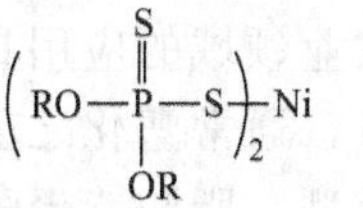 $\left(\!\!\begin{array}{c}R\\R\end{array}\!\!N-C(=S)-S\right)_{\!2}Ni$；$\left(RO-P(=S)(OR)-S\right)_{\!2}Ni$，R=烷基；（镍席夫碱络合物结构） 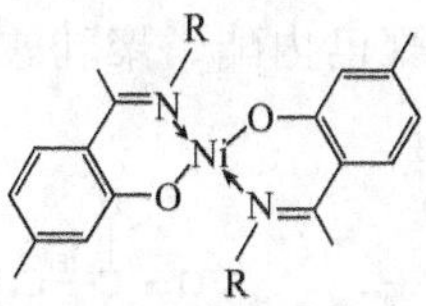	猝灭剂

（2）紫外光（UV）吸收剂　　UV 吸收剂通常是一些染料，能高效地吸收紫外光，并将吸收的能量无害地消散，如转换为热量。UV 吸收剂能有效地降低聚合物本身对光能的吸收，从而将 UV 对聚合物的损害大大降低。

（3）猝灭剂　　这类稳定剂能与被激发的聚合物分子作用，把激发能转移给自身，并且无损害地耗散能量，使被激发的聚合物分子回复原来的基态。常用的是一些过渡金属的络合物。

（4）过氧化氢分解剂与抗氧剂　　这类光稳定剂的主要作用是消除光氧化反应产生的过氧自由基及过氧化氢，其作用机理与热稳定剂中的抗氧剂相同。抗氧剂虽然不能吸收光能，但能有效地捕捉光解产生的自由基，防止光氧化降解反应的发展。

9.6.5　水解与生物降解

9.6.5.1　水解

水解反应有两个前提：聚合物含有可与水反应的功能基、聚合物与水接触。碳氢聚合物由于既不含可水解基团，且疏水性大，因而耐水性非常高；而许多天然高分子，如纤维素、淀粉等，吸水性大，又含有可水解基团，因而容易在合适的 pH 下发生水解。大多数合成聚合物介于这两者之间。通常，常见的逐步聚合产物，如聚酯、聚酰胺、聚碳酸酯、聚氨酯等在聚合物主链上含有可水解基团；而一些链式聚合产物如聚丙烯腈、聚甲基丙烯酸甲酯等则含有可水解的侧基。尽管如此，由于这些聚合物通常在水中的溶解性较差，而且常常为结晶聚合物，因而其吸水性都非常低。但是这些聚合物材料的表面则可受到酸或碱的侵袭，因而不宜长期在酸、碱环境下使用。即使是一些逐步聚合交联产物，如环氧树脂、酚醛树脂、不饱和聚酯等，长期在苛刻的酸、碱条件下使用时，也会发生水解断链反应。

　　水溶性或水溶胀性的合成高分子，如聚乙烯醇、聚缩醛、聚丙烯酸和聚丙烯酰胺等，在中性条件下是比较稳定的，但在酸性或碱性条件下可很快地发生水解反应。常见的工业化聚合物根据其耐水性可归类如下：①在任何环境下都具耐水性的聚合物，包括碳氢橡胶、聚苯乙烯、聚四氟乙烯、非增塑聚氯乙烯等；②在酸性或碱性环境下易水解的聚合物，包括纤维素酯、增塑聚氯乙烯、聚甲基丙烯酸甲酯、聚丙烯腈、聚甲醛、聚酰胺、聚酯、聚碳酸酯和聚砜等；③在碱性条件下可水解，而在酸性条件下不易水解的聚合物，如不饱和聚酯、酚醛树脂等。

9.6.5.2　生物降解

　　(1) 水-生物降解　由于酶只能在水性环境下起作用，因此耐水性聚合物也耐生物降解。水溶性或水溶胀性的聚合物，如果含有可酶促断裂的功能基，则可被微生物降解。水解降解反应可使聚合物分子量降低，有利于微生物消化，因而对生物降解具有促进作用。

　　蛋白质、核酸和聚糖等天然高分子因能被自然界存在的酶催化断键，因此都是高生物降解性的。而合成高分子由于所含的功能基通常都具有耐酶性，且具有较高的表面能，不易被水润湿和渗透，因而通常具有较高的耐生物降解性。

　　完全生物降解高分子在医疗医药和农业领域的应用具有特殊的优越性。但是，大多数天然高分子为结晶性高分子，具有较高熔点，通常塑化之前就会发生明显的热降解反应，因而不能用通常的聚合物加工方法进行加工成型。脂肪族聚酯是主要的具有可加工性的生物降解合成高分子。重要的例子如聚羟基乙酸、聚己内酯、聚乳酸、聚(2-羟基丁酸)以及羟基乙酸-乳酸共聚物等。

聚羟基乙酸　　　　　聚己内酯　　　　　聚(2-羟基丁酸)　　　　　聚乳酸

　　其中聚羟基乙酸的亲水性最好，水-生物降解反应最快；聚乳酸的单体单元比聚羟基乙酸的单体单元多一个甲基，因而亲水性相对要低，相应地水解-生物降解速度比聚羟基乙酸较慢；羟基乙酸-乳酸共聚物的降解速度则介乎聚羟基乙酸和聚乳酸之间，并可通过改变共聚物分子中两单体单元的比例进行调节；聚己内酯和聚羟基丁酸由于分子中含有较多的疏水性烷基，其生物降解速度比聚羟基乙酸和聚乳酸要慢得多。

　　(2) 氧化生物降解　热氧化或光氧化对生物降解具有很强的增效作用。虽然大多数合成高分子都非常耐生物降解，但通过热或光氧化降解反应，一方面使聚合物分子量大大下降，另一方面可在分子链上引入极性基团，增加聚合物的润湿性，从而使聚合物能够完全生物降解。因此为提高聚合物的生物降解性，可在聚合物中加入预氧化剂。最有效的预氧化剂是一些能生成两种稳定性相似、氧化数仅差1的金属离子的化合物，如 Mn^{2+}/Mn^{3+}。在预氧化剂的作用下，聚合物先与空气中的氧气发生热或光氧化降解，生成低分子量的氧化产物，如羧酸、醇、酮和低分子量的蜡等。氧化反应还可在聚合物分子链上引入极性基团，使聚合物亲水化，有利于微生物的生长与繁殖，从而使低分子量的氧化产物能被生物吸收。

习　　题

1. 名词解释：

高分子的相似转变，高分子效应，降解，解聚，聚合物老化

2. 高分子化学反应不同于小分子化学反应的特点主要有哪些？

3. 请给下列聚合物的耐氧化性能进行排序，并说明原因。

聚丁二烯，聚异丁烯，聚乙烯，聚丙烯

4. 把聚甲基丙烯酸甲酯、聚乙烯和聚氯乙烯分别进行热降解反应，其热降解方式有何不同？各自得到何种产物？

5. 分别简述热稳定剂和光稳定剂的作用。

6. 聚乙烯的交联可采用哪几种方法？

参 考 文 献

［1］　卢江，梁晖. 高分子化学. 第 2 版. 北京：化学工业出版社，2010.

［2］　Odian G. Principles of Polymerization，Fourth Edition. John Wiley & Sons，Inc.，2004.

［3］　Platé N A，Litmanovich A D，Noah OV. Macromolecular Reactions：Peculiarities，Theory and Experimental Approaches. New York：John Wiley & Sons Inc.，1995.

［4］　Tezuka Y，Oike H. "Topological polymer chemistry" Prog. Polym. Sci.，2002，27：1069-1122.

［5］　Pitsikalis M，Pispas S，Mays J W，Hadjichristidis N. "Nonlinear Block Copolymer Architectures" Adv. Polym. Sci.，1998，135：1-137.

［6］　Hadjichristidis N，Pispas S，Pitsikalis M，Iatrou H，Lohse D J. "Graft Copolymers" Encyclopedia of Polymer Science and Technology. John Wiley & Sons，2002.

［7］　Fradet A. Comprehensive Polymer Science. 2nd ed. S. L. Aggarwal，S. Russo，Eds.，Pergamon，Oxford，1996，151-162.

［8］　Decker C. "Photoinitiated crosslinking polymerization" Prog. Polym. Sci.，1996，200：1965-1974.

［9］　Akiba M，Hashim A S. "Vulcanization and crosslinking in elastomers" Prog. Polym. Sci. 1997，22：475-521.

［10］　Billingham N C. "Degradation" Encyclopedia of Polymer Science and Technology. John Wiley & Sons，Inc.，2002.

第10章 聚合物材料的性能

聚合物材料是由聚合物和各种添加剂所组成的聚合物体系，因此聚合物材料的性能不仅取决于聚合物本身的性能，而且还与添加剂的性能以及添加剂在聚合物基体中的分散性有关。测试聚合物材料性能时，通常都是将聚合物材料制成具有一定大小和形状的测试样条来进行测定的，因此测试所得的数据不仅与聚合物体系各组分的化学和物理结构有关，而且还与样条的制备、形状、大小等有关。聚合物材料的许多力学性能、电性能、光学性能并不是静态性能，其性能测试所得的结果与测试条件包括测试方法以及测试速度等密切相关。因此聚合物材料性能的测试必须按一定的标准来进行，如规定试样的大小、形状以及测试条件，只有这样所得的数据才具有可比性。国际上比较通行的标准是 ISO（International Organizationfor Standardiztion）标准，但是有些国家又制订有自己的标准，而且各个国家的标准又有所区别，有些并不符合 ISO 标准。因此在比较聚合物材料性能的有关数据时必须留意其测试条件。此外，对聚合物样条进行性能测试时所得的数据受测试样条中的缺陷以及加工历史的影响很大，测试结果表征的只是所测试样条的性能，而不能准确地反映聚合物材料的性能，因此为了能准确地评价聚合物材料的性能，必须对多个样条（通常至少 10 个样条）进行测试求平均值。

10.1 聚合物的力学性能

聚合物的力学性能指的是其对外力作用的响应特性，包括聚合物材料或其表面的形变、形变的可逆性、抗形变性能及抗破损性能等。

10.1.1 应力与应变

材料在外力作用下发生形变的同时，在其内部还会产生对抗外力的附加内力，以使材料保持原状，当外力消除后，内力就会使材料回复原状并自行逐步消除。当外力与内力达到平衡时，内力与外力大小相等，方向相反。单位面积上的内力定义为应力，用 σ 来表示。材料在外力作用下，其几何形状和尺寸所发生的变化称为应变或形变，通常以单位长度（面积、体积）所发生的变化来表征。材料的受力方式不同，发生形变的方式亦不同，应力和应变的具体定义也有所区别。材料受力方式主要有以下三种基本类型。

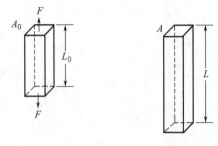

图 10-1 简单拉伸示意图

（1）简单拉伸 材料受到一对垂直于材料截面、大小相等、方向相反并在同一直线上的外力作用，如图 10-1 所示。

材料在拉伸作用下产生的应力称为拉伸应力，所产生的形变称为拉伸应变，也称相对伸长率。根据其定义：

拉伸应力
$$\sigma = \frac{F}{A_0}$$

相对伸长率
$$\varepsilon = \frac{L - L_0}{L_0} = \frac{\Delta L}{L_0}$$

式中，A_0 为材料试样的起始横截面积；L_0 为试样的起始长度，L 为试样经拉伸后的长度。L/L_0 称为拉伸比（λ），也常用来描述材料的拉伸形变。上述表达式并没有考虑试样在拉伸过程中其横截面积的变化，称为公称应力和公称应变。事实上由于聚合物样条在拉伸过程中，其横截面积是逐渐变小的，因此拉伸过程中产生的真正应力比公称应力要大。

（2）简单剪切　材料受到与其截面平行、大小相等、方向相反但不在一条直线上的两个外力作用，使材料发生偏斜，如图 10-2 所示。

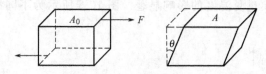

图 10-2　简单剪切示意图

其偏斜角的正切值定义为剪切应变，用 γ 表示，即：

剪切应力　　　　　　　　　　　　$\sigma_s = F/A_0$

剪切应变　　　　　　　　　　　　$\gamma = \tan\theta$

（3）均匀压缩　材料受到均匀压力的压缩作用，如图 10-3 所示。

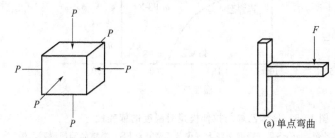

图 10-3　均匀压缩示意图　　　　　　　图 10-4　弯曲示意图

（图 10-4 (a)单点弯曲　(b)三点弯曲）

材料受到均匀压缩时产生的应力等于其所受到的压力 P，产生的应变定义为其发生的体积形变，称为压缩应变，用 γ_V 表示。设材料经压缩后，体积由起始的 V_0 缩小为 V，则压缩应变：

$$\gamma_V = (V_0 - V)/V_0 = \Delta V/V_0$$

材料受力方式除以上三种基本类型外，还有弯曲和扭转。弯曲是指对材料施加一弯曲力矩，使材料发生弯曲。主要有单点弯曲和三点弯曲两种形式，如图 10-4 所示。扭转则是指材料受到扭转力矩，如图 10-5 所示。材料受力时常常并不是一种方式而是几种方式的结合。

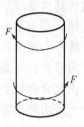

图 10-5　扭转示意图

10.1.2　弹性模量

弹性模量是指在弹性形变范围内材料产生单位应变所需应力的大小。分别对应于以上三种受力和形变的基本类型，聚合物材料的弹性模量定义如下：

拉伸模量（杨氏模量）E：　　　　　$E=\sigma/\varepsilon$

剪切模量（刚性模量）G：　　　　　$G=\sigma_s/\gamma$

体积模量（本体模量）B：　　　　　$B=P/\gamma_V$

弹性模量是材料刚性的一种表征，其中以拉伸模量和剪切模量较常用，而较少用体积模量。

聚合物弹性模量的高低取决于其链段运动的难易程度，而链段运动的难易程度与温度密切相关，因此聚合物的模量受温度的影响显著。图 10-6 所示为不同结构聚苯乙烯的拉伸模量与温度关系。

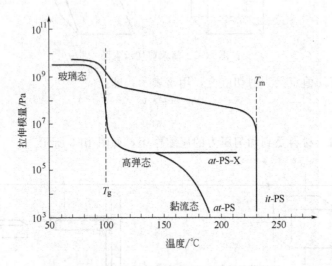

图 10-6　聚苯乙烯的拉伸模量对温度的依赖性

at-PS—无规聚苯乙烯；at-PS-X—轻度交联无规聚苯乙烯；it-PS—半结晶等规聚苯乙烯

当温度低于 T_g 时，由于链段运动被冻结，所有的玻璃态聚合物都具有大小相近的模量（约为 10^9 GPa），随着温度升高，模量开始缓慢下降，当温度升高至 T_g 附近时，链段运动解冻，模量迅速下降。如果分子量足够高，对于非晶态的无规聚苯乙烯，其模量的下降将经历高弹态平台阶段，当温度继续升高时，聚合物的模量又会迅速下降，开始进入黏流态；对于半结晶的等规聚苯乙烯，当温度接近 T_g 时，由于其中的非晶态区域较少，晶区起到物理交联点的作用，大大地限制了链段运动，因而其模量的下降并不像非晶态聚苯乙烯显著，在该温度范围内，结晶聚苯乙烯的模量明显高于非晶态聚苯乙烯，当温度继续升高时，随着晶区逐渐熔化，模量逐渐下降，当温度到达其熔点 T_m 时，晶区全部熔化，模量迅速下降，进入黏流态；对于轻度交联的无规聚苯乙烯，当温度升高至 T_g 附近时，其模量也会发生显著的下降，但由于化学交联的作用，分子链不会发生相对滑移，不会出现黏流态。

高分子量聚合物之所以会出现高弹态平台区，是因为当温度刚过 T_g 时，分子链之间的纠缠作用可以阻碍分子链之间的滑移，使聚合物仍然保持较高的模量；当温度再升高时，由于分子运动的动能大大增加，容易使分子链间的纠缠解离，结果导致模量下降。

10.1.3　力学强度

当材料所受的外力超过材料的承受能力时，材料就会发生破坏。力学强度是衡量材料抵抗外力破坏的能力，是指在一定条件下材料所能承受的最大应力。

根据外力作用方式不同，主要有以下三种。

（1）抗张强度　衡量材料抵抗拉伸破坏的能力，也称拉伸强度。在规定试验温度、湿度和实验速度下，在标准试样上沿轴向施加拉伸负荷，直至试样被拉断。图 10-7 为拉伸试验示意图。

假设试样断裂前所受的最大负荷为 P，则抗张强度 σ_t 定义为：

$$\sigma_t = P/(bd)$$

（2）抗弯强度　也称挠曲强度或弯曲强度。抗弯强度的测定是在规定的试验条件下，对标准试样施加静止弯曲力矩，直至试样断裂。图 10-8 为抗弯强度试验示意图。

设试验过程中最大的负荷为 P，则抗弯强度 σ_f 定义为：

$$\sigma_f = 1.5PL_0/(2bd)$$

（3）冲击强度（σ_i）　冲击强度也称抗冲强度，定义为试样受冲击断裂时单位截面积所吸收的能量，是衡量材料韧性的一种指标。

一般拉伸试验的拉伸速度约为 0.1m/s，而在日常生活中，材料遭受的形变速度要高得多。虽然可以采用高速拉伸（如拉伸速度高达 250m/s）来测试材料抵抗高速形变的性能，但这样的拉伸设备成本昂贵，而冲击强度的试验成本要低得多。可有几种不同的方法测试材料的冲击强度，其中最常用的是 Charpy 冲击试验和 Izod 悬臂梁式冲击试验（见图 10-9）。

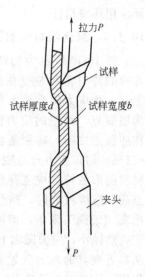

图 10-7　拉伸试验
示意图

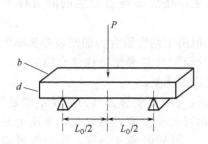

图 10-8　抗弯强度试验示意图

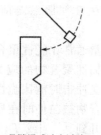

（a）Izod 悬臂梁式冲击试验

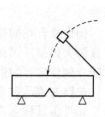

（b）Charpy 冲击试验

图 10-9　冲击试验示意图

Izod 悬臂梁式冲击试验是将聚合物样条的一端固定，用摆锤冲击样条的自由端，样条主要遭受弯曲应力和剪切应力；Charpy 冲击试验则是将样条水平放置在两支架上，用摆锤从上面冲击样条的中部，样条受冲击面被压缩，中部则承受弯曲应力，在其反面则遭受强的拉伸应力。

当试样断裂时，其吸收的能量等于断裂时摆锤所做的功 W，假设样条的宽为 b，厚为 d，则冲击强度为：

$$\sigma_i = W/bd$$

由于聚合物材料中的缺陷可导致应力集中，从而降低材料的冲击强度，为了使测试具有更好的重复性以及研究缺陷对冲击强度的影响，常将聚合物制成具有特定大小缺口的样条来测试其缺口冲击强度。对于薄的样条，缺口冲击强度可定义为每单位缺口长度所吸收的能量，单位为 kJ/m（美国常用此测试标准）；对于厚的样条，缺口冲击强度则定义为样条吸收的能量除以其缺口长度与厚度之积，单位为 kJ/m² （欧洲常用此测试标准）。

冲击强度可用于衡量某聚合物材料是否具有足够的能量吸收性能以应用于一些特殊场合，如饮料瓶或窗等。由于冲击强度的测量值随温度的降低以及形变速度的升高而降低，因此为了准确地评价某聚合物材料的应用性能，测试其冲击强度时的测试条件应尽量地与其实际应用环境相近。

10.1.4　聚合物材料的拉伸性能

图 10-10 所示为韧性聚合物材料被拉伸时的典型应力-应变曲线。可见，在曲线上有一个应力出现极大值的转折点 Y，称为屈服点，对应的应力称屈服应力（σ_y）。在屈服点之前，特别是在应变比较小（如 <1%）时，应力与应变基本成正比关系，材料的形变符合虎克弹性行为。经过屈服点后，继续拉伸时，热塑性聚合物常常会出现"细颈"现象，即被拉伸试样的截面积突然减小，应力随之下降。"细颈"总是从靠近夹具的地方开始发展，因为夹具的作用，该处应力最集中。"细颈"现象也称

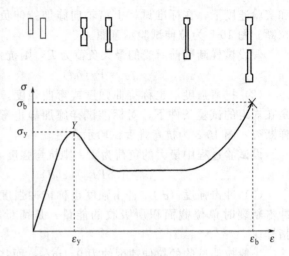

图 10-10　韧性聚合物拉伸的应力-应变曲线

为"冷拉伸现象"，弹性体拉伸时不会产生"细颈"现象。继续拉伸，细颈部分持续发展，但截面积保持不变，拉伸应力基本不变。当材料继续被拉伸时，由于分子链在拉伸方向上发生取向，从而对继续形变产生抵抗，应力又再增加，直至试样断裂，材料发生断裂时的应力称断裂应力（σ_b），相应的应变称为断裂伸长率（ε_b）。

若材料的断裂发生在屈服点之前，则为脆性断裂；在屈服点后发生的断裂称为韧性断裂。

韧性聚合物的模量通常比脆性聚合物的模量低，但由于韧性聚合物的断裂伸长率比脆性聚合物大得多，因此韧性聚合物的应力-应变曲线下的面积通常都比脆性聚合物的大，这就意味着韧性聚合物遭受冲击时能比脆性聚合物吸收更多的能量。

玻璃态或晶态聚合物被拉伸时在屈服点后出现的较大应变在移去外力后是不能复原的。但是如果将试样温度升到其 T_g 或 T_m 附近，该形变则可完全复原，因此它在本质上并非不可逆的黏流形变，而是由高分子的链段运动所引起的、可逆的高弹形变，称为强迫高弹形变。其产生的原因是在外力的作用下，玻璃态或晶态聚合物中本来被冻结的链段被强迫运动，使高分子链发生伸展，产生大的形变。但由于温度低于 T_g 或 T_m，当外力移去后，链段运动仍处于冻结状态，因此所发生的形变不能通过链段运动得以恢复，只有当温度升至 T_g 或 T_m 附近，使链段运动解冻，形变才能复原。这种大形变与高弹态的高弹形变在本质上是相同的，都是由链段运动所引起。

玻璃态聚合物被拉伸时存在一个临界温度 T_b，当温度低于 T_b 时，聚合物拉伸呈脆性断裂，不会出现强迫高弹态，只有当拉伸温度处于 $T_b \sim T_g$ 之间时玻璃态聚合物才会产生强迫高弹性；而晶态聚合物只有当拉伸温度处于 $T_g \sim T_m$ 之间时才会出现强迫高弹态。玻璃态聚合物在拉伸过程中会发生分子链取向，但不会发生相变；而晶态聚合物在拉伸过程会发生微晶沿拉伸方向的重排取向，即部分晶轴方向与拉伸方向不一致的微晶会熔化，分子链沿拉伸方向重排后再结晶。

根据相同温度下聚合物材料的应力-应变曲线的特性可比较聚合物材料的性能，如可从断裂强度 σ_b 的大小比较聚合物材料的强与弱；从模量 $E(\sigma/\varepsilon)$ 的高低比较材料的刚与软；从曲线下的面积大小比较材料的脆与韧。根据常温下聚合物材料的力学性能及其应力-应变曲线特征，可将聚合物的应力-应变曲线大致分为六类，如图 10-11 所示。

图 10-11 中，（a）类聚合物材料在较大应力作用下，材料仅发生较小的应变，并在屈服

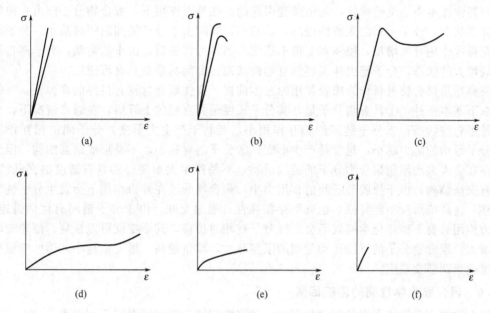

图 10-11　几类典型的聚合物材料的应力-应变曲线

点之前发生断裂，具有高的模量和拉伸强度，但受力呈脆性断裂，冲击强度较差，材料刚而脆，如聚苯乙烯和酚醛树脂等；（b）类聚合物材料在较大应力作用下，材料发生较小的应变，在屈服点附近断裂，具高模量和拉伸强度，材料刚而强，如聚甲基丙烯酸甲酯等；（c）类聚合物材料具高模量和拉伸强度，断裂伸长率较大，材料受力时，属韧性断裂，材料强而韧，如聚碳酸酯、聚甲醛等。以上三种聚合物由于强度较大，适于用作工程塑料。（d）类聚合物材料模量低，屈服强度低，断裂伸长率大，断裂强度较高，材料软而韧，可用于要求形变较大的材料，如 SBS 等；（e）类材料模量低，屈服强度低，中等断裂伸长率，材料软而弱，如未硫化的天然橡胶等；（f）类材料弱而脆，一般为低聚物，不能直接用作材料。一些常见聚合物的力学性能见表 10-1。

表 10-1　一些常见聚合物的力学性能

聚合物	弹性模量/GPa	屈服强度/MPa	断裂强度/MPa	断裂伸长率/%
聚丙烯	1.0～1.6	23	24～38	200～600
聚苯乙烯	2.8～3.5	—	38～55	1～2.5
聚甲基丙烯酸甲酯	2.4～2.8	48～62	48～69	2～10
低密度聚乙烯	0.14～0.28	6.9～14	10～17	400～700
聚碳酸酯	2.4	55～69	55～69	60～120
硬质聚氯乙烯	2.1～4.1	55～69	41～76	5～60
聚四氟乙烯	0.41	10～14	14～28	100～350

10.1.5　聚合物的高弹性

高弹态聚合物最重要的力学性能是其高弹性。聚合物的高弹性具有许多与金属等材料的普弹性显著不同的特性：①高弹态聚合物弹性模量小，形变量很大。普弹形变的形变量都很小，一般不到1%，而高弹态形变的形变量大得多，可达1000%；②金属等普弹形变材料被拉伸时变冷，受热时膨胀；而高弹态聚合物被拉伸时发热，受热时收缩；③高弹态聚合物材料的形变需要时间，形变随时间而发展直至最大形变。

高弹性与普弹性之所以有如此区别，在于其本质上的不同。普弹性在本质上属于能弹性，而高弹性本质上是熵弹性，是由熵变引起的。在外力作用下，聚合物分子链由卷曲状态变为伸展状态，分子排列的规整性提高，熵减小，同时由于分子链间的距离减小，分子链间的相互排斥作用有所增加，使体系变得不稳定；当外力移去后，由于热运动，分子链自发地趋向熵增大的状态，分子链由伸展再回复卷曲状态，因而其形变具有可逆性。

高弹性是聚合物材料作为橡胶使用的基本前提，要使聚合物具有良好的高弹性，一般需具有以下基本条件：①具有高分子量，其分子长度是其直径的上万倍，在通常情况下，分子链总是呈卷曲状态；②分子链间的相互作用小，有利于产生大形变，分子间的相互作用越小，分子运动的阻力越小，越容易产生形变；③分子的对称小，不易形成结晶结构，因为晶区的存在会大大地限制聚合物分子的链段运动，不易产生大形变；④具有适度的交联结构，若没有交联结构，由于橡胶分子间的作用力小，聚合物分子在外力作用下会发生分子链的相对位移，这样的形变不能复原，也就不存在弹性。通过交联，由于分子链间有化学键连接，在外力作用只要不破坏化学键就不会发生分子链相对位移，其形变就可以恢复。随着交联密度的增大，聚合物分子的链段运动受到的限制越大，模量越高，形变量越小，因此应根据实际情况适当调节交联度。

10.1.6　聚合物力学性能的影响因素

聚合物的力学性能受多种因素的影响，可将之归纳为有利因素和不利因素。

（1）有利因素

① 聚合物自身的结构　在聚合物分子链上引入空阻大的取代基、环结构、主链中引入芳杂环，可增加链的刚性，分子链易于取向，力学强度增加；适度交联，有利于拉伸强度的提高；冲击强度的影响较复杂，分子链刚性的增大在很多情况下会使聚合物的脆性增大，冲击强度降低，但是若分子链的构象有利于分子链在外力作用下快速取向，则可提高材料的冲击强度。

② 结晶和取向　结晶和取向可使分子链规整排列，增加其抵抗外力破坏的能力，使聚合物的强度增大，但结晶度过高，可导致抗冲强度和断裂伸长率降低，使材料变脆。

③ 共聚和共混　共聚和共混都可使聚合物综合两种以上均聚物的性能，可通过选择共聚或共混组分有目的地提高聚合物的某方面性能，如聚苯乙烯是脆性材料，但将苯乙烯与丙烯腈共聚所得聚合物的抗张强度和冲击强度都会有明显的提高。

④ 材料复合　聚合物的强度可通过在聚合物中添加增强材料得以提高。如将浸渍了不饱和树脂的玻璃纤维织物经层压成型制得的玻璃钢，其拉伸强度可达到甚至超过钢材，其中的玻璃纤维即为增强材料。

（2）不利因素

① 应力集中　若材料中存在某些缺陷，受力时，缺陷附近局部范围内的应力会急剧增加，称为应力集中。应力集中首先使其附近的高分子链断裂和相对位移，然后应力再向其他部位传递，进而其他部位的分子链相继断裂，最终导致材料断裂。应力集中可使材料的性能大大下降，就如同撕布料时，先剪个缺口，缺口就成为应力集中点，撕裂时就很容易从缺口处撕裂开来。

缺陷的产生原因多种，如聚合物中的小气泡、生产过程中混入的杂质、聚合物收缩不均匀而产生的内应力等。

② 惰性填料　有时为了降低成本，在聚合物中加入一些只起稀释作用的惰性填料，如在聚合物中加入的粉状碳酸钙。惰性填料往往使聚合物材料的强度降低。

③ 增塑　增塑剂的加入可使材料强度降低，只适于对弹性、韧性的要求远甚于强度的软塑料制品。

④ 老化　聚合物材料在加工和使用过程中发生的老化可使聚合物材料的强度下降。

10.1.7　聚合物的力学松弛

在外力作用下，理想弹性体（如弹簧）的平衡形变在瞬间达到，与时间无关；而理想黏性流体（如水）的形变则随时间线性发展。聚合物的形变与时间有关，但又不成线性关系，其形变与时间的关系介乎理想弹性体和理想黏性体之间，聚合物的这种性能称为黏弹性。

聚合物的力学性能随时间的变化统称为力学松弛。最基本的力学松弛现象包括蠕变、应力松弛等。聚合物的蠕变和应力松弛性能可用来表征聚合物材料的尺寸稳定性。

（1）蠕变　蠕变是指在恒温下对聚合物材料快速施加较小的恒定外力时，材料的形变随时间而逐渐增大的力学松弛现象。如挂东西的塑料绳慢慢变长。聚合物的蠕变性能与其结构密切相关，柔性链聚合物的蠕变较明显，而刚性聚合物的蠕变较小；分子量的增大、交联度的提高有利于减弱蠕变现象；温度升高、外力加大可使蠕变增大。聚合物的蠕变性能对于需长期承受负荷的聚合物的选择特别重要。

聚合物在外力作用所发生的蠕变包含普弹形变、高弹形变和黏性流动三个部分。

① 普弹形变（ε_1）聚合物受力时发生的普弹形变是由聚合物分子链的键长、键角等的变化引起的，其特性如图 10-12 所示。假设在 t_1 时刻对聚合物施加外力，普弹形变立即产生并达到恒定，不随外力的作用时间而改变，其形变量符合虎克（Hooke）定律，当在 t_2 时刻去除外力时，普弹形变马上完全复原。（t_1 和 t_2 的含义下同）。

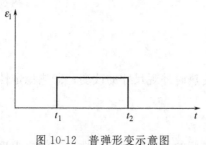
图 10-12　普弹形变示意图

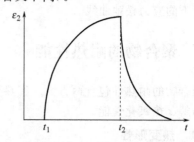
图 10-13　高弹形变示意图

② 高弹形变（ε_2）　聚合物受力时发生的高弹形变是由聚合物分子的链段运动引起的，其形变量比普弹形变大得多，但不是瞬间完成，而是随外力作用时间的延长而逐渐增大，但与时间不成线性关系。当外力除去后，高弹形变可逐渐回复，如图 10-13 所示。

③ 黏性流动（ε_3）　聚合物受力时发生的黏性流动是由其分子链的相对位移引起的，其形变随外力作用时间线性增加，当外力去除后，黏性流动不能回复，是不可逆形变，如图 10-14 所示。

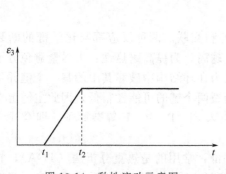
图 10-14　黏性流动示意图

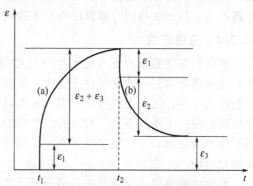
图 10-15　线形聚合物典型的蠕变曲线
（a）与恢复曲线（b）示意图

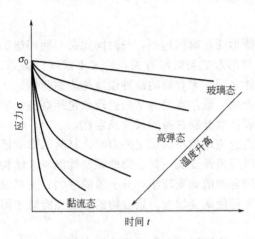

图 10-16　典型的聚合物在不同温度
下的应力松弛曲线

当聚合物受力时，以上三种形变是同时发生的，其黏弹形变行为是三种形变的综合结果，线形聚合物在 T_g 以上的典型蠕变曲线（a）和回复曲线（b），如图 10-15 所示。

（2）应力松弛　应力松弛是指在恒定温度和形变保持不变的情况下，聚合物内部的应力随时间增加而逐渐衰减的现象。如用塑料绳绑捆东西，时间久了会变松。这是由于当聚合物被拉长时，高分子构象处于不平衡状态，它会通过链段沿外力方向的运动来减少或消除内部应力，以逐渐过渡到平衡态构象。由于应力松弛是通过分子运动产生的，因此与温度相关。当温度高于聚合物的 T_g 时，聚合物分子的链段运动充分发展，应力松弛很快，几乎观察不到；当温度低于 T_g 时，链段运动被冻结，应力松弛过程很慢，也难以觉察；只有当温度处于玻璃态向高弹态转变的过渡区域内时，应力松弛才较明显。图 10-16 所示为典型的聚合物在不同温度下的应力松弛曲线。

10.2　聚合物的耐热性能

聚合物的耐热性包含两方面：①热变形性——受热时外观尺寸的改变；②热稳定性——耐热降解、热氧化性能。

10.2.1　热变形性

大多数应用场合要求聚合物在受热条件下具有良好的外观尺寸稳定性，这就要求聚合物在受热条件下不易发生形变，而形变小的聚合物必然处于玻璃态或晶态，高弹态聚合物即使在很小外力作用下也可产生大形变，不可能具有良好的耐热变形性。聚合物的 T_g 或 T_m 越高，意味着其转变为高弹态的温度也越高，耐热变形性越好。而聚合物的 T_g 和 T_m 与其分子链结构和聚集态结构密切相关，为了获得高的 T_g 和 T_m，必须使其分子链内部及分子链之间具有强的相互作用，为此可有以下几条途径：①增加结晶度；②引入极性侧基或在主链或侧基上引入芳香环或芳香杂环，增加分子链刚性；③使分子间产生适度交联，交联聚合物不熔不溶，只有加热到分解温度以上才遭破坏。

10.2.2　热稳定性

聚合物在高温条件下可能产生两种结果：降解和交联。两种反应都与化学键的断裂有关，组成聚合物分子的化学键能越大，耐热稳定性越高。为提高耐热性：①尽量避免分子链中弱键的存在；②在主链结构中引入梯形结构，因为在环结构中破坏其中的某一个键并不会导致聚合物分子量的下降，而在同一个环中同时断裂两个键的可能性很低，因此主链上含有环结构的聚合物，其热稳定性较高；③在主链中引入 Si、P、B、F 等杂原子，即合成元素有机聚合物。

聚合物的热稳定性通常采用热分析手段进行评价，常用的是热重分析法（TGA），它测试的是聚合物在等速升温过程中的质量损失，测试所得的谱图由试样的质量残余率对温度的曲线（称为热重曲线，TG）和/或试样的质量残余率随时间的变化率对温度的曲线（称为微商热重法，DTG）组成。用 TGA 来分析聚合物的热稳定性时，为了排除水分、聚合物中的某些添加剂等的影响，需对聚合物样品进行纯化。图 10-17 所示为某个聚合物样品的 TGA 曲线，可见该聚合物在升温过程中经历了三个比较明显的质量损失阶段，当升温到 T_1 温度时，聚合物样品便开始有少量的质量损失，损失率为（$100-Y_1$）％；继续升温至 T_2，聚合物样品又开始比较大的第二次失重，该阶段的质量损失率为（Y_1-Y_2）％，依次类推。通常以聚合物的开始失重温度、最大失重温度或样品失重一半时的温度等来评价聚合物的热稳定性。

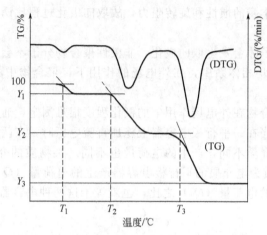

图 10-17　热重分析曲线（TG）和微分热重曲线（DTG）

10.3　聚合物的电性能

聚合物的电性能是指聚合物材料在外加电压或电场作用下的行为及其表现出来的各种响应，主要包括在交变电场中的介电性质，在弱电场中的导电性质，在强电场中的击穿现象，以及在机械力、摩擦、热、光和化学环境下的静电、压电、热电、光电等现象。

10.3.1　介电性能

聚合物的介电性能是指聚合物在外加交流电压时电能的储存和损耗现象。在介绍聚合物的介电性能之前，首先介绍几个相关的概念。

（1）偶极矩　偶极矩 μ 定义为电荷量 q 和正负电荷中心之间的距离 d 的乘积，即：

$$\mu = qd$$

偶极矩是一个矢量，化学上习惯规定其方向为从正到负，其单位为 C・m（库仑・米），分子偶极矩的大小可用来表征分子极性的强弱。

（2）极化现象　当对金属材料外加电场时，金属原子的外层电子便会发生流动，产生导电。由于这些外层电子为所有原子核所共享，因而金属的导电性受其化学本质的影响较小。而在电中性的聚合物分子中，电子都紧密地结合在原子核上，很难发生流动，因而其导电性一般都很低。但聚合物在外电场作用下其内部的分子或原子的电荷分布会发生变化，产生极化现象，使其偶极矩在外电场作用下增加。

按极化机理的不同，可分为以下几种：

① 诱导极化　聚合物在外加电场作用下，可导致其分子中各原子的价电子云相对于原子核向正极方向偏移，或者是各原子核彼此之间发生相对位移，从而使分子的正负电荷中心

发生位移或分子发生变形从而发生诱导极化，产生诱导偶极矩。任何聚合物分子都可发生诱导极化。

② 取向极化 在极性共价键中，两成键原子间的成键电子对一般更接近于其中某个原子，因此该原子更负电性一些，而另一原子更正电性一些，由此生成永久偶极子。具有永久偶极子的聚合物分子在没有外电场作用时，由于分子的热运动，偶极矩的指向是随机的，统计上大量分子的总平均偶极矩为零，聚合物表现为电中性；当对聚合物施加电场时，可导致这些偶极子沿电场方向取向，从而导致聚合物分子的偶极矩增大，发生取向极化。由于取向过程需要克服极性分子本身的惯性和旋转阻力，故取向极化过程比诱导极化过程在时间上要长得多。

只有极性聚合物分子才会发生取向极化，非极性聚合物分子不会发生取向极化。

③ 界面极化 在非均相体系中，在外电场的作用下，聚合物中的电荷逐渐在两相界面处聚集而发生极化。

(3) 介电常数 聚合物在外电场作用下的极化程度很难测定，通常用介电常数（也称相对介电常数）来表征。当在一平行板电容器上施加直流电压时，在两个板上将产生一定量的电荷。两平行板间的电介质不同，产生的电荷量也不同。某物质的介电常数（ε）定义为一定电压（U）下以该物质为电介质的平行板电容器产生的电荷量（Q）与平行板间无任何电介质的真空电容器产生的电荷量（Q_0）之比，也就等于这两种电容器的电容之比：

$$\varepsilon = \frac{Q}{Q_0} = \frac{C}{C_0}$$

式中，C 和 C_0 为电介质电容器和真空电容器的电容，$C = Q/U$，$C_0 = Q_0/U$。

聚合物的介电常数表征该聚合物储存电能能力的大小，与聚合物分子的结构密切相关。

① 极性 聚合物储存电能的能力取决于其极化程度，聚合物在外电场下的极化程度是其诱导极化和取向极化的总和，其中取向极化是决定性的，因此聚合物分子的极性大小是其介电常数的主要决定因素，分子极性越大，其介电常数越大。非极性聚合物的介电常数为 2~2.5，极性聚合物的介电常数较高，为 3~8。

② 极性基团的位置 极性基团在分子链上的位置不同，对介电常数的影响也不同。一般主链上的极性基团因活动性较小，相对不易极化因而对介电常数的影响也相对较小；而位于侧基上的极性基团，特别是柔性极性基团，由于其活动性较大，易发生极化，因而对介电常数的影响较大。

③ 聚合物的力学状态 在玻璃态下，由于聚合物分子的链段运动被冻结，极性基团的取向运动较困难，极化程度受到较大限制；当升高温度使聚合物处于高弹态时，由于链段运动解冻，极性基团的取向运动能顺利进行，极化程度可大大提高，聚合物的介电常数也大大提高。如当聚氯乙烯由玻璃态转变为高弹态时，其介电常数从室温下的 3.5 提高到约 15。再如虽然聚氯乙烯的极性比氯丁橡胶大，但室温下后者处于高弹态，其介电常数约为前者的 3 倍。因此极性聚合物的介电常数随温度升高而增大。但非极性聚合物的介电常数随温度升高，略有下降，这是由于温度升高使非极性聚合物分子间原子距离增大，相应地色散力的影响变小。

④ 分子结构的对称性 分子结构的对称性越高，介电常数越小。聚四氟乙烯所含的 C—F 键的极性很大，但由于其分子结构的对称性使得整个分子并不具极性，介电常数很小。对于主链含不对称碳原子的聚合物，其电荷分布的对称性与其立体构型有关，对于立体构型不同的同种聚合物，其介电常数大小的顺序为全同立构＞无规立构＞间同立构。

此外，在聚合物中添加极性添加剂可使聚合物的介电常数增大。如空气中的水分、添加的炭黑等均可使聚合物的介电常数增大。一些常见聚合物的介电性能见表 10-2。

表 10-2　一些常见聚合物的介电性能

聚合物	ε/MHz	体积电阻 /$\Omega \cdot cm$	表面电阻 /Ω	损耗因子 $\tan\delta$	介电击穿强度 /(MV/m)
聚四氟乙烯	2.15	10^{18}	—	0.0001	40
聚乙烯	2.3	10^{17}	10^{13}	0.0007	70
无规聚苯乙烯	2.5	10^{17}	10^{15}	0.0002	140
双酚 A 聚碳酸酯	2.9	10^{16}	—	0.01	—
无规聚甲基丙烯酸甲酯	3.7	10^{15}	—	0.02	30
聚氯乙烯	<3.7	10^{15}	10^{13}	0.015	<50
聚酰胺 6(干)	3.7	10^{15}	—	0.03	<150
聚酰胺 6(空气调湿)	7	10^{12}	—	0.3	80
不饱和聚酯	4.5	10^{13}	10^{12}	0.01	50
交联酚醛树脂	8	10^{12}	—	0.05	10
1,4-顺式聚异戊二烯	2.6	10^{14}	—	0.0002	23
硫化 1,4-顺式聚异戊二烯	3	10^{14}	—	0.002	—
炭黑填充硫化 1,4-顺式聚异戊二烯	>15	10	—	0.1	—

　　(4) 介电损耗　在交变电场中，电容器中的电介质会将一部分电能转换为热能而损耗，这种现象称为介电损耗。产生介电损耗有两个原因：①由于介质的黏滞作用，偶极子在电场下的取向极化跟不上电场方向的变化，需消耗部分电能以克服介质的内摩擦阻力，转换为热能，称为极化电流损耗；②电介质中含有能够导电的载流子，在外电场作用下形成漏导电流而消耗部分电能转换为热能，称为漏导电流损耗。

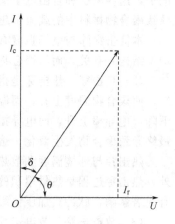

图 10-18　交变电场中电流和电压的矢量图

　　对于理想电容器，电压升高时电容器充电，电压降低时电容器放电，电流 I 比电压超前 90°。在非理想电容器中，由于电介质有能量损耗，I 比 U 只超前 θ 角，比理想电容器的电流 I 滞后 δ 角，滞后的 δ 角称为损耗角，$\delta = 90° - \theta$。这时的电流是电容器储存的电流 I_c 和作为能量损耗的电流 I_r 的矢量和，即可如图 10-18 所示分解为 I_c 和 I_r 两部分。

　　因此每个周期中电容器因介电损耗的能量与其储存的能量之比为：

$$\frac{UI_r}{UI_c} = \frac{I_r}{I_c} = \tan\delta$$

$\tan\delta$ 就称为损耗因子或损耗角正切。

　　聚合物的损耗角正切与其介电常数的乘积称为介电损耗指数。介电损耗指数高的聚合物可在高频率电场中加热软化进行焊接，如聚氯乙烯，因此聚氯乙烯不适合用作高频条件下的绝缘体。用作高频条件下绝缘体的必须是那些损耗因子小、介电常数低的聚合物。

　　聚合物的介电损耗与其分子结构密切相关，通常聚合物分子的极性越大，介电常数和介电损耗也越大。此外，介电损耗与聚合物分子中极性基团的活动性有关，位于主链上的极性基团只有当温度高于聚合物的 T_g 时，才具有足够的活动性，而位于侧基的极性基团不仅可通过主链的链段运动，也可因侧基团的取向而发生取向极化，因此其取向阻力较小，引起的介电损耗也较小，但对介电常数的贡献较大，因此可通过在聚合物的主链上引入柔性极性侧基来获得既具有较大的介电常数、介电损耗又不大的材料，以满足不同的应用需要。

10.3.2 聚合物的介电击穿

聚合物在高电压下出现电流突然增大、电阻突然下降导致局部导电，丧失其绝缘性能的现象称为介电击穿。在击穿点上会发生电弧和高温，出现材料烧焦、熔化甚至燃烧等情况。一般用介电击穿强度 E_B 来表征聚合物材料的耐电击穿性能。介电击穿强度定义为介电强度（U_B）与聚合物材料的厚度（h）之比：

$$E_B = \frac{U_B}{h}$$

其单位为兆伏/米（MV/m）。由于击穿试验是破坏性的，工业上常采用耐压试验代替，即在聚合物试样上施加一额定试验电压，经过一定时间后仍不发生击穿现象即为合格样品。

聚合物的介电击穿按其击穿的机理不同可分为本征击穿、热击穿和放电击穿三种主要形式。

（1）本征击穿　本征击穿是指在高压电场作用下，电子获得的能量大大超过其与周围环境碰撞所损耗的能量，使得聚合物分子发生电离，产生载流子（离子和自由电子），这些载流子在电场加速作用下，获得足够的运动能量，在与聚合物分子碰撞时产生新的离子和自由电子，这些离子和自由电子又可与聚合物分子碰撞，产生更多的离子和自由电子。如此反复导致聚合物材料中的载流子越来越多，电流急剧上升，最终导致聚合物材料被击穿。

本征击穿除与电场强度有关外，还与聚合物材料的结构（如材料内部的裂缝、微孔等不均匀结构）有关，而与聚合物材料的冷却条件、外加电压方式和时间以及试样的厚度无关。

（2）热击穿　热击穿是指在高压电场作用下，聚合物因介电损耗而产生的热量来不及散发，使聚合物温度上升，而温度上升使聚合物分子链段运动的活动性增加，聚合物的电阻率下降，电导率上升，而电导损耗又产生更多的能量，使聚合物温度更进一步上升，如此反复最终导致聚合物发生氧化、熔化和烧焦而破坏。

热击穿与环境温度和散热条件有关，环境温度越高、散热越不及时，介电强度越低。此外，热击穿过程是热量累积的过程，需要一定的时间，因此加压速度、升压速度对介电强度有显著影响，脉冲式加压比缓慢升压下的击穿电压要高得多。

（3）放电击穿　放电击穿是指在高压电场下，聚合物表面和内部气泡中的气体，因其介电击穿强度（约 3MV/m）比聚合物的介电击穿强度（20～1500MV/m）低得多，首先发生电离放电，放电时被电场加速的自由电子和离子轰击聚合物表面，直接破坏聚合物的结构。放电产生的热量还可引起聚合物的热降解，放电产生的臭氧和氮氧化物可使聚合物氧化和老化。反复放电使聚合物所受的侵蚀不断加深，最终导致材料被击穿。

聚合物的击穿强度不仅取决于聚合物本身的化学结构、分子量、结晶度和添加剂等，而且随外界条件的不同而有很大的变化，包括升压速度、外场频率、温度、环境介质、试验厚度及纯度等。纯且均匀的固态绝缘聚合物的本征击穿强度是很高的，通常超过 100MV/m，但外界因素的影响常使测得的击穿强度低于材料应有的值，因此聚合物击穿强度的测试必须在严格规定的测试条件下进行，否则所得结果不具可比性。

10.3.3 导电性能

常见聚合物都属于绝缘体，只有少数主链为共轭结构的聚合物属于导体或半导体。聚合物导电性的大小可用电导率（电阻率）来表征。

由于聚合物材料表面及其内部所处的环境不同，其表面的导电性能和其内部本体的导电性能存在差异，常常分别用表面电阻率（ρ_S）和体积电阻率（ρ_V）来表征聚合物表面和内部本体的不同导电性。表面电阻率定义为聚合物单位面积的表面对电流的阻抗，体积电阻率定义为聚合物单位体积对电流的阻抗，可分别由下述表达式计算：

$$\rho_S = R_S \frac{l}{b}$$

$$\rho_V = R_V \frac{S}{h}$$

式中，R_S 和 R_V 为测得的表面电阻和体积电阻；l 为电极的长度；b 为两平行电极间的距离；S 为电极面积；h 为试样厚度。表面电阻率的单位为 Ω，体积电阻率的单位为 $\Omega \cdot m$。

电阻率的倒数为电导率（κ），即：

$$\kappa = 1/\rho$$

使聚合物介电常数增加的影响因素都会使聚合物的体积电阻率下降，如聚合物分子中的极性基团、链段运动的高活动性、极性添加剂和升高温度等。表面电阻率的影响因素比体积电阻率多得多，尤其是湿气的影响，表面电阻率通常比体积电阻率低 2~3 个数量级。通常所指的聚合物电阻率为其体积电阻率。

通常按照材料的电导率大小可将其分为绝缘体、半导体、导体和超导体，对应的电导率范围：绝缘体为 $10^{-18} \sim 10^{-7} S/m$（$1S = 1\Omega^{-1}$），半导体为 $10^{-7} \sim 10^5 S/m$，导体为 $10^5 \sim 10^8 S/m$，超导体为 $10^8 /m$ 以上。

对于大多数的聚合物，其分子间的堆砌由范德华力控制，分子间距大，电子云的交叠较差，即使分子内存在可自由移动的载流子，也很难进行长程分子间迁移，因此是绝缘性的。

10.3.4　静电现象

当两种绝缘或未接地的固体表面相互摩擦或接触时，在固-固表面间会发生电荷再分配，使其中某个表面的电子过剩而另一个表面的电子不足而分别带上负电荷或正电荷，这种现象称为静电现象。

固体带电荷的能力取决于其表面条件、介电常数、表面电阻率和周围环境的相对湿度。带电荷的能力与介电常数和相对湿度成反比，与表面电阻率成正比。当材料的电导率小于 $10^{-8} S/cm$ 及其所处环境的相对湿度小于 70% 时，材料表面的摩擦或与电离空气接触时，就会产生静电现象。由于绝大多数聚合物都具有良好的电绝缘性和疏水性，容易导致静电荷积累，使之成为带电体。聚合物表面累积的静电可引起聚合物材料的相互排斥或吸引，给聚合物材料的加工和使用带来不便；静电表面易吸附灰尘、水汽，使电子、电气设备产生故障；静电还会产生放电及电磁干扰等不良后果，严重时甚至可能发生电晕放电或火花放电导致起火或爆炸等。当然静电现象也可用于静电喷涂和静电植绒等。

为了防止静电危害的发生，必须及时消除产生的静电。绝缘聚合物表面的静电可通过三条基本途径来消除：

（1）空气消除　依靠空气中带相反电荷的带电粒子与聚合物表面的静电中和。如采用高压电晕放电或高能辐射使空气电离来消除聚合物表面的静电。纺织工业纺丝时产生的静电多采用电离空气来消除。

（2）表面传导消除　通过提高聚合物表面的导电性来消除静电。如提高空气湿度，可以在亲水性聚合物的表面形成连续的水膜，加上空气中 CO_2 和其他电离杂质的溶解，可大大提高聚合物的表面导电性。此外为了提高聚合物的表面导电性，还可通过喷涂或浸涂的方法在聚合物的表面涂上抗静电剂。

（3）体积传导消除　通过提高聚合物的体积导电率来消除静电。当聚合物的体积电阻率小于 $10^7 \Omega \cdot m$ 时，即使产生静电也会很快泄漏掉。为了提高聚合物的体积导电率可在聚合物中添加导电性的炭黑、金属粉或导电纤维等，或者是将绝缘聚合物与导电聚合物复合。

习　题

1. 解释下列名词:

应力,应变,弹性模量,拉伸强度,弯曲强度,冲击强度,强迫高弹形变,力学松弛,蠕变,应力松弛,介电常数,介电损耗,介电击穿,静电现象

2. 聚合物力学性能的影响因素有哪些?

3. 聚合物的高弹性有哪些特征? 什么样的聚合物才能具有良好的高弹性?

4. 简述聚合物的介电常数与聚合物分子结构的关系。

5. 聚合物的介电损耗与其分子结构的关系如何? 怎样获得既具有较大的介电常数、介电损耗又不大的聚合物材料?

6. 如何消除聚合物的静电现象?

参 考 文 献

[1] 卢江,梁晖. 高分子化学. 北京:化学工业出版社,2005.

[2] 邓云祥,刘振兴,冯开才. 高分子化学、物理和应用基础. 北京:高等教育出版社,1997.

[3] 符若文,李谷,冯开才. 高分子物理. 北京:化学工业出版社,2005.

[4] Hans-Georg Elias. An Introduction to Polymer Science. Weiheim: VCH Verlagsgesellschaft mbH, 1997.

[5] Joel R Fried. Polymer Science and Technology. Newjersey: Prentice-Hall International, Inc., 1995.

第 11 章 功能高分子

所谓功能高分子是指一些具有特殊的物理或化学性能的高分子，如吸附性能、反应性能、光性能、电性能、磁性能等。

11.1 吸附分离功能高分子

11.1.1 概述

吸附是指液体或气体中的某些分子通过各种亲和作用结合于固体材料上。吸附具有选择性，即固体物质只吸附气体或液体中的某些成分而不是全部。因此利用吸附现象可实现复杂物质体系的分离与各种成分的富集与纯化；通过专一性吸附可实现对复杂体系中某种物质的检测；利用吸附作用甚至可组装具有特殊的光、电、磁等功能的物理器件。

吸附分离功能高分子是指对某些特定离子或分子具有选择性吸附作用的高分子。按其吸附机理可分为化学吸附、物理吸附和亲和吸附高分子三大类；按其形态可分为无定形、珠状、纤维状；按其孔结构的不同，可分为微孔型（凝胶型）、中孔型、大孔型、特大孔型和均孔型等。

化学吸附指吸附作用是通过形成化学键而进行的，吸附化学键可以是离子键、配位键或易裂解的共价键。相应的吸附功能高分子分别为离子交换树脂、高分子螯合剂以及高分子试剂与高分子催化剂。本节中讨论前两者。高分子试剂与高分子催化剂将在 11.2 节中讨论。物理吸附是指通过范德华力、偶极-偶极相互作用、氢键等较弱的作用力吸附物质。亲和吸附功能高分子是利用生物亲和原理设计合成的，对目标物质的吸附具有专一性或高选择性，其吸附的专一性（分子识别能力）是氢键、范德华力、偶极-偶极相互作用等协同作用的结果，将互相识别的主客体中的主体（或客体分子）固定在高分子载体上形成的亲和吸附功能高分子能专一性地吸附客体分子（或主体分子），在生化物质分离、临床检测、血液净化治疗等方面具有重要意义。

11.1.2 吸附分离功能高分子骨架结构的合成

为了保证吸附树脂在使用时不被溶解，其骨架结构通常需有一定程度的交联，常常是由单乙烯基单体和多乙烯基交联单体共聚而成的交联结构，可以有无定形、珠状和纤维状三种基本形态，其中珠状材料在应用中既适用于分批间歇操作工艺，又适用于连续操作工艺，既适用于固定床，又适用于流化床，而且稳定性好，应用最为广泛。

（1）成珠技术 交联聚合物小珠可通过悬浮聚合、沉淀聚合、分散聚合和乳液聚合等多种聚合工艺来获得。每种聚合工艺所得聚合物小珠的粒径范围各不相同。传统的乳液聚合所得聚合物珠粒的粒径为 $0.05 \sim 0.7 \mu m$，沉淀聚合和分散聚合所得的聚合物珠粒的粒径为微米级，而悬浮聚合所得的聚合物珠粒的粒径为 $50 \sim 1500 \mu m$，其中又以悬浮聚合的应用最为广泛。

适于悬浮聚合的单体多为水不溶性或水难溶性的，只有少数是水溶性的。水溶性共聚单体对一方面可通过反相悬浮聚合来获得亲水性的交联聚合物珠粒，另一方面也可用传统的悬浮聚合法，但需在水相中加入盐类（如氯化钠），利用盐析效应减小单体在水中的溶解度，有时还可在水相中加入水相阻聚剂（如亚甲基蓝）进一步防止水相聚合。此外也可先将水不溶性的单体衍生物聚合后，再将所得的小珠进行水解或氨化来获得亲水性的聚合物珠粒。

传统的悬浮聚合虽然可通过调节搅拌速度、油水比以及分散剂等对珠粒的平均大小具有一定的可控性，但所得聚合物珠粒的粒径分布通常较宽，不能直接用于一些像色谱分离、固相合成等高端应用，而必须先进行分级。为获得粒径分布窄的聚合物珠粒，可有以下几种方法：①相对简单的一种获得窄分布大珠粒聚合物的方法是，在进行悬浮聚合时，单体液滴不是通过搅拌分散来获得，而是将单体相通过毛细管或玻璃孔膜来获得，单体液滴的大小主要取决于毛细管或玻璃孔膜的孔径大小；②"假"或半悬浮聚合技术，先将有机相在均相条件下（本体或溶液）部分聚合，再将之分散到水相中；③种子或模板悬浮聚合技术，先利用乳液聚合或分散聚合获得单分散的聚合物微珠，再以之作为种子或模板，用单体混合物溶胀到所需珠粒大小后再进行悬浮聚合反应。聚合反应完成后，起始种子珠子的形状和粒径的单一性得以保持，最终粒子的大小不再取决于搅拌条件而取决于种子粒子的溶胀程度。水不溶性的单体都可进行种子悬浮聚合，而水溶性单体一般不适合直接进行种子悬浮聚合，但可由其相应的衍生物先进行种子悬浮聚合再经去保护获得。如先由甲基丙烯酸叔丁酯进行种子悬浮聚合获得单分散的珠粒后，再进行选择性水解就可获得单分散的聚丙烯酸珠粒。

（2）致孔技术　传统的悬浮聚合所得的交联聚合物小球为凝胶型，凝胶型交联小球在干态时孔隙非常小，只有在添加良溶剂后才会重构一定的孔隙，因此，凝胶型交联小球常常必须在良溶剂中使用。如果在聚合反应过程中加入致孔剂，则可得到大孔型交联小球，其多孔结构是永久的，即使在干态时也具有很大的表面积，因此在气相和不良溶剂中也可使用，并且大孔型交联小球比凝胶型交联小球吸附能力更强，在进行化学改性时，更容易获得高的功能基引入率。

常用的致孔剂包括惰性稀释剂致孔剂和线形高分子致孔剂。

①惰性稀释剂致孔剂　通常是一些能与单体混溶、不溶于水、沸点高于聚合反应温度、对聚合物能溶胀、本身不参与聚合反应也无阻聚作用的有机溶剂。在聚合反应完成后，致孔剂包埋在聚合物珠粒内，通过蒸馏、或用良溶剂抽提、或冷冻干燥等处理，将聚合物珠粒中包埋的致孔剂除去便留下多孔结构。用于制备疏水性大孔聚合物珠粒的致孔剂，包括脂肪族和芳香族烃类、醇类和酯类等，可以是单一的，也可以是数种致孔剂的混合物。水、醇类等可用作亲水性单体的致孔剂。水和低 HLB 值的表面活性剂配合使用也可用作疏水性单体的致孔剂。致孔剂可以是聚合物的良溶剂，也可以是聚合物的非溶剂。两者所得聚合物珠粒的孔结构大小不同。通常良溶剂致孔剂适于制备比表面积大而孔径相对较小的聚合物珠粒，而使用非溶剂致孔剂则可得到大孔结构；采用良溶剂和非溶剂混合物，通过调节两者的比例可以控制孔结构的大小。

②线形高分子致孔　在悬浮聚合的单体相中加入惰性（不参与聚合反应）的线形高分子，在聚合反应完成后再用线形高分子的溶剂对所得交联聚合物珠粒进行抽提，除去聚合物珠粒中包埋的线形聚合物，便可得到孔径较大的大孔树脂，其孔径可达到 10mm 以上，但比表面积较小。线形高分子可与惰性稀释剂混合使用，从而增加小孔比例，提高比表面积。

11.1.3　化学吸附功能高分子

11.1.3.1　离子交换树脂

离子交换树脂的主要功能之一是对相应的离子进行离子交换，交换次序取决于树脂对被交换离子亲和能力的差异，它通过离子键与各种阳离子或阴离子产生吸附作用。

（1）离子交换树脂的分类　离子交换树脂按其可交换离子的性质不同可分为两大类，即阳离子交换树脂和阴离子交换树脂。阳离子交换树脂可交换的离子为质子或金属阳离子，可与溶液中的阳离子进行交换反应。阴离子交换树脂可交换的离子为氢氧根离子或酸根离子，可与溶液中的阴离子进行交换反应。

离子交换树脂按其酸碱程度可分为如下几类。

① 强酸型阳离子交换树脂　其离子交换功能团为磺酸基（—SO_3H），酸性强，可在碱性、中性甚至酸性条件下具有离子交换功能，最具代表性的强酸性阳离子交换树脂是聚苯乙烯型的，它是通过对聚苯乙烯交联骨架进行磺化反应得到的。

② 弱酸型阳离子交换树脂　其离子交换功能团为羧基（—COOH）、磷酸基（—PO_3H_2）或酚羟基（—PhOH），其中以羧基型应用最广，这些功能基的离解常数较小，酸性较弱，适于在中性或碱性条件下使用，最具代表性的是聚（甲基）丙烯酸型的离子交换树脂。

③ 强碱型阴离子交换树脂　其交换基团为季铵基，可在宽的 pH 值范围内使用（pH 值为 1～14），常用的强碱型阴离子交换树脂是对聚苯乙烯交联小球先后经氯甲基化和季铵化改性后得到的，若用三烷基胺季铵化得到 Ⅰ 型强碱型阴离子交换树脂，当用二烷基乙醇胺季铵化时得到 Ⅱ 型的强碱型阴离子交换树脂，该类阴离子交换树脂不仅可交换酸根离子，也可交换有机弱酸，如乙酸等。

④ 弱碱型阴离子交换树脂　其离子交换功能团为伯氨基、仲氨基或叔氨基，在水中的离解常数较小，为弱碱性，只适于在中性和酸性条件下使用，且只能交换强酸的阴离子，但其交换容量较高，再生率较好。

（2）离子交换树脂的应用

① 清除离子　阳离子交换树脂用于清除水溶液中的阳离子，阴离子交换树脂用于清除水溶液中的阴离子，将阳离子交换树脂与阴离子交换树脂分别装柱串联使用或混合装柱，可消除水中的阴离子和阳离子，用于制备去离子水、废水处理等。阳离子交换树脂在吸附阳离子后可用强酸洗脱吸附的阳离子，使阳离子树脂再生。

② 离子交换　利用其离子交换的可逆性，最成功的应用是离子交换色谱，可以用来分离由多种离子组成的混合物。离子交换色谱是对离子型混合物进行定性和定量分析的重要工具。

③ 酸、碱催化剂　质子型的阳离子交换树脂可作为非常有效的高分子酸催化剂，氢氧根型阴离子交换树脂则是一种性能良好的高分子碱性催化剂。

11.1.3.2　高分子螯合树脂

高分子螯合树脂的特征是在高分子骨架上连接有对金属离子具有配位功能的螯合基团，对多种金属离子具有选择性螯合作用，对各种金属离子具有浓缩和富集作用，可广泛地应用于分析检测、污染治理、环境保护和工业生产。

螯合基团多含有孤对电子，可与金属离子的空轨道进行配位，常用的配位原子是具有给电性质的第五主族到第七主族元素原子，主要为 O、N、S、P、As、Se 等。含有上述配位原子的常见功能基见表 11-1。

其中氧是最常见和最重要的配位原子。常见的氧配位高分子螯合树脂主要有醇类螯合树脂、β-二酮螯合树脂和冠醚类螯合树脂。最常见的醇类螯合树脂是聚乙烯醇，能与 Cu^{2+}、Ni^{2+}、Co^{3+}、Co^{2+}、Fe^{2+}、Fe^{3+}、Mn^{2+}、Ti^{2+}、Zn^{2+} 等离子形成高分子螯合物，其中二价铜的螯合物最稳定。有趣的是聚乙烯醇与 Cu^{2+} 生成高分子螯合物时树脂会发生体积收缩，而当将高分子螯合物中的 Cu^{2+} 还原成 Cu^+ 时，由于聚乙烯醇对 Cu^+ 的配位能力弱，会释放出 Cu^+，树脂体积又重新膨胀，利用该特性可通过氧化还原反应来实现化学能与机械能的直接转换，因此这类材料被称为人工肌肉。β-二酮螯合树脂可以由含有 β-二酮结构的单体如

表 11-1　主要的配位原子及相应的配位功能基

配位原子	配位基团					
氧原子	—OH　—O—　$-\overset{\|}{\underset{\|}{C}}-$（C=O）　—COOH　—COOR　—NO$_2$					
	—NO　—SO$_3$H　—PHO(OH)　—PO(OH)$_2$　—AsO(OH)$_2$					
氮原子	—NH$_2$　＼NH　＼N／　C=NH　C=N—R　C=N—OH					
	—CONH$_2$　—CONH—OH　—CONHNH$_2$　—N=N—　含氮杂环					
硫原子	—C=S　—C—SH（C=O）　—C—SH（C=S）　—C—S—C—（C=S,C=S）　—C—NH$_2$（C=S）　—SH　—S—					
磷原子	—烷基、二烷基、三烷基或芳基膦					
砷原子	—烷基、二烷基、三烷基或芳基胂					
硒原子	—SeH　C=Se　—CSeSeH					

甲基丙烯酰丙酮的均聚或共聚反应而得，也可由聚乙烯醇与乙烯酮等反应而得：

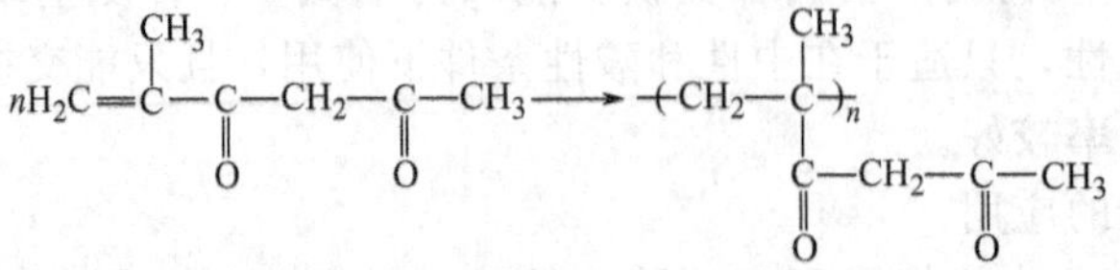

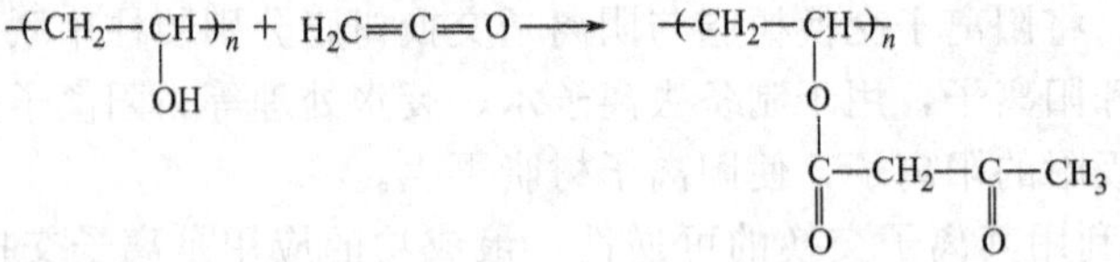

$$n H_2C=\overset{CH_3}{\underset{}{C}}-\overset{}{\underset{O}{C}}-CH_2-\overset{}{\underset{O}{C}}-CH_3 \longrightarrow \ \ +CH_2-\overset{CH_3}{\underset{\overset{\|}{C}-CH_2-\overset{\|}{C}-CH_3}{C}}\ \ \frac{}{\ \ \ }_n$$

$$+CH_2-\overset{}{\underset{OH}{CH}}\frac{}{\ \ }_n + H_2C=C=O \longrightarrow \ \ +CH_2-\overset{}{\underset{O-CH_2-C-CH_3}{CH}}\frac{}{\ \ }_n$$

前者可与 Cu^{2+} 络合形成稳定的螯合物，可用于 Cu^{2+} 的富集，且所得的络合物可用作过氧化氢的分解催化剂；后者则对 Fe^{3+} 有较好的络合作用。冠醚类螯合树脂中的冠醚结构可以在主链上，也可在侧基上，其中以侧链形式较多，如：

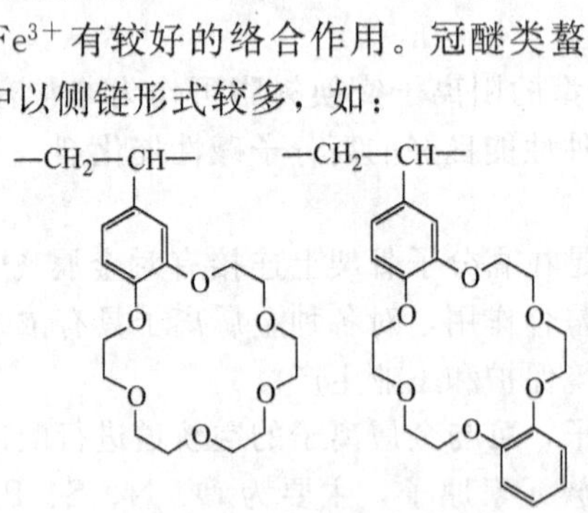

冠醚螯合树脂独特之处是可以络合其他类型螯合树脂难以络合的碱金属离子和碱土金属离子，其络合能力与冠醚环的大小和结构有关，只有体积大小与冠醚结构相适应的金属离子才能被络合，因而具有较强的选择性。冠醚螯合树脂不仅可用于金属离子的富集与分离，还可用作电极修饰材料，利用其对金属离子的选择性络合作用制作离子选择性电极，此外也可用作液相色谱固定相，用来分离碱金属和碱土金属离子。

　　氮原子作为配位原子在螯合树脂中的重要性仅次于氧原子。最常见的氮配位螯合树脂有聚乙烯胺和高分子席夫碱等。聚乙烯胺并不能由聚合反应直接合成，而需要经过适当的氨基保护和去保护：

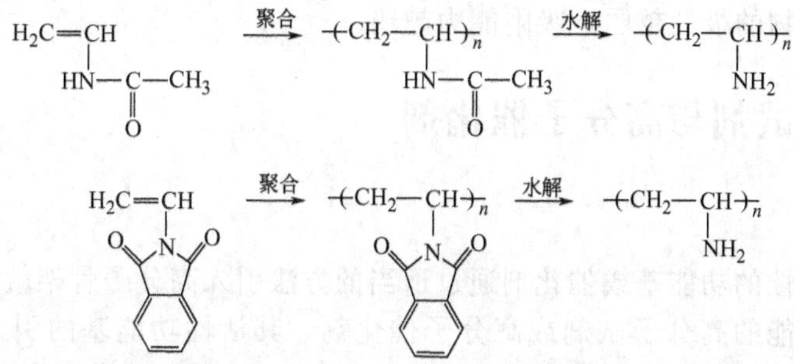

聚乙烯胺的柔顺性好，适用于多种金属离子的吸附和富集，但对碱金属和碱土金属离子几乎没有络合能力。

高分子席夫碱螯合树脂是一类四配位的螯合树脂，其席夫碱结构既可以在主链上，也可以在侧链上，其合成反应及螯合作用可举例如下：

侧链高分子席夫碱

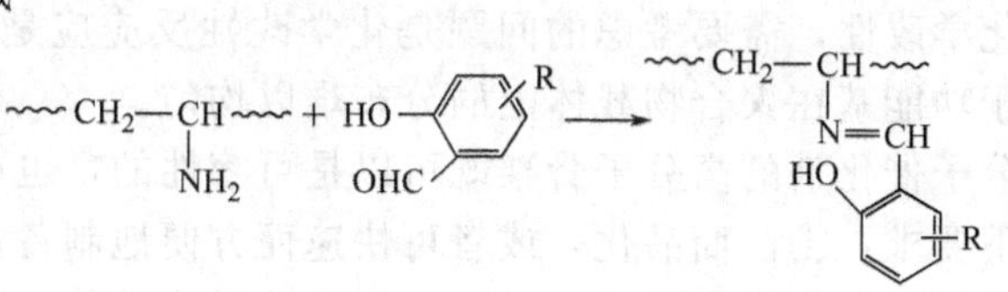

主链高分子席夫碱

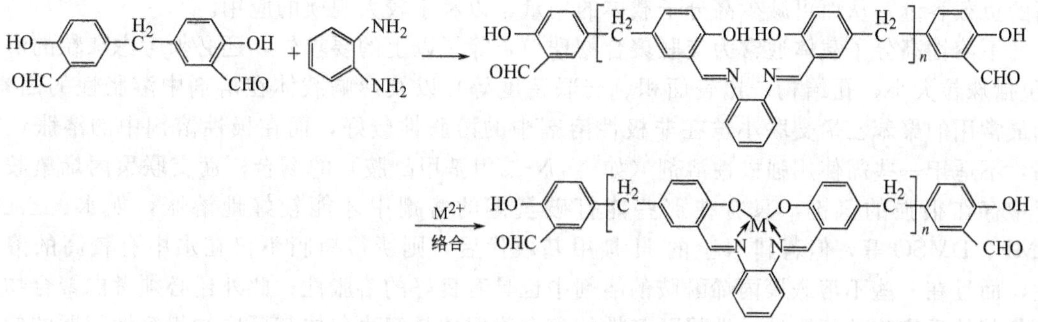

高分子席夫碱对二价金属离子具有良好的螯合稳定性，不同金属离子的螯合稳定性次序为 $Ni^{2+} > Cd^{2+} > Cu^{2+} > Zn^{2+} > Co^{2+} > Fe^{2+}$。对三价金属离子如 Fe^{3+}、Co^{3+}、Al^{3+}、Cr^{3+} 等也具有良好的螯合稳定性。

11.1.4 物理吸附功能高分子

物理吸附功能高分子主要是一些非离子吸附树脂，根据其极性大小可分为非极性、中极性和强极性三类。非极性吸附树脂主要是交联聚苯乙烯大孔树脂，可通过范德华力吸附具有一定疏水性的物质，可用于水溶液或空气中有机成分的吸附和富集，随被吸附成分极性增加，吸附作用减弱；对聚苯乙烯交联树脂进行适当的改性，在其苯环上引入极性基团可改变树脂的吸附性能，得到中极性或强极性的吸附树脂。中极性吸附功能高分子除改性的聚苯乙烯外主要是交联聚丙烯酸甲酯、交联聚甲基丙烯酸甲酯及丙烯酸酯类与苯乙烯的共聚物，其吸附作用除范德华力外，氢键也起一定的作用，与被吸附物质中的疏水基团和亲水基团都有一定的作用，因此能从水溶液中吸附疏水性物质，也能从有机溶液中吸附亲水性物质；聚丙烯酸酯类吸附树脂也可通过化学改性引入强极性基团成为强极性吸附树脂，如利用水解反应释放出强极性的羧基，其他的强极性吸附功能高分子包括亚砜类、聚丙烯酰胺类、氧化氮类、脲醛树脂类等，其吸附作用主要通过氢键和偶极作用进行，强极性吸附树脂主要用于在非极性溶液中吸附极性较强的化合物，对被吸附化合物的吸附能力正好与非极性吸附树脂相反，即被吸附化合物的极性越弱，吸附能力越弱。

11.2 高分子试剂与高分子催化剂

11.2.1 概述

将具有反应活性的功能基或催化剂通过适当的方法引入高分子骨架就可得到具有化学反应试剂或催化剂功能的高分子试剂或高分子催化剂。其活性功能基的引入可有三种基本方法：①通过含功能基单体与结构单体的共聚反应引入；②对聚合物载体进行功能化改性引入；③前两种方法的结合，如通过含功能基单体的聚合引入某种功能基，再通过化学改性将之转化为另一种功能基。第一种方法的难点在于聚合反应的控制，以保证合乎要求的共聚物组成（即功能基的含量及其分布），如果是合成交联聚合物珠粒，则还需保证获得满意的珠粒形态，该方法的优越性在于功能基的含量及分布的可控性较高；第二种方法是利用已商业化的高品质树脂进行化学改性，需要考虑的问题是化学改性反应应是高产率、无副反应的，该方法的不足之处在于功能基在聚合物载体上的分布难以均匀。

高分子试剂与高分子催化剂的高分子骨架既可以是可溶性的，也可以是不溶性的，对其高分子骨架通常有以下要求：①已商品化，或者可快速而方便地制备；②在反应条件下具有良好的机械和化学稳定性；③含有合适的、易于与有机分子或功能基连接的基团，并且具有高的负载容量，从而可减少高分子载体的用量，以利于较大规模的应用。

不溶性高分子载体通常为交联聚合物珠粒，除了以上的要求外，还必须考虑珠粒的形态（包括珠粒大小、孔结构、比表面积、交联密度等）以及影响载体在溶剂中溶胀性的因素。如最常用的聚苯乙烯交联小珠在非极性溶剂中的溶胀性较好，而在极性溶剂中的溶胀性较差，不适于一些需使用强极性溶剂（如 N,N-二甲基甲酰胺）的场合；而交联聚丙烯酰胺树脂中存在很强的氢键，只有在那些能打破氢键的溶剂中才能较好地溶胀，如水、乙酸、DMF、DMSO 等，但若其 N 上的 H 被甲基取代后，则所得树脂不仅在水中有较高的溶胀性，而且在一些不溶胀聚丙烯酰胺的溶剂中也具有良好的溶胀性；此外还必须考虑聚合物载体与其他反应物的相容性，选择两亲性的聚合物载体是解决载体与反应物相容性问题的较好办法，如选用苯乙烯与丙烯酰胺的共聚物，既含有极性的酰胺基，又含有非极性的苯环侧基，因此对亲水性和亲油性的反应物都具有较好的相容性。

对可溶性高分子载体除以上要求外，还要求聚合物具有适宜的分子量，既能保证聚合物在室温条件下为固态，又不至于因分子量太高而使溶解性受到限制，此外还要求聚合物具有良好的加溶能力，这对液相合成是非常重要的，可以保证高分子载体在连接有机分子或功能基后仍然保持均相体系，有利于获得高的产率。常用的可溶性聚合物载体如下：

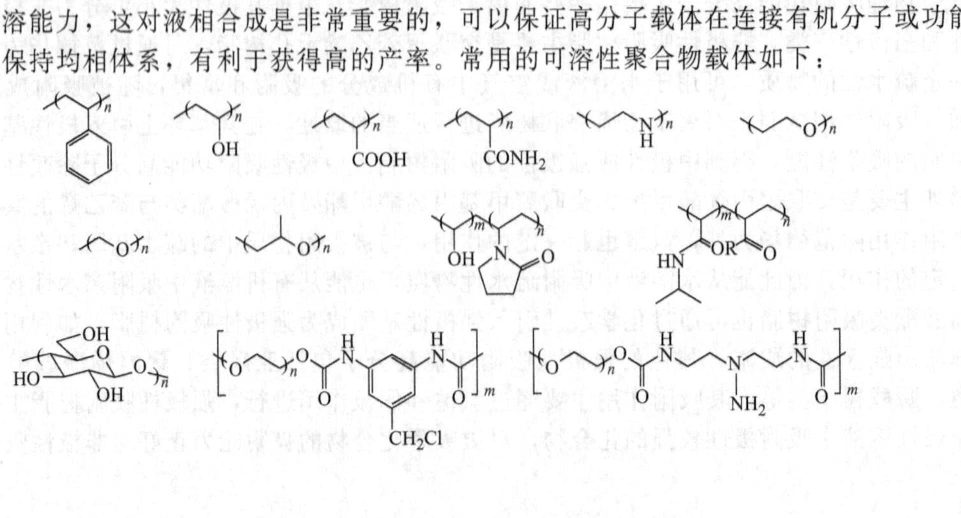

高分子试剂直接参与合成反应，并在反应过程中消耗本身；而高分子催化剂虽然参与反应，但其本身在反应前后并不发生变化。高分子试剂参与反应有两种基本方式，一种是产物在溶液中，而副产物连接在载体上；另一种是产物连接在聚合物载体上，副产物及其他反应试剂在溶液中：

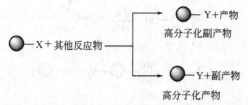

前一种方式常称"溶液相合成"，在反应完成后，通过固-液分离可很容易地将产物与副产物分离；后一种方式中，若高分子载体为不溶性的称"固相合成"，高分子载体为可溶性的称"液相合成"，在反应完成后，将负载有产物分子的高分子分离后，再将产物分子从聚合物载体上解脱，便可得到高纯度的产物。

对于不溶性高分子试剂和催化剂，在反应完成后可简单地采用过滤、洗涤方法将其与反应体系中其他组分分离；对于可溶性高分子试剂或催化剂，在反应完成后可采用加入聚合物沉淀剂、改变体系温度、改变体系的离子强度或者改变体系 pH 值等方法使聚合物沉淀后，再过滤、洗涤使载体与其他组分分离，也可采用其他的液-液分离方法，包括使用半渗透膜、凝胶渗透色谱、吸附色谱等。

11.2.2　高分子试剂与高分子催化剂的优越性

与小分子试剂与催化剂相比，高分子试剂与催化剂具有以下明显的优越性。

① 具有更高的稳定性和安全性，高分子骨架的引入对功能基及催化剂分子具有一定的屏蔽作用，可大大提高其稳定性；高分子化后可大大减小试剂的挥发性，提高安全性；

② 易回收、再生和重复使用，可降低成本和减少环境污染；

③ 化学反应的选择性更高，利用高分子载体的空间立体效应，可实现立体选择合成及分离；

④ 反应后处理较简单，在反应完成后可方便地借助固-液分离方法将高分子试剂或高分子催化剂与反应体系中其他组分相互分离，有利于提高产品纯度；

⑤ 可使用过量试剂使反应完全，同时不会使后处理变复杂；

⑥ 利用"固相合成"和"液相合成"工艺可实现化学反应的自动化，特别是在多肽、多核苷酸、多糖等的自动化合成工艺上具有重要意义。

不溶性高分子试剂和催化剂由于不溶于反应体系，其最大的优越性在于反应各组分的易分离，易实现连续自动化规模生产，但其不溶性载体也带来一些不利因素：①由于受载体溶胀性影响，反应试剂的扩散受到限制，可能导致反应不完全，产物仍需提纯后处理；②反应动力学为非线性；③与传统的溶液反应体系相比，通常反应速率、反应产率等偏低；④反应体系不均匀。因此在将一个已知的溶液反应转化为固相反应时，需作一些额外的工作来重新优化反应条件。使用可溶性高分子试剂和催化剂则可以结合固相反应和溶液反应的优点，但产物后处理相对于不溶性高分子试剂和催化剂较复杂。

11.2.3　高分子试剂

高分子试剂主要包括高分子氧化还原剂、高分子磷试剂、高分子卤代试剂、高分子酰化与烷基化试剂以及固相合成与液相合成试剂等。

11.2.3.1　高分子氧化还原试剂

自身具有可逆氧化还原特性的高分子试剂，其氧化态具有氧化反应功能，还原态具有还原反应功能。在反应完成后，可经氧化或还原处理再生重复使用。根据其所含功能基的不同，主要有以下几类氧化还原体系（⬤代表高分子载体，下同）：

氢醌-醌体系

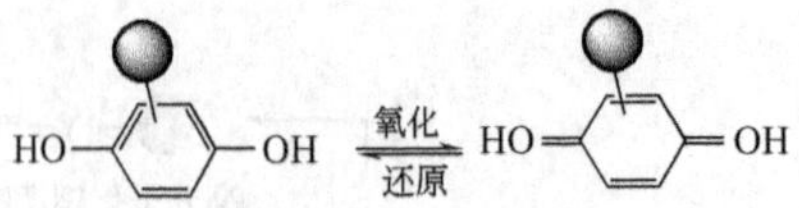

硫醇-二硫化物体系

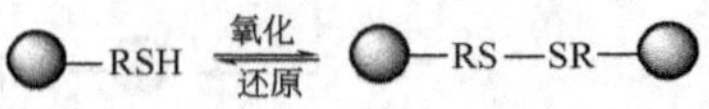

二氢吡啶-吡啶体系

聚合物-金属络合物，如二茂铁体系

这些氧化还原试剂性能温和，常用于有机化学反应中的选择性氧化或还原反应。

11.2.3.2　高分子氧化剂

在高分子氧化剂中，用于将醇氧化成羰基化合物的占大多数，其中最重要和广泛使用的是一些重金属功能化聚合物，这些高分子氧化剂通常是将氧化功能基 CrO_3、$Cr_2O_7^{2-}$、$ClCrO_3^-$、$HCrO_4^-$、MnO_4^-、ClO^- 和 RuO_4^- 等通过各种含 N 杂环或季铵阳离子连接在聚合物载体上，典型的如：

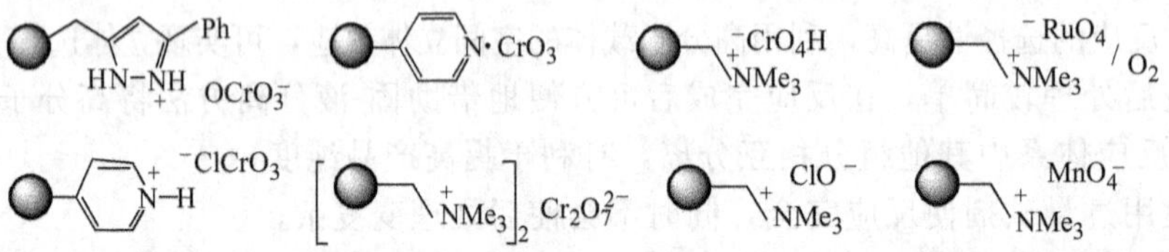

除此以外，有些氧化剂不仅可用于醇的氧化，也可用于其他功能基的氧化，典型的例子如下：

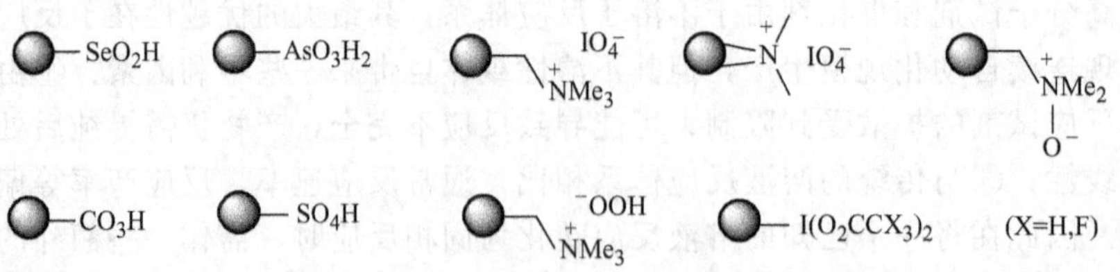

其中高分子硒酸、砷酸在适当条件下可将烯烃氧化成邻二醇、酮氧化成酯等；高分子负载的高碘酸根离子可进行与高碘酸类似的氧化反应，如 1,2-二醇的氧化、喹啉氧化成醌、硫醚氧化成亚砜等；高分子负载过酸可将硫醚、亚砜氧化成砜；高分子负载过氧化氢可将烯烃氧化成环氧化物；高分子负载氧化胺可选择性将一级卤代烃氧化成相应的醛。

11.2.3.3　高分子还原剂

高分子还原剂主要有两大类，一类是高分子硼氢化试剂，一类是高分子锡氢化试剂。其通式可示意如下：

高分子硼氢化试剂通常由 NaBH₄ 或 NaCNBH₃ 对季铵型阴离子交换树脂改性而得，如：

这类功能化树脂可用于醛、酮、α,β-不饱和羰基化合物、苄基和一级卤代烃、脂肪族酰氯的还原，也可将芳香族叠氮化合物和芳香磺酰叠氮化合物高效地还原成芳香胺和芳香磺胺。在一些过渡金属盐的协同作用下，可得到高效、高化学选择性的还原剂，如高分子硼氢化试剂在催化剂量的 Ni(OAc)₂ 作用下可进行以下还原反应：

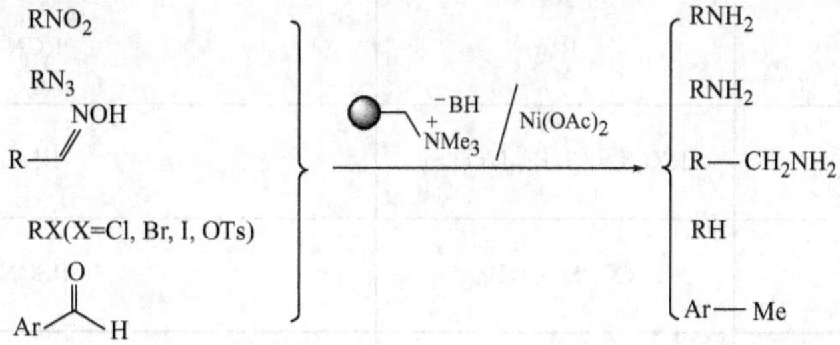

高分子锡氢类试剂的主要区别在于高分子骨架以及骨架与锡氢功能基之间的脂肪族连接基的长度不同。所有的高分子锡氢试剂可将磺酸酯、黄酸酯以及卤代烃（包括三级卤代烃）等还原成烷烃：

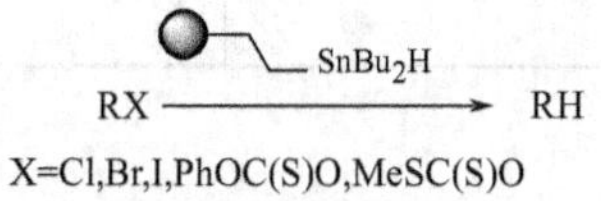

11.2.3.4 高分子卤化试剂

大多数的高分子溴化试剂是一些负载过溴离子的季铵型阴离子交换树脂，这些高活性的溴化试剂通常很稳定，可与烯烃、炔烃发生 1,2-加成，也可与羰基化合物和缩醛化合物发生 α-溴化反应。典型的高分子溴化试剂及其溴化反应如下：

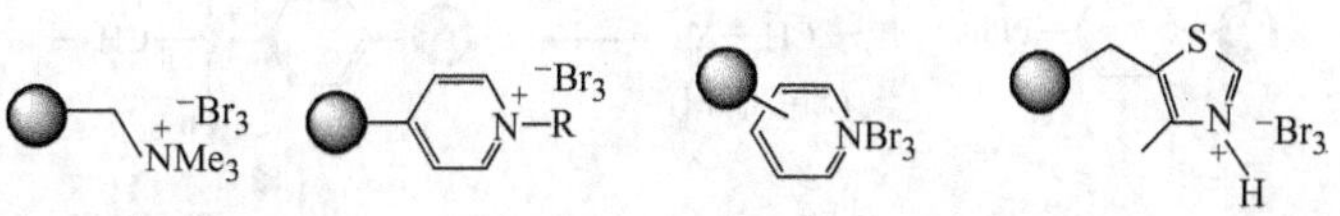

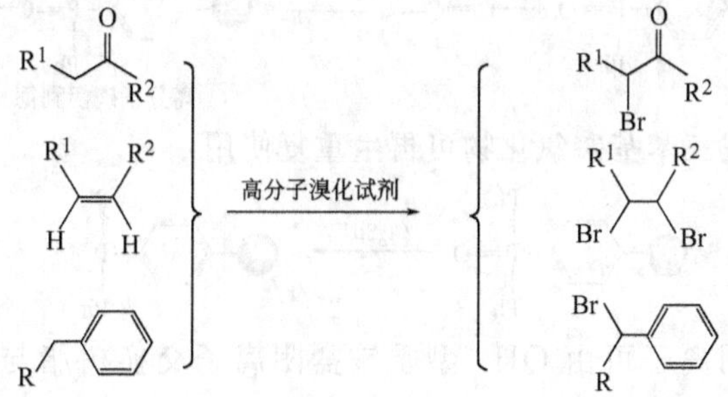

以下的高分子溴化试剂可用于烯丙基选择性溴化：

11.2.3.5　高分子亲核取代试剂

一些负载无机或有机阴离子的离子交换树脂可与卤代烃、磺酸酯等进行亲核取代反应，一些重要的高分子亲核试剂及其适宜的取代反应见表11-2。

表 11-2　一些重要的高分子亲核试剂及其取代反应

高分子亲核试剂	反应物	产物
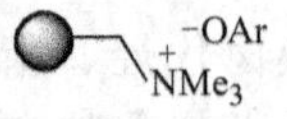 ⬤—CH₂N⁺Me₃ ⁻OAr	$RX(X=Cl,Br,I)$ Me_2SO_4 $t\text{-}BuMe_2SiCl$	$ROAr$ $MeOAr$ $t\text{-}BuMe_2SiOAr$
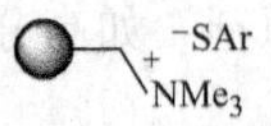 ⬤—CH₂N⁺Me₃ ⁻SAr	$RX(X=Cl,Br)$	$ArSR$
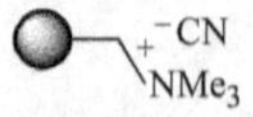 ⬤—CH₂N⁺Me₃ ⁻CN	RBr	RCN
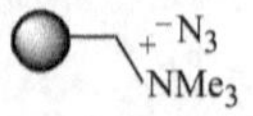 ⬤—CH₂N⁺Me₃ ⁻N₃	$RX(X=Cl,Br,I,OTs)$	RN_3
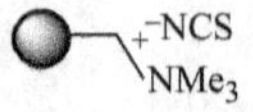 ⬤—CH₂N⁺Me₃ ⁻NCS	$RX(X=Cl,Br)$	$RSCN$
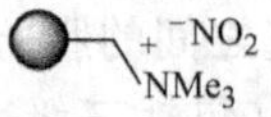 ⬤—CH₂N⁺Me₃ ⁻NO₂	$RX(X=Cl,Br)$	RNO_2
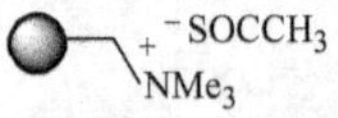 ⬤—CH₂N⁺Me₃ ⁻SOCCH₃	$RX(X=Cl,Br,OTs)$	CH_3COSR

11.2.3.6　高分子磷试剂

比较常见的高分子磷试剂是一些高分子负载磷伊利德和磷酸酯阴离子。高分子负载磷伊利德可由高分子负载三苯基磷和合适的卤代烃反应后用碱处理而得，它们可与羰基化合物发生 Wittig 反应生成烯烃：

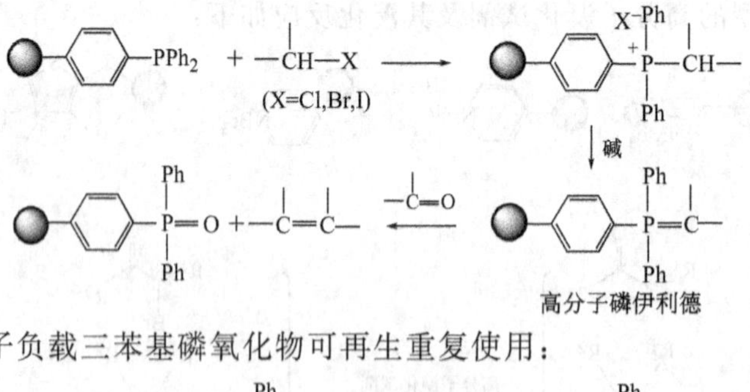

高分子磷伊利德

反应的副产物高分子负载三苯基磷氧化物可再生重复使用：

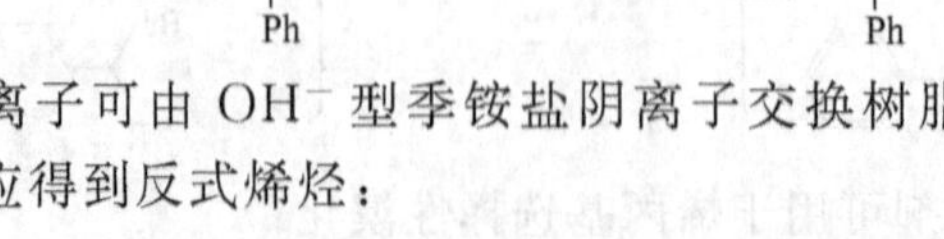

高分子负载磷酸酯阴离子可由 OH⁻ 型季铵盐阴离子交换树脂与相应的磷酸酯反应而得，它可与羰基化合物反应得到反式烯烃：

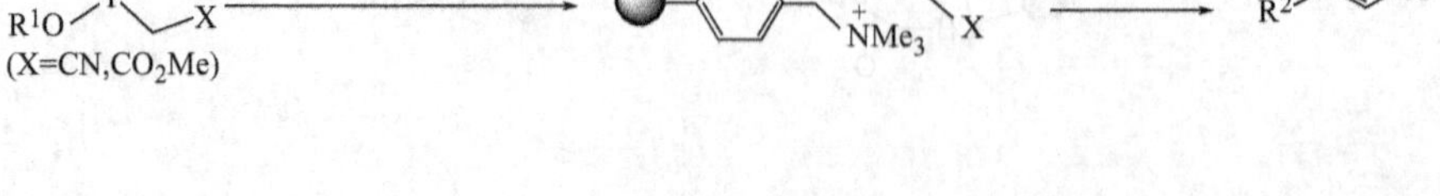

11.2.3.7　高分子酰化和烷基化试剂

高分子负载酸酐试剂可与醇或胺发生酰化反应生成相应的酯或酰胺：

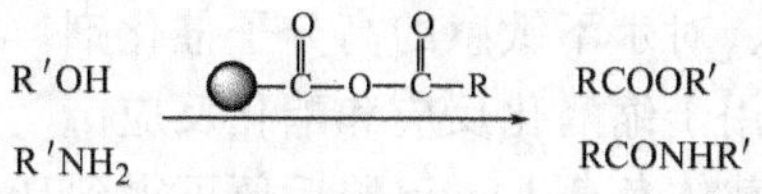

R′OH
R′NH₂

RCOOR′
RCONHR′

常见的高分子负载酸酐试剂有：

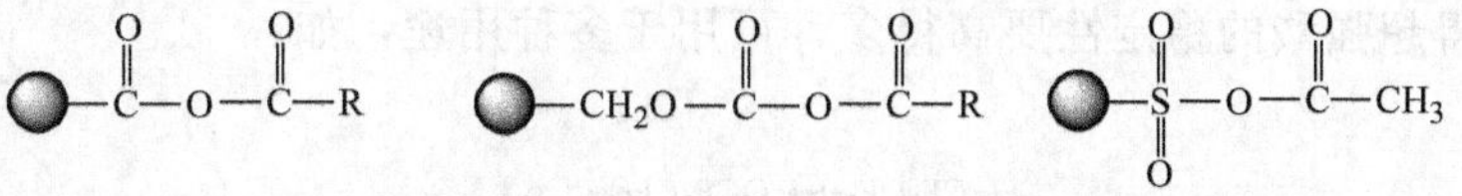

由于刚性骨架的分隔作用，不溶性高分子上负载的反应功能基相互之间不会发生反应，例如不溶性高分子负载的酯类在碱作用下可生成稳定的阴离子，但不会相互发生缩合反应，该稳定阴离子可与酰卤或卤代烃进行选择性的烷基化或酰化反应，如：

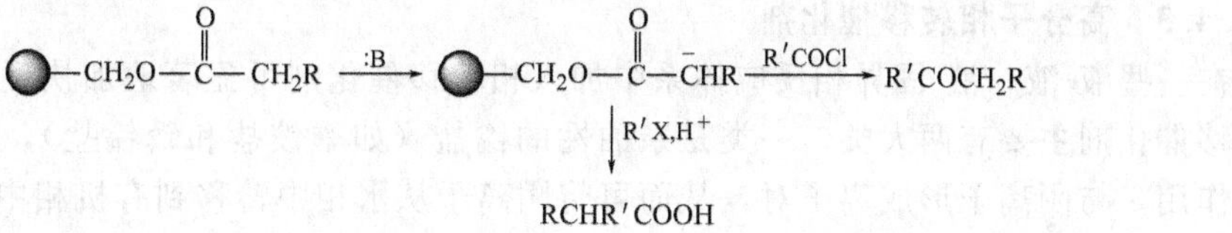

RCHR′COOH

11.2.4　高分子催化剂

将小分子催化剂高分子化或负载在高分子上便得到高分子催化剂。高分子载体可以是不溶性的，也可以是可溶性的。高分子催化剂用量通常为催化剂量，常常可重复使用多次。催化剂经高分子负载后，其稳定性和选择性都可得到提高。但不溶性高分子载体由于受其扩散性的限制，对催化剂的活性有较大的损害。使用可溶性高分子载体时，在高分子骨架和被负载的催化剂之间必须有适当大小的间隔基，以使被负载的催化剂显示出与小分子催化剂相似的溶液性质，这样小分子均相催化剂的大多数优点，如高催化活性、线性动力学特性、配体的立体性能及其电子效应的可控性等都可转移到可溶性高分子催化剂上，从而易得到高活性和高选择性的可再生催化剂。

11.2.4.1　离子交换树脂催化剂

从强酸型的磺化聚苯乙烯离子交换树脂到强碱型的高分子负载氢氧化铵，各种酸型和碱型的离子交换树脂可分别用作高分子酸催化剂和碱催化剂。一些常用的离子交换树脂催化剂及其应用见表 11-3。

表 11-3　一些常用的离子交换树脂及其应用

离子交换树脂	应　　用
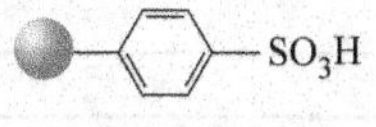 ⬤—〈 〉—SO₃H	酯、烯胺、酰胺、缩氨酸、蛋白质、糖等的水解；α-氨基酸、脂肪酸、烯烃、葡萄糖等的酯化；缩醛、缩酮的合成；缩合反应；脱水反应等
 ⬤—COOH	水解反应、酯化反应
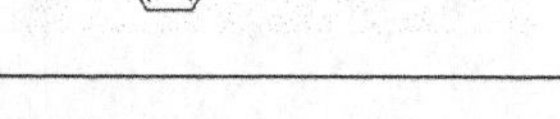 ⬤—〈 〉—CH₂NR₃⁺ OH⁻	酯的水解、脱卤化氢、缩合、水合、酯化反应等
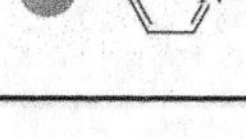 ⬤—〈N〉	酰化反应

11.2.4.2　高分子负载 Lewis 酸和超强酸

用合适的溶剂将高分子载体溶胀后，加入 Lewis 酸充分混合作用，再将溶剂除去便可得到牢固地负载有无水 Lewis 酸、对水不敏感的高分子催化剂。如用交联聚苯乙烯负载 $AlCl_3$ 得到的温和 Lewis 酸催化剂可用于缩醛化反应和酯化反应。

强质子酸功能化的高分子载体负载 Lewis 酸后便可得到高分子超强酸。如果用聚苯乙烯作载体，所得超强酸不稳定，在使用过程中会发生降解。若用全氟化的聚合物载体负载全氟烷基磺酸，所得超强酸的稳定性要高得多，可用于多种用途，如：

$$\begin{array}{c} CF_3 \\ \\ +CF_2CF_2\overset{}{\underset{m}{)}}OCF_2CF\overset{}{\underset{n}{)}} \\ \\ OCF_2CF_2SO_3H \end{array}$$

该高分子超强酸可用于烷基转移反应、醇的脱水反应、重排反应、烷基化反应、炔烃的水合反应、酯化反应、硝化反应、Friedel-Crafts 酰化反应等。

11.2.4.3　高分子相转移催化剂

在一些液-液、液-固异相反应体系中加入相转移催化剂可显著地加快反应速率。常用的相转移催化剂主要有两大类，一类是亲油性的鎓盐（如季铵盐和磷鎓盐），它们可通过离子交换作用，与阴离子形成离子对，从而可将阴离子从水相中转移到有机相中；另一类是冠醚和穴状配体，它们可与阳离子形成络合物，从而可将与阳离子配对的阴离子从水相中转移到有机相中。高分子相转移催化剂除能保持小分子相转移催化剂的催化能力外，还能消除小分子相转移催化剂使用过程中的乳化现象。高分子相转移催化剂可重复使用，因而可降低成本，而且可以克服冠醚类催化剂的毒性问题。通常在催化剂与高分子骨架之间插入间隔基团，以利于提高高分子相转移催化剂的活性。常见的一些高分子相转移催化剂及其应用见表11-4。

表 11-4　一些常见的高分子相转移催化剂及其应用

相 转 移 催 化 剂	应用于 RY + Z⁻ ⟶ RZ
季铵盐	
⬤—$(CH_2\overset{}{\underset{n}{)}}\overset{+}{N}R'R''$　X^- ($X=Cl,Br,F,I,HCrO_4,OCN,OH,SCN$ 等)	$Z=$ 卤离子,CN,PhS,N_3,ArO,AcO 等
⬤—R^1—$\overset{+}{N}R_3$　X^- [$R^1=$—$CH_2OCO(CH_2\overset{}{\underset{n}{)}};$—$CH_2NHCO(CH_2\overset{}{\underset{10}{)}}$]	$Z=CN,I$
⬤—〈pyridinium〉$\overset{+}{N}$—R　X^- ($X=Cl,Br$ 等)	$Z=$ 卤离子等
磷鎓盐	
⬤—R—$\overset{+}{P}(nBu)_3$　X^-	$Z^- = Cl^-,I^-,CN^-,AcO^-,ArO^-,ArS^-,$ $ArC^- HCOMe,N_3^-,SCN^-,S^{2-}$
冠醚和穴状配体	
⬤—R〈crown ether〉　　⬤—R〈crown ether, Me〉	$Z^- = CN^-$

相转移催化剂	应用于 RY+Z⁻──→RZ
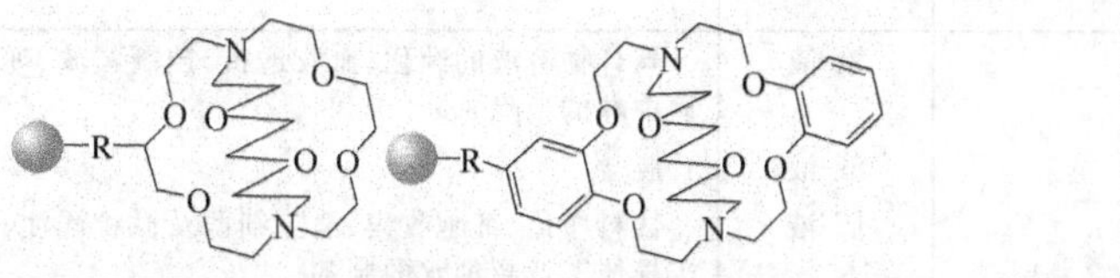	$Z^- = I^-, CN^-$

11.3　高分子分离功能膜

11.3.1　高分子分离功能膜及其分类

当膜处在某两相之间时，由于膜两侧存在的压力差、浓度差以及电位差、温度差等，驱使液态或气态的分子或离子等可从膜的一侧渗透到另一侧，在渗透过程中，由于分子或离子的大小、形状、化学性质、所荷电荷等不同，其渗透速率也不同，即膜对渗透物具有选择性。由于渗透是一个非平衡过程，因此可利用膜的这种渗透选择性来分离不同的化合物，具有这种分离功能的高分子膜称高分子分离功能膜。渗透物在膜中的渗透速率称为膜的渗透性，不同渗透物在膜中的渗透速率不同称为膜的渗透选择性，是分离膜分离功能的基础。渗透性和渗透选择性是表征分离膜性能的两个重要指标。

高分子分离功能膜的分类可有多种方法，按被分离物质性质的不同可分为气体分离膜、液体分离膜、固体分离膜、离子分离膜和微生物分离膜等。按膜的形成方法可分为沉积膜、熔融拉伸膜、溶液浇注膜、界面膜和动态成型膜等。按膜的孔径或被分离物的体积大小进行分类：孔径在 5000nm 以上的为微粒过滤膜；孔径在 $100\sim5000$nm 之间为微滤膜，可用于分离血细胞、乳胶等；孔径在 $2\sim100$nm 之间为超滤膜，可用于分离白蛋白、胃蛋白酶等；孔径为 10Å 左右的为纳米滤膜，可用于分离二价盐、游离酸和糖等；孔径为几埃（$1Å=0.1$nm）的为反渗透膜（或称超细滤膜，hyperfiltration），可在分子水平上分离 NaCl 等。按膜的结构主要分为致密膜、多孔膜和不对称膜等。按膜是否带电荷可分为中性膜和离子交换膜。

驱动力不同，所适用的分离方法也有所差别。通常压力差可用于反渗透、超滤、微滤、气体分离和全蒸发；温度差可用于膜蒸馏；浓度差可用于透析和萃取；电位差可用于电渗析。

高分子分离膜在化学、药物、乳和乳清、食品、燃料、气体、纤维素加工、纺织、汽车和金属表面精整等工业领域具有广泛的应用。表 11-5 列举了一些典型的膜分离工艺、应用及其相应的驱动力。

11.3.2　高分子分离膜的分离机理

高分子分离膜主要有三种基本的分离机理：基于被分离物分子大小不同的筛分效应分离机理；基于被分离物在膜中溶解性不同的溶解-扩散效应分离机理；基于被分离物所带电荷不同的电化学效应机理。

11.3.2.1　筛分效应分离机理

多孔膜是一种刚性膜，其中含有无规分布且相互连接的多孔结构。中性多孔膜的分离机理是筛分机理，即在膜渗透过程中，只有体积小于膜孔的分子能够由膜孔通过，并且体积较小的渗透物比体积较大的渗透物渗透速率更快。因而其分离结果仅取决于被分离物的体积大

表 11-5 一些典型的膜分离工艺、应用及其相应的驱动力

膜的类型	膜分离工艺	驱动力	分离体系	应用领域
致密膜	透析	浓度差	液-液	聚合物溶液的纯化、血液透析、控制释放、啤酒中醇的消除
致密膜	反渗透	压力差	液-液	脱盐
多孔膜	微滤	压力差	固-液	饮料净化、细胞收集、消除细菌及微粒浑浊、半导体工业超纯水的制备
多孔膜	超滤	压力差	液-液	果汁及聚合物溶液的纯化与浓缩、蛋白质回收、奶制品工业废水纯化、淀粉回收、医药工业
多孔膜	超细滤	压力差	液-液	咸水和海水的脱盐、废水纯化、蓄电工业废水中金属回收、果汁与牛奶浓缩
致密或多孔膜	电渗析	电位差	液-液	由海水制备脱盐、脱离子水，柑橘类果汁酸度的降低
致密膜	全蒸发	压力、浓度和温度差	液-气-液	有机溶剂的除水、溶剂异构体分离
致密膜	膜蒸馏	压力、浓度和温度差	液-气-液	纯水制备、溶剂回收
致密膜/复合膜	气体分离	压力差	气-气	天然气纯化、氧气富集
致密膜	加压渗析	压力差	液-液	盐的富集、电解质分离

小以及膜孔大小及其分布，膜的化学结构和性质对渗透选择性基本无影响。多孔膜从其结构和功能来看，与通常的过滤器相似，通常只有那些大小有明显差别的分子才能用多孔膜进行有效分离。

11.3.2.2 溶解-扩散效应分离机理

致密膜是一种刚性、紧密无孔的膜，其分离机理是基于膜材料与渗透物之间化学作用的溶解-扩散机理：渗透分子溶解在膜的表面，然后扩散穿过分离膜，出现在膜的另一面。致密膜的分离效果取决于渗透物在膜中的溶解性和扩散性，其中溶解性取决于膜与渗透物的亲和性，而扩散性则取决于膜聚合物的化学结构及其分子链运动。渗透物在聚合物膜中的扩散运动与膜聚合物链段运动的自由体积密切相关，自由体积越大，扩散速率越快。致密膜的一个重要性能是如果被分离物在膜中的溶解性差别显著时，即使其分子大小相近也能有效地分离。

11.3.2.3 电化学效应分离机理

在微孔分离膜上接枝离子基团便可得到离子交换分离膜，离子交换分离膜的分离机理除筛分效应外，主要是电化学效应分离机理。与离子交换树脂相似，离子交换分离膜可吸附分离膜上固定离子基团的反离子，而排斥固定离子基团的同离子。电化学效应分离机理可分离不同价态的离子以及电解质和非电解质的混合物等。

11.3.3 高分子分离膜聚合物的选择

选择高分子分离膜聚合物时一般需考虑以下几点基本要素：分离膜的分离机理、分离膜对被分离物的渗透性能、膜的机械和化学稳定性以及膜与被处理物的相容性等。

膜聚合物的化学与物理性质对分离膜的渗透性和选择性具有重要影响，主要体现在以下几方面：

① 通常聚合物的柔顺性越好，其自由体积越大，膜的渗透性越好。如硅橡胶与聚酰亚胺、聚碳酸酯、聚砜相比，其分子链柔顺性高得多，对气体的渗透性也高得多；如若在聚二甲基硅氧烷的主链上引入刚性的连接基，结果聚合物的柔顺性变差，相应的聚合物的玻璃化温度升高，自由体积变小，膜的渗透性下降。

② 聚合物分子链的规整性越好越有利于紧密堆砌，膜聚合物的自由体积越小，膜的渗

透性越差。

③ 分子间的相互作用越强，分子链堆砌越紧密，自由体积越小，相应地渗透性越差。如聚酰胺分子链间存在着强烈的氢键作用，因而通常得到孔径小、孔径分布窄的聚酰胺膜，如果在聚酰胺分子链上引入空阻大的烷基，则可以减少分子链间的氢键作用，增大分子链间的距离，即膜聚合物的自由体积增大，膜的渗透性相应增大。高分子链的极性越大，分子链间的相互作用越强，越利于分子链的紧密堆砌，因而通常极性聚合物中的自由体积比非极性聚合物中的自由体积小，膜的渗透性相对较差。但总体上极性对聚合物膜的渗透性和选择性的影响比较温和。

④ 结晶。由于聚合物晶区中分子链堆砌紧密，因而晶区的存在会使膜的有效渗透面积减少，渗透路径更曲折，导致聚合物膜的渗透性降低，而选择性升高。

渗透物的性质是影响分离膜性能的另一个因素。通常渗透物分子体积越大，扩散性越差，渗透性差；在分子体积相同的条件下，长形分子比球形分子的扩散系数大。

此外，聚合物膜的制备工艺、膜层的物理结构（有无孔）和孔结构等也会影响分离膜的性能。分离膜的物理结构很大程度上决定了分离膜的渗透机理。

通常情况下，分离膜的渗透性和选择性是一对矛盾关系，即在提高膜的渗透性的同时常常会降低膜的选择性。

11.3.4 高分子分离膜的制备

11.3.4.1 多孔膜的制备

制备多孔膜的方法有以下几种。

(1) 烧结法 仿照陶瓷或烧结玻璃制备无机膜的加工工艺将高密度聚乙烯或聚丙烯粉末经筛选得到一定粒径范围的粉末，在高压下按需要压制成不同厚度的板材或管材，然后在略低于聚合物熔点的温度下烧结成型，所得聚合物膜的孔径为微米级，具有质轻的特点，可用作复合膜的支撑基材。

(2) 相转变法 相转变制备多孔膜有两种基本方法：①首先将分子分散的单一相聚合物溶液转变为分子聚集体分散的双分散相体系，再进行胶化；②直接制备双分散体系进行胶化处理。相的转变可有四种途径。

干法：将聚合物溶于由聚合物的良溶剂和非溶剂组成的混合溶剂，其中非溶剂的沸点高于良溶剂（一般要求高 30℃），通过加热，随着良溶剂的不断挥发，混合溶剂对聚合物的溶解能力逐渐下降，聚合物发生聚集，逐步形成双分散相液体直至聚合物胶体。

湿法：将聚合物良溶液直接或部分蒸发后倒入非溶剂中，使聚合物发生聚集，形成胶体。

热法：若聚合物的溶解性受温度的影响比较大时，可通过改变温度，使均相的聚合物溶液转变为双分散相体系。

聚合物辅助法：将两种溶解性有一定差别的聚合物配成溶液后，浇注成膜，再选用对其中一种聚合物溶解性好、而对另一种聚合物溶解性差的溶剂处理聚合物膜。

(3) 拉伸法 常用于一些在室温下难溶于溶剂，难以用相转变法制膜的聚合物的成膜。如将低密度聚乙烯或聚丙烯薄膜在室温下进行拉伸，聚合物中的无定形区域在拉伸方向上可产生狭缝状的细孔，再在较高温度下定形，即可得到多孔膜，其细孔的长宽比约为 10:1，可用于制备平膜或中孔纤维膜。聚四氟乙烯多孔膜也可用相似方法制备。

(4) 径迹蚀刻 有些高分子膜（如聚碳酸酯膜）在高能粒子流的辐射下，粒子流在聚合物膜上留下的径迹用碱液蚀刻后，便可得到孔径均匀的多孔膜，其膜孔为贯穿的圆柱状结构。该方法是制备窄孔径分布多孔膜重要方法。但开孔率较低，渗透率不高。

11.3.4.2　致密膜的制备

致密膜可以由聚合物熔融挤出成膜或由聚合物溶液浇注成膜。溶液浇注法是将聚合物溶液浇注在固体基材表面上，将溶剂完全挥发后得到致密膜。采用旋转涂膜法可制得厚度较薄（<1μm）的致密膜，更薄的致密膜可采用水面扩展挥发法，将聚合物溶液扩展于水面，溶剂完全挥发后就会在水面上形成聚合物膜，可制得厚度约 20nm 的薄膜。

11.3.4.3　复合膜的制备

复合膜通常由两层结构不同的膜组成，其中一层是薄的、选择性致密表层膜，另一层是厚的多孔基体膜，其主要功能是为表层膜提供物理支持。这种由结构不同的膜组成的复合膜也称不对称膜。其制备方法主要有以下几种：①基体膜上涂膜表层膜，如在聚砜中空纤维表面上涂覆硅橡胶，便形成以聚砜中空纤维为基体、硅橡胶为表层膜的复合膜，可用于气体分离；②界面缩聚法原位制备复合膜，如以聚砜为基体膜，在其一面浸涂芳香二胺水溶液，再与芳香三酰氯溶液接触，即可发生界面缩聚原位形成交联的聚酰胺表层膜，从而得到表层膜与基体膜牢固结合的复合膜。

11.3.5　膜分离过程

11.3.5.1　透析

透析是最早建立的膜分离技术之一，其原理是溶质在浓度差的驱动下从浓度高的一侧通过分离膜渗透到浓度低的另一侧，通过下游侧的溶液流动完成分离过程。所用的分离膜为半透膜，孔径范围由<1nm（无孔）到约 0.2μm。使用无孔膜时必须高度溶胀以减少扩散阻力，但这对选择性可能有较大影响，因此需要平衡考虑。透析可分别用中性膜来分离中性分子、离子交换膜来分离带电荷的分离物。一些亲水性的聚合物常被用来制备透析分离膜，如乙酸纤维素、聚乙烯醇、乙烯-乙酸乙烯酯共聚物和聚碳酸酯等。

11.3.5.2　电渗析

电渗析是指在电场的作用下，离子通过离子选择性分离膜分别向与之对应的电极迁移，使不同离子相互分离的过程。电渗析设备通常是将多个阳离子交换膜和阴离子交换膜交替地放置于阴极和阳极之间以达到良好的分离效果。氯碱工业生产苛性钠和氯气以及水电解生产氢气和氧气是电渗析最重要的工业应用。以氯碱工业为例，其电渗析过程如图 11-1 所示。

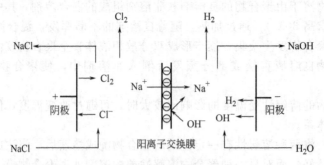

图 11-1　氯碱工业的电渗析过程

在阴极加入氯化钠溶液，在阳极加入水，两者电解分别在阴极生成氯气、在阳极生成氢气，同时 Na$^+$ 穿过阳离子交换膜向阳极渗透，与阳极上水电解生成的 OH$^-$ 结合生成 NaOH。

电渗析也可用于海水除盐、制备食盐和去离子水、废水中金属回收等，还可用来去除果汁中的有机酸，以改善果汁的口感。

11.3.5.3　全蒸发

全蒸发是高分子分离膜在液-液分离领域中的重要应用，可降低能耗和成本。其基本原理是将待分离的混合物放于膜的一侧，其中高挥发性的有机溶剂以蒸气的形式渗透分离膜，在膜的另一侧收集。其驱动力是渗透物蒸发所引起的蒸气压差。用于全蒸发的分离膜为致密膜，对有机混合物的分离基于各组分对膜的溶解性和扩散性的不同。全蒸发可用于分离和回收有机溶剂，特别是在分离共沸物或沸点接近的有机溶剂混合物方面非常有利，因而在包括化工、医药、电子等工业上具有重要的应用。

11.3.5.4　微滤、超滤、纳滤和超细滤（反渗透）

微滤、超滤、纳滤和超细滤是以压力差为驱动力，促使被分离物从压力高的一侧向压力低的一侧移动，利用膜的分离功能除去溶液中悬浮的微粒或溶解的溶质为目的的连续膜分离过程。膜两侧的压力差可由两种方法获得：一种方法是在给料侧施加正压力，使被分离物向常压侧移动，称为正压分离过程；另一种方法是在收料侧减压，使被分离物从常压的给料侧向负压的收料侧移动，称为减压分离过程。

微滤、超滤和纳滤的设备简单，分离条件可控性强，应用广泛。

微滤可用于清除溶液中的微生物以及其他悬浮微粒，其重要的应用之一是除菌，在饮用水处理、食品和医药卫生工业中有广泛应用。微滤还可用于果汁澄清、溶液澄清、气体净化等。

超滤常用于清除液体中的胶体级微粒以及大分子（分子量＞1000）溶质。超滤的被分离溶液浓度通常较低，主要应用于合成和生物来源的大分子溶液中溶质的分离，也可以用来对分子量分布较宽的大分子溶液进行分级处理、大分子和胶体溶液的纯化、从静电喷涂废液中回收胶体涂料、从食品工业废弃的乳清中回收蛋白质等。

纳滤主要用来处理一些中等分子量溶质。其截留溶质的分子量多在 100～1000 之间，且对高价离子的截留率较高，操作压力多在 0.4～1.5MPa 之间，低于反渗透过程的操作压力，有时也称低压反渗透。主要用于生活和生产用水的纯化和软化处理、化学工业中的催化剂回收、药物的纯化与浓缩、活性多肽的回收与浓度、溶剂回收等。

反渗透（超细滤），与透析过程中相反，反渗透是在高压下使溶剂从膜的高浓度一侧向低浓度一侧渗透，其结果是拉大两侧的浓度差。反渗透主要应用于海水或苦咸水的脱盐、高硬水的软化、高纯水的制备等。利用反渗透还可从水溶液中脱除有机污染物。

11.4　生物医用高分子材料

11.4.1　生物医用高分子材料的范畴及其基本要求

根据国际标准化组织（ISO）的定义，生物医用材料是指以医疗为目的、用于与组织接触以形成功能的无生命的材料。生物医用材料被广泛地用来取代和/或恢复那些受创伤或退化的组织或器官的功能，帮助康复、改善功能以及纠正畸形等，从而提高病人的生活质量。

生物医用材料必须满足以下的基本要求：①与组织短期接触无急性毒性、无致敏作用、无致炎作用、无致癌作用和其他不良反应；②具有良好的耐腐蚀性能以及相应的生物力学性能和良好的加工性能。但对于体内使用的医用材料，由于会与体内的组织、细胞、血液和体液等长时间直接接触，因此除了必须满足以上的基本要求外，还必须具有良好的组织相容性、血液适应性和适宜的耐生物降解性。组织相容性是指植入材料与组织具有良好的生物相容性，生物相容性包括表面相容性和结构相容性，表面相容性是指植入体的表面与主体组织在化学上、生物学上以及物理学（包括表面形态）上的适宜性，指材料表面与组织接触时不会产生排异现象，而且体内组织也不会因材料的影响而发生炎症、变异或组织萎缩等不良反应；结构相容性是指植入体与主体组织在机械性能（包括弹性模量、强度、硬度）上的适配性，要求植入体与组织间的界面应力最小。血液适应性是指当材料表面与血液接触时，不会导致血液的结构和成分发生改变，以致产生溶血或凝血现象。适当的生物降解性可从两方面来看，对于一些长期植入人体内的医用高分子材料要求具有很好的耐生物降解性，不致因发生生物降解而需定期更换，避免给病人带来痛苦；而有些高分子材料植入人体内后，只需在一定时期内发挥作用，并不需要永久地留在人体内，这类材料在完成其功能后必须从体内去除，如外科手术的缝合线、医用胶黏剂和接骨材料等，为了避免二次手术给病人带来的创痛，要求这些材料具有较好的生物降解性，在完成其使命后可被人体分解吸收。

生物医用材料主要有金属材料、无机非金属材料（陶瓷材料）和有机高分子材料。三种材料各有优缺点。金属材料强度高、延展性好、耐磨损，但多数金属的生物相容性低、耐腐蚀性差、密度高、与组织相比硬度太高，并且会释放可能导致过敏反应的金属离子。陶瓷材料具有良好的生物相容性，耐腐蚀、耐压性高，缺点是脆、断裂强度低、难加工、机械可靠性低、缺乏弹性、密度高。虽然聚合物材料在某些整形外科应用上显得太软、强度不够，可能吸收体液发生溶胀，并且可能释放一些对人体不利的化合物（如单体、填料、增塑剂、抗氧剂等），但聚合物在组成、性能和形状（固体形式、纤维形式、织物、膜和凝胶）上具有多变性，易于加工成复杂的形状和结构，并且易于与其他材料复合以克服单一材料的许多不足。因此聚合物生物医用材料发展迅猛，从一般的修复性材料到高效、定向的高分子药物控制释放体系以及人工器官等，几乎遍布了生物医学的各个领域。

用于生物医用材料的高分子有许多种，如聚乙烯、聚氨酯、聚四氟乙烯、聚缩醛、聚甲基丙烯酸甲酯、聚对苯二甲酸乙二酯、硅橡胶、聚砜、聚醚醚酮、聚乳酸、聚羟基乙酸等。聚合物复合材料包括羟磷灰石/聚乙烯、硅石/硅橡胶、碳纤维/超高分子量聚乙烯、碳纤维/环氧树脂和碳纤维/聚醚醚酮等。一般化学惰性的高分子材料如聚四氟乙烯、聚硅氧烷等都有良好的生物相容性。一般聚烯烃和聚氨酯的血液相容性都比较好。目前较多使用的生物降解高分子是聚乳酸、聚羟基乙酸等脂肪族聚酯。

11.4.2　修复性医用高分子

人体组织通常可分为软组织和硬组织两大类，硬组织如骨、牙等，软组织如皮肤、血管、软骨、韧带等，相应地高分子医用材料在组织修复上的应用也可分为软组织修复材料和硬组织修复材料。

10.4.2.1　软组织修复材料

软组织修复常用的高分子材料有聚对苯二甲酸乙二酯（PET）、聚四氟乙烯（PTFE）、聚丙烯（PP）、聚氨酯（PU）和硅橡胶（SR）等。PET虽然很难说是柔性好的材料，但将其编织成布后可提高其挠曲性，编织结构的孔径大小及其分布可通过改变编织密度来控制；PTFE是一种坚韧而又柔软的材料，具有很好的耐热性和耐化学性，疏水性强，采用特殊的挤出工艺可得到具有多孔壁结构的PTFE管；等规PP是一种强度大、模量高的结晶性热塑性材料，PP具有非常好的弯曲寿命、优异的抗压裂性能，PP纱可编织成复丝管，用于制造单组分人工血管，在小直径血管移植上比PET和PTFE有优势；硅橡胶是目前最广泛应用的医用材料，硅橡胶因其Si—O—Si主链具有很高的化学惰性和非常好的挠曲性，并且在生物环境下具有独特的高稳定性，与其他弹性材料相比，其移植件在体内长期放置也很少降解，硅橡胶还具有高的撕裂强度、在宽温度范围内突出的高弹性等特殊性能，医用级的硅橡胶通常填充有二氧化硅颗粒以提高其力学性能和生物相容性；聚氨酯可水解生成二元胺和二元醇，所生成的二元胺有一定的毒性，因此有必要提高聚氨酯的耐生物降解性，一般认为聚氨酯分子结构中的弱键是酯基和醚基，因此减少分子中的醚基可提高聚氨酯的耐生物降解性，如用二羟基聚碳酸酯作为聚氨酯合成中的二羟基预聚物可消除分子结构中的醚键，此外芳香族聚氨酯比脂肪族聚氨酯稳定性好；聚异丁烯-聚苯乙烯嵌段共聚物（PIB-*b*-PS）热塑性弹性体是新兴的生物医用材料，其突出的特性是基于其中聚异丁烯嵌段的非常低的渗透性，与聚异丁烯相似，PIB-*b*-PS 的渗透性比任何其他橡胶都低，具有优异的化学稳定性、氧化稳定性和环境稳定性，很好的低温性能、高阻尼，其力学性能可通过改变其中 PIB 嵌段与 PS 嵌段的组成来调节，使其性能介乎聚氨酯和硅橡胶之间，而 PIB-*b*-PS 的稳定性比 PU 和 SR 高得多，有望成为新型的软组织用医用材料。

软组织修复材料主要包括填充材料、血管移植材料、导液管、伤口包扎材料等。

填充材料（如隆胸材料），其植入件主要由外壳和内填充材料两部分组成，外壳由弹性材料制成，目前硅橡胶是外壳材料的唯一选择；内填充物可以是盐水、硅胶或两者的混合物，填充用的硅胶由交联的硅橡胶和低分子量的硅油组成。为了减少小分子二甲基硅烷的渗透，可在外壳上再加上一层其他橡胶，如甲基苯基硅橡胶或氟化硅橡胶。

高分子材料用作血管移植目前只在中等直径和大直径的血管移植上取得成功。用于大直径（12～38mm）血管移植的是聚酯布做的人造血管，用于中等直径（6～12mm）的是聚四氟乙烯管，聚四氟乙烯经特殊的挤出工艺可得到具有多孔壁的聚四氟乙烯管，其力学性能与主体血管相配。为了提高人造血管的抗纠结性能常需经压褶处理，使其更具弹性、更柔软。

PU 和 SR 由于良好的挠曲性和易于加工成不同的大小和长度，是应用广泛的导液管材料。SR 常用二氧化硅颗粒增强以提高其撕裂强度，降低其润湿性。

聚乳酸及其共聚物做成的外科缝合线，由于具有生物降解性能，在伤口愈合后可自动降解被人体吸收，不需再做拆线手术。此外使用医用黏合剂替代缝线，不仅创口粘接严密，愈合快、疤痕小，而且可免除缝合、拆线以及感染等的痛苦。目前已得到应用的医用高分子黏合剂是 504 胶，504 胶是一种单体型胶黏剂，其主要组分是 α-氰基丙烯酸丁酯单体，其活性相当高，与空气接触即可发生聚合反应，因此其产品中需加入 SO_2 作为阻聚剂，施用后 SO_2 挥发后即可发生聚合反应。该胶黏剂的黏合速度快，强度好，既可用于骨骼的粘接，也可代替缝合，用于伤口粘接。但其聚合时，会大量放热，对皮肤有一定的刺激性，使用时不能直接涂在伤口上，最好用涤纶布固定后，再用胶黏剂粘接。

11.4.2.2 硬组织修复材料

（1）骨固定材料 最常用的骨折内固定方式是使用骨夹板和骨螺钉。常用的材料是不锈钢和钛钢合金，但由于金属的生物相容性较差，与骨的膨胀系数相差大，容易给病人带来不适，而且在骨折愈合后，通常在 1～2 年后还必须进行二次手术将金属物取出，给病人带来极大的痛苦。更严重的是，由于金属夹板的模量（不锈钢的模量为 210～230GPa）比骨的模量（10～18GPa）高得多，因此夹板对骨具有应力屏蔽作用，导致夹板下的骨萎缩，在去除夹板后，可能因骨萎缩导致再次骨折。

为了解决夹板的应力屏蔽问题，制备力学性能与骨相近的夹板是必需的，理想的骨夹板材料应具有足够高的疲劳强度和适宜的硬度。高分子复合材料由于可通过调节其组成满足不同的性能需要，并且易加工成特殊的形状，因而具有特殊的优势。热塑性高分子复合材料由于不会释放毒性单体比热固性复合材料更受关注。高分子复合材料可分为非再吸收性材料和可再吸收性材料（生物降解材料）。常用的非再吸收性热塑性高分子复合材料有碳纤维/聚甲基丙烯酸甲酯、碳纤维/聚丙烯、碳纤维/聚苯乙烯、碳纤维/聚乙烯、碳纤维/聚酰胺、碳纤维/聚醚醚酮等。其中聚醚醚酮具有良好的生物相容性、耐水解和辐射降解，因而受到更多的关注。更理想的骨固定材料是一些生物降解性（可再吸收性）高分子复合材料，如聚（L-乳酸）纤维或磷酸钙玻璃纤维增强的聚乳酸或聚羟基乙酸复合材料作的夹板，随着骨折的愈合，夹板材料也逐渐地被人体分解吸收，夹板的力学性能逐渐下降，因而夹板对骨的应力屏蔽作用也逐渐减少，愈合的骨受到的应力逐渐增大，这对骨的愈合是非常有利的。更具优势的是由于夹板材料的生物降解性，在骨折愈合后，夹板材料能被人体完全分解吸收，而不需要像金属材料或非再吸收性材料一样需要进行二次手术将夹板等除去。

(2) 人工骨　高分子材料也可用来制备人工骨以置换病人体内无法愈合的伤骨，特别是关节，与前述的骨固定材料不同，人工骨将长久地留在人体内代替骨的功能。由于人工骨对材料的力学性能要求很高，用于制备人工骨的主要是一些高分子复合材料。多种高分子复合材料已用于制备不同部位的人工骨。

(3) 骨水泥　人工骨等人造修补件与骨之间的连接常用骨水泥来固定。丙烯酸骨水泥使用最广泛，它是一种自聚合双组分黏结剂，其中的固体粉末组分的主要成分为甲基丙烯酸甲酯类聚合物（甲基丙烯酸甲酯均聚物、甲基丙烯酸甲酯/丙烯酸甲酯共聚物或甲基丙烯酸甲酯/苯乙烯共聚物，约88%）、引发剂（如BPO）和其他添加剂（如$BaSO_4$、ZrO_2等），液体组分的主要成分为甲基丙烯酸甲酯单体（约98%）、少量的引发促进剂（有机胺，如N,N-二甲基甲苯胺，与BPO组成氧化还原引发体系）和稳定剂（如氢醌）等组成。使用时将两组分混合均匀后，注入修补部位原位聚合固化，形成功能。骨水泥的主要作用是将修补件承载的负荷转移给骨头，增加修补件-骨水泥-骨体系的承重能力。

为了提高骨水泥的力学性能，可用金属丝、聚合物纤维（如超高分子量聚乙烯纤维、Kevlar纤维、碳纤维和聚甲基丙烯酸甲酯纤维等）等增强，也可在骨水泥中加入骨微粒或表面活化的玻璃粉末，使骨微粒或活化玻璃粉末与骨之间形成化学接合，有利于骨水泥和骨界面间的压力转移。

丙烯酸酯骨水泥存在的问题是未反应单体的释放可能导致骨疽等病变、聚合时会发生收缩、骨水泥与骨之间的硬度差别较大等，有待进一步改进。

(4) 牙科修复材料　高分子材料可用于牙冠填充和制备假牙。丙烯酸酯树脂是较早使用的牙冠填充高分子材料，但其机械强度较差，使用寿命较短，因此现在多已被一些折射率与牙釉质相近的牙科复合树脂所取代。牙科复合树脂主要组分包括基体树脂、填料、降黏单体、引发剂和稳定剂。基体树脂主要有BIS-GMA（双酚A与甲基丙烯酸缩水甘油酯的反应产物）或聚氨酯双甲基丙烯酸树脂；填料包括石英、钡玻璃和硅胶，其作用是减少树脂聚合时的体积收缩以及降低树脂与牙之间的热膨胀系数差，赋予复合材料高硬度、高强度和良好的耐磨性，为提高填料与树脂之间的黏附力，可用硅烷偶联剂对填料进行表面改性；常用的降黏单体是三甘醇双甲基丙烯酸酯，其作用是降低复合树脂黏度，以使树脂能够完全填满牙洞；聚合反应可由热引发剂（如BPO）或光引发剂（如安息香烷基醚）引发；常用的阻聚剂是2,4,6-三叔丁基苯酚，其作用是防止树脂在储存时聚合。

11.4.2.3　组织工程材料

组织工程中的一个重要领域是以高分子材料作为支撑材料，在其上移植器官或组织的生长细胞，使之形成自然组织，用来修复、维持或提高组织功能的一种外科替代疗法。

高分子支撑材料的作用是引导细胞生长、合成细胞外基质和其他生物分子以及促进功能组织和器官的形成。组织工程支撑材料必须满足以下几个基本要求：①必须含有多孔结构和合适的孔径；②必须具有高的表面积；③一般要求有生物降解性，并且其生物降解速度与新组织的形成速度相匹配；④必须具有保持预定组织结构所需的机械完整性；⑤支撑材料必须是无毒的，即必须具有生物相容性；⑥支撑材料与细胞之间的相互作用必须是正面的，如可提高细胞附着性、促进细胞的生长、移植、区分功能等。

组织工程支撑材料包括多孔固体支撑材料和水凝胶支撑材料。其中以多孔固体支撑材料应用最广泛。用于组织工程多孔固体支撑材料的高分子主要是一些线形脂肪族聚酯，包括有聚羟基乙酸（PGA）、聚乳酸（PLA）、羟基乙酸和乳酸的共聚物（PLGA）和聚（富马酸丙二酯）（PPF）等。PGA 是应用最广的高分子支撑材料之一，由于其较好的亲水性，在水溶液和生物体内水解-生物降解很快，在 2～4 周内就会失去其机械完整性。PGA 常被加工成无纺纤维布用作组织工程支架。PLA 的单体单元比 PGA 的单体单元多一个甲基，因而亲水性相对要低，相应地水解-生物降解速度比 PGA 较慢，PLA 支架在体内需数月甚至数年才会失去其机械完整性。PLGA 的降解速度介乎 PGA 和 PLA 之间，并可通过改变 GA 和 LA 的比例进行调节。其他脂肪族聚酯，如聚(ε-己内酯)和聚羟基丁酸也可用于组织工程，但由于其生物降解速度比 PGA 和 PLA 慢得多，其应用不如 PGA 和 PLA 普及。

11.4.3　高分子药物

常用的药物为小分子化合物，具有活性高、作用快的特点，但在人体内停留时间短，对人体的毒副作用大。为了使药物在血液中的浓度维持在一定范围内，必须定时、定量服药。有时为了避免药物对肠胃的刺激，还必须在饭后服用。使用高分子药物可以在一定程度上克服小分子药物的这些缺陷，在减小药物的毒性、维持药物在血液中的停留时间、实现定向给药等方面具有独特的优势。

高分子材料在药物中的应用主要有三方面：①高分子载体药物控制释放体系，包括控制药物释放速度的缓释体系和控制药物释放部位的靶向体系；②小分子药物高分子化；③高分子药物。其中以高分子材料作为载体的药物控制释放体系应用最为广泛。

高分子载体药物控制释放体系是将小分子药物均匀地分散在高分子基质中或者包裹在高分子膜中，利用其高分子基质的溶解性、生物降解性等特性或者利用高分子膜两侧药物的浓度差、渗透压差等，控制药物的释放速度或释放部位。

高分子材料之所以被选作药物控制释放体系的载体，其原因主要有：①分子量大，使之能在释放部位长时间驻留；②药物可通过从载体高分子扩散或因载体高分子降解而缓慢地或可控地释放；③除了药物以外，还可在高分子载体上附加其他功能，使之能控制药物的释放速度以及赋予靶向功能等。

高分子载体可有多种形式，如水溶胶、微胶囊和微球等。水凝胶常用于黏膜药物释放体系；微胶囊由于其力学性能较低，只在少数场合得到应用；应用较广泛的是微球。

（1）高分子载体缓释药物　药物的治疗效果与药物在血液中的浓度有关，太低不能起到治疗作用，太高易引起不良反应，如头痛、耳鸣、肠胃不适、呕吐、过敏、痉挛等，甚至危及生命。即药物在血液中的浓度存在有效浓度与中毒浓度之分，只有当药物浓度处在有效浓度与中毒浓度之间时，才能达到理想的治疗效果。一般小分子药物在服药后数十分钟内，血液中药物的浓度会迅速达到极大值，甚至可能在短时间内超过中毒浓度；但是由于肾脏的排泄作用，药物在血液中的浓度很快就会降低，当低于有效浓度时，为了维持药效，就必须及时补充药

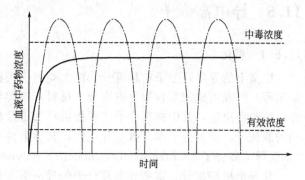

图 11-2　服药过程中小分子药物和高分子
缓释药物在血液中的浓度变化

实线—高分子缓释药物；点划线—小分子药物

物。将小分子药物经适当的高分子载体化后，可控制药物在体内的释放速度，使之在体内保持较长时间的均匀给药。小分子药物和高分子缓释药物在服药过程中药物在血液中的浓度变

化示意图见图 11-2。

高分子载体缓释药物的药物释放机理有三种基本方式：

① 通过可溶性高分子载体的缓慢溶解释放药物　所用的可溶性高分子载体通常是一些水溶性的高分子，如聚乙二醇、聚乙烯醇等。由于高分子化合物的溶解是一个缓慢的过程，因此将药物与高分子载体混合均匀后制成片剂或微粒，利用高分子载体溶解慢的特性，使药物缓慢释放。并且高分子化合物的溶解速度与其分子量有关，因此可通过选择聚合物的分子量控制药物的释放速度，例如可将药物与几种分子量不同的高分子载体分别混合制成微粒，再将这几种微粒按一定比例混合，便可得到持续长效而均匀的药物释放。

② 通过高分子载体的生物降解释放药物　最常用的生物降解性高分子是 PLA、PGA 和 PLGA，其中又以 PLGA 应用最广泛。其药物的释放速度取决于载体的生物降解速度，而载体的生物降解速度与载体高分子的分子量大小和载体的组成（如 PLGA 中 LA 和 GA 单体单元的比例）有关。相同组成的高分子，分子量较低的降解速度较快；亲水性较好的，降解速度较快；与均聚物相比，共聚物或共混聚合物由于可通过改变体系的组成来调节降解速度，进而控制药物释放速度，因而更有优势。

③ 在压力、温度、pH 及酶的作用下通过高分子微胶囊的半透性膜缓慢释放。

（2）高分子靶向药物　简单的高分子靶向药物是将药物用高分子载体包裹，利用高分子载体在不同环境下溶解性的不同，使之选择性地在目标部位溶解释放药物。例如胃液是酸性的（pH 1～2），肠液是微碱性的（pH 7～8），若选用一些含羧基的水凝胶作载体，在胃酸环境下，由于羧基之间的氢键作用，水凝胶的结构紧密，溶胀度小，其包裹的药物难释放；而在肠的微碱性环境下，羧基被离子化，水凝胶溶胀大，药物被释放，从而实现对肠的定向给药。但是这种药物释放体系的性能与水凝胶的交联密度关系很大，交联密度太低，即使在胃酸环境下也可能有较大程度的释放；交联密度太高，在微碱性条件下的溶胀度也不大，药物释放速度慢。为改善这类载体药物的释放性能，可在其高分子载体中引入一些特定生物降解性的高分子。如用含淀粉的交联聚丙烯酸水凝胶作的载体，既具有酸性水凝胶的 pH 响应特性，其中的淀粉组分又可在肠道生成的 α-淀粉酶的作用下发生酶促降解。这样可通过控制交联度，使之在胃环境下的溶胀极小，不释放药物；而在肠环境下，不仅水凝胶发生最大溶胀，而且载体中的淀粉也可在淀粉酶的作用下降解，形成大孔结构，从而促进药物的释放。

11.5　导电高分子

11.5.1　概述

广义上的导电高分子材料可分为两大类：一类是由绝缘高分子与导电材料（如金属粉、炭黑等）共混而成的复合型导电高分子材料，该类导电高分子材料的导电性能主要由其中的导电填料所决定，其中的高分子主要提供可加工性能；另一类是高分子本身的结构拥有可流动的载流子，即高分子本身具有导电性，其导电性能主要取决于高分子本身的结构，常称为"本征导电高分子"（intrinsically conducting polymer，ICP）或"合成金属"。

从导电机理来看，本征导电高分子的导电类型包括离子导电和电子导电。离子导电来源于聚合物内正、负离子的定向迁移，离子的迁移与聚合物内部自由体积的大小密切相关，自由体积越大，离子迁移越容易，迁移率越高；电子导电则是由电子和空穴的定向迁移所引起，与离子导电不同，聚合物分子间靠得越近，越有利于电子在能带中跃迁，或者产生交叠的 π 轨道，从而形成电子或空穴迁移的通道。因此，对聚合物施加静压力，可使其离子导电性降低，而电子导电性增加。

聚合物的离子导电是由其所带的强极性基团本身的离解或聚合物在合成以及加工成型过程中引入的催化剂、添加剂、水以及其他杂质的离解提供导电离子，因此大多数聚合物存在一定程度的离子导电。

电子导电聚合物主要是一些主链共轭高分子。电子导电聚合物研究领域的开辟始于1977 年，Shirakawa、MacDiarmid 和 Heeger 等报道用各种电子受体或电子给体对聚乙炔进行掺杂后，可显著提高聚乙炔的导电性，如用 I_2 掺杂后聚乙炔的电导率可提高 7 个数量级以上，达到 $10^2 \sim 10^3 \, S/cm$，使聚乙炔由半导体变为导体。几乎所有的电子导电高分子都是共轭高分子，其分子结构都是由 π-π 共轭结构或 π-π 共轭链段与能提供 p 轨道、可形成连续的轨道重叠的原子（如 N，S，O 等）相连的 p-π 共轭结构所组成。典型的导电高分子有以下几类：

聚乙炔　　聚苯　　聚亚苯亚乙烯　　聚苯胺

聚噻吩　　聚吡咯　　聚呋喃　　聚芴

有机化学的能带理论认为，有机共轭分子中其成键 π 轨道和反键 π 轨道分别形成全满的 π 能带和全空的 π* 能带。其最高被占能带称为价带，最低未占能带称为导带，价带和导带之间的能量差称为能隙。电子必须具有一定的能量才能占据某一能带，电子从价带跃迁到导带需额外的能量。通常的高分子由于具有全满的价带和全空的导带，并且其能隙宽，导电性差，是绝缘体；而共轭高分子的能隙窄，并且可形成沿高分子链的离域 π 键，载流子可通过该离域 π 键沿高分子链运动，但是由于其能带都是全满或全空的，本身并不含载流子，导电性并不好。要使共轭高分子具有导电性，必须通过某种外部手段在其共轭结构中引入载流子，这一引入载流子的过程称掺杂。

掺杂总体上可分为氧化还原掺杂和非氧化还原掺杂。

（1）氧化还原掺杂　氧化还原掺杂过程存在电子转移，又可分为两种基本形式，从共轭高分子的全满价带夺取电子称 p 型掺杂，注入电子给共轭高分子的全空导带称 n 型掺杂。失去或得到一个电子后，全满的价带或全空的导带转为部分填充，分别形成阳离子自由基和阴离子自由基，称为极化子。极化子的形成在导带和价带之间插入一新的能带——极化子能带，极化子再得到或失去一个电子，就形成双极化子，可进一步降低总能量。有些体系，

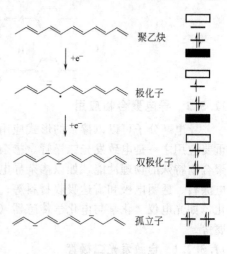

图 11-3　聚乙炔掺杂后极化子、双极化子和孤立子的形成示意图
□ 导带；■ 价带

双极化子可再离解成孤立子，能量进一步降低，孤立子能带处于能隙的 $1/2$。图 11-3 为反式聚乙炔经 n 型掺杂后形成极化子、双极化子和孤立子的示意图。

极化子、双极化子、孤立子的数目随掺杂程度的提高而增加。在高掺杂程度时，在掺杂反离子附近的定域极化子、双极化子或孤立子能带可能发生重叠，从而在导带和价带之间形

成新的能带，甚至产生与导带或价带重叠的新能带，电子可以通过这些能带进行流动，从而赋予共轭高分子导电性。

氧化还原掺杂可通过添加掺杂剂的化学掺杂法或通过电化学氧化还原的电化学方法来进行。典型的 p 型掺杂剂如 I_2、AsF_5 等，典型的 n 型掺杂剂如 Na、K 等。所有的化学掺杂法和电化学掺杂法都会引入掺杂剂反离子，起稳定聚合物主链上电荷的作用。

有些共轭高分子，如聚乙炔，当其暴露于能量高于其能隙的辐射时，电子可从价带跃迁到导带，形成部分填充能带，产生孤电子和空穴，在合适的实验条件下可形成正电性和负电性的孤立子：

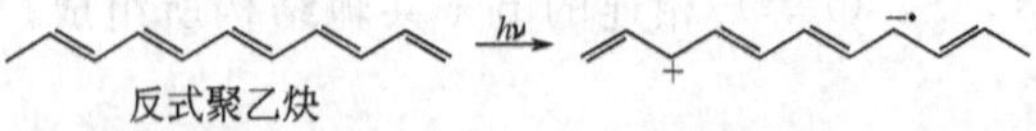

反式聚乙炔

当辐射终止后，由于电子和空穴的再结合，孤立子会很快消失。如果在辐射时，施加电压，就可使空穴和电子分离，从而发生光致导电。这种掺杂方式称为光掺杂，体系中没有掺杂剂反离子。

（2）非氧化还原掺杂　在共轭高分子主链上引入质子，虽然聚合物主链上的电子数目并没有改变，但质子携带的正电荷被转移和分散到聚合物主链上，导致聚合物主链上的电荷分布状态发生改变，从而发生能级重组，大大提高聚合物的导电性，这种掺杂方式称为质子酸掺杂。质子酸掺杂常应用于一些含杂原子的共轭体系，如聚苯胺、聚芳杂环亚乙烯等。以聚苯胺为例，其掺杂反应如下：

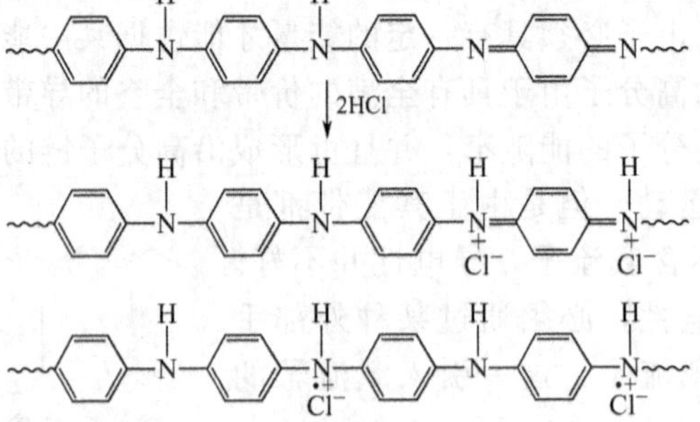

11.5.2　导电聚合物应用

导电高分子可以以掺杂的形式应用，也可以以不掺杂的形式应用。不掺杂导电高分子最重要应用之一是电致发光二极管。掺杂导电高分子的应用又可分为两类：一类是利用掺杂后聚合物特殊的物理性能，如以掺杂导电高分子作为有机导体制备导电薄膜、导电纤维、防静电涂料、透明电极和雷达吸收材料等；另一类应用是利用聚合物在掺杂过程中物理性质的变化，如光电仪、化学与电化学传感器（如电子鼻）、基于共轭高分子的气体分离器、金属防腐等。

11.5.2.1　电致发光二极管

共轭高分子可光致发光和电致发光。其光致发光机理如图 11-4 所示。电子吸收光能被激发，从最高被占分子轨道（HOMO）跃迁到最低未占分子轨道（LUMO），产生单重态激子，单重态激子辐射衰减发出荧光。

共轭高分子的电致发光机理与之类似。典型的电致发光二极管的构造如图 11-5 所示。在透明玻璃载板上通过真空镀膜镀上一层透明的铟-锡氧化物膜（ITO 膜）作为阴极，再在 ITO 膜上将发光聚合物溶液旋涂成膜作为发光层，在发光层上再通过真空镀膜镀上低功函金属层（如 Al、Mg、Ca 等）作为阳极。

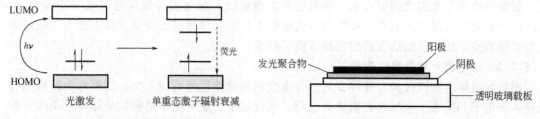

图 11-4　共轭高分子光致发光机理　　　　图 11-5　典型的电致发光二极管的构造

通电后，电子从阳极注入共轭高分子的 LUMO，形成带负电的极化子，同时空穴从高功函的阴极注入共轭高分子的 HOMO（即从 HOMO 夺去电子）形成带正电的极化子。两种极化子在电场作用下在聚合物层内发生迁移，并在共轭高分子的能隙结合形成激子，单重态激子辐射衰减发出电光（见图 11-6）。

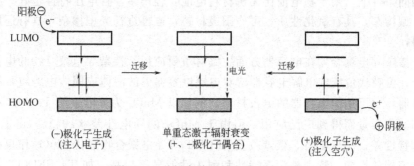

图 11-6　共轭高分子的电致发光机理

电致发光高分子材料与相应的无机材料相比，具有许多优势，如易制造加工（特别是大面积加工）、柔韧性好、工作电压低、耐形变稳定性高、发光颜色易调节、面发光视角广、主动发光响应快等。其发光颜色取决于共轭高分子的能隙。由于共轭高分子的 π-π^* 能隙在 $1\sim4\text{eV}$（$1240\sim310\text{nm}$）范围内，因此理论上聚合物 LED 所发的光可覆盖从紫外（UV）到近红外（NIR）的整个光谱，并且可通过分子设计控制能隙大小来获得不同颜色的光。能隙大小的控制主要通过设计不同的共轭长度及引入不同的取代基来实现，有效共轭越长，发光越红移；有效共轭越短，发光越蓝移。

高分子 LED 的发光效率主要取决于两方面：载流子的有效注入、电子和空穴的注入平衡。在 LED 器件中，由于共轭高分子与金属的能级不匹配，存在能级差，即共轭高分子与电极之间存在界面势垒（ΔE_e 和 ΔE_h）（见图 11-7），电子和空穴需要克服界面势垒才能分别注入发光层 LUMO 和 HOMO。

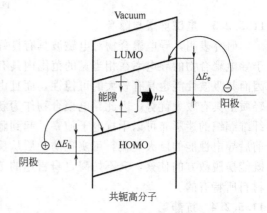

图 11-7　单层高分子 LED 的能级图

为了提高载流子的注入效率必须降低 LED 的界面势垒，因此对于阳极材料，功函越高越好，阴极材料功函越低越好。而为了实现电子和空穴的注入平衡，要求发光层与阳极、阴极之间的界面势垒相等，才能保证两种载流子的注入速率相等。若两种载流子注入数量不相等，不仅载流子再结合概率低，而且其再结合不是发生在发光中心区域，而是偏向电极。单纯靠选择电极材料很难实现载流子的平衡注入，为此可在电极与发光层之间引入载流子传输层，如在阳极和发光层之间引入电子亲和能和电离能较大的电子传输层提高电子注入能力，在阴极和发光层之间引入电子亲和能和电离能较小的空穴传输层提高空穴注入能力，通过电子传输层和空穴传输层的适当搭配实现载流子的平衡注入。

11.5.2.2　导电聚合物导电性应用

掺杂导电聚合物同时具有导体良好的导电性和聚合物优异的加工性，因而作为特殊的有机导体在电子和微电子领域具有重要的应用。现代电子工业对光学透明的导体需求很大，虽然掺杂导电聚合物通常只在做成非常薄的膜时才是透明的，但将掺杂的导电聚合物与通常的非导电聚合物共混，可在保证足够高的导电性（如数 S/cm）的同时，具有良好的光学透明性。

导电高分子由于具有可逆电化学氧化还原性能，因而适宜用作可反复充放电的二次电池的电极材料。以导电聚合物作电极材料的聚合物二次电池与以无机材料为电极的电池相比，在电容量相同条件下，聚合物电池比无机材料电池要轻得多，且电压特性也好。导电聚合物既可进行 p 型掺杂，具有氧化性质，可作阳极材料，也可进行 n 型掺杂，具有还原性质，可作阴极材料。

此外，掺杂导电聚合物在电容器方面也具有重要应用。掺杂导电聚合物的电导率可高约达 $10^2\,S/cm$，可替代传统的电解电容器或双电层电容器中的液体或固体电解质，制成相应的聚合物电容器。也可用作电容器的电极材料。例如以 MnO_2 为反电极的 Ta/MnO_2 固体电解质电容器因其高容量而得到广泛应用，但由于 MnO_2 的导电性差（$10^{-1}\,S/cm$ 数量级），电容器的频率特性差。用聚吡咯、聚苯胺及 PEDOT 等导电聚合物取代 MnO_2 作反电极，可明显地提高电容器的性能。特别是频率特性和耐久性能显著提高，如 $Ta/PEDOT$ 在高频区的性能比 Ta/MnO_2 显著提高，耐久性也相当好，在空气中于 125℃ 或在相对湿度 85% 下于 85℃ 工作 1000h，其功能无任何损伤。

PEDOT

11.5.2.3　电磁屏蔽与隐身

研究表明，导电聚合物对电磁波具有良好的吸收性能，可用于电磁屏蔽和"隐身"。由于导电聚合物的导电率在相当宽的范围内具有可调性，而不同电导率下其吸波性能又不同，因而其吸波性能也具有较大的可控性，而且由于导电聚合物的密度小，比起其他隐身材料在轻质上具有较大优势，因此导电聚合物作为新一代隐形吸波材料颇受关注。如用导电聚吡咯纤维编织的迷彩布可以干扰电子侦察，起到隐身的作用。特别是可以利用导电聚合物在掺杂前后导电性能的巨大变化，可实现防护层从反射电磁波到透过电磁波的转换，使被保护设备既能摆脱敌方的侦察，又不妨碍自身雷达的工作。这种可逆智能隐身功能是导电聚合物隐身材料所特有的。

11.5.2.4　抗静电

通常的合成高分子由于导电性差，容易产生电荷积累、放电及电磁干扰等不良后果，严重时可导致灾难性事故。为解决上述问题，开发抗静电技术显得特别重要。最常用的抗静电方法是添加抗静电剂，如导电炭黑、金属粉、表面活性剂和无机盐等，但存在用量大、制品颜色不佳、抗静电性能欠持久等缺陷，而且聚合物和无机抗静电剂相容性差，可导致聚合物性能的下降。使用掺杂导电聚合物可很好地解决上述问题。

以纤维和织物为例，为达到抗静电目的，可在纤维或织物的表面覆盖一层掺杂导电聚合物。最初的方法是将合适的单体吸附在纤维或织物的表面进行原位聚合，从而在纤维或织物表面覆上一层导电层，比较适宜的单体是吡咯和苯胺，两者在水溶液中均容易一步聚合得到掺杂导电聚合物，所得纤维或织物的表面电导率可很容易达到 0.2S/cm，虽然不是很高，但比消除电荷所需的电导率高得多。最简单的方法是将掺杂导电聚合物通过溶液法沉降在纤维或织物表面，但能够以掺杂形式进行溶液沉降的聚合物很少，目前报道的仅有聚苯胺。此外通过溶液成型或热成型工艺不仅可将掺杂导电聚合物沉降在绝缘纤维表面，还可以得到由导电聚合物和绝缘聚合物组成的复合导电纤维和纯的导电聚合物纤维。这些导电纤维可应用于多种抗静电场合，如输送带、地毯以及过滤筛选设备等。

11.5.2.5 电致变色性能及其应用

共轭高分子的掺杂态与非掺杂态的光吸收特性有明显区别，共轭高分子在电化学掺杂过程中的这种颜色变化称为"电致变色"，共轭高分子的这种电致变色性能是可逆的，可用于制造电致变色显示窗。简单的电致变色显示窗为"三明治"结构，由导电聚合物薄膜电极、合适的电解质和透明的反电极组成，在电极上施加电压，就会使导电聚合物发生电化学氧化还原掺杂，并因此改变显示窗颜色。由于导电聚合物的颜色与所加的电压有关，因此可通过电压控制电致变色显示窗的颜色。

由于共轭高分子的 π 电子能级与可见光谱重叠，并且其光吸收系数都比较大，因此大多数共轭高分子都具有电致变色性能，其中聚吡咯、聚噻吩和聚苯胺的显色性和稳定性都较好。中性聚吡咯在紫外和蓝色区域有较强吸收，呈现黄色，氧化后其在可见区的吸收大幅度增加，呈现出深棕色，在吡咯环上引入取代基，可改变其显示颜色。一些共轭高分子的电致变色性能见表 11-6。

表 11-6 一些共轭高分子的电致变色性能

共轭高分子	颜色变化 氧化态/还原态	电压变化范围 （甘汞参比电极）	共轭高分子	颜色变化 氧化态/还原态	电压变化范围 （甘汞参比电极）
聚吡咯	棕色/黄色	0~0.7V	聚(3,4-二甲基噻吩)	深蓝色/蓝色	+0.5~1.5V
聚(3-乙酰基吡咯)	黄棕色/棕黄色	0~1.1V	聚(3-苯基噻吩)	蓝绿色/黄色	0~1.5V
聚(3,4-二甲基吡咯)	红紫色/绿色	−0.5~0.5V	聚(3,4-二苯基噻吩)	蓝灰色/黄色	+1.5~1.5V
聚(N-甲基吡咯)	棕红色/橘黄色	0~0.8V	聚(2,2'-联噻吩)	蓝灰色/红色	0~1.3V
聚(3-甲基噻吩)	蓝色/红色	0~1.1V			

习 题

1. 合成多孔性交联高分子珠粒的致孔技术有哪些？各有什么特点？

2. 试述强酸型聚苯乙烯阳离子交换树脂的合成和交换反应原理。如何用离子交换树脂制备去离子水？

3. 与小分子试剂和催化剂相比，高分子试剂与高分子催化剂具有哪些优越性？可溶性高分子载体和不溶性高分子载体试剂或催化剂各有什么优缺点？

4. 简述高分子载体试剂反应中，溶液相反应、固相反应和液相反应的主要区别。

5. 高分子分离膜的分离机理有哪几种？各适于分离何种混合物？

6. 对于体内使用的医用高分子材料有哪些基本要求？

7. 高分子载体缓释药物是如何控制药物的释放速度？

参 考 文 献

[1] 卢江，梁晖. 高分子化学. 第 2 版. 北京：化学工业出版社，2010.

[2] 何天白，胡汉杰. 功能高分子与新技术. 北京：化学工业出版社，2001.

[3] Okay O. Macroporous copolymer networks. Prog. Polym. Sci., 2000, 25: 711-779.

[4] Gravert D J, Janda K D. Organic Synthesis on Soluble Polymer Supports: Liquid-Phase Methodologies. Chem.

Rev.，1997，97：489-509.

[5] Akelah A，Scherrington D C. Application of Functionalized Polymers in Organic Synthesis. Chem. Rev.，1981，81：557-587.

[6] Kirsching A，Monenschein H，Wittenberg. Functionalized polymers-emerging versatile tools for solution-phase chemistry and automated parallel synthesis. Angew. Chem. Int. Ed.，2001，40：650-679.

[7] Osburn P L，Bergbreiter D E. Molecular engingeering of organic reagents and catalysts using soluble polymers. Prog. Polym. Sci.，2001，26：2015-2081.

[8] Aoki T. Macromolecular design of permselective membranes. Prog. Polym. Sci.，1999，24：951-993.

[9] Puskas J E，Chen Y. Biomedical application of commercial polymers and novel polyisobutylene-based thermoplastic elastomers for soft tissuereplacement. Biomacromolecules，2004，5：1141-1154.

[10] Akcelrud L. Electroluminescent polymers. Prog. Polym. Sci.，2003，28：875-962.

[11] 赵文元，王亦军. 功能高分子材料化学. 第 2 版. 北京：化学工业出版社，2003.

第12章 聚合物添加剂及成型加工

聚合物的应用价值是通过将其成型加工为各种聚合物制品得以体现的。聚合物在进行成型加工时，一般很少用纯的聚合物作为成型加工原料，而需要加入各种聚合物添加剂以改善其成型加工性能、提高聚合物制品的使用性能或降低成本。事实上，许多商品化的聚合物在出厂时就已经添加了各种添加剂。同种聚合物通过改变所加添加剂的品种和数量便可得到适于不同用途的不同牌号的树脂。

聚合物添加剂的效率和性能取决于添加剂在聚合物中的分散程度和分布均匀程度。分散程度通常以分散在聚合物基体中的添加剂粒子之间的距离来衡量。距离越短，分散程度越高；同样质量或体积的添加剂在混合过程中分散粒子的体积越小，分散程度越高；在随机取样的单位体积聚合物中，添加剂含量一致性越高，添加剂分布的均匀程度越高。此外，有些聚合物添加剂还可能因迁移、萃取、渗出等发生流失。迁移是指添加剂从某一聚合物向与其接触的其他聚合物迁移，添加剂在聚合物中的扩散速率越大，迁移速率越大；萃取是指制品中的添加剂与液体介质接触时被液体介质洗出的现象，主要取决于添加剂在所接触液体中的溶解性；渗出是聚合物所加的添加剂的量超过了聚合物和添加剂可相容的最大值，导致添加剂从聚合物游离出来的现象，它与迁移不同，不需要与其他聚合物接触。

聚合物的成型加工包括成型和加工两部分，成型是通过一定的工序赋予聚合物一定的形状，加工则是对已成型的聚合物制品进行修饰和装配等。

聚合物根据其性质与用途的不同可分为塑料、橡胶和纤维三大类，三类聚合物的成型加工方法也各不相同。

12.1 聚合物添加剂

12.1.1 增塑剂

增塑剂指的是一些加入聚合物中可降低聚合物的玻璃化温度（T_g）、增加聚合物的塑性，并导致聚合物的某些力学性能发生改变的化合物。增塑的目的是为了改善聚合物材料的成型性，增加、改善、提高其制品性能，扩大其使用范围。其作用可归纳如下：

① 降低聚合物材料塑性变形的温度（玻璃化温度 T_g、熔点 T_m、软化点 T_s 和黏流温度 T_f）或给定温度下的有效黏度，提高其在成型温度下的塑性形变能力，从而改善其成型性能；

② 使聚合物在使用温度范围内由玻璃态转变为高弹态（降低 T_g），极大地提高其可逆形变能力。

③ 降低聚合物的松弛转变能力以减少形变时所产生的应力，从而达到防止脆性破坏的目的。

④ 提高玻璃态聚合物的断裂伸长率和冲击强度；降低弹性体的 T_g 以提高其耐寒性。

但增塑剂的加入可降低聚合物的拉伸强度、硬度、模量等。

增塑剂可分为内增塑剂和外增塑剂。内增塑剂通过共价键与聚合物分子链相连，是聚合物分子的组成部分，因而不会发生迁移和萃取；而外增塑剂与聚合物分子链之间没有共价键连接，通常是一些外加的液态或低熔点的固态小分子有机物或低聚物，有时一些与被增塑聚合物相容性好的低 T_g 聚合物也可用作增塑剂。外增塑剂可因挥发、迁移、萃取或渗出而损失。为防止迁移应选择与被增塑聚合物相互作用大的增塑剂。

增塑剂还可分为主增塑剂和助增塑剂。主增塑剂与被增塑聚合物相容性好，一般要求其与聚合物的混合比达到 1∶1 也不发生渗出，可单独使用也可用作复合增塑剂的主要成分；若增塑剂与被增塑聚合物的相容性比例在 1∶3 以下，则不能单独使用，只能以助增塑剂形式与主增塑剂混合以提高主增塑剂的某些性能和/或降低成本。

增塑的基本原理是，增塑剂分子与聚合物分子链之间可形成次价键，从而削弱了聚合物分子链间的相互作用，使之相互分离，增加高分子链段运动的活动空间，有利于聚合物分子的链段运动，提高了聚合物分子链的柔顺性，从而得到更软、更易变形的材料。此外增塑剂对分子链的稀释作用增加了体系的自由体积，有利于链段运动。

理想的增塑剂应该满足以下条件：

① 与被增塑聚合物的相容性好，不会因渗出而发生"喷霜"或"出汗"现象；

② 具有良好的热、光和化学稳定性，在高温、日照条件下，不会发生分解或性质改变；

③ 增塑效果持久、耐浸洗、耐迁移，不易挥发；

④ 物理性能良好，具有良好的低温柔韧性、电绝缘性、阻燃性、抗霉菌性，要求无色、无臭、透明、无毒、价格低廉等。

增塑剂的增塑效果可用增塑效率来表征。增塑效率是以使增塑聚合物达到某一物理性能指标所需加入的增塑剂的量来定义的。根据加入增塑剂的主要目的的不同，增塑效率可有不同的含义。如果增塑剂的主要目的是降低聚合物的二次转变温度，则可以每单位质量增塑剂所导致的聚合物 T_g 的下降程度来定义增塑效率。增塑聚合物的 T_g 取决于增塑剂的浓度以及各组分的 T_g，增塑聚合物的 T_g 可由以下经验式进行估算：

$$\ln\left(\frac{T_g}{T_{g,1}}\right) = \frac{W_2 \ln(T_{g,2}/T_{g,1})}{W_1(T_{g,2}/T_{g,1}) + W_2}$$

式中，W_1、W_2 为增塑剂和聚合物的质量，$T_{g,1}$、$T_{g,2}$ 为增塑剂和聚合物的玻璃化温度；T_g 为增塑聚合物的玻璃化温度。

全世界最广泛使用的增塑剂是邻苯二甲酸酯类，占全世界增塑剂用量的 92%，包括邻苯二甲酸二辛酯（DOP）、邻苯二甲酸二异辛酯（DIOP）、邻苯二甲酸二（2-乙基己酯）（DEHP）、邻苯二甲酸二异癸酯（DIDP）、邻苯二甲酸二异壬酯（DINP）等，其中 DEHP 又占邻苯二甲酸酯的约 51%。

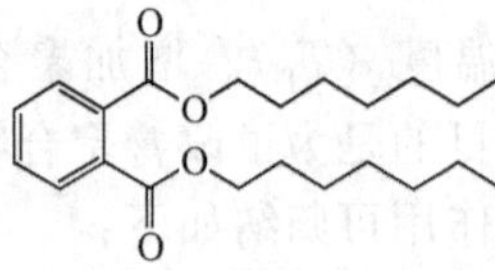

邻苯二甲酸二辛酯(DOP) 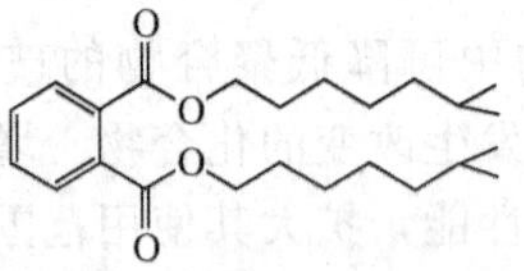　　　邻苯二甲酸二异辛酯(DIOP) 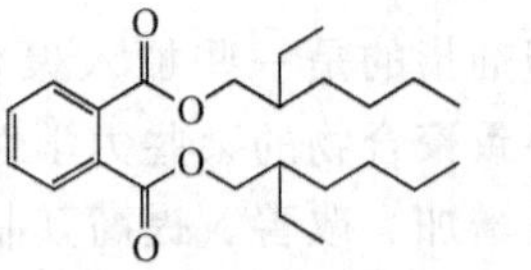　　　邻苯二甲酸二(2-乙基己酯)(DEHP)

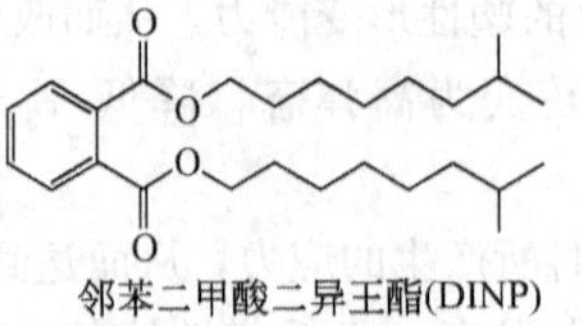

邻苯二甲酸二异壬酯(DINP) 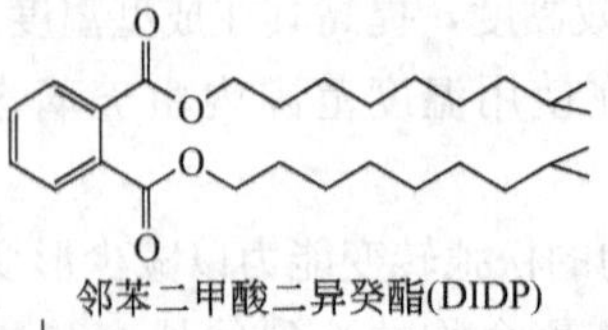　　　邻苯二甲酸二异癸酯(DIDP)

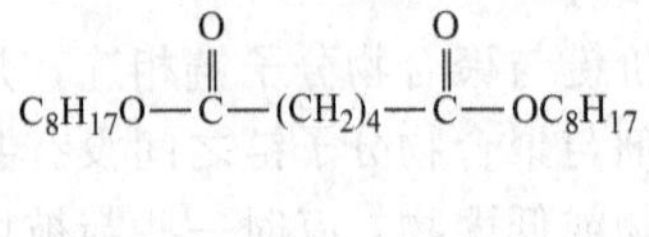

己二酸二辛酯(DOA) 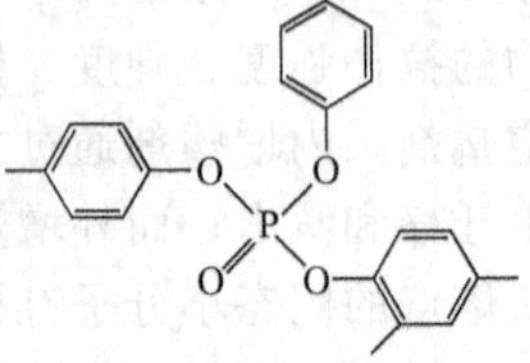　　　亚磷酸三(甲酚酯)(TCP) 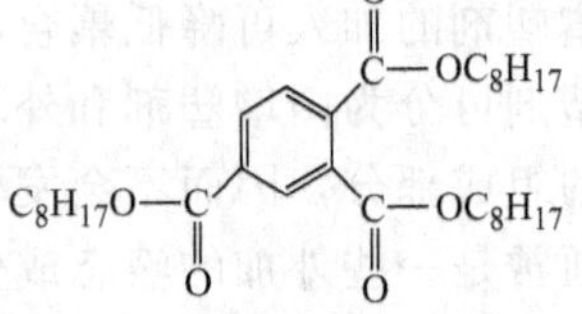　　　偏苯三酸三辛酯(TOTM)

通常，邻苯二甲酸酯具有增塑剂所需的大部分性能，包括：室温下与聚合物树脂的相互作用小，良好的熔化性能，满意的电绝缘性，可得到具有适当低温强度的高弹性材料，在环境条件下相对低挥发性和低成本。邻苯二甲酸酯广泛应用于热塑性纤维素酯模塑料、PVC和其他氯乙烯共聚物。

其他的增塑剂包括有脂肪族的二元酸酯，如癸二酸、壬二酸、己二酸的二辛酯等，这类增塑剂的低温工作性能良好，但与PVC的相容性差，常用作助增塑剂用以改善制品的耐寒性；磷酸酯，如磷酸三甲酚酯、磷酸二甲酚酯等，这类增塑剂的突出特点是具有阻燃性，常用于阻燃塑料；偏苯三酸三烷基酯类耐高温性能好，适用于制造耐高温电缆材料。

聚合物的增塑程度很大程度上取决于增塑剂的化学结构，包括化学组成、分子量和所含功能基。通常，含极性基团少、分子量低的增塑剂具有更好的柔性和增塑效果。对于邻苯二甲酸酯，其分子结构中可极化的苯核可与PVC等聚合物高度相容，使聚合物分子链非常柔顺。但相容性随烷基长度的增加而降低，短链邻苯二甲酸酯扩散更快，更易与聚合物混合，但缺点是更易挥发。增塑效果因支化而降低，而且支化点离极性基团越近，因支化而使主链越短，降低效应越强。

在低增塑剂浓度（如5％～10％）下，有时出现反增塑现象，增塑聚合物的模量和拉伸强度比未增塑聚合物高，而冲击强度和气体或液体的渗透性下降；当增塑剂浓度超过反增塑浓度范围时才会产生增塑效果，聚合物的模量和拉伸强度下降，而冲击强度和渗透性上升。

对于低分子量增塑剂，为了防止增塑剂从聚合物中被萃出或迁移，可对增塑聚合物进行以下处理：①表面交联处理，交联的表面起阻隔层作用；②表面改性，如采用离子辐射在PVC表面上接枝水溶性的 N-乙烯基吡咯烷酮，可大大降低PVC中的DEHP在正己烷中的萃出。

一些低 T_g 的聚合物也可用作增塑剂，如聚己内酯以及乙烯与乙酸乙烯酯、CO或SO_2的共聚物等。聚合物增塑剂比小分子增塑剂具有更好的持久性，但低温挠曲性较差，效率较低。聚合物增塑剂由于其低挥发性本性具有许多优点，作为传统增塑剂的替代品，正日益受到关注。而且聚合物增塑剂可通过设计合成，与基体聚合物树脂具有很好的相容性，与传统增塑剂相比，其萃出和挥发性问题也得到大大的改善。但是，聚合物增塑剂一般都相对较贵，增塑效率较低。

最常被增塑的聚合物包括聚氯乙烯（PVC）、聚丁酸乙烯酯（PVB）、聚乙酸乙烯酯（PVAc）、丙烯酸树脂、纤维素模塑料、聚酰胺等。其中以PVC为最，所消耗的增塑剂约占总量的80％。

12.1.2　填料与增强剂

填充剂是指在组成和结构上与聚合物基体不同的固体添加剂，通常为无机物，有机物不多见。根据填充剂对聚合物基体性能的影响可分为惰性填充剂和活性填充剂，但两者的作用不能截然分开。

惰性填充剂又称为填料，主要起增大体积，降低成本的作用，以及在低程度上提高加工性能或消散热固性树脂固化反应放出的热量，但与未填充聚合物相比，物理力学性能一般没有明显提高。填料通常是一些粉状、粒状或薄片状的无机物，常用的如木屑、碳酸钙、黏土、高岭土、滑石粉、玻璃珠、二氧化硅等。对填充剂的基本要求有如下几方面：①在树脂中分散性好，填充量较大，相对密度较低，价格低廉；②不损害成型加工性能；③耐水性、耐溶剂性、耐热性、耐化学腐蚀性等符合使用要求；④不与配方中其他添加剂发生有害的化学反应，也不影响它们的效能；⑤不会使制品出现析出白化现象。

活性填充剂又称为增强剂，用以提高聚合物的某些力学性能，如模量、拉伸强度、撕裂强度、耐磨性能和断裂强度、压缩强度和剪切强度，提高热变形温度，减小力学性能对温度的依赖性，减小收缩，改进蠕变行为，提高弯曲蠕变模量，冲击强度也有部分改进。如炭黑、石英等粒状填料被广泛用来提高商用弹性体的强度和耐磨性，纤维可以长纤、短纤和织布形式用来增强热塑性和热固性聚合物。对增强剂的基本要求除与填充剂基本相同外，还特别要求具有与树脂良好的黏附性，并有一定的长度。增强剂可分为无机物和有机物两大类。无机物主要有玻璃纤维、碳纤维、碳化硅纤维、碳化硼纤维等。有机物主要是一些天然或合成的纤维及其制品，如薄的木片、纸片、聚酰胺纤维、聚对苯二甲酸乙二酯纤维、芳香族聚酰胺纤维等。

使用填充剂和增强剂的一个重要的判断准则是成本，只有当与未增强的基体聚合物相比，力学性能有明显提高，成本有所下降，或者用其他方法不能达到指定的综合性能时，才能认为增强聚合物是合理的。有些填充剂除了提高力学性能外，还可起到轻质化、提高导电性等作用。表 12-1 所列为一些常用的填充剂及其用量与作用。

表 12-1　一些常用的填充剂（增强剂）及其用量、作用

填充剂（增强剂）	适用聚合物	用量（质量分数）/％	作用
无机填充剂			
白垩	PE、PVC、PPS、PB、UP	<33	降低成本、增加光泽
重晶石	PVC、PUR	<25	增加密度
滑石粉	热塑性、热固性聚合物	<50	白色颜料、提高冲击强度
云母	PUR、UP、PP	<25	硬度、刚性
高岭土	UP、乙烯基聚合物	<60	脱模
玻璃球	热塑性、热固性聚合物	<40	模量、收缩性
玻璃纤维	热塑性、热固性聚合物	<40	断裂强度和冲击强度
热解 SiO_2	热塑性、热固性聚合物、EL	<30	断裂强度、黏度
石英	PE、PMMA、EP	<45	热稳定性、断裂强度
砂	EP、UP、PF	<60	收缩性
Al、Zn、Cu、Ni	PA、POM、PP	<100	导热、导电性能
MgO	UP	<70	刚性、硬度
ZnO	PP、PUR、UP、EP	<70	UV 稳定剂、导热性
有机填充剂			
炭黑	PVC、HDPE、PUR、PI、EL	<60	UV 稳定性、颜料
石墨	EP、MF、PB、PI、PPS、UP、PTFE	<50	刚性、蠕变性能
木屑	PF、MF、UF、UP、PP	<50	收缩性、冲击强度
淀粉	PVAL、PE	<7	生物降解性

填充剂对树脂性能的影响主要由填充剂与树脂分子之间的相互作用所决定，大多数粉状填充剂会降低聚合物的某些力学性能，如拉伸强度、断裂伸长率、冲击强度等，为了提高填充剂的效能，可通过加入表面处理剂改善其表面性能，使惰性填料变为活性填充剂。常用的表面处理剂为偶联剂。常用的偶联剂具有两亲性结构，分子中的一部分（基团）可与无机物表面的基团起反应形成化学键连接，另一部分则具有能与聚合物基体反应形成化学键连接或具有良好的相容性，从而可把本来没有亲和力或亲和力很差的填充剂与聚合物基体良好地结合起来。常用的偶联剂主要有以下三类。

（1）有机硅　通式为 RSiX，其中 R 是与聚合物基体有亲和力或反应能力的活性基团，如氰基、氨基、巯基、乙烯基、甲基丙烯酰氧基等。X 为烷氧基或氯，水解成硅醇后可与填料表面的—OH 反应键合。该类偶联剂对不含游离水的填充剂效果欠佳。

（2）钛酸酯　通式为 $(RO)_m Ti(OXR'Y)_n$，其中 RO 能与无机填充剂表面的羟基、表面吸附水等反应；OX 可为烷氧基、羧基、磷氧基、焦磷酰氧基等；R′为长链，保证与聚合

物良好的相容性；Y 为钛酸酯可进行交联的功能基，可为不饱和双键、氨基、羟基等。

（3）有机铬　由不饱和有机酸与三价铬形成的有机铬络合物。通式为：

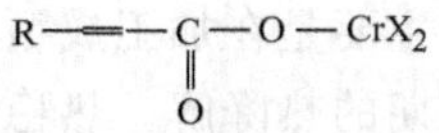

$$R\!=\!\!=\!\!C\!-\!O\!-\!CrX_2$$
$$\quad\quad\;\;\;\overset{\|}{O}$$

其中 X 为无机酸根离子，如 NO_3^-、Cl^- 等。其偶联原理是通过不饱和双键与聚合物反应（如交联）及配位铬与玻璃等表面的 $-OH$ 反应键合。

12.1.3　稳定剂

（1）抗氧剂　根据抗氧剂的作用机理可分为两大类，即自由基清除剂和过氧化氢分解剂。其作用机理参见 9.6.4 节。常见的抗氧剂及其适用聚合物见表 12-2。

表 12-2　常见抗氧剂及其适用范围

抗氧剂名称	结构式	适用聚合物				
		聚烯烃	聚氯乙烯	聚酯	聚苯乙烯	ABS
抗氧剂 246	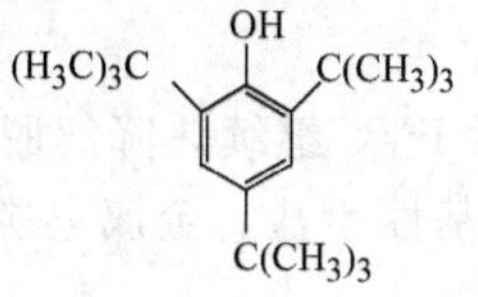 2,6-二叔丁基-4-叔丁基苯酚（见结构式）	○	○	○	○	○
抗氧剂 2246	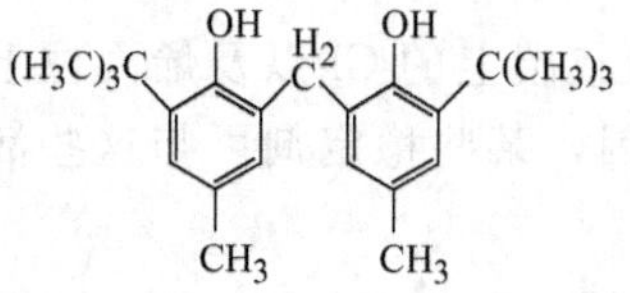 亚甲基双(2-叔丁基-4-甲基苯酚)（见结构式）	○	—	○	○	○
抗氧剂 1076	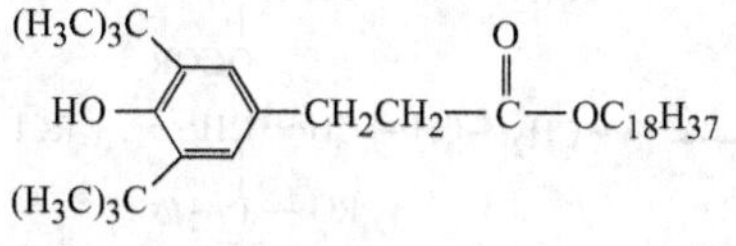 $HO\text{-}C_6H_2(C(CH_3)_3)_2\text{-}CH_2CH_2\text{-}CO\text{-}OC_{18}H_{37}$	○	○			○
抗氧剂 1010	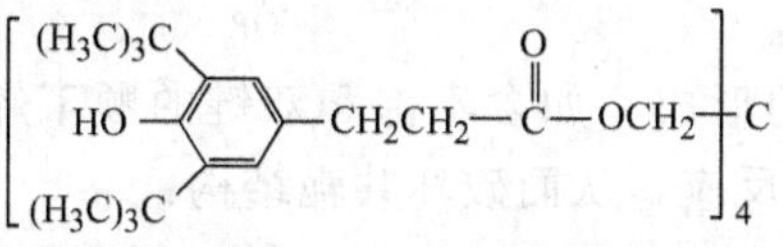 $[HO\text{-}C_6H_2(C(CH_3)_3)_2\text{-}CH_2CH_2\text{-}CO\text{-}OCH_2]_4C$	○	○			○
抗氧剂 DLTP	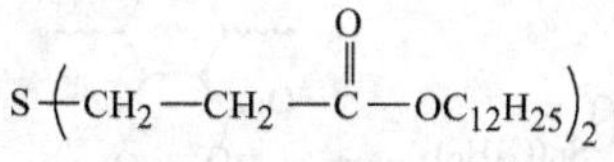 $S(CH_2\text{-}CH_2\text{-}CO\text{-}OC_{12}H_{25})_2$	○	○	—	—	○
抗氧剂 DSTP	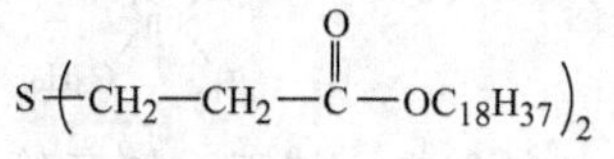 $S(CH_2\text{-}CH_2\text{-}CO\text{-}OC_{18}H_{37})_2$	○	○	—	—	○
亚磷酸酯	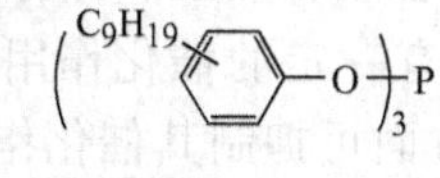 $(C_9H_{19}\text{-}C_6H_4\text{-}O)_3P$	○	○	—	—	○
抗氧剂 DNP	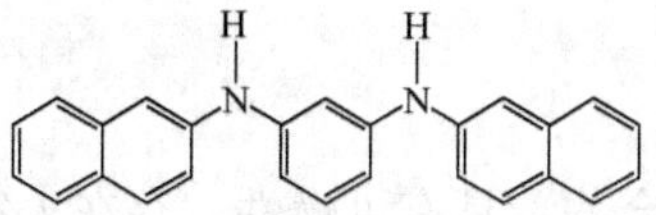 间苯二胺双萘基衍生物（见结构式）	○			○	
防老剂 H	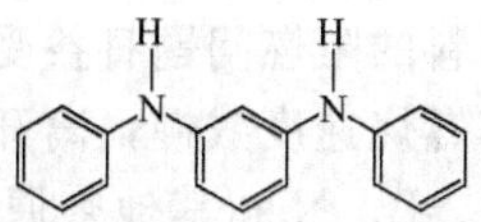 N,N'-二苯基间苯二胺（见结构式）	○				○

注：○适用；—不适用。

（2）光稳定剂　针对光降解反应机理，可采取不同光稳定剂，包括光屏蔽剂、紫外光吸收剂、猝灭剂、过氧化氢分解剂和抗氧剂。光稳定剂的机理和种类见 9.6.4 节。

（3）热稳定剂　热稳定剂的作用主要是在加工成型过程中防止聚合物的热降解，也可在聚合物制品的终端使用过程中抑制长期的热降解。热稳定剂最多应用于 PVC，由于 PVC 必须加热到 160℃才能塑化，但其在 120～130℃时便开始发生降解，因此 PVC 的成型加工必须添加热稳定剂。目前广泛使用的 PVC 热稳定剂主要有以下几种：

① 含 PbO 组成的盐基性铅盐，包括无机酸和有机酸的铅盐，如硫酸铅、邻苯二甲酸铅等；

② 金属皂类，多为脂肪酸的二价金属盐，如硬脂酸钡、硬脂酸锌等；

③ 有机锡化合物，一般为带两个烷基的有机酸、硫醇的锡盐，如二丁基月桂酸锡；

④ 辅助热稳定剂，包括环氧化合物、亚磷酸酯、多元醇等，如亚磷酸三苯酯、季戊四醇等；

⑤ 复合热稳定剂，几种稳定剂的复合物。

PVC 热稳定剂作用原理如下。

① 捕捉 PVC 热降解分解生成的 HCl—HCl 对 PVC 继续热降解脱 HCl 有催化作用，加入捕捉 HCl 的热稳定剂可消除这种催化作用，盐基性铅盐、金属皂类、环氧化合物、亚磷酸酯、有机锡等都有这种捕捉能力。

② 置换不稳定的氯原子　PVC 分子结构中叔碳上的 Cl 以及烯丙位上的 Cl 都是活泼不稳定的，这些不稳定的 Cl 是 PVC 热降解的起因，某些稳定剂可与这些活泼 Cl 反应，将之置换成稳定结构，如：

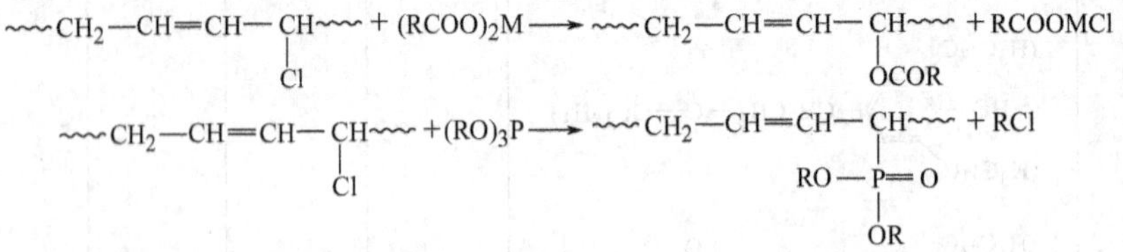

③ 与共轭双键反应，阻止大共轭体系的形成　如含不饱和双键的顺丁烯二酸锡和不饱和酸的金属皂类可与共轭双键发生双烯加成反应，从而破坏共轭结构：

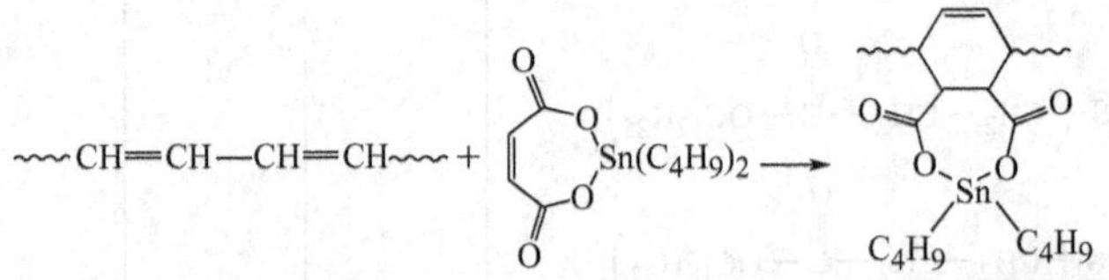

④ 钝化起催化降解作用的金属离子　PVC 中在合成、加工、储存等过程中引入的一些金属离子，如锌、铜、铁、镉等，对 PVC 的降解都有一定的催化作用，在聚合物中加入适量的螯合剂，可与这些重金属离子形成络合物，一方面可抑制其催化作用，另一方面可防止金属氯化物的析出。

12.1.4　阻燃剂

大多数的聚合物是由 C、H 组成的有机聚合物，具有可燃性，存在火灾隐患，随着聚合物材料在各个领域中的应用越来越广泛，聚合物材料的阻燃问题日益受到关注。

聚合物的阻燃性是指聚合物接触火源时能使其燃烧速度减慢，离开火源时能停止燃烧而自行熄灭的性能。除了少数分子结构中含有 P、Si、B、N 和其他杂原子的聚合物本身具有阻燃性外，其他聚合物都必须添加阻燃剂以赋予聚合物阻燃性。阻燃剂是指加入聚合物后能增加聚合物的阻燃性，以阻止或延缓其燃烧的物质。

聚合物的燃烧性可用氧指数（LOI）来表征，氧指数定义为刚好能使聚合物燃烧的氧气和氮气混合物中氧气的体积分数。LOI>27％的材料为自熄灭材料，LOI<22.5％通常称为阻燃材料。

要实现阻燃首先必须了解燃烧的机理。燃烧必须具有几个先决条件：可燃性物质、温度和氧气。通常固体材料并不会直接燃烧，而必须首先热分解释放出可燃性气体，只有当这些可燃性气体与空气中的氧气燃烧时才会出现火焰，如果固体材料不会分解产生气体，它们只会缓慢地无焰燃烧，并且常常会自熄。

阻燃剂可分为气相阻燃剂和固相阻燃剂。气相阻燃剂是通过气态形式实现阻燃功能，如水合物填料可释放出非燃性的气体或吸热分解降低燃烧区域的温度，含卤、磷、锑阻燃剂以气态形式通过自由基机理阻断放热过程，从而抑制燃烧等；固相阻燃剂是通过在材料表面形成固态阻隔层，阻止聚合物热分解的气化产物扩散进入火焰，并使聚合物表面与热和空气隔离，如一些含磷阻燃剂可在聚合物表面形成致密的炭化层；此外有些阻燃剂暴露在火或热下，可在聚合物表面膨胀形成多孔炭化泡沫层，起到隔离热、空气和热解产物的作用，称为膨胀阻燃剂，膨胀阻燃剂中通常含有致炭剂、炭化催化剂和发泡剂，有时为了结合不同机理，需要加入多种化合物协同作用，如蜜胺磷酸酯，在某种程度上，同时扮演着三种角色：发泡剂、催化剂和致炭剂。

根据阻燃剂引入聚合物方法的不同可分为添加型阻燃剂和反应型阻燃剂。广泛使用的添加型阻燃剂通常是通过物理方法加入聚合物中，因而对于商用聚合物而言是最经济、简易的阻燃方法，但是存在一系列问题，如与聚合物相容性差、易浸出，降低力学性能等；反应型阻燃剂是将阻燃结构通过共聚或改性引入聚合物分子链使其具有长久的阻燃性，研究表明，在聚合物分子链上哪怕引入质量分数很低的阻燃结构便可使聚合物的整体阻燃性能显著提高，并且聚合物原有的物理和力学性能也得以保持，但反应型阻燃剂在聚合物材料的制造、加工上不够普适，也不经济。

常见的阻燃剂及其阻燃机理如下：

（1）含卤阻燃剂　主要品种包括卤代烃、卤代芳烃及其衍生物，如氯化石蜡（含氯70％）、四溴乙烷、六溴苯、十溴苯醚、氯化聚乙烯等。所含卤素不同，阻燃效果不同，通常阻燃效果为溴＞氯＞碘＞氟。含卤阻燃剂高温分解生成卤自由基 X·，卤自由基再与聚合物反应生成 HX，HX 能与对聚合物燃烧起关键作用的高活性 HO· 和 O· 反应使之被低活性的 X· 取代，使燃烧反应终止：

$$O· + HBr \longrightarrow HO· + Br·$$
$$HO· + HBr \longrightarrow H_2O + Br·$$

虽然含卤（溴或氯）阻燃剂是最广泛应用的阻燃剂，特别是应用于有机基体复合材料以及电子设备，但具有非常明显的缺点，不仅对金属组件具有潜在的腐蚀性，更严重的是在燃烧过程中可产生有毒的卤化氢，在某些密闭空间，如飞机机舱或海船船舱等，这可能导致灾难性的后果。因此，对在热降解过程中不会产生有毒和腐蚀性气体的非卤阻燃剂的需求日益增长。

（2）含磷阻燃剂　含磷阻燃剂的阻燃效果通常比含卤阻燃剂好，含磷阻燃剂的范围很广，种类多，包括磷、氧化磷、磷酸盐、红磷、亚磷酸盐、磷酸酯等，重要的含磷阻燃剂有磷酸三苯酯、磷酸三甲苯酯、磷酸三丁酯等。含磷阻燃剂受热时分解生成多聚态磷酸，多聚态磷酸可使燃烧降解反应更有利于成炭而不是 CO 或 CO_2，从而在聚合物表面形成保护炭化层。所形成的炭化层将聚合物材料与空气隔绝，抑制继续燃烧。一些同时含磷和卤素的阻燃剂具有很好的协同作用，可增加阻燃效果，磷化物作为固相覆盖层，卤化氢则可消除氢氧自由基和氧自由基。

（3）无机阻燃剂　包括 Sb_2O_3、Sb_2O_5、氢氧化铝、氢氧化镁、硼酸盐等，其中氧化锑和硼酸盐一般需与卤代物一起协同作用才能起阻燃作用。一般认为其机理是：

$$Sb_2O_3 + 4HX \longrightarrow SbOX + SbX_3 + 2H_2O$$
$$\longmapsto SbX_3 + Sb_4O_5X_2$$
$$SbOX + H\cdot \longrightarrow SbO + HX$$

氧化锑与卤化物燃烧产生的 HX 反应生成沸点不高的挥发性 SbX_3 气体，由于其密度大，能较长时间地停留在燃烧区，起稀释可燃气体、隔绝空气的作用，同时又能截留燃烧生成的自由基，因而阻燃效果显著。

硼酸盐和硼酸在含卤聚合物、含卤添加剂/聚合物体系中具有明显的阻燃增效作用。含硼化合物使聚合物燃烧降解时更易发生成炭反应，而不是分解成 CO 或 CO_2。含硼化合物在减少或消除含卤阻燃体系的后续发展方面也有作用。含硼阻燃剂被认为是氧化锑等传统阻燃剂的廉价而低毒的替代品。

而氢氧化铝等含水金属盐在热分解脱水过程中吸收大量的热量，使燃烧区的温度降低，燃烧速度减慢，同时生成的水蒸气使可燃性气体稀释，也可使燃烧速度减慢。

（4）含硅阻燃剂　研究表明，在许多聚合物材料中添加少量的含硅化合物可显著地提高聚合物的阻燃性，其机理包括固相成炭机理，也包括气相活性自由基捕捉机理。含硅化合物被认为是"环境友好"的添加剂，与其他阻燃剂相比，可降低对环境的危害。由含硅材料如黏土、高岭土等组成的有机-无机纳米复合材料是阻燃材料的一个新概念。

此外一些有机金属和无机过渡金属化合物特已被广泛地用作阻燃添加剂。

12.1.5　着色剂

出于装饰、保护或警示的目的，许多聚合物制品需要着色。着色通常是通过在聚合物中添加着色剂来实现的。用于聚合物材料的着色剂应具备以下基本条件：与聚合物树脂的相容性好，能均匀地分散在树脂中；热稳定性好，在聚合物的加工成型过程中不会因受热而发生分解变色；具有良好的光、化学稳定性，能耐酸、耐溶剂；具有鲜明的色彩和高度的着色力；在加工机械表面不会有黏附现象。

着色剂包括染料和颜料两大类。染料为有机化合物，易溶于水或有机溶剂，容易被纤维吸附或与纤维表面发生化学反应而着色，纺织品几乎都是用染料着色；在塑料的着色过程中，染料以分子形式分散在聚合物基体中，染色能力强，所得产品的透明性好，但适用于塑料的染料品种较少。常用的染料有偶氮类、蒽醌类、氧杂蒽类、吖嗪类化合物等。

颜料是不溶于水或有机溶剂的固体有色物质，可分为无机颜料和有机颜料，由于不溶于聚合物，在聚合物基体中以聚集形式分散，主要用于塑料的着色，占塑料着色剂的 90% 以上。与大多数的染料不同，颜料并不需要与聚合物有特殊的亲和力，但必须能被聚合物熔体润湿。为此，通常需要对颜料进行表面处理以提高颜料表面与聚合物基体的相容性。由于颜料是以聚集形式分散在聚合物中，因此只有当颜料与聚合物的密度差别不大时，颜料才能稳定地分散在聚合物中。这里所讲的密度并不是颜料的真正密度，而是指有效密度，因为颜料聚集时常常会包裹一些空气。例如铬黄（$PbCrO_4$）的真正密度（$5.8g/cm^3$）比大多数聚合物（$0.9 \sim 2.1g/cm^3$）高得多，但其有效密度仅有 $0.23g/cm^3$。部分包裹的空气可通过抽真空除去，这样不仅可调节颜料的有效密度使其与聚合物的密度接近，而且还可防止颜料结块。颜料又可分为天然颜料和合成颜料。天然颜料又有矿物颜料和植物颜料之分。合成颜料包括无机颜料和有机颜料。无机颜料因为不透明、色暗、密度大、吸油量低和抗氧性差，其主体铬、铅、镉、锑、汞、砷、铜等元素有毒性，在民用方面受到严格的限制，而有机颜料具有密度小、吸油量大、色彩鲜艳、色相纯正、色谱齐全等优点，在塑料中广泛应用。最重要的无机颜料包括氧化铁、铬黄、二氧化钛等。塑料最常用的白色颜料是 TiO_2，橡胶最常用的黑色颜料是炭黑。

12.1.6　润滑剂

润滑剂的作用是在成型加工过程中通过降低聚合物熔体黏度或减少聚合物熔体与加工机械的金属表面之间的黏附作用来提高熔体的流动性。润滑剂是 PVC 塑料加工过程中必不可少的加工助剂，在聚烯烃、ABS、聚苯乙烯、乙酸纤维素、聚酰胺等热塑性塑料的加工成型中也有应用。

润滑剂可分为外润滑剂和内润滑剂。外润滑剂与聚合物相容性差，在加工过程中存在于聚合物熔体和加工机械金属表面之间，可降低聚合物熔体与金属表面的黏附作用，从而降低聚合物与加工机械表面的摩擦；内润滑剂与聚合物具有一定的相容性，其主要作用是削弱聚合物分子链间的相互作用从而减小聚合物熔体的内摩擦，降低聚合物的熔体黏度。将润滑剂分为内外润滑剂的依据是其与聚合物的相容性，这种区分是相对的，不少润滑剂兼有两种润滑作用。

润滑剂主要有以下几类：①饱和烃类，如液体石蜡、低分子量聚乙烯等；②脂肪酸类，包括 $C_{14} \sim C_{18}$ 的脂肪酸和羟基脂肪酸等；③脂肪酸酰胺类，如乙二醇二酰胺、二硬脂酸酰胺乙烯酯等；④酯类，包括脂肪酸低级醇酯、脂肪酸多元醇酯等；⑤醇类，包括 $C_{14} \sim C_{18}$ 高级脂肪醇，多元醇等；⑥金属皂类，如硬脂酸铅等除具有热稳定剂作用外，也具有润滑剂作用；⑦其他，如矿物油、硅油等。

12.1.7　抗静电剂

绝缘或未接地的固体表面可因摩擦而带上静电，固体带电荷的能力与介电常数和相对湿度成反比，与表面电阻率成正比。由于绝大多数聚合物都具有良好的电绝缘性和疏水性，容易产生电荷积累、放电及电磁干扰等不良后果，严重时甚至可能发生电晕放电或火花放电导致起火或爆炸。如运送煤炭的塑料传送带可因摩擦生电酿成火灾、爆炸事故；静电击穿可导致大规模集成电路完全报废等。为解决上述问题，开发抗静电技术显得特别重要。最常用的抗静电方法是添加抗静电剂，如导电炭黑、金属粉、表面活性剂和无机盐等。其中应用最广的是表面活性剂，又以离子型表面活性剂为主。

抗静电剂的基本作用是使塑料的不导电表面变成导电表面，加快电荷的泄漏，从而达到消除静电的作用。抗静电剂可分为内加型和外涂型两大类。内加型抗静电剂添加在聚合物中，以表面活性剂为例，当其与聚合物共混时，因疏水效应，表面活性剂分子扩散到聚合物制品的表层，其疏水基与聚合物表层结合，而亲水基则指向空气，使聚合物表面容易吸附空气中的水分，从而在聚合物表面形成导电层，对于离子型表面活性剂，其亲水基为离子，本身就具有导电性。外涂型是将抗静电剂以溶液的形式涂覆于聚合物制品的表面。所有表面活性剂和许多吸湿性的物质或多或少都具有抗静电作用，如磷酸酯、脂肪酸酯、多元醇衍生物、磺化石蜡、乙氧基化或丙氧基化脂肪烃和芳香烃，特别是季铵盐和胺类化合物。

上述的抗静电剂存在用量大、制品颜色不佳、抗静电性能欠持久等缺陷，而且聚合物和无机抗静电剂相容性差，可导致聚合物性能的下降，新近发展起来的掺杂导电聚合物抗静电剂则可较好地解决上述问题。

12.1.8　生物抑制剂

通常，聚烯烃和乙烯基聚合物等疏水性聚合物都具有很强的耐微生物性，但天然橡胶、纤维素及其衍生物、一些聚酯、增塑聚合物、水性涂料和油墨等具有一定亲水性的聚合物制品则对微生物较敏感，容易引起细菌、霉菌、酵母、藻类等微生物滋生，引起聚合物制品变质，产生色斑、气味，影响聚合物的电性能、渗透性和力学性能，还可能传播病菌。因此必须添加生物抑制剂。凡能保护材料免受微生物不利影响的产品称为生物抑制剂，有效的生物抑制剂应具备以下性能和条件，如广泛的抗微生物活性，对多数微生物具有杀灭或抑制其生长的作用，但对人体以及其他动物没有毒性，对材料的其他性能无不利影响，使用方便，耐久性好，与树脂相容性好，与其他添加剂彼此无化学反应，加工条件下不挥发或低挥发，贮存稳定，使用方便，长效。常用的生物抑制剂主要有有机锡化合物（如三丁基氧化锡及其衍生物），N-三卤甲基硫代邻苯二甲酰亚胺及其四氢化衍生物、$10,10'$-氧化双吩噁肼、二苯基锑-2-乙基己酸酯、双（8-羟基喹啉）铜等。

三丁基氧化锡　　　　　　　　N-三卤甲基硫代邻苯二甲酰亚胺

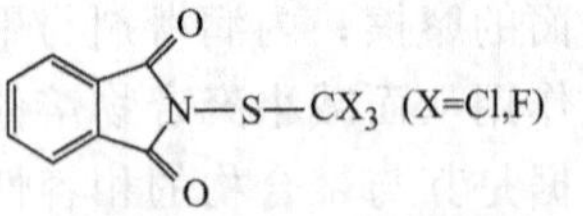

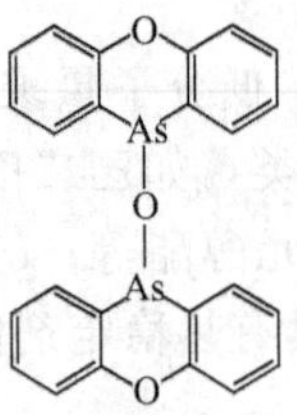

$10,10'$-氧化双吩噁肼　　　二苯基锑-2-乙基己酸酯 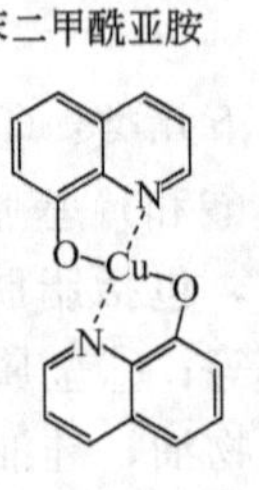　　双(8-羟基喹啉)铜

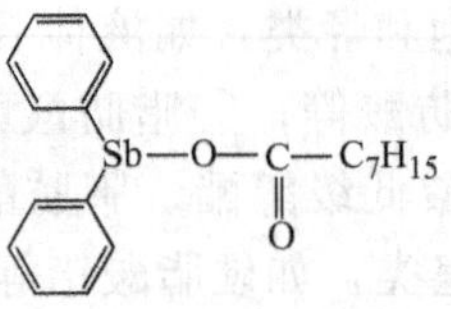

12.2　聚合物的加工性

12.2.1　聚合物的聚集态与加工性

聚合物的聚集态随着温度的升高可以表现为玻璃态、高弹态和黏流态，了解聚合物聚集态随温度转变的规律对合理选择成型方法和正确制定工艺条件是非常必要的。

当聚合物处于玻璃态时，链段运动被冻结，只有侧基、链节、键长、键角等的局部运动，因此聚合物在外力作用下的形变小，弹性模量高，属于普弹形变。处于玻璃态的聚合物只能进行一些车、铣、削、刨等机械加工。

当聚合物处于高弹态时，链段运动被解冻，并得以充分发展，这时即使在较小的外力作用下，也能迅速产生很大的形变，并且当外力除去后，形变又可逐渐恢复。由于高弹态的弹性模量比玻璃态的弹性模量小4～5个数量级，所以对某些高弹态的聚合物材料可进行加压、弯曲、中空或真空成型。由于高弹形变是可逆形变，所以在成型加工时为得到形状和尺寸都符合要求的制品，就需要将制品迅速冷却到 T_g 以下使制品定型。对结晶性聚合物，可在 T_g 至 T_m 的温度区间内进行薄膜吹塑和纤维拉伸。

当聚合物处于黏流态时，由于链段运动剧烈，导致聚合物分子链的质量中心整体发生相对位移，聚合物完全变为黏性流体即聚合物熔体，其形变是不可逆的。温度稍高于 T_f 的聚合物熔体常用来进行压延成型和某些挤出、吹塑成型。而温度较多地高于 T_f 的聚合物熔体常用来进行纺丝、注射、挤出、吹塑、贴合等成型加工。但温度过高时，聚合物熔体黏度过度降低，也可能给成型带来困难并导致产品质量变劣；当温度高到分解温度时，会引起聚合物的分解变质。

12.2.2 聚合物的可加工性

聚合物的可加工性主要表现在以下几方面。

(1) 聚合物的可挤压性　可挤压性是指聚合物可通过挤压作用产生形变，获得一定形状并保持这种形状的能力。衡量聚合物可挤压性的物理量是聚合物的熔体黏度。熔体黏度过高时，聚合物通过挤压形变而获得形状的能力较差，如固态聚合物并不能挤压成型；相反，熔体黏度过低时，虽然聚合物熔体具有良好的流动性，易获得一定形状，但保持形状的能力较差。聚合物熔体的流动性可用多种指标来表征，其中最常用的是熔融指数（MI）。通常不同的成型方法对聚合物熔融指数的要求也有所区别。表 12-3 列举了一些聚合物成型方法与聚合物熔融指数的关系。

表 12-3　聚合物成型方法与聚合物熔融指数（MI）的关系

加工方法	产品类型	聚合物的 MI	加工方法	产品类型	聚合物的 MI
挤出成型	管材	<0.1	注射成型	瓶（玻璃状）	1~2
	片材、瓶、薄壁管	0.1~0.5		胶片（流延膜）	9~15
	电线电缆	0.1~1		模压制件	1~2
	薄片、单丝	0.5~1		薄壁制件	3~6
			涂布	涂覆纸	9~15
	多股丝或纤维	约 1	真空成型	制件	0.2~0.5

(2) 聚合物的可模塑性　聚合物在温度和压力作用下发生形变并在模具型腔中模制成型的能力，称为可模塑性。注射、挤出、模压等成型方法都要求聚合物具有良好的可模塑性，即能充满模具型腔以获得所需的外形和尺寸精度，所得制品具有一定的密实度，能满足使用要求等。聚合物的可模塑性通常用如图 12-1 所示的阿基米德螺旋形槽的螺旋流动试验来判断，聚合物熔体由阿基米德螺旋形槽模具的中部注入，熔体在形槽内流动并逐渐冷却硬化为螺旋线。以聚合物熔体在给定温度和压力下所得的螺旋线的长度来衡量其流动性的优劣，螺旋线越长，可模塑性越高。

图 12-1　阿基米德螺旋形槽

(3) 聚合物的可纺性　聚合物的可纺性是指聚合物具有可加工成型为连续的固态纤维的能力。聚合物之所以具有可纺性，是因为其熔体黏度高（约 10^4 Pa·s）、表面张力较小（约 0.025N/m）。聚合物的可纺性主要取决于聚合物的流变性以及熔体黏度、拉伸比、喷丝孔尺寸和形状、挤出丝条与冷却介质之间的传质和传热速率、熔体的热化学稳定性等。当熔体以速度 v 从喷丝板的毛细孔流出后，可形成稳定的细流，细流的稳定性可用下式表示：

$$\frac{L_{\max}}{d} = 36 \frac{v\eta}{\gamma}$$

式中，$L_{\max}$ 为熔体细流的最大稳定长度；d 为喷丝板孔直径；η 为熔体黏度；γ 为表面张力。

$L_{\max}$ 越大，说明聚合物的可纺性越强。在纺丝过程中，由于拉伸定向以及冷却作用使熔体黏度增大，可提高熔体细流的稳定性。

在纤维工业中，还常用拉伸比的最大值（卷绕速度最大值与熔体从板孔中流出的速度之比）来表示聚合物的可纺性。实验表明，最大拉伸比随聚合物的数均分子量的增大而增大，当聚合物的分子量一定时，聚合物的分子量分布越窄，聚合物的可纺性越高。

（4）聚合物的可延性　非晶态或半结晶聚合物在受到压延或拉伸时变形的能力称为可延性。利用聚合物的可延性通过压延和拉伸工艺可生产片材、薄膜和纤维。

聚合物的可延性取决于聚合物产生塑性形变的能力和应变硬化作用。形变能力与固态聚合物的分子链结构、柔顺性及其所处的环境温度有关，而应变硬化作用则与聚合物的取向程度有关。

12.3　塑料的成型加工

按照加工条件下的流变性能不同，塑料可分为热塑性塑料和热固性塑料两大类，热塑性塑料是指在特定温度范围内具有可反复加热软化、冷却硬化特性的塑料；热固性塑料是指在特定温度下加热或加入固化剂发生交联反应后不溶也不熔的塑料。两类塑料适用的加工成型方法有所区别。热塑性塑料的成型方法主要有挤出成型、注射成型、压延成型和吹塑成型等；热固性塑料的成型方法主要有模压成型、传递模压成型、层压成型等。

12.3.1　塑料成型加工物料的配制

塑料成型加工时通常是将树脂和各种添加剂预先充分混合成成型加工物料。根据塑料成型加工方法的不同，其成型加工物料主要有粉状（或粒状）、糊状和溶液三种类型。

（1）粉状和粒状物料的配制　粉状和粒状物料是将聚合物和各种添加剂混合成粉状或粒状的成型原料。一般需经过初混合、塑炼和造粒等过程。

对于不加增塑剂的体系，初混合的工序一般先将树脂、稳定剂、色料、填料、润滑剂等依次加入混合设备中，混合一段时间后，将混合物加热到一定温度再进行热混合，以使润滑剂等熔化并与聚合物混合均匀，混合完成后冷却出料。对于需添加增塑剂的体系，初混合时先将树脂加入混合设备中加热混合，保持温度不超过 $100\,^{\circ}\mathrm{C}$，然后将预先混合并加热至预定温度的增塑剂混合物喷到翻动的树脂中，再加入由稳定剂和增塑剂调制的浆料，最后加入色料、填料及其他助剂，混合一定时间后冷却出料。初混合通常可在螺带式混合机、捏合机或高速混合机中进行。

经过初混合得到的粉状物料可直接用作成型加工原料，但有时根据需要还必须经过塑炼、造粒后才用作成型加工原料。塑炼的目的是为了借助加热和剪切力的作用使聚合物熔化、混合，同时除去其中的挥发物，使混合物各组分分散更均匀，并使混合物具有适当的柔软度和可塑性，塑炼后的物料更有利于得到性能均一的制品。塑炼所用的设备主要有开炼机、密炼机和挤出机等。塑炼后的物料一般需经过造粒和粉碎工艺以减小固体物料的尺寸，便于储存和输送，一般造粒颗粒较整齐且具有一定的形状，而粉碎所成的颗粒大小不等。

由于聚合物熔体黏度很大，必须借助螺杆或辊筒等专门混合设备经过一定时间的混合后，才能使各种添加剂高度均匀地分散到聚合物基体中。一般在混合之前还需要对混合料进行预处理和预混合。如对树脂进行过筛和吸磁等处理以除去杂质，对增塑剂进行预热以加快扩散速率，提高混合效率；对使用的稳定剂、填充剂以及色料等固体粒子，为了利于均匀分散，最好先制成浆料或母料。预混合的方法很多，需根据聚合物的物理状态、熔体特性、添加剂的物理形态及其添加量等因素进行适当的选择。

（2）塑料糊的配制　塑料糊是将塑料树脂和各种添加剂混合成糊状成型加工原料。塑料糊可用于制造人造革、地板、地毯衬里、壁纸、塑料、搪塑或滚塑制品、浸渍制品、金属涂覆材料等。

用于配制塑料糊的树脂要求其成糊性良好，粒度在 $0.02\sim2.0\mu m$ 范围内，颗粒太大时易下沉，不易得到均匀的制品，颗粒太小时易过度溶剂化导致糊的黏度偏高，不耐存放，适于制备塑料糊的树脂包括乳液聚合和悬浮聚合树脂。

配制塑料糊时，除通常的聚合物添加剂外，还需添加分散剂、稀释剂、胶凝剂和表面活性剂。所用的分散剂主要有增塑剂和挥发性溶剂，分散剂的黏度和溶解能力对所配制的塑料糊的性能有直接影响，分散剂的黏度高，所配制的糊黏度也高，分散剂的溶解能力大，糊黏度的增长快，不利于存放。常用的增塑剂类分散剂为邻苯二甲酸酯类，常用的溶剂类分散剂为酮类，如甲基异丁基酮、二异丁基酮等，适宜的溶剂沸点应为 $100\sim200℃$。稀释剂的作用是降低糊的黏度和削弱分散剂的溶剂化能力。稀释剂的沸点应低于分散剂，当进行热处理时，稀释剂首先挥发，从而能使分散剂充分地发挥其溶剂化能力以保证制品的质量。常用的稀释剂为烃类溶剂。胶凝剂的作用是使糊变成凝胶，以使成型物料不会因自身重力作用发生流动，但又易于成型，而且在成型过程中不会发生流泻、塌落，使制品形状得以保持。常用的胶凝剂包括金属皂类和有机膨润土，其用量一般为树脂的 $3\%\sim5\%$。表面活性剂的作用是降低或稳定糊的黏度。常用的表面活性剂为三乙醇胺、羟乙基化的脂肪酸类和各种烷基磷酸盐类等，其用量一般不超过树脂量的 4%。

以用 PVC 乳液树脂配制 PVC 糊为例，先将各种添加剂和少量增塑剂混合并研细，作为"小料"备用，然后将乳液树脂和剩余的增塑剂倒入钢桶内在室温下搅拌混合，同时缓慢加入"小料"，直至形成均匀的糊状物。配制的塑料糊在储存过程中由于溶剂化作用逐渐加深，会导致黏度上升，因此，储存时应控制温度不宜超过 30℃，且勿与光、铁、锌等接触。储存容器宜选用锡、玻璃或铝制品。

（3）聚合物溶液的配制　采用流延法生产薄膜、胶片及一些浇注制品时常以聚合物溶液为成型原料。聚合物溶液可以是由聚合物合成过程中直接得到，也可以将聚合物溶解配制而成。成型加工所用的聚合物溶液要求具有适宜的黏度以利于成型。残余溶剂对聚合物制品的性能有不良影响，因此溶剂在成型过程中必须尽量排除。所用溶剂除必须对聚合物具有较强的溶解能力外，一般还要求无色、无臭、无毒、成本低、易挥发等。

聚合物溶液的配制方法主要有两种，一种为慢加快搅法，即将溶剂加入溶解釜中并升温至一定温度，在快速搅拌下缓慢加入粉状或片状聚合物，加料速度应以不出现结块为宜；另一种方法是低温分散法，即先将溶剂加入溶解釜中，并降温至对聚合物不具溶解能力，然后将粉状或片状聚合物一次加入釜中，在不断搅拌下将混合物逐渐升温，恢复溶剂对聚合物的溶解能力，从而使已经分散良好的聚合物很快溶解。

12.3.2　挤出成型

挤出成型又简称挤塑，是借助螺杆的挤压作用使受热熔融的物料在压力推动下强制通过口模而成为具有恒定截面积的连续型材的成型方法。世界上超过 60% 的塑料制品是由挤出成型工艺加工的，包括管形材、薄膜、片材、挤出吹塑的雏形、绝缘电线等。

挤出设备有单螺杆挤出机和双螺杆挤出机，最常用的是单螺杆挤出机，如图 12-2 所示。

通常将挤出机的螺杆分为进料段（又称固体输送段）、压缩段（又称熔融段）和计量段（又称均化段）三段。进料段的作用是将料斗内的塑料不断地补充进料筒，并向前输送；压缩段的螺槽逐渐变浅，其作用是压实塑料，将夹带的空气排除，并使塑料逐渐熔化；计量段的作用是使熔体进一步塑化均匀并定量定压地由机头均匀挤出。机筒的大小定义为其内径，通常为 $2.5\sim15cm$，机筒的长径比 (L/D) 为 $5\sim34$，L/D 小于 20 的短机筒一般用于加工

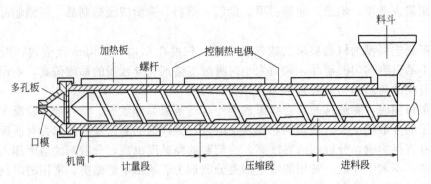

图 12-2　单螺杆挤出机结构示意图

弹性体，L/D 大于 20 的长机筒一般用于热塑性塑料的加工。塑料物料通常由料斗经由自身的重力作用加入机筒中，料斗与机筒连接的入口必须用循环水冷却，否则入口处的物料可因热熔融结团堵塞入料口。机筒的温度通过热电偶控制的电子加热器调节。

挤出成型过程一般包括以下三个阶段。

（1）熔融阶段　加工物料由料斗进入料筒以后，通过螺杆的旋转作用向前输送和压实，物料在进料段内呈固态向前输送，当物料进入压缩段后，由于螺槽逐渐变浅，以及滤网、分流板和机头的阻力而使之所受的压力逐渐升高，进一步被压实，同时在外部加热和内部摩擦热的作用下，逐渐熔化最后完全转变为熔体并形成高压力。塑料进入计量段后将进一步塑化和均化。

（2）成型阶段　螺杆将熔融物料定量、定压地挤入机头，并通过机头中的口模获得具有一定几何形状和大小截面的连续体。

（3）定型阶段　在外部冷却下，连续体被凝固定型，经切断等工序得到成型制品。

通过改变口模的结构与形状，挤出成型可用于生产管、棒、丝、板、薄膜、电线电缆等。图 12-3（a）和图 12-3（b）分别为管道挤出机和电线挤出机的机头和口模示意图。

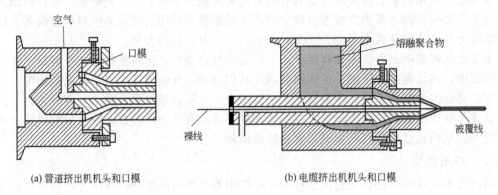

(a) 管道挤出机机头和口模　　　　　　(b) 电缆挤出机机头和口模

图 12-3　挤出机的机头、口模结构示意图

12.3.3　注射成型

注射成型又称注射模塑，简称注塑，是把物料在注射机加热料筒中加热熔融后，由螺杆或柱塞注射入闭合模具的模腔内形成制品的成型方法。其优点是能一次成型外形复杂、尺寸精确、可带有金属或非金属嵌件的塑料制品。除极少数几种热塑性塑料外，几乎所有的热塑性塑料及其共混改性塑料都可采用该方法成型。目前注射成型也已成功地应用于某些热固性塑料的成型。注射成型具有成型周期短，成型各种塑料的适应性强，生产效率高，易于实现

全自动化生产等一系列优点。

注射成型制品约占塑料制品总量的 $20\%\sim30\%$，80% 的工程塑料是经注射成型得到制品的，特别是一些塑料制工程结构材料以及各种工业配件、仪器仪表的零件、结构件和壳体等。

图 12-4 和图 12-5 分别为螺杆式注射机和柱塞式注射机的结构示意图。

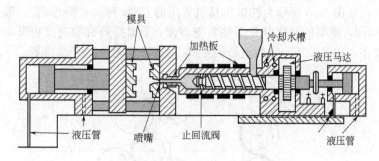

图 12-4　螺杆式注射机结构示意图

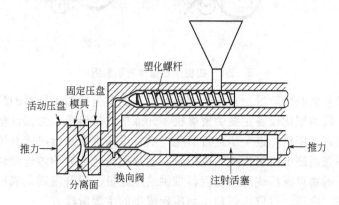

图 12-5　柱塞式注射机结构示意图

虽然各种注射机完成注射成型的工序不完全相同，但其成型的基本过程是相同的。其生产过程可简单地示意如下：

合模→注射→冷却→开模→顶出制品

以螺杆式注射机为例，将粒状或粉状物料从注射机的料斗送进加热的料筒内，在料筒外加热和螺杆剪切作用下，物料由固态逐渐转变为黏流态，并形成一定的压力，合模液压装置推动合模机构动作，移动模板使模具闭合，注射机的液压装置向螺杆施压，使其向前移动，并把聚合物熔体按要求的压力和速度经喷嘴注射入模具并充满型腔，熔体进入模具后开始冷却，螺杆停留（停止转动）在注射位置上保压一段时间，并向模腔内补充因冷却收缩所需的熔体。保压阶段一结束，螺杆又开始转动，不断将料斗中的物料送入料筒塑化成熔体，并送至料筒的顶端，同时反作用力逐渐将螺杆向后顶，直至螺杆前端的聚合物熔体达到定量时，螺杆停止转动。当冷却时间结束后，由开模装置将模具打开，并由顶出机构将制品顶出模具，进入下一个周期。

12.3.4　压延成型

压延成型是将加热塑化的热塑性塑料通过三个以上相向转动的辊筒间隙使其成为连续片状材料的一种成型方法。压延成型产品有片材、薄膜、人造革等。由于压延成型过程是开放式操作，辊筒温度的升高有限，因此适宜的塑料多为软化温度较低的热塑性非晶态聚合物以及 T_m

不高的聚烯烃等，如聚氯乙烯、ABS、聚乙烯醇、纤维素、改性聚苯乙烯、聚乙烯等。

压延机的辊筒数目及其排列方式多种。目前以三辊、四辊为主。四辊比三辊多一道辊隙，辊筒线速度更高，所得制品厚度更均匀、表面光洁度更高。而五辊以上的压延机，虽然压延效果更好，但设备庞大复杂，投资大，仅应用于一些特殊需要。辊筒的排列方式主要考虑避免邻近辊筒受力时横压力对压延制品厚度的影响，以及便于在辊筒上面留出较大空间安装自动供料装置和操作空间，如图 12-6 所示为四辊压延机常用的┐型排列和 Z 型排列。┐型排列与四辊排列成一行的I型相比，机器的高度降低了加料更方便；Z 型排列机器高度更低，而且各辊相互独立，相互干扰小，传动平稳，物料包辊长度短，受热时间更短，不易降解。

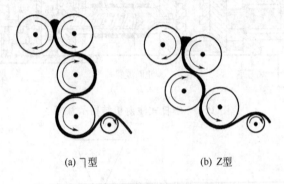

(a) ┐型　　　　　　　(b) Z型

图 12-6　四辊压延机排列示意图

压延成型一般包括两个阶段。首先是供料阶段，主要包括加工物料的配制、塑化和向压延机供料。供料阶段的塑化设备主要为密炼机、开炼机或挤出机，为保证塑化质量，一般在主干设备之后再辅以辊压机，进一步进行塑化；供料设备常用挤出机或开炼机，挤出机供料是将塑化好的物料先用挤出机挤出成条或带状，趁热用输送装置均匀连续地供给压延机，开炼机则是将塑化好的物料辊压成适当宽度料带供给压延机。后阶段则是成型阶段，主要包括压延、牵引、轧花、冷却、卷取、切割，是压延成型的主要阶段。

在压延软质塑料薄膜时，如果在熔体通过压延机的最后一对辊筒时，将布或纸等随同熔体一起压延，便可得到涂层布（人造革）或涂层纸（壁纸）。

12.3.5　吹塑成型

（1）吹塑薄膜　塑料薄膜在塑料制品中占有较大份额，按其生产方法可分为压延薄膜、流延薄膜、挤出薄膜等。挤出吹塑法的优点是设备较简单、造价低、生产得到的薄膜为圆筒形，用于包装时可省去焊接工序，可获得折径为 10m 的宽幅薄膜，并且无边角料、废料少等，主要缺点是薄膜厚度均匀性较差，而且由于受冷却速度限制，卷取速度一般不超过 10m/min。

挤出吹塑按吹气方向的不同又可分为上吹法、下吹法和平吹法。上吹法的工艺流程如图 12-7 所示，挤出熔融物料由直角机头的环形口模［见图 12-7（a）］向上挤出呈圆筒状的膜管，从机头下面进气口吹入一定量的压缩空气使之横向吹胀。同时借助牵引辊连续运转进行纵向拉伸，并经设置在膜管外的冷却风环吹出的冷却空气定型。由"人"字板压叠成双折叠薄膜。通过牵引辊以恒定的线速度进入卷取装置，牵引辊本身也是一对压辊，将通过"人"字板的双层薄膜完全压紧，使膜管内的空气不会泄漏，从而保持膜管内的压力恒定，保证薄膜的宽度恒定。上吹法由于整个膜管都挂在已冷却而坚韧的膜管上，所以牵引较稳定，能生产厚度范围大和宽幅薄膜，操作和维修方便。缺点是由于热空气向上流，来自机头的热空气流对膜管的冷却不利，不适用于熔融黏度较低的塑料。

下吹法也采用直角机头，但与上吹法相反，其挤出的膜管向下牵引，与来自机头的热气流方向相反，有利于冷却，但吹胀形成的管状薄膜悬挂在刚从机头挤出的尚未冷却的膜管上，如果成型的膜壁较厚或牵引速度较快时，有可能拉断膜管，特别是对于一些密度大的聚合物更是如此。此外下吹法的挤出机必须安装在较高的操作台上，操作和维修都比较不方便，适于下吹法的塑料有聚丙烯、聚酰胺、聚偏二氯乙烯等。平吹法则采用水平机头，机头出料与膜管的牵引方向相同，采用平吹法时由于膜管会因自身的重力作用而容易下垂，而且由于热气流向上，膜管的上半部分比下半部分冷却慢，因而易导致薄膜厚度不均匀。平吹法适于吹塑窄幅的薄膜。

（2）中空吹塑 塑料瓶、罐、桶等中空容器是通过把熔融状态的塑料管胚置于模具内，并利用压缩空气吹胀、冷却制得一定形状的中空制品而得。

根据成型前管胚制造及处理方法的不同，吹塑成型又可分为三种：挤出吹塑、注射吹塑、挤出拉伸吹塑（挤拉吹）。

挤出吹塑先由挤出机挤出管状型坯，由上而下进入开启的两瓣模具之间，当型坯达到预定长度后，闭合模具，切断型坯，封闭型坯的上端和底部，同时向管坯中心通入压缩空气，吹胀型坯使其紧贴模腔壁，经冷却后开模脱出制品，其工艺流程如图 12-8 所示：

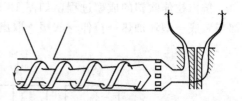

(a) 挤出机直角机头示意图

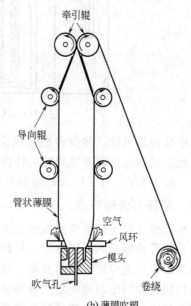

(b) 薄膜吹塑

图 12-7 薄膜吹塑成型（上吹法）示意图

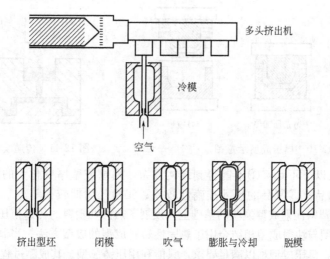

图 12-8 挤出中空吹塑成型示意图

注射吹塑则通过注射机向模具内注射形成有底的型坯，然后开模将型坯移至吹塑模具内吹胀成型，冷却后脱模得到制品。

挤出拉伸吹塑的成型过程，如图 12-9 所示，可分为几个步骤：管挤出→切断→口部修饰与装底→型坯加热→拉伸→吹塑→取出制品。

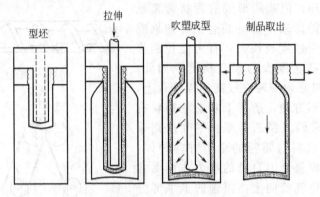

图 12-9 挤出拉伸吹塑加工成型示意图

其中拉伸是通过拉伸棒将型坯纵向拉长，然后吹入压缩空气吹胀型坯，起横向拉伸作用，因此所得制品具有双轴拉伸的特性，制品的透明度、冲击强度、表面硬度和刚性都有很大提高，适于 PVC、PET、PP 等塑料瓶的生产。

12.3.6 模压与传递模压

模压成型又称压缩模塑或压缩成型，是塑料成型物料在闭合的模腔内借助加热、加压，使其固化而形成制品的成型方法，是热固性塑料成型的重要方法之一。

模压成型工艺包括成型前准备、模压和后处理等步骤。成型前准备主要为预压和预热。预压是把塑料原料压制成一定质量和形状的锭料或片料，以减少成型时的体积、提高传热速度、缩短模压时间；预热的目的是除去水分并赋予原料一定的温度，缩短模压周期。

模压成型的工艺过程，如图 12-10 所示，大致分为装料、加压加热（闭模）和脱模三步。加压加热时，为将加工物料中夹带的空气或由交联固化反应生成的挥发性物质排出，一般需将模具松动 1～2 次，每次时间由几秒到十几秒。

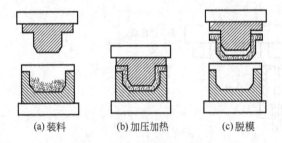

图 12-10 模压成型示意图

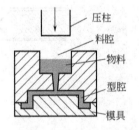

图 12-11 传递模压示意图

模压成型存在以下不足：①不能得到结构复杂、薄壁或壁厚变化大的制品；②不宜制造带有精细嵌件的制品；③制品的尺寸准确性较差；④模压周期较长等。

在吸收热塑性塑料注射成型经验的基础上，发展了热固性塑料的传递模压。传递模压又称压铸成型，是模压成型与注射成型相结合用于热固性塑料成型的成型方法。当制品尺寸要求精度较高或带大型嵌件时，模压成型难以满足要求，只能利用压铸成型。其成型过程如图 12-11 所示。

压铸成型时物料在料腔内受热熔融，再在压柱作用下通过料腔底部的注口和模具的流道、浇口进入模具的型腔内，在型腔内完成固化反应定型。该方法具有生产周期短、可成型复杂结构制品、模具损伤小、使用寿命长等优点；其缺点是物料消耗较多、模具结构复杂、成型压力较高、成本较高。

可采用传递模压成型的塑料有酚醛树脂、氨基树脂、不饱和聚酯等热固性塑料和硬质PVC、聚三氟乙烯、聚四氟乙烯等热塑性塑料。主要用于生产电器仪表外壳、电闸板、开关、插座、汽车方向盘、齿轮、仿瓷餐具等。

12.3.7　层压成型

层压成型是指将纸张、棉布、玻璃布、石棉纸等片状底材经浸渍、喷射、涂拭等方法涂覆树脂后，再经多层叠合送入热压机内，在一定温度和压力下压制成坚实的板、管、棒等形状的制品。层压成型是制备增强塑料制品的重要成型方法之一，所得制品质量稳定，性能优良；其缺点是间歇式生产。

其成型过程可简述如下。

（1）浸渍　如图 12-12 所示，由卷绕辊送出的片状基材经导向辊和涂胶辊在装有树脂溶胶的浸渍槽内进行浸渍，再经挤液辊挤掉多余的胶，进入烘炉内干燥成为附胶片材。浸渍时，基材必须被树脂充分浸透，达到规定的含胶量，并且保证其含胶量均匀，无杂质，避免卷入空气。

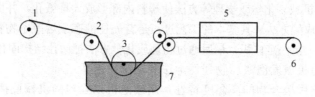

图 12-12　浸渍工艺示意图

1—卷绕辊；2—导向辊；3—涂胶辊；4—挤液辊；5—烘炉；6—卷曲辊；7—浸渍槽

（2）叠料　将烘干并经剪裁后的附胶片材按预定的排列方向进行层叠成预定厚度的板坯，制品板材的最终厚度取决于叠合的附胶片材数目和质量。层叠时，片材若按其同一纤维方向排列，则所得板材的强度各向异性，若相互垂直排列，则所得板材的强度各向同性。层叠所得的板坯再按以下顺序组合成一个压制单元：金属板→衬纸（50～100 张）→单面钢板→板坯→双面钢板→板坯→单面钢板→衬纸→金属板。

（3）热压　把叠好的压制单元放入多层热压机的热板中进行热压，一次可压制多个单元。为防止树脂流失，热压分几个阶段逐级升温升压，首先预热至固化反应开始温度，压力约为全压的 1/3～1/2，在此条件下保温保压一段时间直至树脂不能被拉伸成丝，然后再逐步升温至压制所需的最高温度，在规定的最高温度和压力下保持一段时间使树脂充分固化，并在加压下冷却，脱模。

脱模后的板材经切割修边后，需在一定的温度下进行热处理，以使树脂充分硬化，使制品的力学性能、耐热性和电性能等达到最佳值。

层压成型适用于热固性树脂的成型，所用的热固性树脂多为酚醛树脂、环氧树脂、氨基树脂等。也可用于热塑性树脂的成型，如压制 PVC 层压板材等。

12.3.8　浇注成型

浇注又称注塑，是将液状的浇注物料（通常是单体、预聚物或聚合物与单体的溶液、聚合物糊等）注入模具，加热使其塑化或经聚合反应而固化，从而得到形状与模具型腔相似的制品。浇注成型方法很多，包括静态浇注成型法、嵌注、流延、搪塑等。目前使用最多的是静态浇注法。

静态浇注成型是将浇注物料直接浇注于静置的模具内，再进行聚合反应固化，适用于聚酰胺、环氧树脂和聚甲基丙烯酸酯等塑料。嵌注成型的工艺特点与静态浇注相似，只是在制品中带有嵌件，是一种用聚合物树脂将某些工业零件、元件或标本包封起来的成型方法，起到绝缘、密封、防腐等作用，由于嵌注所得制品的外形通常较简单，且一般脱模后还需经抛光、机械加工等后加工，因此对模具的要求比较低。流延注塑是将热塑性或热固性树脂配成一定黏度的溶液，以一定的速度流布于连续回转的不锈钢带上，通过加热固化，再从钢带上剥离而得薄膜或片材的成型方法，适于熔体流动性差或熔融时易分解的树脂的成型，如乙酸纤维素、聚乙烯醇、氯乙烯-乙酸乙烯酯共聚物等。搪塑是将塑料糊倒入预热至一定温度的阴模中，浸满整个模腔，与模壁接触的塑料糊因热产生胶凝黏附在模壁上，然后将多余的未胶凝的塑料糊倒出，再加热模具进一步胶凝，进而冷却脱模得到空腔制品的方法，常用于制造塑料娃娃等空心软塑料制品。

　　浇注成型具有以下优点：①施用压力低，对模具和设备的强度要求低，投资小；②对产品尺寸限制小，适宜生产大型制品；③低压下成型，产品内应力小等；缺点是成型周期长，制品尺寸准确性较差。

12.3.9　发泡成型

　　发泡成型是通过机械、化学或物理等方法使塑料内部形成大量微孔，并固化形成具有固定微孔结构的泡沫塑料的成型方法。其基本的工艺过程是首先往液态或熔融态物料中引入气体，产生微孔，然后使微孔增大至一定体积，最后通过物理或化学方法把微孔结构固化得制品。

　　发泡方法可分为机械发泡法、物理发泡法和化学发泡法三种。

　　机械发泡法是利用聚合物的高黏度特性，用鼓泡机以强烈的机械搅拌将空气卷入树脂的乳液、悬浮液或溶液中使其成为均匀的泡沫物。然后通过物理或化学的方法使之固化。

　　物理发泡法主要有两种：一是在加压下将惰性气体溶解于熔融状树脂或糊状物料中，然后通过减压及加热使被溶解的气体膨胀逸出发泡，如 CO_2 用作 PVC 的发泡剂；另一种是先将挥发性的低沸点溶剂均匀地混合于树脂中，然后加热使之在树脂中汽化发泡，如正戊烷用作聚苯乙烯的发泡剂。

　　化学发泡是混合物料中的某些组分通过化学反应产生气体进行发泡。这些产生气体的组分可以是特意添加的发泡剂，如 $NaHCO_3$、$(NH_4)_2CO_3$、偶氮化合物、亚硝基化合物和磺酰肼等；也可以是树脂制备或固化过程中的小分子副产物，如聚氨酯在固化过程中生成的 CO_2。

　　以可发性聚苯乙烯的模压发泡为例，该方法采用低沸点溶剂物理发泡法，常用的低沸点溶剂包括石油醚、丁烷、正戊烷、异戊烷等。其成型工艺包括以下几个过程。

　　(1) 可发性聚苯乙烯珠的制备　　常用的方法是将悬浮聚合所得的聚苯乙烯珠和低沸点溶剂加入反应釜中加热搅拌，使溶剂汽化，导致釜内压力增大。控制压力不超过 1MPa，在 80～90℃下恒温 4～12h，使发泡剂渗透到聚苯乙烯珠内，然后降温至 40℃以下出料。

　　(2) 预发泡　　将可发性聚苯乙烯珠加热膨胀得到珠状的泡沫颗粒。

　　(3) 熟化　　将预发泡后的泡沫颗粒储存一段时间，使之吸收空气的过程为熟化；

　　(4) 成型　　将熟化后的颗粒填满模具的型腔，然后向型腔内通入热气流使颗粒受热软化膨胀充满整个型腔，并黏结成一个整体，经冷却定型后从模具中取出，即得泡沫塑料制品。

　　泡沫塑料由于有无数小孔，因此不易传热、能吸声、绝缘、防震等，泡沫塑料可用作隔热材料、隔声材料、运动材料、过滤材料、室内装饰材料、浮漂物、绝缘材料等。

12.3.10　涂覆成型

　　把塑料涂布在制品上的加工方法称为涂覆成型，得到塑料涂层制品。塑料涂层制品是一类仿皮革制品，如把聚氯乙烯树脂、增塑剂、稳定剂和其他助剂组成的混合物涂布在布基上成为涂层布（即人造革），若把聚氯乙烯树脂、增塑剂、稳定剂和其他助剂组成的混合物涂布在纸基上成为涂层纸（即壁纸）。根据涂覆方式不同，又可分为直接涂覆法和间接涂覆法。

直接涂覆法是将聚合物溶胶（或糊）直接涂覆在布基上，包括辊涂法、刀涂法和帘式淋涂法，其工艺流程示意见图 12-13。辊涂法由部分浸在聚合物溶液（或糊）中的辊将聚合物直接或通过第二个辊转移到移动的布基上，聚合物涂层的厚度取决于聚合物溶液的性能（如黏度等）以及布基穿过的两辊之间的距离。刀涂法是通过柔性的刮刀将聚合物溶胶（或糊）定量地涂覆在移动的布基上，也可以与辊涂法相结合。帘式淋涂法则是通过将聚合物溶胶等通过口模直接挤出到移动的布基上，涂层的厚度取决于布基的移动速度和溶胶的挤出速度。

间接涂覆法是把聚合物溶胶等用刮刀或辊涂法涂覆在循环运转的载体上，经过预热使聚合物在半凝胶状态下与布基贴合。间接涂覆法适于伸缩性大或抗张强度弱的布基，而且其产品表面光洁度高，不受布基的影响。

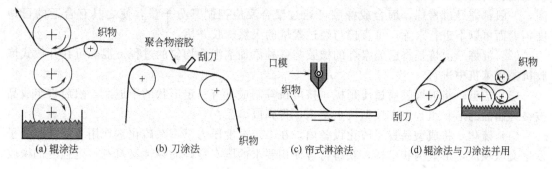

图 12-13　涂覆成型示意图

12.3.11　热成型

热成型是将塑料片材或板材加热至软化，再在外力作用下使之紧贴在模具的型面上，然后冷却脱模，得到形状与模具型面相同的制品。热成型属于二次加工，其成型原料为一次加工所得的片材或板材，可由压延、注塑和挤出成型制造。根据成型外力的作用方式不同，可分为真空成型、压力成型和对模成型。适于热成型的塑料要求在加工条件下具有较好的延展性，主要是一些热塑性塑料，如 ABS、PS、PMMA、PVC、HDPE、PP、PA、PC 等。

热成型的模具有三种基本类型：阴模、阳模和对模。阴模的型面是凹槽状的，通过将受热软化的塑料片材压入膜腔，使之紧贴型面，经冷却成型。其外力可以是真空、压力或两者结合。阳模法又称包模法，其模具的型面是凸起的，成型时，将加热软化的塑料片材经过预拉伸，在外力作用下使之紧贴在阳模型面上，经冷却得到制品。阳模模具更容易制造，应用更多。对模则是将模具制成一对相互契合的阴、阳模，阳模和阴模之间的模隙即为型腔，可根据特定产品预先设计，成型时用阳模将受热软化的塑料片材压入阴模内。其中借助真空使软化塑料片紧贴在模具上的真空成型法是最常见的热成型方法之一，根据模具的区别又可分为阳模成型法和阴模成型法，其工艺过程如图 12-14 所示。

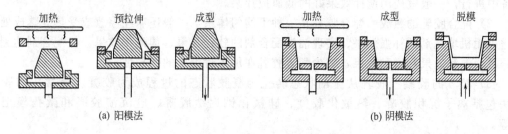

图 12-14　热成型示意图

12.4　橡胶成型加工

橡胶的加工成型根据其加工原料的形态可分为干胶加工和胶乳加工两大类。

12.4.1　干胶成型加工

干胶制品的成型原料为固态的弹性体，其成型过程包括素炼、混炼、成型、硫化四个基本阶段。

（1）素炼　素炼是指在不添加任何添加剂的情况下，仅将纯胶（生胶）在炼胶机上辊炼，生胶在机械、热和化学等作用下发生降解，导致分子量降低，可塑性提高。素炼的目的就是使胶料达到适当的可塑度，使之更易与各种添加剂混合均匀。天然橡胶由于其分子量高，一般都需经过素炼，而合成橡胶可通过聚合反应控制其分子量，使之具有合适的可塑度，因而可以不进行素炼，可直接与经过素炼的天然橡胶并用。

（2）混炼　混炼是将已经素炼的橡胶与各种添加剂混合均匀的过程。混炼可在开放式炼胶机或密炼机中进行。

（3）成型　将混炼胶通过压延机、挤出机等制成具有一定形状的半成品，然后将半成品按最终制品的形状组合或在成型机上定型，得到成型品。

（4）硫化　将成型品置于硫化设备内，在一定温度压力下，在硫化剂作用下使橡胶分子发生交联反应，形成网状结构，获得符合使用要求的既有良好的弹性又具有一定强度的橡胶制品。

12.4.2　胶乳成型加工

胶乳成型加工就是使流动状态的胶乳经过胶凝、成膜等转化为固态制品的过程，包括胶乳的配合、熟成、硫化以及胶凝、成膜、脱水、沥滤、干燥、后硫化等工序。

（1）胶乳的配合　胶乳的配合是指胶乳与各种配合剂的混合。胶乳配合剂除硫化剂、硫化促进剂、防老剂、阻燃剂、防霉剂等橡胶通用配合剂，还包括分散剂、稳定剂、乳化剂、凝固剂、热敏剂、增稠剂等胶乳专用配合剂，胶乳专用配合剂大多为表面活性剂，起稳定、分散、润湿、渗透、乳化、发泡、增溶等作用。增稠剂是指能增加配合胶乳的黏度，以改善加工性能的物质。增稠剂多用于厚的浸液制品和织物涂胶制品，但用量过高时，会使制品的吸水性增加，物理机械性能下降，因而应先考虑使用高浓度胶乳，后再考虑用增稠剂。

胶乳配合时一般按如下顺序加料：胶乳→稳定剂→硫化剂→促进剂→硫化活性剂→防老剂→其他配合剂。当然也可根据制品的工艺要求适当地改变加料顺序。由于胶乳是一种胶体水分散体系，胶乳所用的配合剂在使用前必须先配制成水溶液、水分散体系或乳状液。水溶性的固体或液体一般配制成水溶液，不溶于水的固体粉末一般加入适量的分散剂、保护胶体和水等通过研磨配制成水分散体系，不溶于水的液体一般配制成乳状液。胶乳的配合在配合设备中进行，一般宜选用搅拌效果好的低速搅拌桨。

（2）配合胶乳的熟成　配合胶乳是一种不均匀体系，一般还需经停放或受热等熟成处理来增进无机填充剂的补强效果、实现油类配合剂的软化效果、预硫化效果。使配合剂达到均匀分散、湿润效果和增黏效果，减少配合胶乳在加工过程中的变异性。

（3）胶乳的胶凝　胶乳从流动状态转化为凝胶状态的过程成为胶凝。最常用的胶凝方法包括离子沉积胶凝、热敏化胶凝、硅氟化钠迟缓胶凝、电沉渍胶凝和微孔模型胶凝等。

（4）胶乳的硫化　胶乳除可直接配制成配合胶乳使用外，对一些浸渍、注塑制品的成型，则需要配制成预硫化胶乳。胶乳的预硫化是在不破坏胶乳的胶体状态下加入硫化体系的水分散体进行硫化，一般是在加入配合剂后在 1h 内升温至 60～70℃，保温至适宜的硫化程度后，再冷却得到硫化胶乳。硫化胶乳的硫化程度对制品的性能影响显著。硫化程度太高时，胶乳的成膜性能和黏附性差，干燥时易产生裂纹，制品脆、易碎；硫化程度太低时，胶膜的黏性太大，制品易黏折，胶膜的强度偏低，容易变形、破裂。对于硫化程度过高的胶乳通常可加入适量的硫化程度较低的硫化胶乳或配合胶乳来掺和调节。

胶乳制品的成型方法主要有包括浸渍成型和压出成型。

(1) 浸渍成型 将模具浸入配合胶乳中，停留一段时间后将模具提起，在模具表面形成均匀的橡胶胶膜，然后经硫化、干燥等处理，所得制品叫浸渍制品，这一工艺叫浸渍工艺。又可分为直浸法和离子沉积法。直浸法是不借助任何辅助手段，使胶乳直接在模具表面上沉积的成型方法。对于胶乳黏度不高的体系，一次浸渍附着的胶膜厚度可能太薄，需采用多次浸渍直至达到所要求的膜厚。前后两次浸渍之间的间隔时间应能保证前一次浸渍所得的凝胶膜干燥或待该凝胶干至致密状态后，才可进行下一次浸渍。离子沉积法，又称凝固剂浸渍法，成型时在模具表面附着凝固剂，当其浸渍在胶乳中时，胶乳就开始附着在带有凝固剂的模型表面上，凝固剂使胶乳产生凝胶沉积在模型上形成胶膜，随着胶体粒子的不断沉积，胶膜厚度逐渐加大。凝固剂浸渍法一次浸渍便可得到所要求的膜厚。目前的胶乳浸渍制品绝大多数都是采用该方法生产。其工艺过程如图 12-15 所示。浸渍制品包括避孕用具、橡胶手套、气球、乳胶套管、无缝球胆、胶靴等。

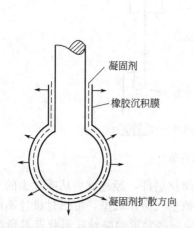

图 12-15 胶乳凝固剂浸渍成型示意图

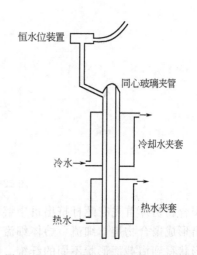

图 12-16 乳胶管热敏压出成型示意图

(2) 压出成型 压出胶乳制品是通过一定的压力将胶乳通过预设断面的口模压出，经凝固形成制品，该方法主要用于生产胶丝、输液管等。如乳胶管可采用热敏压出法成型。其成型工艺如图 12-16 所示。

胶乳经由恒水位装置流入压出嘴，压出嘴通常由同心玻璃夹管构成，压出乳胶管的管壁厚度取决于玻璃夹管夹层的厚度，压出嘴的上部配有冷却水夹套，其温度维持在 15～20℃，防止胶乳出现胶凝；在下部配有热水夹套，通常保持温度为 50～70℃，当胶乳流经热水夹套时发生胶凝，并从压出嘴的底部缓慢流出形成连续的胶管，再经干燥硫化便得乳胶管制品。

此外胶乳也可像塑料糊（或溶液）一样可进行浇注成型，制造球胆、防毒面具。用机械发泡法可制造坐垫、床垫、枕芯等海绵制品。

12.5　纤维成型加工

12.5.1　纺丝方法

聚合物纺丝方法主要有熔融纺丝和溶液纺丝两大类，溶液纺丝又可分为湿法溶液纺丝和干法溶液纺丝。工业上，熔融纺丝用得最多，其次是湿法溶液纺丝，干法溶液纺丝不常用。

（1）熔融纺丝　凡是能够加热熔融且不发生显著降解反应的聚合物，均可采用熔融纺丝法进行纺丝，如聚酯纤维（涤纶）、聚酰胺纤维、聚丙烯纤维（丙纶）等，图12-17为熔融纺丝的示意图。

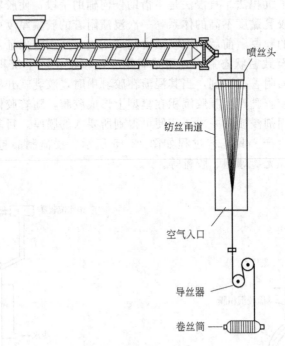

图12-17　熔融纺丝示意图

聚合物切片首先在螺杆挤出机中熔融后被挤出至纺丝组件，经过滤后从喷丝头的毛细孔中压出形成聚合物熔体细流，熔体细流在纺丝甬道中被空气冷却成型，可通过设计不同的喷丝孔形状得到横截面形状不同的纤维。图12-18所示为一些常见的喷丝孔形状及其所得纤维的横截面形状。通常将横截面不是圆形的纤维称为异型纤维。

（2）溶液纺丝　溶液纺丝根据纺丝溶液细流凝固介质的不同又分为干法溶液纺丝和湿法溶液纺丝。黏胶纤维、聚丙烯酸酯纤维等常用溶液纺丝法。用于溶液纺丝的聚合物溶液的质量分数通常在20%~40%范围内。

① 干法溶液纺丝　干法溶液纺丝的凝固介质为热空气，其工艺过程如图12-19所示。聚合物溶液经由喷丝头喷出形成聚合物溶液细流，细流所含的溶剂在热空气的加热作用下迅速挥发并被带走，从而使溶液细流干燥凝固成丝。被带走的溶剂进入溶剂回收装置循环使用。干法纺丝常采用易挥发性溶剂，如丙酮、二硫化碳等。聚乙烯醇的干法纺丝也可用水作溶剂。

② 湿法溶液纺丝　与干法溶液纺丝不同，湿法溶液纺丝法纤维的形成是将聚合物溶液细流喷入聚合物的非溶剂中，使聚合物凝结而形成固态纤维。所用的聚合物非溶剂常称为纺

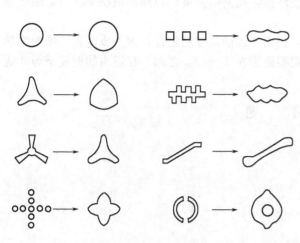

图 12-18　一些常见的喷丝孔形状及其
所得纤维的横截面形状

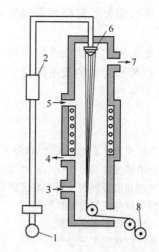

图 12-19　干法溶液纺丝示意图
1—纺丝泵；2—过滤器；3—空气入口；
4—蒸汽出口；5—蒸汽入口；6—喷丝头；
7—空气及溶剂出口；8—卷丝筒

丝凝固液，包括水、溶剂或溶液等液体介质，其纺丝工艺过程如图 12-20 所示。以黏胶纤维的纺丝为例，其纺丝原液为纤维素黄原酸酯的碱溶液，纺丝的凝固液为硫酸溶液，纺丝原液经由纺丝泵、过滤器、鹅颈管从喷丝头喷出，喷出的纤维素黄原酸酯与酸反应还原为纤维素在凝固液中析出成丝。

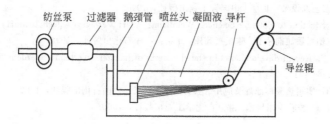

图 12-20　湿法溶液纺丝示意图

　　湿法纺丝由于聚合物的凝结过程比较慢，因而其纺丝速度比熔融纺丝和干法纺丝要慢得多。除黏胶纤维外，湿法纺丝还用于制造聚乙烯醇、聚氯乙烯、聚丙烯腈、聚氨酯纤维等。

12.5.2　化学纤维的后加工

　　通过纺丝得到的纤维，由于纤维中分子排列规整度不高，取向度低，结晶度也低，因而纤维的力学性能较差，不能直接用于纺织加工，还必须经过一系列的纤维后加工，以提高其性能。纤维的品种、用途不同，其后加工工艺也有所区别。

　　短纤维的后加工工序包括集束、拉伸、水洗、上油、干燥、热定型、卷曲、切断等。长纤维的后加工与短纤维后加工相比，其工艺和设备更复杂，长纤维后加工必须一缕丝、一缕丝地进行，而不能像短纤维那样先集束成较粗的丝束。长纤维的后加工工序一般包括拉伸、加捻、后加捻、水洗、干燥、热定型、络丝、分级包装等。加捻是指将多根纤维搓合在一起的工序，加捻的目的是增加纤维间的抱合力。

　　不管是何种纤维，其中拉伸和热定型都是不可或缺的后加工工艺。拉伸的目的就是使纤维中的高分子链和晶片沿纤维的轴向进行取向，从而增强分子链间的作用力，提高纤维的强度。拉伸还可使分子链排列更规整，可引发结晶，提高结晶度。拉伸必须在 $T_g \sim T_m$ 温度范围内进行。

热定型的目的是消除纤维中的内应力，提高纤维的尺寸稳定性，进一步改善纤维的力学性能，使拉伸和卷曲的效果固定下来。热定型通常在 $T_g \sim T_m$ 之间、在适当的湿度下施加适当的张力来进行。

习　题

1. 聚合物中为什么要加入添加剂？
2. 添加增塑剂的目的是什么？如何起增塑作用？
3. 填充剂和增强剂的作用有何区别？
4. 阻燃剂是如何起阻燃作用的？
5. 简述挤出成型工艺过程。
6. 简述注射成型工艺过程。
7. 聚合物发泡成型的发泡方法有哪几种？各举例说明。
8. 简述胶乳的配合工艺。胶乳配合后为什么需经过熟成？

参 考 文 献

[1] 卢江，梁晖. 高分子化学. 第 2 版. 北京：化学工业出版社，2010.

[2] 杨国文. 塑料助剂作用原理. 成都：成都科技大学出版社，1991.

[3] Rahman M, Brazel C S. The Plasticizer Market: An Assessment of Traditional Plasticizers and Research Trends to Meet New Challenges. Prog. Polym. Sci., 2004, 29: 1223-1248.

[4] Fried J R. Polymer Science and Technology. New Jersey: Prentice-Hall International, Inc., 1995.

[5] 张明善. 塑料成型工艺及设备. 北京：中国轻工业出版社，1998.

[6] Elias H-G. An Introduction to Polymer Science. Weinheim: VCH Verlagsgesellschaft mbH, Germany, 1997.

[7] [德] 盖希特等编. 塑料添加剂手册. 陈振兴等译. 北京：中国石化出版社，1992.

[8] Lu S-Y, Hamerton I. Recent developments in the chemistry of halogen-free flame retardant polymers. Prog. Polym. Sci., 2002, 27: 1661-1712.

[9] [美] 弗洛里安 J 著. 实用热成型原理及应用. 陈文瑛译. 北京：中国石化出版社，1992.

[10] 胡又牧，魏邦柱主编. 胶乳应用技术. 北京：化学工业出版社，1990.